石松类和蕨类植物系统分类学

周新茂　和兆荣　主编

科学出版社
北　京

内 容 简 介

本书是一本介绍世界范围内石松类和蕨类植物分类与系统演化的著作。书中整合了石松类和蕨类植物系统发育和分类研究最新的重要成果，直观地展示了现存石松类和蕨类植物目、科、属的系统发育关系，具体包括科、属的形态特征，各属的染色体数据，以及各科、属的世界及中国的分布概况，同时还编制了科下分亚科和分属形态检索表。针对中国分布属，本书选取了代表物种进行精细解剖，并配以高质量图片，力求直观、完整地展示中国石松类和蕨类植物各属的形态特征。

本书可作为植物分类和系统演化研究工作者以及高校植物学教学工作者的参考书，也可作为石松类和蕨类植物爱好者的阅读资料。

图书在版编目（CIP）数据

石松类和蕨类植物系统分类学 / 周新茂，和兆荣主编. -- 北京 : 科学出版社，2025. 3. -- ISBN 978-7-03-081574-3

Ⅰ. Q949.36

中国国家版本馆 CIP 数据核字第 202563BZ95 号

责任编辑：王海光　王　好 / 责任校对：郑金红
责任印制：赵　博 / 封面设计：无极书装

科学出版社 出版
北京东黄城根北街 16 号
邮政编码: 100717
http://www.sciencep.com

北京建宏印刷有限公司印刷
科学出版社发行　各地新华书店经销
*
2025 年 3 月第　一　版　开本：787×1092　1/16
2025 年 7 月第二次印刷　印张：22
字数：522 000

定价：260.00 元

（如有印装质量问题，我社负责调换）

谨以此书纪念

朱维明教授

《石松类和蕨类植物系统分类学》编委会

主　编　周新茂　和兆荣

副主编　梁振龙　张　良　李中阳　赵　镜　张丽兵
王佳冠　商　辉　许可旺　左政裕

编　委（按姓氏汉语拼音排序）

蔡文婧　陈　超　范雪萍　方绍丽　龚升荣
古朝山　韩旭科　何　萌　和兆荣　胡玉平
黄传捷　姜立举　蒋璐遥　李蓉娟　李预昕
李中阳　梁振龙　罗　苗　马丹妮　邱永玲
商　辉　万　霞　万子越　王　婷　王佳冠
韦宏金　魏政豪　徐志柏　许可旺　杨建军
叶紫瑜　张　良　张丽兵　赵　镜　赵亚楠
周婧怡　周新茂　左政裕

前　　言

石松类和蕨类植物 (广义蕨类) 是维管植物的第二大类群，是植物界的重要组成部分。在地球历史演化过程中，它们曾一度占据主导地位。现生石松类和蕨类植物广泛广布于世界各地，是森林演替早期的先锋植物。

蕨类植物分类系统自 19 世纪以来经历了巨大变化。我国蕨类植物分类学家秦仁昌院士于 1940 年发表的水龙骨科自然分类系统，为现代石松类和蕨类植物分类系统的确立奠定了重要基础。之后，他在 1954 年、1978 年先后发表的中国石松类和蕨类植物分类系统，也一直被世界蕨类学家广泛采用。

2016 年，由全球 68 个单位的 94 名石松类和蕨类植物分类学家联合署名发表的石松类和蕨类分类系统 PPG I (Pteridophyte Phylogeny Group I) 确立了当前世界范围内石松类和蕨类植物在目、科等级上的系统发育框架。这一框架已被全球科研人员、教学工作者及蕨类爱好者所接受并广泛采用。近十年，虽然 PPG I 系统的整体发育框架未发生显著变化，但随着分子系统学研究的迅猛发展，许多新的研究成果相继涌现，石松类和蕨类植物中多个类群的科、属划分都发生了极大的变化。例如，牙蕨科从广义三叉蕨科中独立出来，卷柏科由过去的一个属划分为 20 个属，金星蕨科由过去的 30 个属增加到 37 个属，水龙骨科由过去的 65 个属增加到 78 个属。此外，还有一些过去曾被发表过但未被 PPG I 系统承认的属得以重新恢复。

尽管世界石松类和蕨类植物的系统发育框架已较为完善，但由于研究技术的快速发展，如果未能及时关注相关类群的研究进展，将难以充分理解并把握石松类和蕨类这一古老类群下各支系的系统位置、分类历史及当前的分类地位。本书通过对历史文献和现有资料的系统收集、整理和编撰，全面介绍了当前世界范围内承认的石松类和蕨类植物目、科、亚科、属的分类体系，期望可以为同行研究提供重要参考。

本书全面且系统地梳理了石松类和蕨类植物分子系统学和分类学的最新研究成果，以系统发育树的形式，直观展示了当前世界石松类和蕨类植物各科、属之间的系统发育关系。书中详细介绍了世界范围内石松类和蕨类植物各科、属的形态特征、地理分布、物种数量、染色体数目。此外，为了加深读者对中国石松类和蕨类类群的理解，书中对中国产的石松类和蕨类植物每个属尽可能地选取一至多个代表物种进行精细解剖，以展示相关类群的重要形态特征。本书还编制了石松类和蕨类植物各科下亚科及属的形态检索表，以供读者参考。

中文引用：周新茂, 和兆荣. 2025. 石松类和蕨类植物系统分类学. 北京：科学出版社.
英文引用：Zhou X M, He Z R. 2025. Systematics of Lycophytes and Ferns. Beijing: Science Press.

本书排序参考 PPG I 系统，同时增加了新发表的牙蕨科以及恢复的爬树蕨科和石杉科，共 54 科。各类群物种数目参考 PPG I 系统以及最新的文献和著作。物种描述和检索表编制参考了相关类群的文献、地方植物志、专著等，尤其是 Kramer 和 Green (1990) 编著的 *The Families and Genera of Vascular Plants, Vol. I: Pteridophytes and Gymnosperms*。本书图文并茂，配有石松类和蕨类植物彩色图版 192 幅，包含照片 900 多张。

本书从开始筹划至编写完稿，历经近 2 年。在这一过程中，课题组的所有老师和同学都付出了艰辛和努力，黄传捷、胡玉平、万子越、韩旭科、何萌、李蓉娟、李预昕、刘意、罗苗、邱永玲、魏政豪、叶紫瑜、赵镜等参与了野外植物图片的拍摄和文字的校订；黄传捷和杨建军协助完成了系统发育树的构建、编辑以及图片处理；王佳冠和赵镜协助完成了文稿的修订和校对。

本书的出版得到了云南大学“双一流”建设项目 (C176220100030)、云南省“兴滇英才支持计划”(C619300A017)、云南省基础研究计划 (202301BF07001-016)、云南省研究生优质课程建设项目 (SJYZKC20211101) ，以及国家自然科学基金青年科学基金项目 (31900186) 和国家自然科学基金地区科学基金项目 (32260050) 的支持。

本书的完成得到国内外同行和多家单位的大力支持和帮助。梁振龙博士、张良博士和张丽兵研究员在书稿的编写过程中付出了大量时间和精力，并提供了宝贵的指导意见。李中阳博士 (金星蕨科)、商辉博士 (碗蕨科和翼囊蕨科)、许可旺博士 (铁角蕨科)、赵镜博士 (卷柏科、瘤足蕨科和凤尾蕨科)、左政裕博士 (鳞毛蕨科) 在编写工作中做出了重要贡献，保证了类群介绍的准确性。范雪萍博士 (肿足蕨科)、万霞博士 (三叉蕨科)、蒋璐遥硕士和赵亚楠博士 (膜蕨科)、王婷博士 (合囊蕨科) 提出了宝贵的修改意见。张良博士、梁振龙博士、商辉博士和韦宏金工程师提供了多个类群的图片，李中阳博士提供了几乎所有金星蕨科的图片，以及董仕勇研究员提供了海南符藤蕨图片。本书野外照片收集过程中得到云南高黎贡山国家级自然保护区、云南丽江老君山国家公园、云南乌蒙山国家级自然保护区和中国科学院西双版纳热带植物园的大力支持和帮助。在此，一并表示衷心感谢。

由于编者学识有限，书中难免存在不足之处，敬请各位读者提出宝贵意见。

周新茂　和兆荣

2024 年 6 月 1 日于云南大学呈贡校区

目　　录

总　　论

石松类 (lycophytes) 和蕨类 (ferns) 植物，常统称为蕨类植物 (pteridophyte)，又称羊齿植物。石松类和蕨类是通过孢子繁殖的维管植物，它们具有相互独立生活的孢子体和配子体，其生活史为孢子体发达的异形世代交替。孢子体有根、茎、叶的分化，有较原始的维管组织。配子体微小，绿色自养或与真菌共生，大部分土生或附生，具假根。有性生殖器官为精子器和颈卵器，生殖行为需借助水进行。据现有研究统计，石松类和蕨类植物有 12,000 多种，但实际种数可能远不止于此。它们广泛分布于世界各地，是各类生态系统中的重要组成部分，尤以热带、亚热带地区的种类最为繁多。在生态习性上，大多数蕨类植物为土生、石生或附生，少数为湿生或水生，喜阴湿温暖环境。

一、蕨类和石松类的全基因组研究

2000 年，第一个完成基因组测序的植物拟南芥 *Arabidopsis thaliana* 测序结果公布，标志着植物基因组学进入一个新的时代。近年来，植物基因组测序速度发展迅速，几乎每天都有新的基因组被测序。然而，石松类和蕨类植物因其基因组较大、重复序列比例高、遗传背景复杂、多倍化和杂交普遍，给基因组测序带来了巨大的挑战。蕨类植物体细胞的染色体 2*n* 可高达 1260，基因组最大可达 1C (148 Gb)，这比拟南芥基因组大 1000 多倍。截至目前，已经有 10 余种石松类和蕨类植物完成了全基因组测序，其中石松类植物先后有江南孔氏卷柏 *Kungiselaginella moellendorffii* (Banks et al.，2011)、鳞叶卷柏 *Lepidoselaginella lepidophylla* (VanBuren et al.，2018)、卷柏 *Pulviniella tamariscina* (Xu et al.，2018a)、东北石松 *Lycopodium clavatum* (Yu et al.，2023) 和台湾水韭 *Isoëtes taiwanensis* (Wickell et al.，2021) 进行了全基因组测序，而蕨类植物先后有细叶满江红 *Azolla filiculoides*、勺叶槐叶蘋 *Salvinia cucullata* (Li et al.，2018)、桫椤 *Alsophila spinulosa* (Huang et al.，2022)、铁线蕨 *Adiantum capillus-veneris* (Fang et al.，2022) 及美洲水蕨 *Ceratopteris richardii* (Marchant et al.，2022) 的基因组被报道。最后 3 种均已达到染色体水平，相信随着测序技术的不断发展和研究的日益深入，将来会有越来越多的石松类和蕨类植物基因组被揭示。

二、蕨类和石松类的叶绿体基因组系统学研究

与真核生物的细胞核、线粒体相比，叶绿体基因组相对较小，结构和序列保守，且细胞内存在多个拷贝 (Mower and Vickrey，2018)。通过比较植物线粒体 DNA (mtDNA)、叶绿体 DNA (cpDNA) 和细胞核 DNA (nDNA) 的核酸替换率，发现 cpDNA 的核酸替换

率适中 (Wolfe et al.，1987)，而且叶绿体基因组编码区和非编码区的分子进化速率存在显著差异，能够为不同分类阶元的系统发育研究提供多样化的遗传变异信息 (Clegg et al.，1994)，这使得叶绿体基因组在植物系统发育中备受青睐。1998 年，Wakasugi 等 (1998) 正式发表了第一个蕨类植物——松叶蕨 *Psilotum nudum* 的叶绿体基因组。随后，Wolf 等 (2005) 发表了第一个石松类植物——亮叶石杉 *Huperzia lucidula* 的叶绿体基因组。由于测序物种数量有限，早期研究主要聚焦于石松类植物和蕨类植物叶绿体基因组的结构特征和差异上 (Wolf et al.，2005，2011；Roper et al.，2007；Tsuji et al.，2007；Smith，2009；Gao et al.，2009，2010，2011，2013；Karol et al.，2010；Grewe et al.，2013；Kim et al.，2014；Zhong et al.，2014)。

近年来，随着测序技术的发展和测序成本的降低，大量石松类和蕨类植物叶绿体基因组被测序。截止目前，叶绿体基因组已测序的石松类和蕨类植物有 600 多种。在石松类植物中，卷柏科植物因其叶绿体基因组具有特殊的正向重复结构而被广泛关注 (Mower et al.，2019；Zhang et al.，2019a，2019b，2020a；Kang et al.，2020；Xiang et al.，2022；Zhou et al.，2022)。Kuo 等 (2018) 和 Du 等 (2022) 对蕨类植物叶绿体基因组结构变化和基因组特征进行了较为全面而系统的研究。此外，叶绿体基因组数据在解析石松类和蕨类植物关键科、属的系统位置、复杂类群的系统演化方面已经取得了显著成就。石松类植物中的明星植物——蛇足石杉 *Huperzia serrata*，因其在阿尔茨海默病治疗中独特的药用价值而广受关注，但是通过叶绿体基因组测序和系统发育分析，明确该种实际应为两个种，即分布于我国南方的长柄石杉 *H. javanica* 和分布于我国东北地区的 *H. serrata* (Guo et al.，2016；Zhang et al.，2017a)。

石松类和蕨类植物叶绿体基因组测序为系统发育研究奠定了基础。Pereira 等 (2021) 和 Zhou 等 (2023a) 分别基于叶绿体基因组对水韭科和卷柏科的系统发育关系进行了较为全面系统的研究。Lu 等 (2015) 首次通过整合叶绿体基因组数据，构建了蕨类植物在目等级的系统发育关系。Wei 等 (2017) 利用 40 个叶绿体基因组数据重建了 eupolypods II 的系统发育关系，澄清了轴果蕨科的系统位置和蹄盖蕨科的单系性。Kuo 等 (2018) 通过扩大取样，对蕨类植物的 11 个目进行全面系统研究，发现基于不同的叶绿体基因组数据集确定的膜蕨目 Hymenophyllales 的系统位置并不稳定。Wei 等 (2021a) 对蕨类植物中附生种类最多的科——水龙骨科 Polypodiaceae 的 70 个样本进行叶绿体基因组测序，确定了 PPG I 中系统位置未定的合环蕨属 *Synammia* 的系统位置，并结合核糖体数据和形态数据重新探讨了水龙骨科的系统发育关系，提出了水龙骨科下新的亚科分类系统 (Wei and Zhang，2022)。

Du 等 (2021) 通过对蕨类植物 28 个科的 208 种植物叶绿体基因组取样测序，重新构建了水龙骨目 Polypodiales 在科等级的系统发育关系，并对蕨类植物早期演化历史进行了研究，揭示了水龙骨目与同期的被子植物有相似的物种分化模式。此外，Lehtonen 等 (2020) 对合囊蕨科 Marattiaceae 的 6 个属进行系统发育重建，提出多孔蕨属 *Danaea* 应为合囊蕨科的最早分支，而天星蕨属 *Christensenia* 则与厝囊蕨属 *Marattia* 构成姐妹群关系。Ke 等 (2022) 通过研究叶绿体基因组数据发现，现存的莎草蕨科 Schizaeaceae 包括小莎蕨属 *Microschizaea*、莎草蕨属 *Actinostachys*、枝莎蕨属 *Schizaea* 和 *Schizaea pusilla* 4 个分支，并认为莎草蕨科下应包括至少 3 个独立属。

三、蕨类和石松类的核基因系统学研究

核基因的双亲遗传特性为揭示类群的系统发育关系提供了更充足的证据，尤其对研究广泛杂交的蕨类植物类群具有重要的意义和价值。尽管在种子植物中通用的核基因片段 ITS 片段在部分石松类（如卷柏科）中比较容易扩增，但在蕨类植物中却极为困难，这导致基于核基因的石松类和蕨类植物分子系统学研究相较于种子植物严重滞后。在高通量测序技术发展之前，研究者大多通过一代测序技术扩增核基因片段。在蕨类中，常用的核基因有 *LEAFY*、*SQD1*、*pgiC*、*gapCP*、*18S* 等，但由于蕨类植物杂交现象普遍，核基因扩增困难，获得的数据质量不高且数量极少。因此，大部分核基因扩增主要是用于探究一些复杂小类群的杂交和系统发育研究。Rothfels 等（2013a，2015）基于 20 个和 25 个低拷贝核基因对整个蕨类系统进行了系统发育研究，构建了蕨类植物系统发育关系，但涉及的物种相对较少。

随着分子测序技术的发展，通过转录组测序、目标富集测序和简化基因组测序方法，我们可以获取大量的石松类和蕨类植物的核基因数据，进而开展类群的系统发育研究。例如，Shen 等（2018）、Qi 等（2018）和千种植物转录组计划（One Thousand Plant Transcriptomes Initiative，2019）先后分别利用 68 个、119 个和 70 个蕨类植物的大量核基因数据，重新构建了世界蕨类植物的系统发育框架。Pelosi 等（2022）整合上述三篇文章的所有蕨类植物共计 258 个样本的转录组数据，重建了整个蕨类植物的系统发育关系，发现蕨类植物在演化过程中经历了 27 次全基因组复制事件。除对蕨类植物科等级以上系统发育的研究，转录组测序数据也常被用于解决科下类群间的系统发育关系，如水韭科（Wood et al.，2020）、桫椤科（肖永，2019；Dong et al.，2019）、碗蕨科（刘莉，2018）等。Fawcett 等（2021）和 Lima 等（2023）先后通过 GoFlag 探针的目标富集测序方法分别获取了金星蕨科 Thelypteridaceae 和里白科 Gleicheniaceae 的核基因数据，并重建了这些复杂类群的系统发育关系。

上述这些研究极大地帮助我们阐明了整个蕨类植物的进化关系。随着测序技术的不断发展和研究的深入推进，我们将对世界石松类和蕨类植物的演化历史有更深刻的理解。

四、PPG I 系统之后的蕨类分子系统学及分类学研究

PPG I (Pteridophyte Phylogeny Group I) 是广义蕨类植物分类系统（PPG I，2016），为世界蕨类植物学工作者提供了一个全面且最新的蕨类研究指南，该分类系统的提出对蕨类和石松类的研究具有划时代的意义。

PPG I 系统（2016）与秦仁昌系统（1978）（图 I），以及 Smith 等（2006a）、Christenhusz 等（2011）以及 Christenhusz 和 Chase (2014) 的分类系统存在显著差异。PPG I 系统是由来自全球 68 个单位 94 名分类学家联合署名发表的。PPG I 系统将世界现存的 12,000 多种石松类和蕨类植物划分成 2 纲 14 目 51 科 337 属。自发表以来，

PPG I 系统被全球植物学科研工作者广泛采纳和使用。至今，大量新的研究成果相继涌现，极大地推动了石松类和蕨类植物的研究。世界石松类和蕨类分子系统学与分类学研究的进展主要表现在以下 5 个方面。

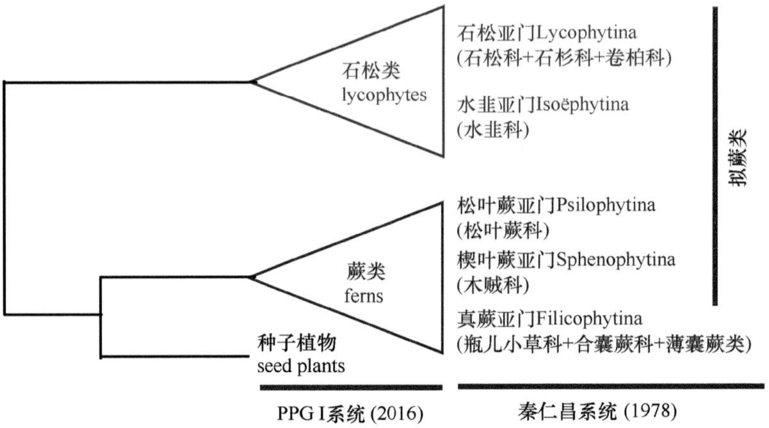

图 I　PGG I 系统（2016）与秦仁昌系统（1978）

1. 科、亚科下的属间系统发育关系愈加清晰

在 2016 年 PPG I 系统发表之后，近年来通过更深入、系统且全面地取样研究，结合一代和（或）二代测序数据，一些复杂石松类和蕨类科的系统发育关系得到了进一步的阐明。基于此，科下分类系统也得到了进一步完善。例如，石松科（Zhang and Zhou，2021；Chen et al.，2022）、卷柏科（Zhou and Zhang，2023）、瓶尔小草科（Zhang and Zhang，2022）、水龙骨科（Wei et al.，2021a；Wei and Zhang，2022）、禾叶蕨亚科（Zhou et al.，2023）、莎草蕨科（Ke et al.，2022）、桫椤科（Dong and Zuo，2018）、岩蕨科（Lu et al.，2019a）、乌毛蕨科（De Gasper et al.，2017）、蹄盖蕨科（Moran et al.，2019）、金星蕨科（Fawcett and Smith，2021；Fawcett et al.，2021）、肿足蕨科（Fan et al.，2022）、牙蕨科（Zhou et al.，2018）、碗蕨科（Triana-Moreno et al.，2023）和里白科（Lima et al.，2023，2024）等的系统发育关系都得到了进一步完善。特别是叉蕨科、卷柏科、金星蕨科、水龙骨科、碗蕨科等类群，相较于 PPG I 系统已经有了很大变化。

2. 系统位置未定属被进一步确定

在 PPG I 系统中，水龙骨科的合环蕨属 *Synammia*、鳞毛蕨科的谜蕨属 *Aenigmopteris* 和洋耳蕨属 *Dryopolystichum* 3 个属的系统位置不明确。但随着研究的深入，Wei 等（2021a）通过进一步取样和分子系统学研究，确定了合环蕨属 *Synammia* 属于水龙骨科下的隐子蕨亚科；Chen 等（2017a，2018）通过相关研究，确定了洋耳蕨属 *Dryopolystichum* 属于藤蕨科，而谜蕨属 *Aenigmopteris* 则属于三叉蕨科叉蕨属成员。

3. 属的系统发育被进一步深入研究

除科等级的分子系统学研究外，近年来，一些世界性的石松类和蕨类属，被全面取样并进行了分子系统学和分类学研究，如木贼属 *Equisetum* (Christenhusz et al.，2019)、芒萁属 *Dicranopteris* (Wei et al.，2021b)、黑桫椤属 *Gymnosphaera* (Dong and Zuo，2018)、车前蕨属 *Antrophyum* (Chen et al.，2023)、铁线蕨属 *Adiantum* (Huiet et al.，2018)、蹄盖蕨属 *Athyrium* (Wei et al.，2017)、铁角蕨属 *Asplenium* (Xu et al.，2020)、膜叶铁角蕨属 *Hymenasplenium* (Xu et al. 2018b)、实蕨属 *Bolbitis* (Nie et al.，2023)、复叶耳蕨属 *Arachniodes* (Lu et al.，2019b)、肋毛蕨属 *Ctenitis* (Hennequin et al.，2017)、牙蕨属 *Pteridrys* (Zhou and Zhang，2019)、睡菜蕨属 *Polydictyum* (Dong et al.，2018；Zhou et al.，2018)、石韦属 *Pyrrosia* (Zhou et al.，2017)、修蕨属（广义）*Selliguea* (He et al.，2018)、瓦韦属（广义）*Lepisorus* (Zhao et al.，2020；Zhang et al.，2020b) 和薄唇蕨属 *Leptochilus* (Zhang et al.，2019c，2024a，2024b) 等。这些研究极大地填补了我们在石松类和蕨类属级分类理解上的不足。

4. 大量石松类和蕨类属及属上新类群被发表或恢复

PPG I 系统发表之后，在科等级上，牙蕨科 Pteridryaceae 被发表，过去曾承认的石杉科和爬树蕨科被恢复，石松类和蕨类植物科由 PPG I 系统的 52 科上升至 54 科 (Zhou et al.，2018；Zhang and Zhou，2021)。在属等级上，一些先前已发表，但在 PPG I 系统中不被承认的属被恢复，如同形卷柏属 *B ryodesma*、关节卷柏属 *Gymnogynum*、瘤孢卷柏属 *Didiclis*、异穗卷柏属 *Hypopterygiopsis*、疏穗卷柏属 *Lycopodioides*、算盘蕨属 *Abacopteris*、安蕨属 *Anisocampium*、薄叶翠蕨属 *Anogramma*、角蕨属 *Cornopteris*、树蚌蕨属 *Dendroconche*、钩毛新月蕨属 *Grypothrix*、黑桫椤属 *Gymnosphaera*、茯蕨属 *Leptogramma*、红新月蕨属 *Menisciopsis*、小莎蕨属 *Microschizaea*、二羽岩蕨属 *Physematium*、睡菜蕨属 *Polydictyum*、寒蹄盖蕨属 *Pseudathyrium*、碗蕨属 *Sitobolium*、岛蚌蕨属 *Zealandia* 等。同时，还有大量新属被发表，如北方卷柏属 *Boreoselaginella*、非洲卷柏属 *Afroselaginella*、对叶卷柏属 *Ericetorum*、鳞叶卷柏属 *Lepidoselaginella*、大孢卷柏属 *Megaloselaginella*、澳洲卷柏属 *Austroselaginella*、科氏卷柏属 *Korallia*、中华卷柏属 *Sinoselaginella*、垫状卷柏属 *Pulviniella*、韦氏卷柏属 *Valdespinoa*、朱氏卷柏属 *Chuselaginella*、孔氏卷柏属 *Kungiselaginella*、墨西哥卷柏属 *Mexiselaginella*、巴哈铜背蕨属 *Baja*、膜叶星蕨属 *Bosmania*、小蛇石松属 *Brownseya*、印度瓦韦属 *Ellipinema*、夏安蕨属 *Ephemeropteris*、线翠蕨属 *Gastoniella*、印度箭蕨属 *Goswamia*、牧蕨属 *Hoiokula*、软石韦属 *Hovenkampia*、老鹳蕨属 *Mineirella*、壶盖蕨属 *Mucura*、沟羽蕨属 *Pakau*、邻脉蕨属 *Pelazoneuron*、大毛蕨属 *Reholttumia*、凤羽里白属 *Rouxopteris*、劲直阴地蕨属 *Sahashia*、绢毛裸蕨属 *Sericopteris*、假芒萁属 *Sticheropsis*、扭绳蕨属 *Strophocaulon* 和复网瓶尔小草属 *Whittieria* 等。这些科、属的发表或恢复极大地提升了蕨类植物在科、属等级上多样性，并进一步更新了我们对石松类和蕨类植物多样性的认识。

5. 大量新物种发表

PPG I 系统发表至今，世界上已有超过 600 个石松类和蕨类新物种被发现并发表（王婷等，2022；万霞和张丽兵，2023)；此外，每年还有大量的新物种不断被发现，石松类和蕨类多个类群的物种数量都有不同程度的增加。

五、中国蕨类和石松类植物概况

中国是世界上石松类和蕨类植物最丰富的地区之一，全国分布超过2200种。近年来，中国石松类和蕨类植物的多样性和重要性已经引起了广泛的关注。按照IUCN Red List Categories and Criteria (Version 3.1)，董仕勇等 (2017) 首次对中国产的2244种石松类和蕨类植物进行了红色名录评估，结果显示：极危 (CR) 43种、濒危 (EN) 68种、易危 (VU) 71种、近危 (NT) 66种、无危 (LC) 1124种、数据缺乏 (DD) 872种。其中，受威胁种类 (包括VU、EN、CR) 共计182种。特有而又极度濒危的植物有24种。极危的针叶蕨 *Monogramma trichoidea*、尾羽假毛蕨 *Pseudocyclosorus caudipinnus*、厚叶实蕨 *Bolbitis hainanensis*、云贵牙蕨 *Pteridrys lofouensis*、多变叉蕨 *Tectaria variabilis* 和十字假瘤蕨 *Selliguea cruciformis* 6种可能已灭绝或在国内灭绝。基于评估结果，我们可以看出中国还有大量石松类和蕨类植物缺乏数据，亟待进一步的研究。

相较于1999年版本，2021年正式公布的新版《国家重点保护野生植物名录》增加了大量蕨类植物(表I)。国家重点保护的石松类和蕨类植物达11科17属130余种。

表I　国家重点保护的石松类和蕨类植物 (2021年版新增)

物种	保护等级
石杉属 (所有种) *Huperzia* spp.	II级
马尾杉属 (所有种) *Phlegmariurus* spp.	II级
水韭属 (所有种) *Isoëtes* spp.	I级
七指蕨 *Helminthostachys zeylanica*	II级
带状瓶尔小草 *Ophioderma pendulum*	II级
莲座蕨属 (所有种) *Angiopteris* spp.	II级
天星蕨 *Christensenia assamica*	II级
金毛狗蕨属 (所有种) *Cibotium* spp.	II级
桫椤科 (所有种) (除小黑桫椤 *Gymnosphaera metteniana* 和粗齿桫椤 *G. denticulata*) Cyatheaceae spp.	II级
荷叶铁线蕨 *Adiantum nelumboides*	I级
水蕨属 (所有种) *Ceratopteris* spp.	II级
光叶蕨 *Cystopteris chinensis*	I级
对开蕨 *Asplenium komarovii*	II级
苏铁蕨 *Brainea insignis*	II级
鹿角蕨 *Platycerium wallichii*	II级

六、世界蕨类植物分类系统

在PPG I系统的基础上，我们对世界范围内石松类和蕨类植物类群进行了全面系统的梳理，在整合PPG I系统发表至今分子系统学及分类学研究成果的基础上，更新了现有蕨类植物分类系统。与 PPG I 系统一致，我们将广义蕨类分为两个纲：石松纲

Lycopodiopsida (即石松类 lycophytes)和水龙骨纲 Polypodiopsida (即蕨类 ferns)，共 14 个目；但在科及科下分类等级有较大变化。在本系统中，石松类有 4 科 38 属约 1500 种，蕨类有 11 目 50 科 377 属 (包括 18 杂交属) 约 11,100 种 (图 II)。

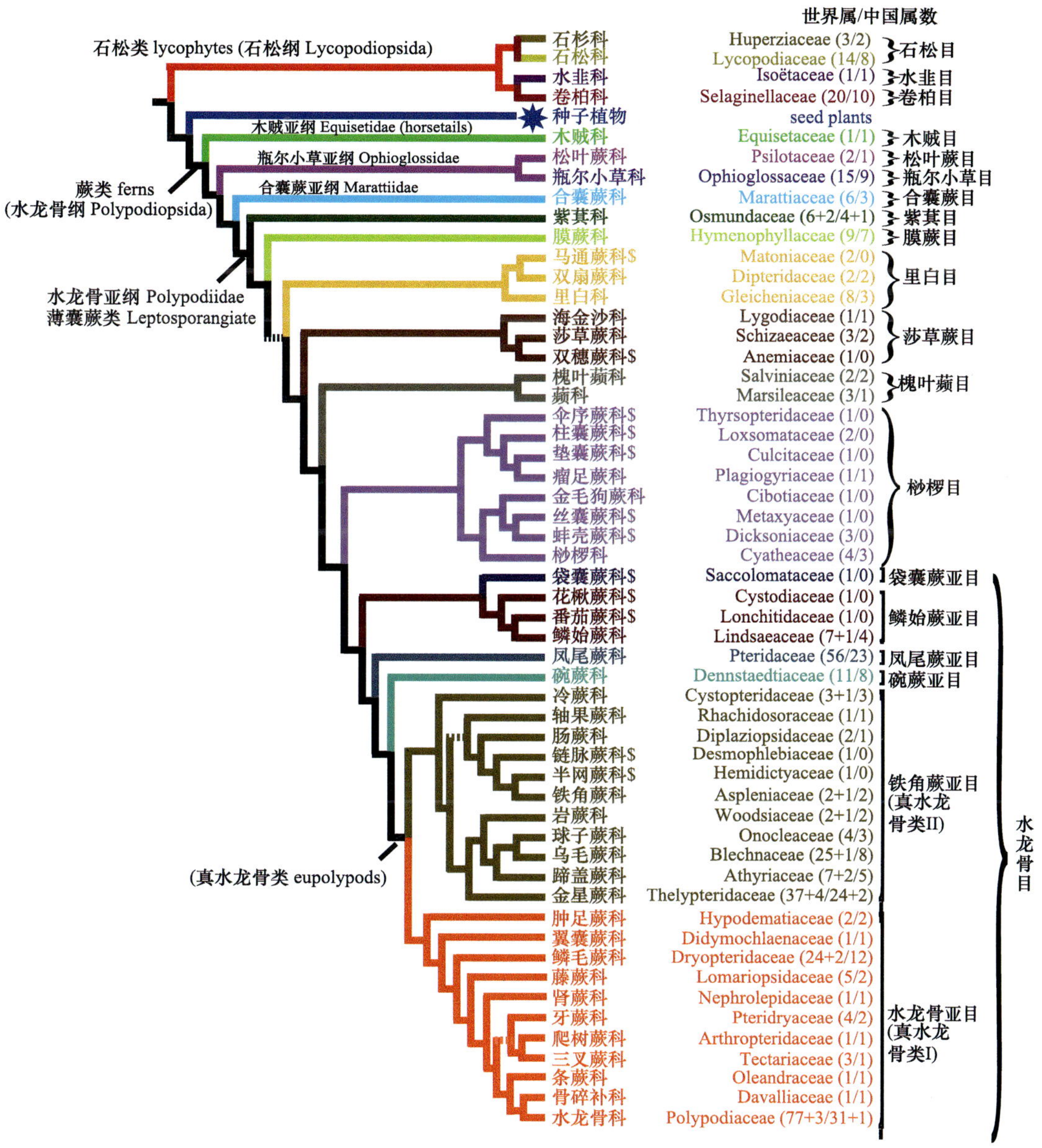

图 II　世界石松类和蕨类系统发育关系

图中虚线表示系统发育关系尚不明确的分支；$表示中国无分布的科

世界石松类和蕨类科、亚科、属列表

▲表示 PPG I 系统 (2016) 之后承认的新分类群，*代表类群在中国有原生分布，×表示属间杂交属。杂交属置于各科的最后。中文名综合参考：iPlant.cn 植物智——中国植物物种信息系统；(http://www.iplant.cn/)；多识植物百科 (http://duocet.ibiodiversity.net/ibio-vcode.php)。

石松类植物 lycophytes

Class Lycopodiopsida 石松纲

Order A. Lycopodiales 石松目

*▲**1. Fam. Huperziaceae 石杉科 (世界：3 属；中国：2 属)**

***Huperzia* Bernh. 石杉属

***Phlegmariurus* (Herter) Holub 马尾杉属

Phylloglossum Kunze 石葱属

***2. Fam. Lycopodiaceae 石松科 (世界：14 属；中国：8 属)**

*2.1 Subfam. Lycopodielloideae W. H. Wagner & Beitel ex B. Øllg. 小石松亚科

▲*Brownseya* Li Bing Zhang, L. D. Sheph., D. K. Chen, X. M. Zhou & H. He 小蛇石松属

Lateristachys Holub 侧穗石松属

**Lycopodiella* Holub 小石松属

**Palhinhaea* Franco & Vasc. 垂穗石松属

**Pseudolycopodiella* Holub 拟小石松属

*2.2 Subfam. Lycopodioideae W. H. Wagner & Beitel ex B. Øllg. 石松亚科

Austrolycopodium Holub 南石松属

**Dendrolycopodium* A. Haines 玉柏属

**Diphasiastrum* Holub 扁枝石松属

Diphasium C. Presl ex Rothm. 南扁石松属

**Lycopodium* L. 石松属

Pseudodiphasium Holub 拟藤石松属

Pseudolycopodium Holub 树石松属

**Spinulum* A. Haines 单穗石松属

*▲2.3 Subfam. Lycopodiastroideae Li Bing Zhang & X. M. Zhou 藤石松亚科

**Lycopodiastrum* Holub ex R. D. Dixit 藤石松属

Order B. Isoëtales 水韭目

3. Fam. Isoëtaceae 水韭科 (世界：1 属；中国：1 属)

**Isoëtes* L. 水韭属

Order C. Selaginellales 卷柏目

4. Fam. Selaginellaceae 卷柏科 (世界：20 属；中国：10 属)

▲4.1 Subfam. Selaginoidoideae Li Bing Zhang & X. M. Zhou 圆穗卷柏亚科

▲*Selaginoides* Ség. 圆穗卷柏属

*▲4.2 Subfam. Boreoselaginelloideae Li Bing Zhang & X. M. Zhou 北方卷柏亚科

*▲*Boreoselaginella* (Warb.) Li Bing Zhang & X. M. Zhou 北方卷柏属

*▲4.3 Subfam. Gymnogynoideae Li Bing Zhang & X. M. Zhou 关节卷柏亚科
▲*Afroselaginella* Li Bing Zhang & X. M. Zhou 非洲卷柏属
*▲*Bryodesma* Soják 同形卷柏属
▲*Ericetorum* (Jermy) Li Bing Zhang & X. M. Zhou 对叶卷柏属
*▲*Gymnogynum* P. Beauv 关节卷柏属
▲*Lepidoselaginella* Li Bing Zhang & X. M. Zhou 鳞叶卷柏属
▲*Megaloselaginella* Li Bing Zhang & X. M. Zhou 大孢卷柏属
*▲4.4 Subfam. Sinoselaginelloideae Li Bing Zhang & X. M. Zhou 中华卷柏亚科
▲*Austroselaginella* Li Bing Zhang & X. M. Zhou 澳洲卷柏属
▲*Korallia* Li Bing Zhang & X. M. Zhou 科氏卷柏属
*▲*Sinoselaginella* Li Bing Zhang & X. M. Zhou 中华卷柏属
*▲4.5 Subfam. Pulvinielloideae Li Bing Zhang & X. M. Zhou 垫状卷柏亚科
*▲*Pulviniella* (Li Bing Zhang & X. M. Zhou) Li Bing Zhang & X. M. Zhou 垫状卷柏属
*▲4.6 Subfam. Lycopodioidoideae Li Bing Zhang & X. M. Zhou 异穗卷柏亚科
*▲*Didiclis* P. Beauv. ex Mirb. 瘤孢卷柏属
*▲*Hypopterygiopsis* Sakurai 异穗卷柏属
*▲*Lycopodioides* Boehm. 疏穗卷柏属
▲*Valdespinoa* Li Bing Zhang & X. M. Zhou 韦氏卷柏属
*▲4.7 Subfam. Selaginelloideae Li Bing Zhang & X. M. Zhou 同穗卷柏亚科
*▲*Chuselaginella* Li Bing Zhang & X. M. Zhou 朱氏卷柏属
*▲*Kungiselaginella* Li Bing Zhang & X. M. Zhou 孔氏卷柏属
Selaginella P. Beauv. 同穗卷柏属
▲4.8 Subfam. Mexiselaginelloideae Li Bing Zhang & X. M. Zhou 墨西哥卷柏亚科
▲*Mexiselaginella* Li Bing Zhang & X. M. Zhou 墨西哥卷柏属

蕨类植物 ferns

Class Polypodiopsida 水龙骨纲
Order D. Equisetales 木贼目
***5. Fam. Equisetaceae 木贼科 (世界：1 属；中国：1 属)**
**Equisetum* L. 木贼属
Order E. Psilotales 松叶蕨目
***6. Fam. Psilotaceae 松叶蕨科 (世界：2 属；中国：1 属)**
**Psilotum* Sw. 松叶蕨属
Tmesipteris Bernh. 梅溪蕨属
Order F. Ophioglossales 瓶尔小草目
***7. Fam. Ophioglossaceae 瓶尔小草科 (世界：15 属；中国：9 属)**
*7.1 Subfam. Helminthostachyoideae C. Presl 七指蕨亚科
**Helminthostachys* Kaulf. 七指蕨属
7.2 Subfam. Mankyuoideae J. R. Grant & B. Dauphin 仙指蕨亚科
Mankyua B. Y. Sun, M. H. Kim & C. H. Kim 仙指蕨属
*7.3 Subfam. Ophioglossoideae C. Presl 瓶尔小草亚科
Cheiroglossa C. Presl 掌叶箭蕨属
▲*Goswamia* Li Bing Zhang & Liang Zhang 印度箭蕨属
▲*Haukia* Li Bing Zhang & Liang Zhang 番箭蕨属

**Ophioderma* (Blume) Endl. 带状瓶尔小草属
**Ophioglossum* L. 瓶尔小草属
Rhizoglossum C. Presl 多叶箭蕨属
*▲*Whittieria* Li Bing Zhang & Liang Zhang 复网瓶尔小草属
*7.4 Subfam. Botrychioideae C. Presl 阴地蕨亚科
**Botrychium* Sw. 小阴地蕨属
**Botrypus* Michx. 蕨萁属
▲*Holubiella* Škoda 冬阴地蕨属
**Japanobotrychum* Masam. 绒毛阴地蕨属
*▲*Sahashia* Li Bing Zhang & Liang Zhang 劲直阴地蕨属
**Sceptridium* Lyon 阴地蕨属

Subclass Marattiidae 合囊蕨亚纲

Order G. Marattiales 合囊蕨目

***8. Fam. Marattiaceae 合囊蕨科 (世界：6 属；中国：3 属)**

**Angiopteris* Hoffm. 莲座蕨属
**Christensenia* Maxon 天星蕨属
Danaea Sm. 多孔蕨属
Eupodium J. Sm. 杯囊蕨属
Marattia Sw. 厝囊蕨属
**Ptisana* Murdock 合囊蕨属

***Subclass Polypodiidae 水龙骨亚纲**

Order H. Osmundales 紫萁目

***9. Fam. Osmundaceae 紫萁科 (世界：6+2 属；中国：4+1 属)**

**Claytosmunda* (Y. Yatabe, N. Murak. & K. Iwats.) Metzgar & Rouhan 绒紫萁属
Leptopteris C. Presl 膜紫萁属
**Osmunda* L. 紫萁属
**Osmundastrum* C. Presl 桂皮紫萁属
**Plenasium* C. Presl 羽节紫萁属
Todea Willd. ex Bernh. 南紫萁属
*▲×*Osmunasium* Hong M. Liu, Schuettp. & H. Schneid. 粤紫萁属
▲×*Osmunimunda* X. Wan & Li Bing Zhang 细绒紫萁属

Order I. Hymenophyllales 膜蕨目

***10. Fam. Hymenophyllaceae 膜蕨科 (世界：9 属；中国：7 属)**

*10.1 Subfam. Trichomanoideae C. Presl 鬃蕨亚科
**Abrodictyum* C. Presl 长片蕨属
**Callistopteris* Copel. 毛杆蕨属
**Cephalomanes* C. Presl 厚叶蕨属
**Crepidomanes* C. Presl 假脉蕨属
**Didymoglossum* Desv. 毛边蕨属
Polyphlebium Copel. 多脉蕨属
Trichomanes L. 鬃蕨属
**Vandenboschia* Copel. 瓶蕨属
*10.2 Subfam. Hymenophylloideae Burnett 膜蕨亚科
**Hymenophyllum* Sm. 膜蕨属

Order J. Gleicheniales 里白目

11. Fam. Matoniaceae 马通蕨科 (世界：2 属；中国：0 属)

Matonia R. Br. ex Wall. 马通蕨属

Phanerosorus Copel. 显子蕨属

***12. Fam. Dipteridaceae 双扇蕨科 (世界：2 属；中国：2 属)**

**Cheiropleuria* C. Presl 燕尾蕨属

**Dipteris* Reinw. 双扇蕨属

***13. Fam. Gleicheniaceae 里白科 (世界：8 属；中国：3 属)**

**Dicranopteris* Bernh. 芒萁属

**Diplopterygium* (Diels) Nakai 里白属

Gleichenella Ching 偏芒萁属

Gleichenia Sm. 微羽里白属

▲*Rouxopteris* Hong M. Liu 凤羽里白属

Sticherus C. Presl 伞芒萁属

*▲*Sticheropsis* L. V. Lima, Salino & T. E. Almeida 假芒萁属

Stromatopteris Mett. 锯里白属

Order K. Schizaeales 莎草蕨目

***14. Fam. Lygodiaceae 海金沙科 (世界：1 属；中国：1 属)**

**Lygodium* Sw. 海金沙属

***15. Fam. Schizaeaceae 莎草蕨科 (世界：3 属；中国：2 属)**

**Actinostachys* Wall. 莎草蕨属

▲*Microschizaea* C. F. Reed 小莎蕨属

**Schizaea* Sm. 枝莎蕨属

16. Fam. Anemiaceae 双穗蕨科 (世界：1 属；中国：0 属)

Anemia Sw. 双穗蕨属

***Order L. Salviniales 槐叶蘋目**

***17. Fam. Salviniaceae 槐叶蘋科 (世界：2 属；中国：2 属)**

**Azolla* Lam. 满江红属

**Salvinia* Ség. 槐叶蘋属

***18. Fam. Marsileaceae 蘋科 (世界：3 属；中国：1 属)**

**Marsilea* L. 蘋属

Pilularia L. 线叶蘋属

Regnellidium Lindm. 二叶蘋属

Order M. Cyatheales 桫椤目

19. Fam. Thyrsopteridaceae 伞序蕨科 (世界：1 属；中国：0 属)

Thyrsopteris Kunze 伞序蕨属

20. Fam. Loxsomataceae 柱囊蕨科 (世界：2 属；中国：0 属)

Loxsoma R. Br. ex A. Cunn. 柱囊蕨属

Loxsomopsis Christ 毛柱囊蕨属

21. Fam. Culcitaceae 垫囊蕨科 (世界：1 属；中国：0 属)

Culcita C. Presl 垫囊蕨属

***22. Fam. Plagiogyriaceae 瘤足蕨科 (世界：1 属；中国：1 属)**

**Plagiogyria* (Kunze) Mett. 瘤足蕨属

***23. Fam. Cibotiaceae 金毛狗蕨科 (世界：1 属；中国：1 属)**

**Cibotium* Kaulf. 金毛狗蕨属

24. Fam. Metaxyaceae 丝囊蕨科 (世界：1 属；中国：0 属)

Metaxya C. Presl 丝囊蕨属

25. Fam. Dicksoniaceae 蚌壳蕨科 (世界：3 属；中国：0 属)

Calochlaena (Maxon) M. D. Turner & R. A. White 软蕨属

Dicksonia L'Hér. 蚌壳蕨属

Lophosoria C. Presl 毛囊蕨属

***26. Fam. Cyatheaceae 桫椤科 (世界：4 属；中国：3 属)**

**Alsophila* R. Br. 桫椤属

Cyathea Sm. 番桫椤属

*▲*Gymnosphaera* Blume 黑桫椤属

**Sphaeropteris* Bernh. 白桫椤属

Order N. Polypodiales 水龙骨目

Suborder Saccolomatineae 袋囊蕨亚目

27. Fam. Saccolomataceae 袋囊蕨科 (世界：1 属；中国：0 属)

Saccoloma Kaulf. 袋囊蕨属

Suborder Lindsaeineae 鳞始蕨亚目

28. Fam. Cystodiaceae 花楸蕨科 (世界：1 属；中国：0 属)

Cystodium J. Sm. 花楸蕨属

29. Fam. Lonchitidaceae 番茄蕨科 (世界：1 属；中国：0 属)

Lonchitis L. 番茄蕨属

***30. Fam. Lindsaeaceae 鳞始蕨科 (世界：7+1 属；中国：4 属)**

**Lindsaea* Dryand. ex Sm. 鳞始蕨属

Nesolindsaea Lehtonen & Christenh. 岛鳞始蕨属

**Odontosoria* Fée 乌蕨属

**Osmolindsaea* (K. U. Kramer) Lehtonen & Christenh. 香鳞始蕨属

Sphenomeris Maxon 球棒蕨属

**Tapeinidium* (C. Presl) C. Chr. 达边蕨属

Xyropteris K. U. Kramer 剃刀蕨属

▲×*Lindsaeosoria* W. H. Wagner 鳞乌蕨属

Suborder Pteridineae 凤尾蕨亚目

***31. Fam. Pteridaceae 凤尾蕨科 (世界：56 属；中国：23 属)**

*31.1 Subfam. Parkerioideae Burnett 水蕨亚科

**Acrostichum* L. 卤蕨属

**Ceratopteris* Brongn. 水蕨属

*31.2 Subfam. Cryptogrammoideae S. Lindsay 珠蕨亚科

**Coniogramme* Fée 凤了蕨属

**Cryptogramma* R. Br. 珠蕨属

Llavea Lag. 金萁属

*31.3 Subfam. Pteridoideae Link 凤尾蕨亚科

Actiniopteris Link 眉刷蕨属

**Anogramma* Link 薄叶翠蕨属

Austrogramme E. Fourn. 绶带蕨属

**Cerosora* Domin 翠蕨属
Cosentinia Tod. 火岩蕨属
▲*Gastoniella* Li Bing Zhang & Liang Zhang 线翠蕨属
Jamesonia Hook. & Grev. 天梯蕨属
**Onychium* Kaulf. 金粉蕨属
**Pityrogramma* Link 粉叶蕨属
**Pteris* L. 凤尾蕨属
Pterozonium Fée 石蹄蕨属
Syngramma J. Sm. 合脉蕨属
**Taenitis* Willd. ex Schkuhr 竹叶蕨属
Tryonia Schuettp., J. Prado & A. T. Cochran 万羽蕨属

*31.4 Subfam. Vittarioideae Link 书带蕨亚科
**Adiantum* L. 铁线蕨属
Ananthacorus Underw. & Maxon 菖蒲蕨属
Antrophyopsis (Benedict) Schuettp. 拟车前蕨属
**Antrophyum* Kaulf. 车前蕨属
**Haplopteris* C. Presl 书带蕨属
Hecistopteris J. Sm. 微带蕨属
Polytaenium Desv. 多带蕨属
Radiovittaria (Benedict) E. H. Crane 辐带蕨属
Rheopteris Alston 羽带蕨属
Scoliosorus T. Moore 蠕纹蕨属
**Vaginularia* Fée 针叶蕨属
Vittaria Sm. 靴带蕨属

*31.5 Subfam. Cheilanthoideae Horvat 碎米蕨亚科
Adiantopsis Fée 拟铁线蕨属
**Aleuritopteris* Fée 粉背蕨属
**Argyrochosma* (J. Sm.) Windham 银旱蕨属
Aspidotis (Nutt. ex Hook.) Copel. 盾旱蕨属
Astrolepis D. M. Benham & Windham 星鳞蕨属
▲*Baja* Windham & L. O. George 巴哈铜背蕨属
Bommeria E. Fourn. 铜背蕨属
**Calciphilopteris* Yesilyurt & H. Schneid. 戟叶黑心蕨属
**Cheilanthes* Sw. 碎米蕨属
Cheiloplecton Fée 硬旱蕨属
**Doryopteris* J. Sm. 黑心蕨属
Gaga Pryer, F. W. Li & Windham 嘎嘎盾旱蕨属
Hemionitis L. 铜星蕨属
Lytoneuron (Klotzsch) Yesilyurt 开脉蕨属
**Mickelopteris* Fraser-Jenk. 泽泻蕨属
Mildella Trevis. 拟旱蕨属
▲*Mineirella* Ponce & Scataglini 老鹳蕨属
Myriopteris Fée 小米蕨属
Notholaena R. Br. 隐囊蕨属

Ormopteris J. Sm. ex J. Sm. 链羽蕨属
**Paragymnopteris* K. H. Shing 金毛裸蕨属
**Pellaea* Link 美洲旱蕨属
Pentagramma Yatsk., Windham & E. Wollenw. 铅背蕨属
*▲*Sericopteris* Jing Zhao, X. M. Zhou & Z. R. He 绢毛裸蕨属
Trachypteris André ex Christ 鳞背蕨属

Suborder Dennstaedtiineae 碗蕨亚目

***32. Fam. Dennstaedtiaceae 碗蕨科 (世界：11 属；中国：8 属)**

*32.1 Subfam. Dennstaedtioideae Lotsy 碗蕨亚科
**Dennstaedtia* Bernh. 大碗蕨属
**Microlepia* C. Presl 鳞盖蕨属
▲*Mucura* L. A. Triana & Sundue 壶盖蕨属
*▲*Sitobolium* Desv. 碗蕨属

*32.2 Subfam. Hypolepidoideae Lovis 姬蕨亚科
Blotiella R. M. Tryon 网茄蕨属
**Histiopteris* (J. Agardh) J. Sm. 栗蕨属
▲*Hiya* H. Shang 卫蕨属
**Hypolepis* Bernh. 姬蕨属
**Paesia* A. St.-Hil. 曲轴蕨属
**Pteridium* Gled. ex Scop. 蕨属

*32.3 Subfam. Monachosoroideae Crabbe, Jermy & Mickel 稀子蕨亚科
**Monachosorum* Kunze 稀子蕨属

Suborder Aspleniineae 铁角蕨亚目

***33. Fam. Cystopteridaceae 冷蕨科 (世界：3+1 属；中国：3 属)**

**Acystopteris* Nakai 亮毛蕨属
**Cystopteris* Bernh. 冷蕨属
**Gymnocarpium* Newman 羽节蕨属
▲×*Cystocarpium* Fraser-Jenk. 羽节冷蕨属

***34. Fam. Rhachidosoraceae 轴果蕨科 (世界：1 属；中国：1 属)**

**Rhachidosorus* Ching 轴果蕨属

***35. Fam. Diplaziopsidaceae 肠蕨科 (世界：2 属；中国：1 属)**

**Diplaziopsis* C. Chr. 肠蕨属
Homalosorus Small ex Pic. Serm. 林甸蕨属

36. Fam. Desmophlebiaceae 链脉蕨科 (世界：1 属；中国：0 属)

Desmophlebium Mynssen, A. Vasco, Sylvestre, R. C. Moran & Rouhan 链脉蕨属

37. Fam. Hemidictyaceae 半网蕨科 (世界：1 属；中国：0 属)

Hemidictyum C. Presl 半网蕨属

***38. Fam. Aspleniaceae 铁角蕨科 (世界：2+1 属；中国：2 属)**

**Asplenium* L. 铁角蕨属
**Hymenasplenium* Hayata 膜叶铁角蕨属
▲×*Asplenicystopteris* P. Fourn. 铁角冷蕨属

***39. Fam. Woodsiaceae 岩蕨科 (世界：2+1 属；中国：2 属)**

*▲*Physematium* Kaulf. 二羽岩蕨属
**Woodsia* R. Br. 岩蕨属
▲×*Woodsimatium* Li Bing Zhang, N. T. Lu & X. F. Gao 杂交岩蕨属

***40. Fam. Onocleaceae 球子蕨科 (世界：4 属；中国：3 属)**

**Matteuccia* Tod. 荚果蕨属

**Onoclea* L. 球子蕨属

Onocleopsis F. Ballard 番荚果蕨属

**Pentarhizidium* Hayata 东方荚果蕨属

***41. Fam. Blechnaceae 乌毛蕨科 (世界：25+1 属；中国：8 属)**

*41.1 Subfam. Stenochlaenoideae (Ching) J. P. Roux 光叶藤蕨亚科

Salpichlaena J. Sm. 凌霄蕨属

**Stenochlaena* J. Sm. 光叶藤蕨属

Telmatoblechnum Perrie, D. J. Ohlsen & Brownsey 节丘蕨属

*41.2 Subfam. Woodwardioideae Gasper, V. A. O. Dittrich & Salino 狗脊蕨亚科

Anchistea C. Presl 沼狗脊属

Lorinseria C. Presl 网狗脊属

**Woodwardia* Sm. 狗脊属

*41.3 Subfam. Blechnoideae Gasper, V. A. O. Dittrich & Salino 乌毛蕨亚科

Austroblechnum Gasper & V. A. O. Dittrich 南丘蕨属

**Blechnidium* T. Moore 乌木蕨属

**Blechnopsis* C. Presl 乌毛蕨属

Blechnum L. 泽丘蕨属

**Brainea* J. Sm. 苏铁蕨属

**Cleistoblechnum* Gasper & Salino 荚囊蕨属

Cranfillia Gasper & V. A. O. Dittrich 溪帚蕨属

**Diploblechnum* Hayata 扫把蕨属

Doodia R. Br. 铧蕨属

Icarus Gasper & Salino 丝帚蕨属

Lomaria Willd. 鱼骨蕨属

Lomaridium C. Presl 藤骨蕨属

Lomariocycas (J. Sm.) Gasper & A. R. Sm. 树帚蕨属

Neoblechnum Gasper & V. A. O. Dittrich 红椿蕨属

Oceaniopteris Gasper & Salino 矮树蕨属

Parablechnum C. Presl 棕叶蕨属

Sadleria Kaulf. 红猪蕨属

*▲*Spicantopsis* Nakai 狮头蕨属

Struthiopteris Scop. 鹿蕨属

▲×*Oceanidoodia* Hong M. Liu, Schuettp. & H. Schneid. 铧树蕨属

***42. Fam. Athyriaceae 蹄盖蕨科 (世界：7+2 属；中国：5 属)**

*▲*Anisocampium* C. Presl 安蕨属

**Athyrium* Roth 蹄盖蕨属

*▲*Cornopteris* Nakai 角蕨属

**Deparia* Hook. & Grev. 对囊蕨属

**Diplazium* Sw. 双盖蕨属

▲*Ephemeropteris* R. C. Moran & Sundue 夏安蕨属

▲*Pseudathyrium* Newman 寒蹄盖蕨属

▲×*Apseudathyrium* X. Wan & Li Bing Zhang 德国蹄盖蕨属

▲×*Cornoathyrium* Nakaike 角蹄蕨属

***43. Fam. Thelypteridaceae 金星蕨科 (世界：37+4 属；中国：24+2 属)**

*43.1 Subfam. Phegopteridoideae Salino, A. R. Sm. & T. E. Almeida 卵果蕨亚科

**Macrothelypteris* (H. Itô) Ching 针毛蕨属

**Phegopteris* (C. Presl) Fée 卵果蕨属

**Pseudophegopteris* Ching 紫柄蕨属

*43.2 Subfam. Thelypteridoideae C. F. Reed 金星蕨亚科

*▲*Abacopteris* Fée 算盘蕨属

**Amauropelta* Kunze 金星蕨属

**Amblovenatum* J. P. Roux 硫腺蕨属

**Ampelopteris* Kunze 星毛蕨属

Chingia Holttum 仁昌蕨属

**Christella* H. Lév. 小毛蕨属

**Coryphopteris* Holttum 栗金星蕨属

**Cyclogramma* Tagawa 钩毛蕨属

**Cyclosorus* Link 毛蕨属

**Glaphyropteridopsis* Ching 方秆蕨属

Goniopteris C. Presl 角毛蕨属

*▲*Grypothrix* (Holttum) S. E. Fawc. & A. R. Sm. 钩毛新月蕨属

▲*Hoiokula* S. E. Fawc. & A. R. Sm. 牧蕨属

*▲*Leptogramma* J. Sm. 茯蕨属

*▲*Menisciopsis* (Holttum) S. E. Fawc. & A. R. Sm. 红新月蕨属

Meniscium Schreb. 小月蕨属

Menisorus Alston 非洲小月蕨属

Mesophlebion Holttum 中脉蕨属

**Mesopteris* Ching 龙津蕨属

**Metathelypteris* (H. Itô) Ching 凸轴蕨属

**Oreopteris* Holub 假鳞毛蕨属

▲*Pakau* S. E. Fawc. & A. R. Sm. 沟羽蕨属

▲*Pelazoneuron* (Holttum) A. R. Sm. & S. E. Fawc. 邻脉蕨属

Plesioneuron Holttum 近脉蕨属

Pneumatopteris Nakai 稀毛蕨属

Pronephrium C. Presl 新月蕨属

**Pseudocyclosorus* Ching 假毛蕨属

*▲*Reholttumia* S. E. Fawc. & A. R. Sm. 大毛蕨属

**Sphaerostephanos* J. Sm. 圆腺蕨属

**Stegnogramma* Blume 溪边蕨属

Steiropteris (C. Chr.) Pic. Serm. 凸脊蕨属

▲*Strophocaulon* S. E. Fawc. & A. R. Sm. 扭绳蕨属

**Thelypteris* Schmidel 沼泽蕨属

**Trigonospora* Holttum 三槽蕨属

▲×*Chrismatopteris* Quansah & D. S. Edwards 稀小毛蕨属

▲×*Christelliopsis* M. K. Thomas 红小毛蕨属

*▲×*Chrinephrium* Nakaike 新小毛蕨属

*▲×*Glaphyrocyclosorus* X. Wan & Li Bing Zhang 方假毛蕨属

Suborder Polypodiineae 水龙骨亚目

*44. **Fam. Didymochlaenaceae 翼囊蕨科 (世界：1 属；中国：1 属)**

Didymochlaena Desv. 翼囊蕨属

*45. **Fam. Hypodematiaceae 肿足蕨科 (世界：2 属；中国：2 属)**

Hypodematium Kunze 肿足蕨属

Leucostegia C. Presl 大膜盖蕨属

*46. **Fam. Dryopteridaceae 鳞毛蕨科 (世界：24+2 属；中国：12 属)**

*46.1 Subfam. Dryopteridoideae B. K. Nayar 鳞毛蕨亚科

Arachniodes Blume 复叶耳蕨属

Cyrtomium C. Presl 贯众属

Dryopteris Adans. 鳞毛蕨属

Phanerophlebia C. Presl 美贯众属

Polystichum Roth 耳蕨属

Pseudarachniodes 鬃耳蕨属

Stigmatopteris C. Chr. 点叶蕨属

*▲46.2 Subfam. Ctenitioideae Z. Y. Zuo & Jin Mei Lu 肋毛蕨亚科

Ctenitis (C. Chr.) C. Chr. 肋毛蕨属

*46.3 Subfam. Elaphoglossoideae (Pic. Serm.) Crabbe 舌蕨亚科

Bolbitis Schott 实蕨属

Elaphoglossum Schott ex J. Sm. 舌蕨属

Lomagramma J. Sm. 网藤蕨属

Mickelia R. C. Moran, Labiak & Sundue 同羽实蕨属

Teratophyllum Mett. ex Kuhn 符藤蕨属

*▲46.4 Subfam. Lastreopsidoideae Z. Y. Zuo 节毛蕨亚科

Lastreopsis Ching 节毛蕨属

Megalastrum Holttum 节绵蕨属

Parapolystichum (Keyserl.) Ching 拟耳蕨属

Rumohra Raddi 革叶蕨属

*▲46.5 Subfam. Pleocnemioideae Z. Y. Zuo 黄腺羽蕨亚科

Pleocnemia C. Presl 黄腺羽蕨属

46.6 Subfam. Polybotryoideae H. M. Liu & X. C. Zhang 攀实蕨亚科

Cyclodium C. Presl 圆盖蕨属

Maxonia C. Chr. 攀木蕨属

Olfersia Raddi 贯脉舌蕨属

Polybotrya Humb. & Bonpl. ex Willd. 攀实蕨属

*▲46.7 Subfam. Polystichopsidoideae Z. Y. Zuo 绵耳蕨亚科

Polystichopsis (J. Sm.) C. Chr. 绵耳蕨属

Trichoneuron Ching 毛脉蕨属

▲×*Cyclobotrya* Engels & Canestraro 圆攀蕨属

▲×*Dryostichum* W. H. Wagner 鳞毛耳蕨属

*47. **Fam. Nephrolepidaceae 肾蕨科 (世界：1 属；中国：1 属)**

Nephrolepis Schott 肾蕨属

*48. **Fam. Lomariopsidaceae 藤蕨科 (世界：5 属；中国：2 属)**

Cyclopeltis J. Sm. 拟贯众属

Dracoglossum Christenh. 红囊藤蕨属
Dryopolystichum Copel. 洋耳蕨属
**Lomariopsis* Fée 藤蕨属
Thysanosoria A. Gepp 星藤蕨属

***49. Fam. Tectariaceae 三叉蕨科 (世界：3 属；中国：1 属)**

Hypoderris R. Br. 夹龙蕨属
**Tectaria* Cav. 叉蕨属
Triplophyllum Holttum 伏梳蕨属

***▲50. Fam. Pteridryaceae 牙蕨科 (世界：4 属；中国：2 属)**

Draconopteris Li Bing Zhang & Liang Zhang 龙蕨属
Malaifilix Li Bing Zhang & Schuettp. 马来蕨属
*▲*Polydictyum* C. Presl 睡菜蕨属
**Pteridrys* C. Chr. & Ching 牙蕨属

***▲51. Fam. Arthropteridaceae 爬树蕨科 (世界：1 属；中国：1 属)**

**Arthropteris* J. Sm. ex Hook. f. 爬树蕨属

***52. Fam. Oleandraceae 条蕨科 (世界：1 属；中国：1 属)**

**Oleandra* Cav. 条蕨属

***53. Fam. Davalliaceae 骨碎补科 (世界：1 属；中国：1 属)**

**Davallia* Sm. 骨碎补属

***54. Fam. Polypodiaceae 水龙骨科 (世界：77+3 属；中国：31+1 属)**

*54.1 Subfam. Loxogrammoideae H. Schneid. 剑蕨亚科
Dictymia J. Sm. 星剑蕨属
**Loxogramme* (Blume) C. Presl 剑蕨属

*54.2 Subfam. Platycerioideae B. K. Nayar 鹿角蕨亚科
▲*Hovenkampia* Li Bing Zhang & X. M. Zhou 软石韦属
**Platycerium* Desv. 鹿角蕨属
**Pyrrosia* Mirb. 石韦属

*▲54.3 Subfam. Crypsinoideae B. K. Nayar 隐子蕨亚科
**Drynaria* J. Sm. 槲蕨属
**Selliguea* Bory 修蕨属
Synammia C. Presl 合环蕨属

*54.4 Subfam. Microsoroideae B. K. Nayar 星蕨亚科
*▲*Bosmania* Testo 膜叶星蕨属
▲*Dendroconche* Copel. 树蚌蕨属
*▲*Ellipinema* Li Bing Zhang & Liang Zhang 印度瓦韦属
**Goniophlebium* (Blume) C. Presl 棱脉蕨属
Lecanopteris Reinw. ex Blume 蚁蕨属
**Lemmaphyllum* C. Presl 伏石蕨属
**Lepidomicrosorium* Ching & K. H. Shing 鳞果星蕨属
**Lepisorus* (J. Sm.) Ching 瓦韦属
**Leptochilus* Kaulf. 薄唇蕨属
**Microsorum* Link 星蕨属
**Neocheiropteris* Christ 扇蕨属
**Neolepisorus* Ching 盾蕨属

Paragramma (Blume) T. Moore 禾叶瓦韦属
**Phymatosorus* Pic. Serm. 瘤蕨属
Thylacopteris Kunze ex J. Sm. 乳头蕨属
**Tricholepidium* Ching 毛鳞蕨属
▲*Zealandia* Testo & A. R. Field 岛蚌蕨属
*54.5 Subfam. Polypodioideae Sweet 水龙骨亚科
Pecluma M. G. Price 岩盖蕨属
Phlebodium (R. Br.) J. Sm. 金水龙骨属
Pleopeltis Humb. & Bonpl. ex Willd. 多盾蕨属
**Pleurosoriopsis* Fomin 睫毛蕨属
**Polypodium* L. 多足蕨属
▲54.6 Subfam. Campyloneuroideae X. C. Zhang & R. Wei 带蕨亚科
Campyloneurum C. Presl 带蕨属
Microgramma C. Presl 小蛇蕨属
Niphidium J. Sm. 棋盘蕨属
▲54.7 Subfam. Adetogrammoideae X. C. Zhang & R. Wei 边鳞蕨亚科
▲*Adetogramma* T. E. Almeida 边鳞蕨属
▲54.8 Subfam. Serpocauloideae X. C. Zhang & R. Wei 蛇茎蕨亚科
Serpocaulon A. R. Sm. 蛇茎蕨属
*54.9 Subfam. Grammitidoideae Parris & Sundue 禾叶蕨亚科
Acrosorus Copel. 鼓蕨属
Adenophorus Gaudich. 隅蕨属
▲*Aenigmatogrammitis* Parris 狭鼓蕨属
Alansmia M. Kessler, Moguel, Sundue & Labiak 史氏禾叶蕨属
Archigrammitis Parris 长禾蕨属
Ascogrammitis Sundue 黑菌禾叶蕨属
▲*Boonkerdia* Li Bing Zhang, Pollawatn, X. M. Zhou & Liang Zhang 光裂禾蕨属
*▲*Calligrammitis* Parris, Sundue, Li Bing Zhang, X. M. Zhou & Ralf Knapp 美丽禾叶蕨属
**Calymmodon* C. Presl 荷包蕨属
Ceradenia L. E. Bishop 蜡腺蕨属
**Chrysogrammitis* Parris 金禾蕨属
Cochlidium Kaulf. 露禾蕨属
**Ctenopterella* Parris 小蒿蕨属
**Dasygrammitis* Parris 毛禾蕨属
*▲*Devolia* Li Bing Zhang, X. M. Zhou, Jian Jun Yang & Ralf Knapp 棣氏禾叶蕨属
Enterosora Baker 虚禾蕨属
Galactodenia Sundue & Labiak 乳蒿蕨属
*▲*Glabrigrammitis* Li Bing Zhang, X. M. Zhou, Jian Jun Yang & Parris 光囊禾叶蕨属
▲*Grammitastrum* (E. Fourn.) Parris, Sundue, Li Bing Zhang & X. M. Zhou 星毛禾蕨属
Grammitis Sw. 禾叶蕨属
▲*Howeogrammitis* Parris, Sundue, Li Bing Zhang & X. M. Zhou 豪岛禾蕨属
Lellingeria A. R. Sm. & R. C. Moran 莱林禾叶蕨属
Leucotrichum Labiak 白须蕨属
Lomaphlebia J. Sm. 边脉禾蕨属

Luisma M. T. Murillo & A. R. Sm. 路易禾叶蕨属
Melpomene A. R. Sm. & R. C. Moran 留香蕨属
**Micropolypodium* Hayata 锯蕨属
Moranopteris R. Y. Hirai & J. Prado 穆然禾叶蕨属
Mycopteris Sundue 真菌禾叶蕨属
▲*Nanogrammitis* Parris, Li Bing Zhang, X. M. Zhou & Liang Zhang 矮禾蕨属
Notogrammitis Parris 南禾蕨属
Oreogrammitis Copel. 滨禾蕨属
▲*Oxygrammitis* Parris & Sundue 锯鼓蕨属
▲*Parrisia* Shalisko & Sundue 帕氏禾叶蕨属
**Prosaptia* C. Presl 穴子蕨属
▲*Rouhania* Li Bing Zhang, X. M. Zhou, Jian Jun Yang & Liang Zhang 鲁翰禾叶蕨属
**Scleroglossum* Alderw. 革舌蕨属
Stenogrammitis Labiak 狭锯蕨属
Terpsichore A. R. Sm. 露蒿蕨属
▲*Thalassogrammitis* Parris, Sundue, Li Bing Zhang & X. M. Zhou 洋禾蕨属
**Tomophyllum* (E. Fourn.) Parris 裂禾蕨属
**Xiphopterella* Parris 剑羽蕨属
*▲×*Ellipisorus* Li Bing Zhang & Liang Zhang 耳基宽带蕨属
▲×*Phlebosia* Viane & Pompe 金石韦属
▲×*Sellimeris* Fraser-Jenk., Sushil K. Singh & J. Fraser-Jenk. 节修蕨属

分　论

石松类 lycophytes

石松类，即 PPG I 系统中承认的石松纲 Lycopodiopsida 植物，其包括秦仁昌系统拟蕨类中的石松亚门 Lycophytina 和水韭亚门 Isoephytina，世界约 1300 种，石松类植物与现存的种子植物和蕨类植物形成姐妹群，分属 4 个科，共 35 属。系统关系上，具有异形孢子的水韭科和卷柏科与具有同形孢子的石松科和石杉科构成姐妹群（图 1）。

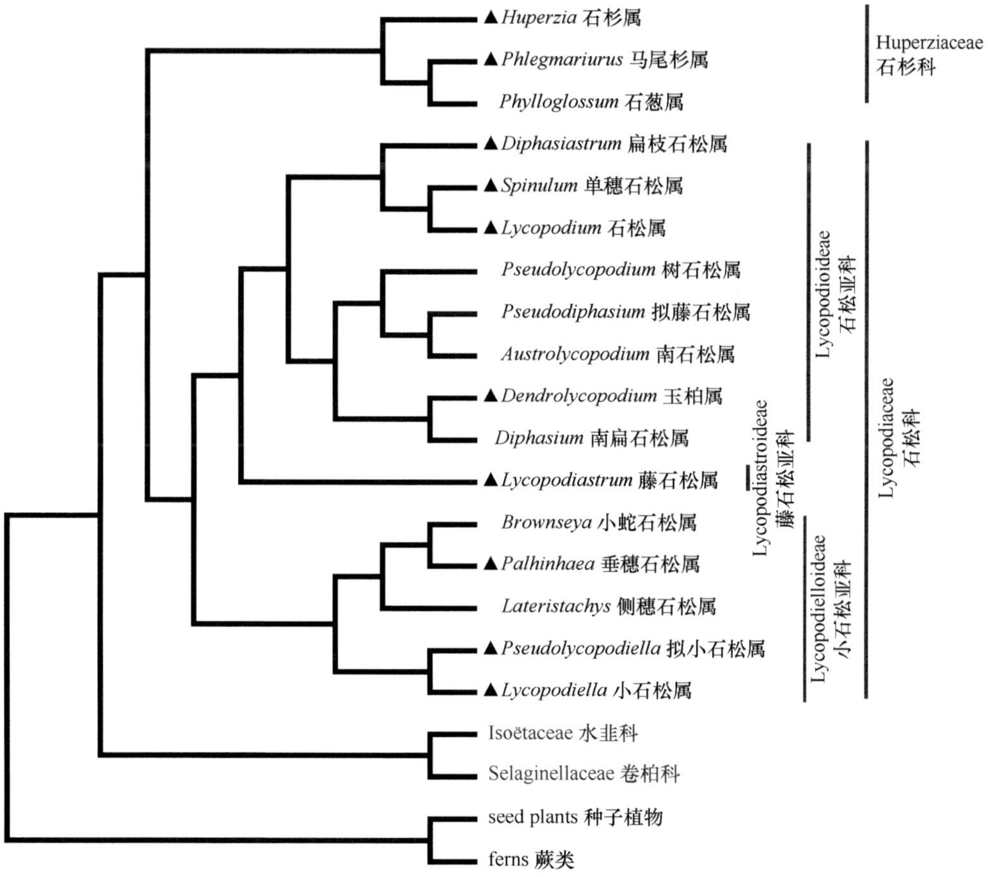

图 1　石松科和石杉科下各亚科和属间系统发育关系（PPG et al.，2016；Chen et al.，2022）

图中▲为中国分布属，后同

石松类植物包括石松目 Lycopodiales、水韭目 Isoëtales、卷柏目 Selaginellales 3 个目，含 4 科 28 属约 1300 种，中国有 4 科 21 属超过 200 种。

石松目 Lycopodiales DC. ex Bercht. & J. Presl

通常认为，石松目下仅石松科 Lycopodiaceae 1 科，包括 3 个亚科：石杉亚科 Huperzioideae、石松亚科 Lycopodioideae 以及小石松亚科 Lycopodielloideae (PPG I，2016)。

基于最新的研究结果，Zhang 和 Zhou (2021) 认为石松目下应该包括石杉科 Huperziaceae 和石松科 Lycopodiaceae。基于石松目的分类历史以及该目下类群间的形态及系统发育研究结果，本书采用此分类处理，承认石松目下包括石杉科和石松科 2 科，含 17 属约 470 种，中国 2 科均有，含 10 个属约 70 种。

石杉科 Huperziaceae*

小型或中型植物，附生或土生。茎直立或附生种类的茎柔软下垂或略下垂；具原生中柱或星芒状中柱；一回至多回二叉分枝。叶为小型叶，仅具中脉，一型或二型，无叶舌，螺旋状排列。孢子囊通常为肾形，具小柄，二瓣开裂，生于全枝或枝上部叶腋，或在枝顶端形成细长线形的孢子叶穗；孢子叶较小，与营养叶同形或异形。孢子球状四面体，具孔穴状纹饰。原叶体地下生，圆柱状或线形，长可达数厘米，单一或分枝，精子器和颈卵器生于原叶体背面。

该科有 3 属约 370 种，世界分布，中国有 2 属约 50 种 (Zhang and Iwatsuki，2013)。

分属检索表

1. 植株小于 5 cm，有地下块茎；叶线形，呈莲座状；孢子叶穗单一、短，着生于无叶的柄上 ……………………………………………… 石葱属 ***Phylloglossum***
1. 植株大，无地下块茎；营养叶生于伸长茎上；孢子叶穗无柄，或着生于一个有叶的柄上 ……………2
2. 植株一般小于 25 (~32) cm，土生或生于岩石上；茎直立或斜升；孢子枝跟无性枝或小枝同形；孢子叶与营养叶同形，不聚集成一个明显的孢子叶穗；营养叶纸质，边缘锯齿或全缘；茎和小枝靠上的部分常有芽胞 ……………………………………… 石杉属 ***Huperzia****
2. 植株高达 100 cm，附生植物；茎悬垂或斜升；孢子叶穗急剧变小，明显小于营养枝或小枝，极少大小相似；孢子叶明显不同于营养叶，或极少与营养叶近同形但聚集成多少明显的孢子叶穗；营养叶革质或近革质，叶边缘全缘；茎和小枝常无芽胞 ……………………… 马尾杉属 ***Phlegmariurus****

1. 石杉属 *Huperzia* Bernh.* (图 2)

[该属在 *Flora of China* (FOC) 和 PPG I 系统中被置于石松科 Lycopodiaceae]

小型或中型土生植物。茎直立；具原生中柱或星芒状中柱，二叉分枝，枝上部常着生芽胞。叶为小型叶，仅具中脉，一型；线形或披针形，螺旋状排列，常草质，无光泽，全缘或具锯齿。孢子叶与营养叶相似，但常较小。孢子囊生在全枝或枝上部叶腋，肾形，二瓣开裂。孢子球状四面体，极面观钝三角形，三边内凹，赤道面观扇形。染色体 x 为 11。

该属约 60 种，分布于亚热带和温带地区，其中亚洲亚热带地区多样性最高；中国约 30 种 (含 18 个特有种)，被划分为 2 个组 (Zhang and Iwatsuki，2013)，均被列为国家 II 级重点保护野生植物。

注：*代表中国分布科、属，后同。

图 2　长柄石杉 *Huperzia javanica* (Sw.) Fraser-Jenk.

2. 马尾杉属 *Phlegmariurus* (Herter) Holub* (图 3)

[该属在 FOC 和 PPG I 系统中被置于石松科 Lycopodiaceae]

中型附生植物。茎短而簇生，成熟枝下垂或近直，多回二叉分枝。叶螺旋状排列，披针形、椭圆形、卵形或鳞片状，革质或近革质，全缘。孢子叶穗常比不育部分细瘦或为线形。孢子叶与营养叶明显不同或相似，孢子囊生在孢子叶腋，肾形，二瓣开裂。孢子球状四面体，极面观近三角状圆形，赤道面观扇形。染色体 x 为 11、17。

该属约 250 种，主要分布于热带至亚热带 (Chen et al.，2022)；中国有 22 种 (Zhang and Iwatsuki，2013)，均被列为国家 II 级重点保护野生植物。

3. 石葱属 *Phylloglossum* Kunze

[该属在 PPG I 系统中被置于石松科 Lycopodiaceae]

植株亮黄色至黄绿色，肉质，簇生。地下有 1 小的白色至淡粉色卵球形至椭圆形块茎；具 1~2 根，肉质，白色。茎线形，先端锐尖，直立，大部分在地下。叶肉质，直立或开展，线形，锐尖，圆柱状，成簇聚生成莲座状。营养叶 7 月开始生长并可维持到 11 月晚期。生殖茎白色，肉质；孢子叶穗直立，长 4~10 mm；孢子叶卵状三角形，先端锐尖至逐渐变尖。孢子囊着生在孢子叶基部，孢子囊初期淡黄色，成熟后表面具霜。

该属仅 1 种：石葱 *Phylloglossum drummondii* Kunze，分布于澳大利亚和新西兰 (Haines，2003)，中国不产。

图 3　椭圆叶马尾杉 *Phlegmariurus henryi* (Baker) Ching

石松科 Lycopodiaceae*

小型至大型植物，土生或附生。主茎伸长，呈匍匐状或攀援状，或短而直立，附生种类的茎柔软下垂或略下垂；原生中柱、片状中柱或星芒状中柱；侧枝二叉分枝或近合轴分枝，极少为单轴分枝状。叶为小型单叶，仅具中脉，一型或二型，无叶舌；螺旋状排列，钻形、线形至披针形。孢子叶穗圆柱形或柔荑花序状，或在枝顶端形成细长线形的孢子叶穗，生于全枝或枝上部叶腋，通常生于孢子枝顶端或侧生。孢子叶形状、大小一般不同于营养叶，常膜质，一型，边缘有锯齿；孢子囊无柄或具小柄，着生孢子叶或营养叶腋，肾形，二瓣开裂。孢子球状四面体，常具网状或拟网状纹饰。染色体 x 为 13、17、23。

基于最新系统学研究结果，目前承认石松科下有 3 亚科 14 属：藤石松亚科 Lycopodiastroideae (1 属 1 种)、石松亚科 Lycopodioideae (8 属) 及小石松亚科 Lycopodielloideae (5 属) (Zhang and Zhou，2021)，过去常被置于石松科下的石杉亚科则被独立为石杉科。

亚科及分属检索表 (Zhang and Zhou，2021)

1\. 地上茎匍匐或直立；孢子叶穗单一或在生殖枝先端聚集；孢子表面有网状、皱状、棒状或者近网状纹饰······2
1\. 地上茎攀援；6~26 个孢子叶穗聚集在一个多回二叉分枝的孢子叶穗柄上；孢子表面有粗糙纹饰 (**藤石松亚科 Lycopodiastroideae**)······**藤石松属 *Lycopodiastrum*** *
2\. 孢子叶穗直立，无柄或有柄，生于有分枝的地上茎末端，或者孢子叶穗下垂且具柄；孢子表面有网状或棒状纹饰 (**石松亚科 Lycopodioideae**)······3
2\. 孢子叶穗悬垂无柄，或侧生于地上茎上，或直立并生于不分枝的地上茎末端；孢子表面有皱状或近网状纹饰 (**小石松亚科 Lycopodielloideae**)······10
3\. 分枝圆柱状或近圆柱状；具 6 列或更多列大小相似的营养叶······4
3\. 分枝扁平或四方形；具 2 种或 3 种大小不同的营养叶，排列成 4~5 列······8
4\. 孢子叶穗有柄······5
4\. 孢子叶穗无柄······6
5\. 直立茎营养叶先端有一长 1.5~4 mm 的透明毛；孢子叶近盾状着生，基部有一膜质翅······**石松属 *Lycopodium*** *
5\. 直立茎营养叶先端无透明毛；孢子叶盾状着生，基部无翅······**南石松属 *Austrolycopodium***
6\. 营养叶排列稀疏······7
6\. 营养叶排列紧密······**树石松属 *Pseudolycopodium***
7\. 直立茎有明显主轴，其上着生多次二叉分枝的枝；营养叶生于缢缩痕，先端略尖；水平横走茎着生于地下，没有冬芽的缢缩痕······**玉柏属 *Dendrolycopodium*** *
7\. 直立茎有 1~4 个近二叉分枝的枝；营养叶先端有一个长 0.4~1 mm 的小而硬的芒刺；水平横走茎近地表生，有冬芽缢缩痕······**单穗石松属 *Spinulum*** *
8\. 较小的营养叶在茎的背面和腹面都有着生；孢子叶穗直立或悬垂聚集在分开的生殖枝上······9
8\. 较小的营养叶仅着生于茎的腹面；孢子叶穗直立并单生于地上茎的末端，叶具短柄······**南扁石松属 *Diphasium***
9\. 营养叶排列稀疏，孢子叶穗悬垂······**拟藤石松属 *Pseudodiphasium***
9\. 营养叶排列紧密，孢子叶穗直立······**扁枝石松属 *Diphasiastrum*** *
10\. 直立茎上常有超过 3 个孢子叶穗······11
10\. 直立茎仅具 1~2 个孢子叶穗······12
11\. 孢子叶穗悬垂或稍微下垂 (*Palhinhaea bradei* 有直立孢子叶穗)，着生于分枝发达的直立树状主枝的小枝末端······**垂穗石松属 *Palhinhaea*** *
11\. 孢子叶穗直立，着生于直立茎侧面······**侧穗石松属 *Lateristachys***
12\. 孢子叶 2~4 (~5) 排列成互生的轮状，形成 4~9 (~10) 列；孢子囊在孢子叶间可见······**拟小石松属 *Pseudolycopodiella*** *
12\. 孢子叶每 5 或更多成一轮，形成 10 列或更多列；孢子囊成熟开裂前藏于分离的孢子叶内······13
13\. 营养叶显著长于孢子叶······**小蛇石松属 *Brownseya***
13\. 营养叶与孢子叶等长······**小石松属 *Lycopodiella*** *

小石松亚科 Lycopodielloideae W. H. Wagner & Beitel ex B. Øllg.*

植株有无柄的孢子叶穗，悬垂着生于枝上；具直立地上茎，有一次或二次分叉的直立孢子叶穗着生在地面匍匐或缠绕的茎背部。孢子囊侧壁表皮细胞直，除结节状或半环状增厚外，非木质化（Øllgaard，2012）。孢子表面有皱状或近网状纹饰。

该亚科含 5 属约 54 种（PPG I，2016；Chen et al.，2022；Zhang and Zhou，2021）。

1. 小蛇石松属 *Brownseya* Li Bing Zhang, L. D. Sheph., D. K. Chen, X. M. Zhou & H. He

土生。地面茎二叉分枝，匍匐并贴伏于地表；地上茎直立，不分枝。叶覆瓦状，线形至狭三角形，贴生，叶强烈二型，营养叶明显长于孢子叶；营养叶一型，螺旋排列，贴伏或疏展，线形至狭三角形，顶端渐尖。孢子叶穗单生，顶生于枝上，直立，有长柄；孢子叶 5 或更多，轮生排列，形成 10 列或更多；孢子囊呈圆形，二瓣状，着生于孢子叶腋内。

该属有 2~4 种，分布于澳大利亚、新喀里多尼亚、新西兰，目前仅模式种小蛇石松 *Brownseya serpentina* (Kunze) Li Bing Zhang, L. D. Sheph., D. K. Chen, X. M. Zhou & H. He 被取样进行分子研究（Chen et al.，2022），中国不产。

2. 侧穗石松属 *Lateristachys* Holub

孢子体具二叉水平分枝的地下主茎，同时具匍匐至直立的茎。孢子叶穗无柄，着生于短的直立侧枝上，常被邻近的营养枝覆盖。孢子囊近球形，等二瓣状，由孢子叶穗轴和邻近孢子叶基膜形成的空腔包裹。

该属约 4 种，分布于澳大利亚（Holub，1983；Øllgaard，2012），中国不产。

3. 小石松属 *Lycopodiella* Holub*

小型多年沼生或湿生植物。主茎匍匐状，单一或多回二叉分枝。叶螺旋状排列，披针形至线形。孢子枝单生，直立；苞片密生，形状同匍匐茎的叶，孢子叶穗单生，圆柱形；孢子叶二型，线状披针形和披针形，覆瓦状排列，先端渐尖或钝；孢子囊生于孢子叶腋，内藏或略露出，近球形，黄色。染色体 x 为 78。

该属约 15 种，分布于北温带和美洲热带（Haines，2003；Chen et al.，2021），中国仅 1 种：小石松 *Lycopodiella inundata* (L.) Holub (Zhang and Iwatsuki，2013)。

4. 垂穗石松属 *Palhinhaea* Franco & Vasc.* (图 4)

中型至大型土生植物。主茎直立；侧枝上斜，多回不等二叉分枝，小枝有纵棱。主茎及侧枝上的叶螺旋状排列，钻形至线形，通直或略内弯，基部圆形，下延，无柄，先端渐尖，边缘全缘，中脉不明显，纸质。孢子叶穗单生于小枝末端，短圆柱形，成熟时通常下垂，淡黄色，无柄；孢子叶卵状菱形，覆瓦状排列，尾状，边缘膜质具不规则锯齿；孢子囊内藏，圆肾形。

该属约 25 种，分布于热带和亚热带，中国有 2 种：垂穗石松 *Palhinhaea cernua* (L.) Vasc. & Franco [=*Lycopodium cernuum* L. (FOC)]（图 4）和海南垂穗石松 *P. hainanensis* C. Y. Yang [=*L. hainanense* (C. Y. Yang) Li Bing Zhang (FOC)] (Zhang and Iwatsuki，2013)。

图 4　垂穗石松 *Palhinhaea cernua*

5. 拟小石松属 *Pseudolycopodiella* Holub*

土生。茎直立，有长的地表横走茎。叶不等大，边缘全缘。孢子叶穗单生小枝顶端；孢子叶近盾状着生，2~5 孢子叶交互近螺旋状排列，交织在一起形成 4~10 列；孢子囊二瓣开裂，着生于孢叶柄近基部，孢子囊表皮细胞具不完全半环形增厚；孢子近极面有皱状纹饰。配子体地表半腐生，块状。染色体 x 为 35。

该属约 10 种，主要分布于美国以及热带和亚热带，中国仅 1 种：拟小石松 *Pseudolycopodiella subinundata* (Tagawa) Li Bing Zhang, X. Wan, Ralf Knapp & H. He [=*Lycopodiella caroliniana* (L.) Pic. Serm. (FOC)] (Haines，2003；Zhang and Iwatsuki，2013；Wan et al.，2023)。

石松亚科 Lycopodioideae W. H. Wagner & Beitel ex B. Øllg.*

植株直立。枝着生于匍匐茎或地下茎的背面或侧面，在茎上间断排列。孢子叶穗直立，有柄或无柄，着生于地上茎上；孢子囊表皮细胞具波状的木质化侧壁。孢子表面有棒状或网状纹饰 (Wilce，1972；Øllgaard，2012)。

该亚科有 8 属约 58 种 (PPG I，2016；Zhang and Zhou，2021)。

6. 南石松属 *Austrolycopodium* Holub

根状茎常生于地下，匍匐，具散生伏贴的鳞片状叶。小枝开展至直立，多分枝。叶螺旋状排列，覆瓦状，线形至线状披针形，弯曲，绿色至黄绿色或橙色。孢子叶穗顶生，

1~3 个聚生在一个共同的孢子叶穗梗上，孢子叶穗梗具大量散生的伏贴鳞叶；孢子叶覆瓦状排列，盾状着生，披针形，淡棕至深棕色或略呈橙色，具颜色较浅的膜质边缘。

该属约 8 种，分布于南半球 (Haines，2003；Chen et al.，2022)，中国不产。

7. 玉柏属 *Dendrolycopodium* A. Haines* (图 5)

土生。具地下匍匐茎和树状直立茎。叶一型或稍二型，在茎上每轮 3 叶片交互形成假螺旋状排列，排成 6 列，叶无明显的刺状或毛状尖头。孢子叶穗无柄，孢子叶近盾状着生；孢子囊等二瓣状，着生于孢子叶柄近基部，孢子囊表皮细胞有均匀弯曲的带凹痕的侧壁。孢子远极面有网状纹饰，近极面为不联合的脊。配子体生于地下，完全腐生，盘状。染色体 x 为 34。

该属约 5 种，分布于北温带 (Haines，2003)，中国有 2 种：笔直石松 *Dendrolycopodium verticale* (Li Bing Zhang) Li Bing Zhang & X. M. Zhou [= *Lycopodium verticale* Li Bing Zhang (FOC)]和玉柏 *D. obscurum* (L.) A. Haines [=*L. obscurum* L. (FOC)]。

图 5　玉柏 *Dendrolycopodium obscurum*

8. 扁枝石松属 *Diphasiastrum* Holub* (图 6)

小型至中型土生植物。主茎伸长，呈匍匐状；侧枝近直立，多回不等二叉分枝，小枝扁平或为扁压状。叶排成 4 列，三角形或钻形，基部贴生在枝上，下延，无柄，先端尖锐，略内弯，边缘全缘，中脉不明显，厚草质或革质。孢子叶穗生于孢子枝顶端，圆柱形，淡黄色；孢子叶宽卵形，覆瓦状排列，先端急尖，尾状，边缘膜质，具不规则锯齿；孢子囊生于孢子叶腋，内藏，圆肾形，黄色。孢子四面球形，极面观近圆形，赤道面观扇形。染色体 x 为 23。

该属 20 余种，分布于北半球温带和热带山地 (Øllgaard and Windisch，2014)，中国有 5 种：扁枝石松 *Diphasiastrum complanatum* (L.) Holub [=*Lycopodium complanatum* L. (FOC)]

(图 6)、灰白扁枝石松 *D. multispicatum* (J. H. Wilce) Holub [=*L. multispicatum* J. H. Wilce (FOC)] (Chen et al.，2022)、高山扁枝石松 *D. alpinum* (L.) Holub [=*L. alpinum* L. (FOC)]、矮小扁枝石松 *D. veitchii* (Christ) Holub [=*L. veitchii* Christ (FOC)]和玉山扁枝石松 *D. yueshanense* (C. M. Kuo) Holub [=*L. yueshanense* C. M. Kuo (FOC)] (Zhang and Iwatsuki，2013)。

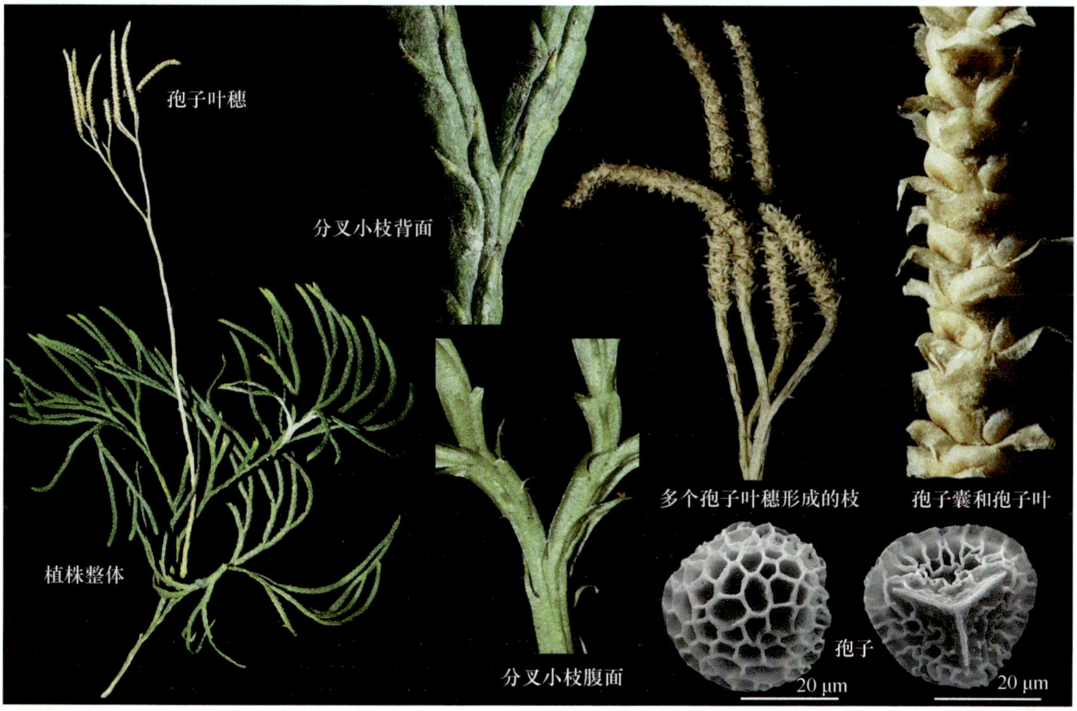

图 6　扁枝石松 *Diphasiastrum complanatum*

9. 南扁石松属 *Diphasium* C. Presl ex Rothm.

主茎生于地下、地表匍匐或近直立；小枝有背腹面。叶不等大，交互对生，背面 2 列叶较宽，腹面 2~3 列叶较狭窄，叶先端干膜质。孢子叶穗有柄或无柄；孢子叶盾状或近盾状着生。

该属约 5 种，分布于菲律宾至澳大利亚，以及加勒比海和南美洲 (Øllgaard and Windisch，2014)，中国不产。

10. 石松属 *Lycopodium* L.* (图 7)

多年生中型土生植物。主茎伸长匍匐地面，侧枝直立，或主茎直立而具地下横走茎；侧枝一回至多回二叉分枝；小枝密，直立或斜展。叶螺旋状排列，线形、钻形或狭披针形，基部楔形，下延，无柄，先端渐尖，边缘全缘或具齿，纸质至革质。孢子叶穗单生或聚生于孢子枝顶端，圆柱形；孢子叶较营养叶宽，先端急尖，边缘膜质具齿，纸质；孢子囊生于孢子叶腋，内藏，圆肾形，黄色。染色体 x 为 17、34 (Haines，2003)。

该属约 10 种，世界分布，中国有 3 种：石松 *Lycopodium japonicum* Thunb. (图 6)、东北石松 *L. clavatum* L. 和成层石松 *L. zonatum* Ching (Zhang and Iwatsuki，2013)。

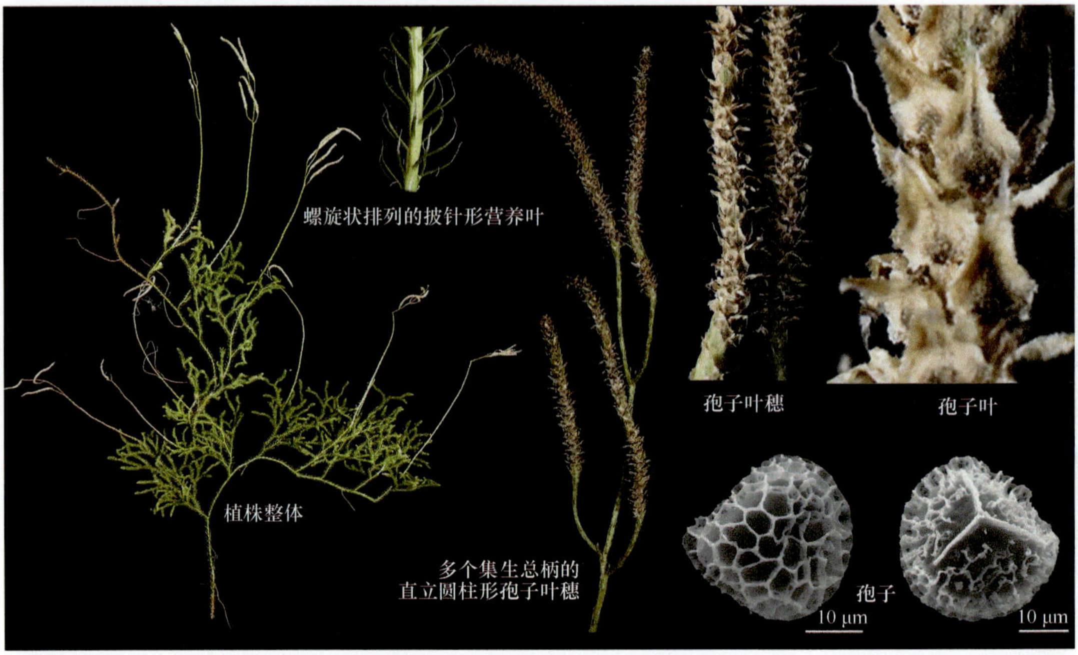

图 7 石松 *Lycopodium japonicum*

11. 拟藤石松属 *Pseudodiphasium* Holub

多年生土生植物。主茎生于地上，有匍匐或者攀援的枝；小枝有背腹面。叶不等大，有 3 种叶型，在背部排成 1 列或 2 列，腹部 1 列叶狭窄近钻形，腹部叶基部不明显下延，侧生 2 列叶宽，互生或近对生。孢子叶穗下垂至悬垂，着生在多分枝有梗的小枝上；孢子叶鳞片状。

该属可能仅 1 种：*Pseudodiphasium volubile* (G. Forst.) Holub，分布于马来半岛、菲律宾至南太洋岛屿、澳大利亚和新西兰 (Øllgaard，2012)，中国不产。

12. 树石松属 *Pseudolycopodium* Holub

多年生土生植物。地下主茎伸长；地上主茎树状。叶形多变，钻形，边缘全缘，完全草质；或卵状披针形，近盾状着生，紧密覆瓦状排列，叶边缘和基部有干膜质毛。孢子叶穗无柄；孢子叶扁平，三角状卵形，有短柄，垂直于孢子叶穗轴，鳞片状。

该属仅 1 种：*Pseudolycopodium densum* (Rothm.) Holub，分布于澳大利亚、新西兰和新喀里多尼亚 (Øllgaard，2012)，中国不产。

13. 单穗石松属 *Spinulum* A. Haines* (图 8)

土生。具直立分枝茎和地面匍匐茎。叶一型，在茎上 4~5 叶交互假螺旋状排成 8~10 列，叶先端有一个微小的坚硬刺尖头。孢子叶穗无柄，单生，孢子叶近盾状着生；孢子囊生于孢子叶腋，内藏，圆肾形。孢子远极面网状，近极面有矮的乳头状纹饰。配子体生于地下，完全腐生，盘状。染色体 x 为 34 (Haines，2003)。

该属约 4 种，分布于北温带；中国有 1 种：滇谔单穗石松 *Spinulum lioui* Li Bing Zhang

& H. He (图 8)，在 FOC 中，该种被处理为多穗石松 *S. annotinum* (L.) A. Haines (Chen et al.，2017a，2022)，但最近的研究表明除俄罗斯远东地区外，亚洲可能没有多穗石松 *S. annotinum* 分布 (Wan et al.，2023)。

图 8　慎谓单穗石松 *Spinulum lioui*

藤石松亚科 Lycopodiastroideae Li Bing Zhang & X. M. Zhou*

该亚科仅藤石松属 *Lycopodiastrum* 1 属 1 种。

14. 藤石松属 *Lycopodiastrum* Holub ex R. D. Dixit* (图 9)

大型土生植物。地下茎长而匍匐；地上主茎木质藤状。叶螺旋状排列，贴生，卵状披针形至钻形，基部突出，弧形，无柄，先端渐尖，具 1 膜质长芒或芒脱落；叶螺旋状排列，但叶基扭曲使小枝呈扁平状，密生，上斜，钻状，上弯，基部下延，无柄，先端渐尖，具长芒，边缘全缘，背部弧形，腹部有凹槽。能育枝柔软，多回二叉分枝；苞片与主茎相同，仅略小；孢子叶穗每 6~26 一组生于多回二叉分枝的孢子枝顶端，排列成圆锥形；孢子叶阔卵形，覆瓦状排列，先端急尖，具膜质长芒，边缘具不规则钝齿，厚膜质；孢子囊生于孢子叶腋，内藏，圆肾形，黄色。染色体 x 为 34。

该属仅 1 种：藤石松 *Lycopodiastrum casuarinoides* (Spring) Holub ex R. D. Dixit (图 9)，广布于亚洲热带和亚热带，延伸到巴布亚新几内亚，中国有分布 (Zhang and Iwatsuki，2013)。

图 9　藤石松 *Lycopodiastrum casuarinoides*

水韭目 Isoëtales Prantl

该目仅水韭科 Isoëtaceae 1 科。

水韭科 Isoëtaceae*

多年生小型植物，通常水生、两栖或湿生，罕见旱生。通常具由扁圆块茎状或顶端扁平的短而粗的肉质茎与其下不发达的根托共同构成短的根状茎，具原生中柱及特殊的次生生长构造，下部 2~3 (罕 4) 裂，裂沟内长出多数二叉分枝的长粗根，上端簇生螺旋状排列的叶丛。叶长钻形，略似韭菜，基部近轴面有 1 叶舌，基部两侧扩大成鞘状，并有膜质边缘，生孢子囊的部位较肥厚，叶内有 1 直达顶端的维管束，其周围有 4 条局部被横膈膜分隔的纵向气孔道。孢子囊大，略扁平椭圆形或近圆球形，异形，但大小相同，分别生于叶基部近轴面特化的凹穴内；每一生长周期，生于新生叶丛外轮叶的为大孢子囊，生于内轮叶的为小孢子囊；大孢子囊内产生大孢子 50~300 个；小孢子囊内产生极多的小孢子，多达 15 万~100 万个。孢子具周壁。大孢子四面体，三裂缝，圆球形，通常粉白色，近极面有 3 棱脊，从中央向赤道面辐射，与沿赤道面的环形棱脊相连，远极面无棱脊，外壁表面常有颗粒状或疣状纹饰。小孢子两面体，极细小，单裂缝，椭圆形，外壁表面有颗粒状及刺状纹饰。

该科仅水韭属 *Isoëtes* L. 1 属，250~350 种，世界分布，中国约有 15 种分布。

1. 水韭属 *Isoëtes* L.* (图 10)

特征同科。

该属现存 250~350 种，其中约 60%是多倍体 (Troia et al.，2016；Suissa et al.，2022)，世界分布，大部分种分布于北半球，少部分可以分布到热带地区，大部分种狭域分布。由于人类对水韭属植物生存环境的影响，属内植物数量急剧下降 (Yang et al.，2022a)。中国约 15 种，均被列为国家 I 级重点保护野生植物，其中二倍体、四倍体和六倍体均有 (Zhang and Taylor，2013；Gu et al.，2022)。

图 10　云贵水韭 *Isoëtes yunguiensis* Q. F. Wang & W. C. Taylor

卷柏目 Selaginellales Prantl

该目仅卷柏科 Selaginellaceae 1 科。

卷柏科 Selaginellaceae*

通常为多年生植物，土生、石生，极少附生，有时为莲座状，常绿或夏绿。茎具原生中柱或管状中柱，单一或二叉分枝；根托生分枝的腋部，从背轴面或近轴面生出，沿茎和枝遍体通生，或只生茎下部或基部。主茎直立或长匍匐，或短匍匐然后直立，多次分枝，或具明显的不分枝的主茎，上部呈叶状的复合分枝系统，有时攀援生长。叶螺旋排列或排成 4 列，单叶，具叶舌；主茎的叶一型或二型，在分枝上通常排成 4 列。孢子叶穗生于茎或枝先端，紧密或疏松，四棱形或压扁，偶呈圆柱形；孢子叶 4 列排列，一型或二型，孢子叶二型时通常倒置，少不倒置。孢子囊近轴面生于叶腋内叶舌的上方，二型，在孢子叶穗上各式排布；每个大孢子囊内有 4 个大孢子，偶有 1 个或多个；每个小孢子囊内小孢子多数，100 个以上。孢子表面纹饰多样，大孢子直径 200~600 μm，极少可以达到 1000 μm；小孢子直径 20~60 μm。配子体微小，在大孢子内发育。染色体 x 为 8、9、10。

卷柏科与水韭科构成姐妹群，具大小孢子和叶基部具叶舌是这两个科的共有衍征 (Zhou et al.，2016；Zhou and Zhang，2023)。

卷柏科目前承认有 755 种 (Zhou et al.，2025)，FOC 记载中国有卷柏科植物 72 种 (Zhang et al.，2013a)，但近些年随着研究的深入，大量新种被报道，中国可能超过 100 种。

卷柏科很多物种可用于消肿、烧伤、烫伤、外伤出血、跌打损伤等 (Setyawan，2011)。卷柏科植物的翠云草 *Didiclis uncinata* (Desv. ex Poir.) Li Bing Zhang & X. M. Zhou、小翠云 *Gymnogynum kraussianum* (Kunze) Weakley 等已被大量栽培，作为园林重要的观赏植物。

基于最新的分子系统学和分类学研究，卷柏科包含 8 亚科 20 属，分别为：北方卷柏亚科 Boreoselaginelloideae、关节卷柏亚科 Gymnogynoideae、异穗卷柏亚科 Lycopodioidoideae、墨西哥卷柏亚科 Mexiselaginelloideae、垫状卷柏亚科 Pulvinielloideae、同穗卷柏亚科 Selaginelloideae、圆穗卷柏亚科 Selaginoidoideae 和中华卷柏亚科 Sinoselaginelloideae (Zhou and Zhang，2023；Zhou et al.，2025) (图 11)。

亚科及分属检索表 (Zhou and Zhang，2023)

1. 营养叶盾状着生，叶脉分叉 (**墨西哥卷柏亚科 Mexiselaginelloideae**)……………………………………………………………………………… **墨西哥卷柏属 *Mexiselaginella***
1. 营养叶基部着生，叶脉不分叉 ……………………………………………………………2
2. 无根托；营养叶螺旋状排列；孢子叶穗圆柱形 (环北极及夏威夷群岛分布；染色体 $2n$ 为 18) (**圆穗卷柏亚科 Selaginoidoideae**)……………………………… **圆穗卷柏属 *Selaginoides***
2. 有根托；营养叶螺旋状排列、交互对生或 4 列排列；孢子叶穗四方形或背腹压扁 (染色体 $2n$ 为 16~60) ……………………………………………………………………………3
3. 根托着生在茎或分枝的背面；如果根托仅着生在植株基部，则营养叶至少在下部交互对生 ………4
3. 根托着生在茎或分枝的腹面；如果根托仅着生在植株基部，则营养叶在主茎上成螺旋状排列或 4 列排列……………………………………………………………………………10
4. 植物旱生，不呈莲座状，匍匐；营养叶 4 列；孢子叶穗在背面和腹面有多个大孢子囊；大孢子表面密生联合的瘤状纹饰，不呈网状 (**北方卷柏亚科 Boreoselaginelloideae**) ……………………………………………………………………… **北方卷柏属 *Boreoselaginella****
4. 植物不旱生，如果旱生则植株呈莲座状或主茎及分枝具螺旋状着生的同形营养叶，直立、近直立、斜升、攀援或匍匐 (如果匍匐，则植物通体叶同形或者孢子叶穗仅具一个大孢子囊在基部)；大孢子表面常有典型的网状或脑纹状纹饰 (**关节卷柏亚科 Gymnogynoideae**) ……………………5

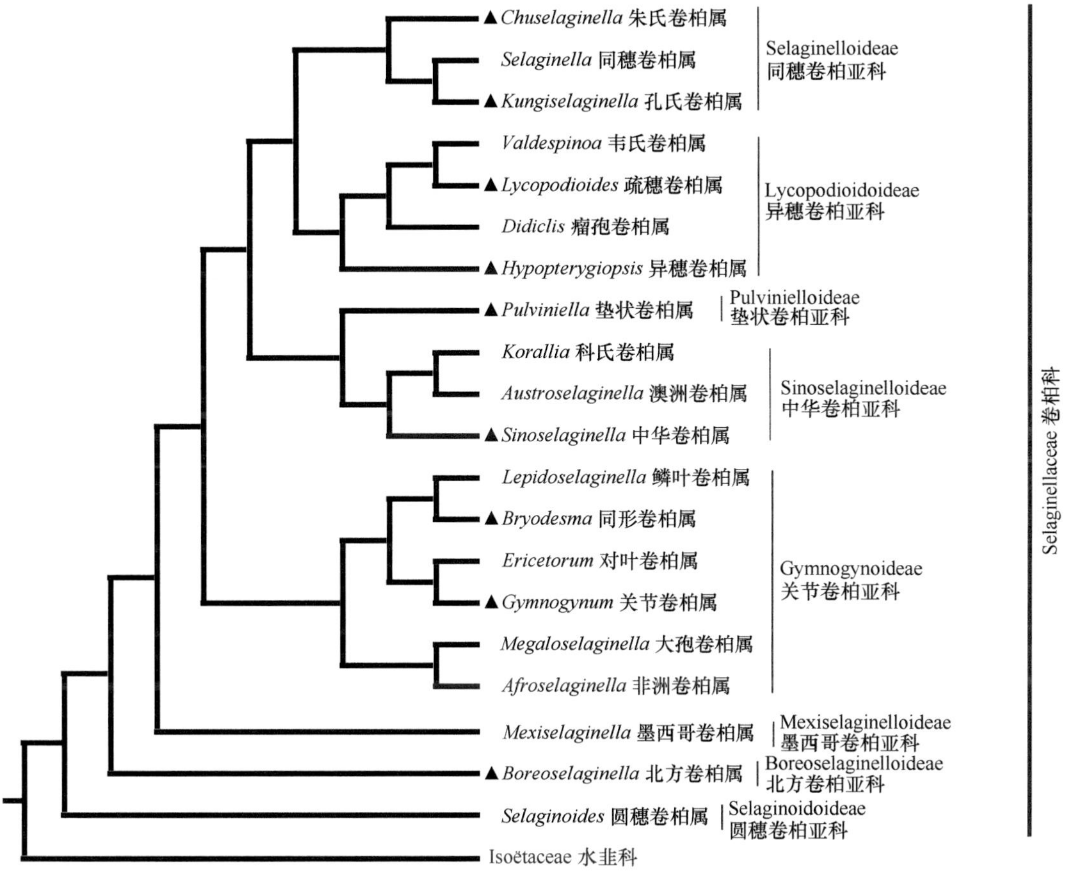

图 11　卷柏科下各亚科和属间系统发育关系（Zhou and Zhang，2023；Hou et al.，2025）

5. 植株通体（或至少主茎上）为严格的同型营养叶……………………………………………6
5. 植株通体为稍微同型或二型的营养叶……………………………………………………7
6. 植株常匍匐；营养叶同型，在植株上螺旋状着生………………… **同形卷柏属 *Bryodesma*** *
6. 植株直立；营养叶同型，在植株上通体（或至少在主茎上）交互对生……… **对叶卷柏属 *Ericetorum***
7. 植株莲座状…………………………………………………………… **鳞叶卷柏属 *Lepidoselaginella***
7. 植株非莲座状…………………………………………………………………………8
8. 主茎无关节；小孢子具赤道环，表面有瘤状纹饰……………………… **非洲卷柏属 *Afroselaginella***
8. 主茎常具关节；小孢子无赤道环，表面有刺状或柱状纹饰…………………………………9
9. 植株极高大（高达 1 m）；主茎的维管束为星状编织中柱；大孢子直径达 1.5 mm；小孢子表面有柱状纹饰………………………………………………………… **大孢卷柏属 *Megaloselaginella***
9. 植株小于 80 cm；主茎的维管束为单体中柱、星状中柱或编织中柱；大孢子直径小于 1 mm；小孢子表面有刺状纹饰…………………………………………………… **关节卷柏属 *Gymnogynum*** *
10. 植物旱生；常呈莲座状，罕见直立，根托严格限制在主茎基部以及植株干后常蜷缩；大孢子表面粗糙，不形成明显纹饰；小孢子球形（**垫状卷柏亚科 Pulvinielloideae**）…… **垫状卷柏属 *Pulviniella*** *
10. 植物生长在潮湿环境或极少稍微旱生；主茎直立、近直立、斜升、匍匐或攀援，罕见呈莲座状；大孢子表面形成明显纹饰；小孢子半球形，表面有网状纹饰……………………………………11
11. 孢子叶同型（如果孢子叶二型，则大孢子表面常有网眼不闭合的网状纹饰，只包括所有美洲孢子叶为二型的种类)；大孢子表面有网状纹饰；小孢子远极面常有疣状至棒状纹饰 ························17
11. 孢子叶二型 (如果孢子叶同型，则大孢子表面有疣状纹饰、低的褶皱、瘤状纹饰、细网状纹饰或有穿孔)；大孢子表面常有瘤状纹饰；小孢子表面瘤状、钝刺状、片状或鸡冠状，或表面近光滑但附着小球，或极少远极面有棒状纹饰 (除韦氏卷柏属 *Valdespinoa* 和 *Didiclis hoffmannii* 外，几乎全部分布于旧世界) (**异穗卷柏亚科 Lycopodioidoideae**) ··························12
12. 孢子叶二型，倒置或非倒置 (或孢子叶同型，但是孢子叶穗疏松，孢子叶形态与营养叶相似) ···13
12. 孢子叶二型，孢子叶穗显著不同于营养叶部分 ··························15
13. 孢子叶穗不倒置 (孢子叶二型) 或极少稍微疏松 (同型)，孢子叶排列疏松 ························ **疏穗卷柏属 *Lycopodioides*** *
13. 孢子叶穗倒置 (孢子叶二型)，孢子叶排列紧密 ··························14
14. 中叶倒卵形 ························ **瘤孢卷柏属 *Didiclis*** *
14. 中叶不为倒卵形，一般多少为卵形 ························ **异穗卷柏属 *Hypopterygiopsis*** *
15. 植株小型，约 10 cm，严格匍匐；孢子叶穗下部孢子叶常缩小成柄状 ······ **韦氏卷柏属 *Valdespinoa***
15. 植株中型至大型，一般超过 20 cm，直立或常攀援或有时匍匐；孢子叶穗下部孢子叶不缩小成柄状 ··························16
16. 大孢子表面有瘤状和常联合形成像网状的纹饰；小孢子表面有钝刺、片状或鸡冠状纹饰 ························ **瘤孢卷柏属 *Didiclis*** *
16. 大孢子表面有细网状纹饰；小孢子表面有低的瘤状纹饰或光滑而表面附着不规则的小球 ························ **异穗卷柏属 *Hypopterygiopsis*** *
17. 孢子叶穗有多个大孢子叶 (孢子囊)；大孢子小于 400 μm，表面有网状纹饰 (**同穗卷柏亚科 Selaginelloideae**) ··························18
17. 孢子叶穗仅具一个 (或少量几个) 大孢子叶 (孢子囊)，在孢子叶穗基部；大孢子大于 400 μm，表面有非网状纹饰 (**中华卷柏亚科 Sinoselaginelloideae**) ··························20
18. 除了 *Selaginella cathedrifolia* 分布在非洲，其余种均分布于美洲 ··············· **同穗卷柏属 *Selaginella***
18. 旧世界分布 ··························19
19. 侧叶叶脉两边有 2 条浅色带；孢子近极面裂缝末端没有环带；小孢子表面有钝刺状纹饰 ························ **孔氏卷柏属 *Kungiselaginella*** *
19. 侧叶叶脉两边没有 2 条浅色带；孢子近极面裂缝末端有一环带；小孢子表面有棒状纹饰 ························ **朱氏卷柏属 *Chuselaginella*** *
20. 植物旱生；小孢子表面有突出的瘤状纹饰 (分布于亚洲东部和南部扩展至阿拉伯和非洲东部) ························ **中华卷柏属 *Sinoselaginella*** *
20. 植物非旱生；小孢子表面疣状或粗糙 (分布于澳大利亚、马达加斯加及邻近岛屿) ······················21
21. 侧叶基部两侧常呈耳状；小孢子近极面常有 3 个小孔 (分布于马达加斯加及邻近岛屿) ························ **科氏卷柏属 *Korallia***
21. 侧叶基部两侧不呈耳状；小孢子近极面无孔 (分布于澳大利亚) ········ **澳洲卷柏属 *Austroselaginella***

圆穗卷柏亚科 Selaginoidoideae Li Bing Zhang & X. M. Zhou

植株直立，无根托。营养叶同型螺旋状排列。孢子叶同型；螺旋状排列。大孢子表面有钝刺状至瘤状纹饰，小孢子表面有刺状纹饰。染色体 $2n$ 为 18 (Zhou and Zhang，2023)。

该亚科仅圆穗卷柏属 *Selaginoides* 1 属，含 2 种，分布于夏威夷群岛和环北极 (Zhou and Zhang，2023)。

1. 圆穗卷柏属 *Selaginoides* Ség.

[该属在 PPG I 系统中被置于卷柏属 *Selaginella*]

特征同亚科。

该属有 2 种：*Selaginoides deflexa* (Brack.) Li Bing Zhang & X. M. Zhou 和 *Selaginoides spinulosa* (A. Braun ex Döll) Li Bing Zhang & X. M. Zhou，分布于夏威夷群岛和环北极 (Zhou and Zhang，2015，2023；Zhou et al.，2025)。

北方卷柏亚科 Boreoselaginelloideae Li Bing Zhang & X. M. Zhou*

植株旱生，匍匐，根托背部着生。营养叶 4 列排列，近同型或二型，有腋叶；孢子叶同型。大孢子表面密生联合瘤状纹饰；小孢子表面有皱状至瘤状纹饰。染色体 $2n$ 为 30 (Zhou and Zhang，2023)。

该亚科仅北方卷柏属 *Boreoselaginella* 1 属，共 7 种，分布于东亚和西亚至俄罗斯 (欧洲部分)，中国有分布 (Zhang et al.，2023)。

2. 北方卷柏属 *Boreoselaginella* (Warb.) Li Bing Zhang & X. M. Zhou* (图 12)

[该属在 FOC 和 PPG I 系统中被置于卷柏属 *Selaginella*]

特征同亚科。

该属有 7 种，分布于东亚和西亚至俄罗斯 (欧洲部分)，中国有 6 种 (Zhou and Zhang, 2023)。

关节卷柏亚科 Gymnogynoideae Li Bing Zhang & X. M. Zhou*

植株直立、斜升或匍匐，极少攀援或莲座状；根托着生在主茎或分枝的背部，部分种根托仅着生在主茎基部。营养叶通体同型或交互对生 (或至少在基部交互对生)，或叶 4 列排列。孢子叶同型，仅具一个大孢子叶 (大孢子囊) 在孢子叶穗基部。大孢子表面常有高度缠绕的翅状裂缝在近轴面极点形成的一个复杂区域 (对叶卷柏属 *Ericetorum*)；或大孢子表面有网状纹饰；小孢子表面有瘤状纹饰、皱状纹饰至刺状纹饰。染色体 $2n$ 为 18、20。

该亚科有 6 属 124 种，主要分布于非洲、亚洲、美洲 (Zhou and Zhang，2023)，中国有 2 属。

3. 非洲卷柏属 *Afroselaginella* Li Bing Zhang & X. M. Zhou

[该属在 PPG I 系统中被置于卷柏属 *Selaginella*]

植株匍匐，茎不具关节。每个孢子叶穗仅具一个大孢子叶 (大孢子囊)，大孢子网状纹饰有极宽且高的网脊；小孢子具赤道环。

该属约 4 种，分布于非洲和美洲 (Zhou and Zhang，2015，2023；Zhou et al.，2025)，中国不产。

图 12　钱叶北方卷柏 *Boreoselaginella nummularifolia* (Ching) Li Bing Zhang & X. M. Zhou

4. 同形卷柏属 *Bryodesma* Soják* (图 13)

[该属在 FOC 和 PPG I 系统中被置于卷柏属 *Selaginella*]

旱生。植株匍匐，根托着生在茎和分枝的背部。营养叶同型，通体螺旋状排列，无明显腋叶。大孢子表面常有脑纹状纹饰，小孢子近极面常有不规则和粗糙的褶皱状纹饰。

该属有 50~60 种，主要分布于北美洲，少量分布在非洲和亚洲 (Zhou and Zhang，2023)，中国有 4 种：印度同形卷柏 *Bryodesma indicum* (R. M. Tryon) Soják、细瘦同形卷柏 *B. vardei* (H. Lév.) Soják (图 13)、西伯利亚同形卷柏 *B. sibiricum* (Milde) Soják 和北海道同形卷柏 *B. shakotanense* (Franch. ex Takeda) Soják (Zhou and Zhang，2023)。

图 13　细瘦同形卷柏 *Bryodesma vardei* (H. Lév.) Soják

5. 对叶卷柏属 *Ericetorum* (Jermy) Li Bing Zhang & X. M. Zhou

[该属在 PPG I 系统中被置于卷柏属 *Selaginella*]

植株直立，根状茎具单体中柱，根托仅着生在植株基部。营养叶同型，交互对生，或至少在植株的主茎上交互对生。大孢子表面有网状纹饰；小孢表面有芽胞状、凹孔状、瘤状至块状纹饰，或者表面粗糙有小刺状或芽胞状的细微纹饰。

该属有 8 种，分布于澳大利亚、非洲和马达加斯加 (Zhou and Zhang，2015，2023)，中国不产。

6. 关节卷柏属 *Gymnogynum* P. Beauv.* (图 14)

[该属在 FOC 和 PPG I 系统中被置于卷柏属 *Selaginella*]

植株直立、匍匐或斜升，茎及分枝处常有膨大关节，干后常呈黑色。孢子叶穗仅 1 个大孢子叶在孢子叶穗基部，根托背部着生。大孢子大，表面有典型的网状纹饰；小孢子表面常有刺状纹饰 (Zhou and Zhang，2015，2023)。

该属约 50 种，主要分布于美洲，少量分布于非洲和亚洲 (Zhou and Zhang，2023；Zhou et al.，2025)，中国有 1 个原生种疏叶关节卷柏 *Gymnogynum remotifolium* (Spring) Li Bing Zhang & X. M. Zhou (图 13) 和一个外来种小翠云 *G. kraussianum* (Kunze) Weakley。

图 14　疏叶关节卷柏 *Gymnogynum remotifolium*

7. 鳞叶卷柏属 *Lepidoselaginella* Li Bing Zhang & X. M. Zhou

[该属在 PPG I 系统中被置于卷柏属 *Selaginella*]

植株莲座状，根托着生在主茎背部。大孢子远极面为高脊形成网状纹饰，小孢子常以四周包裹多条脊的四分体形式存在 (Zhou and Zhang，2015，2023)。

该属有 4 种：鳞叶卷柏 *Lepidoselaginella lepidophylla* (Hook. & Grev.) Li Bing Zhang &

X. M. Zhou、*L. novoleonensis* (Hieron.) Li Bing Zhang & X. M. Zhou、*L. ribae* (Valdespino) Li Bing Zhang & X. M. Zhou 和 *L. rzedowskii* (Lorea-Hern.) Li Bing Zhang, & X. M. Zhou，分布于美国和墨西哥)，中国不产 (Zhou and Zhang，2015，2023；Zhou et al.，2025)。

8. 大孢卷柏属 *Megaloselaginella* Li Bing Zhang & X. M. Zhou

[该属在 PPG I 系统中被置于卷柏属 *Selaginella*]

土生。植株直立，大型，高达 1 m，茎具独特的星状编织中柱；根托着生在主茎背部。具卷柏科最大的大孢子，直径可达 1.5 mm，大孢子表面有网状纹饰，网脊极高；小孢子表面有柱状至棒状纹饰 (Zhou and Zhang，2015，2023)。

该属有 3 种：*Megaloselaginella exaltata* (Kunze) Li Bing Zhang & X. M. Zhou、*M. gigantea* (Steyerm. & A. R. Sm.) Li Bing Zhang & X. M. Zhou 和 *M. grallipes* (Alston) Li Bing Zhang & X. M. Zhou，分布于美洲南部和中部，中国不产 (Zhou and Zhang，2023；Zhou et al.，2025)。

中华卷柏亚科 Sinoselaginelloideae Li Bing Zhang & X. M. Zhou*

稍微旱生。植株直立、斜升或匍匐，腹部着生根托，茎无关节。营养叶二型。孢子叶同型，孢子叶穗仅一个大孢子叶，在基部。大孢子表面有瘤状纹饰，有时具长的弯曲的棒状纹饰或绳索状细微纹饰覆盖；小孢子表面有皱状纹饰，粗糙，有时在近极面有小孔。

该亚科有 3 属 24 种 (Zhou and Zhang，2015，2023)，分布于澳大利亚、印度洋岛屿，以及非洲和亚洲，中国有 1 属。

9. 澳洲卷柏属 *Austroselaginella* Li Bing Zhang & X. M. Zhou

[该属在 PPG I 系统中被置于卷柏属 *Selaginella*]

土生。植株匍匐，根托腹部着生，无关节。孢子叶穗孢子叶同形，仅 1 个大孢子叶在孢子叶穗基部，小孢子表面近光滑。

该属有 4 种：*Austroselaginella andrewsii* (Jermy & J. S. Holmes) Li Bing Zhang & X. M. Zhou、*A. australiensis* (Baker) Li Bing Zhang & X. M. Zhou、*A. brisbanensis* (F. M. Bailey) Li Bing Zhang & X. M. Zhou 和 *A. leptostachya* (F. M. Bailey) Li Bing Zhang & X. M. Zhou，分布于澳大利亚昆士兰东北部，中国不产 (Zhou and Zhang，2023)。

10. 科氏卷柏属 *Korallia* Li Bing Zhang & X. M. Zhou

[该属在 PPG I 系统中被置于卷柏属 *Selaginella*]

土生。植株直立、匍匐至斜升。侧叶基部两侧常呈耳状。大孢子表面常覆盖细密的角状纹饰，小孢子近极面的 3 个裂缝间有小孔 (Zhou and Zhang，2015，2023)。

该属约 15 种，分布于马达加斯加及邻近岛屿，中国不产 (Zhou and Zhang，2023)。

11. 中华卷柏属 *Sinoselaginella* Li Bing Zhang & X. M. Zhou* (图 15)

[该属在 FOC 和 PPG I 系统中被置于卷柏属 *Selaginella*]

旱生。植株匍匐，根托着生在主茎腹部，在主茎上断续着生。孢子叶穗基部仅 1 个大孢子叶（大孢子囊），大孢子表面有大的疣状或瘤状纹饰，纹饰常由绳索状结构组成；小孢子表面有突起的瘤状或有时为脊状纹饰。

该属约 5 种，分布于中国至阿拉伯、非洲东部地区，中国有 3 种：白边中华卷柏 *Sinoselaginella albocincta* (Ching ex H. S. Kung) Li Bing Zhang & X. M. Zhou、维明中华卷柏 *S. chuweimingii* (X. M. Zhou, Z. R. He, Liang Zhang & Li Bing Zhang) Li Bing Zhang & X. M. Zhou（图 15）和中华卷柏 *S. sinensis* (Desv.) Li Bing Zhang & X. M. Zhou (Zhou and Zhang，2023)。

图 15　维明中华卷柏 *Sinoselaginella chuweimingii*

垫状卷柏亚科 Pulvinielloideae Li Bing Zhang & X. M. Zhou*

旱生，复苏植物，常呈莲座状，少量种类直立。叶 4 列。孢子叶穗四方形，孢子叶同型。大孢子较小，表面粗糙，不形成明显的纹饰；小孢子大，表面有疣状或瘤状纹饰。

该亚科仅垫状卷柏属 *Pulviniella* 1 属，17 种。分布于非洲、亚洲、美洲北部和中部，中国有分布。

12. 垫状卷柏属 *Pulviniella* (Li Bing Zhang & X. M. Zhou) Li Bing Zhang & X. M. Zhou* (图 16)

[该属在 FOC 和 PPG I 系统中被置于卷柏属 *Selaginella*]

特征同亚科。

该属约 17 种，分布于非洲、亚洲、美洲北部和中部，中国约 9 种 (Yang et al.，2023；Zhou and Zhang，2023)。

图 16　垫状卷柏 *Pulviniella pulvinata* (Hook. & Grev.) Li Bing Zhang & X. M. Zhou

异穗卷柏亚科 Lycopodioidoideae Li Bing Zhang & X. M. Zhou*

植株匍匐、铺地、斜升、攀援或直立，有腹部着生的根托。营养叶二型，4 列排列。孢子叶穗四方形或压扁；孢子叶同型或二型；二型的种类，孢子叶穗有倒置和非倒置两种类型。大孢子表面有疣状至瘤状纹饰，极少网状或光滑；小孢子表面有鸡冠状、瘤状、片状、钝刺状、棒状等纹饰或光滑。染色体 2*n* 为 16、18、20、32 (Zhou and Zhang，2015，2023)。

该亚科有 4 属约 250 种，几乎全部分布于旧世界，中国有 3 属。

13. 瘤孢卷柏属 *Didiclis* P. Beauv. ex Mirb.* (图 17)

[该属在 FOC 和 PPG I 系统中被置于卷柏属 *Selaginella*]

图 17　瘤孢卷柏属 *Didiclis* 植物形态

植株直立、匍匐、斜升或攀援，形态多样。大部分种类具同形孢子叶，少量二型。大孢子表面有瘤状纹饰，小孢子表面常有钝刺状至片状或鸡冠状纹饰 (Zhou and Zhang，2023)。

该属约 70 种，主要分布于亚洲，少量在非洲，美洲仅 *Didiclis hoffmannii* (Hieron.) Li Bing Zhang & X. M. Zhou 1 种，中国约 16 种 (Zhou and Zhang，2023)。

14. 异穗卷柏属 *Hypopterygiopsis* Sakurai* (图 18，图 19)

[该属在 FOC 和 PPG I 系统中被置于卷柏属 *Selaginella*]

植株匍匐至直立。孢子叶明显二型、轻微二型至少量种类同型。大孢子表面有瘤状至疣状纹饰或细网状纹饰；小孢子表面多为瘤状、芽胞状、球状、棒状纹饰光滑等纹饰 (Zhou and Zhang，2023)。

该属约 170 种，属下包括藓状异穗卷柏组 *Hypopterygiopsis* sect. *Hypopterygiopsis* 和异穗卷柏组 *Hypopterygiopsis* sect. *Heterostachys* (Baker) Li Bing Zhang & X. M. Zhou 两个组，几乎遍布亚洲和非洲，中国两组均产，超过 40 种 (Zhou and Zhang，2023)。

图 18　睫毛异穗卷柏 *Hypopterygiopsis ciliaris* (Retz.) Li Bing Zhang & X. M. Zhou

图 19 异穗卷柏属 *Hypopterygiopsis* 植物形态

15. 疏穗卷柏属 *Lycopodioides* Boehm.* (图 20)

[该属在 FOC 和 PPG I 系统中被置于卷柏属 *Selaginella*]

常为湿生植物，植株匍匐。孢子叶穗直立，孢子叶常二型，具疏松但不倒置的孢子叶穗，少具稀疏的同形孢子叶。孢子表面有乳突状、瘤状或疣状纹饰，三裂缝在极点处

常不联合 (Zhou and Zhang，2015，2023)。

该属约 12 种，除 *Lycopodioides rothertii* (Alderw.) Li Bing Zhang & X. M. Zhou 分布于印度尼西亚的爪哇岛外，其余种分布于东亚至欧洲，中国约 9 种 (Zhou and Zhang，2023)。

图 20　伏地疏穗卷柏 *Lycopodioides nipponica* (Franch. & Sav.) Kuntze

16. 韦氏卷柏属 ***Valdespinoa*** Li Bing Zhang & X. M. Zhou

[该属在 PPG I 系统中被置于卷柏属 *Selaginella*]

植株极小，完全匍匐。孢子叶穗直立，孢子叶穗下部孢子叶缩小成柄状；孢子叶同型。大孢子表面有瘤状至疣状纹饰 (Zhou and Zhang，2023)。

该属目前仅韦氏卷柏 *Valdespinoa douglasii* (Hook. & Grev.) Li Bing Zhang & X. M. Zhou 1 种，分布于美国，中国不产 (Zhou et al.，2025)。

同穗卷柏亚科 Selaginelloideae Li Bing Zhang & X. M. Zhou*

植株匍匐、斜升或直立，但从不攀援；根托着生主茎或分枝的腹面。营养叶 4 列排列。孢子叶大部分同型 (包括新世界具二型孢子叶的所有种类)，大孢子表面常有网眼不闭合的网状纹饰，少数为瘤状或疣状纹饰，在近极面裂缝末端有时有 1 个环带结构，偶有赤道环；小孢子表面常有棒状、钝刺状或瘤状纹饰。染色体 2*n* 为 18、20、22、36、36~40、50~60。

该亚科包括孔氏卷柏属 *Kungiselaginella*、朱氏卷柏属 *Chuselaginella* 和同穗卷柏属 *Selaginella* 3 属 (Zhou and Zhang，2015，2023；Zhou et al.，2025)，约 320 种，中国有 2 属。

17. 朱氏卷柏属 *Chuselaginella* Li Bing Zhang & X. M. Zhou* (图 21)

[该属在 FOC 和 PPG I 系统中被置于卷柏属 *Selaginella*]

植株常斜升，少数种类直立。孢子叶同型。大孢子表面有网状纹饰，在近极面孢子裂缝末端常形成 1 个环带状结构；小孢子表面有棒状纹饰 (Zhou and Zhang，2015，2023)。

该属有 80~90 种，分布于澳大利亚、南太平洋岛屿以及非洲和亚洲，中国约 10 种 (Zhou and Zhang，2015，2023)。

18. 孔氏卷柏属 *Kungiselaginella* Li Bing Zhang & X. M. Zhou* (图 22)

[该属在 FOC 和 PPG I 系统中被置于卷柏属 *Selaginella*]

植株大多直立，极少种类匍匐。侧叶叶脉两侧常有 2 条浅色的带。孢子叶穗上孢子叶同型。大孢子表面有网状纹饰；小孢子常有稍微棒状纹饰或者瘤状至钝刺状纹饰 (Zhou and Zhang，2015，2023)。

该属约 11 种，分布于亚洲，中国有 5 种：二形孔氏卷柏 *Kungiselaginella biformis* (A. Braun ex Kuhn) Li Bing Zhang & X. M. Zhou、蔓出孔氏卷柏 *K. davidii* (Franch.) Li Bing Zhang & X. M. Zhou、兖州孔氏卷柏 *K. involvens* (Sw.) Li Bing Zhang & X. M. Zhou、江南孔氏卷柏 *K. moellendorffii* (Hieron.) Li Bing Zhang & X. M. Zhou 和灰白孔氏卷柏 *K. pallida* (Hook. & Grev.) Li Bing Zhang & X. M. Zhou (Zhou and Zhang，2015，2023)。

19. 同穗卷柏属 *Selaginella* P. Beauv.

[该属在 PPG I 系统中被置于卷柏属 *Selaginella*]

植株直立、近直立、匍匐或斜升，极少种类莲座状。孢子叶同型，部分种类二型。大孢子表面有网状纹饰；小孢子表面常有棒状、钝刺状、瘤状、乳突状、脊状或粗糙纹饰 (Zhou and Zhang，2023)。

该属约 220 种，除 1 种可能分布于非洲，其余种均分布于美洲 (Zhou and Zhang，2015，2023；Zhou et al.，2025)。

墨西哥卷柏亚科 Mexiselaginelloideae Li Bing Zhang & X. M. Zhou

植株匍匐至直立，根托着生于植株基部，孢子叶和营养叶盾状着生的，叶脉分叉，而与其他亚科区别 (Zhou et al.，2025)。

图 21　朱氏卷柏属 *Chuselaginella* 植物形态

图 22 孔氏卷柏属 *Kungiselaginella* 植物形态

该亚科仅 *Mexiselaginella* 1 属，含 1 种。

20. 墨西哥卷柏属 ***Mexiselaginella* Li Bing Zhang & X. M. Zhou**

[该属在 PPG I 系统中被置于卷柏属 *Selaginella*]

特征同亚科。

该属仅 *Mexiselaginella schaffneri* (Hieron.) Li Bing Zhang & X. M. Zhou 1 种，分布于墨西哥中部，中国不产 (Zhou et al.，2025)。

蕨类 ferns

蕨类植物，即 PPG I 系统中承认的水龙骨纲 Polypodiopsida，包括秦仁昌系统 (1978) 下的楔叶蕨亚门 Sphenophytina、松叶蕨亚门 Psilophytina 和真蕨亚门 Filicophytina 的所有类群。蕨类共 11 目 50 科 359 属约 377 属 (包括 18 杂交属) 约 11,100 种。

木贼亚纲 Equisetidae Warm.

该亚纲仅木贼目 Equisetales 1 目。

木贼目 Equisetales DC. ex Bercht. & J. Presl

该目仅木贼科 Equisetaceae 1 科。

木贼科 Equisetaceae*

多年生常绿或夏绿植物，土生或沼泽生。根状茎生地面下，长而横走，黑色，有节，常分枝，节上有具齿的鞘，并有具绒毛状根毛的长根，有时根状茎侧生短枝的节间膨大成纺锤形或近圆球形的块茎，储存越冬物质。地上茎圆柱形，分化为节和节间；节上有具齿的鞘；节间中空，外面有纵行相间的棱脊和沟槽，表皮的外壁通常有硅质疣状突起；不分枝，或节上有多数较细瘦的轮生枝，或节上分枝不规则；有时地上茎分化为绿色的不育茎和无叶绿素的浅黄色或紫棕色能育茎。叶二型；营养叶轮生于节上，特化为鞘片，不同程度地联合成筒状或漏斗状的鞘，先端形成膜质鞘齿；孢子叶特化为具柄的扁平六角盾状体，密集于轴上，形成毛笔头形的孢子叶球；孢子叶穗成熟时常有不同程度伸长的无色柄。孢子囊袋状，5~10 个轮生于孢子叶盾状体近轴面，成熟时纵裂。孢子圆球形，绿色，无裂缝，表面缠绕基部相连成十字形的 4 条弹丝；孢子囊成熟开裂后，弹丝以其变干时伸展运动的弹力散发孢子；孢子具薄而透明的周壁，周壁具褶皱或无 (Zhang and Turland，2013)。

基于最新分子系统和生物地理学研究，木贼属可能起源于早石炭纪 (~343 Ma)，而现生物种最早可能起源于侏罗纪中期 (~170 Ma) (Christenhusz et al.，2021)。

该科仅木贼属 *Equisetum* L. 1 属，约 20 种，世界分布，中国约 10 种。

1. 木贼属 *Equisetum* L.* (图 23)

特征同科。

该属约 20 种，包括 3 亚属：*Paramochaete* Christenh. & Husby、问荆亚属 *Equisetum* 及木贼亚属 *Hippochaete* (Milde) Baker (Christenhusz et al.，2019)，世界分布，中国约 10 种 (Zhang and Turland，2013)。

图 23　披散问荆 *Equisetum diffusum* D. Don

瓶尔小草亚纲 Ophioglossidae Klinge

瓶尔小草亚纲下包括松叶蕨目 Psilotales (仅松叶蕨科 Psilotaceae) 和瓶尔小草目 Ophioglossales (仅瓶尔小草科 Ophioglossaceae) 2 目 (图 24)。

松叶蕨目 Psilotales Prantl

该目仅松叶蕨科 Psilotaceae 1 科。

松叶蕨科 Psilotaceae*

常绿植物，附生树上、岩隙及腐殖质土上。具假根，茎分化为匍匐横走或略匍匐的根状茎以及直立或下垂的地上茎；根状茎棕色，常呈多回二叉分枝，具内生菌根；地上茎绿色，细长，呈圆柱状、棱柱状或扁平，内有原生中柱及原始的管状中柱，大多下部不分枝而上部多回二叉分枝，少见不分枝或仅一回二叉分枝。叶为小型单叶，互生，无柄，二型；营养叶细小鳞片状或钻状，无叶脉，或呈椭圆披针形而有 1 条叶脉；孢子

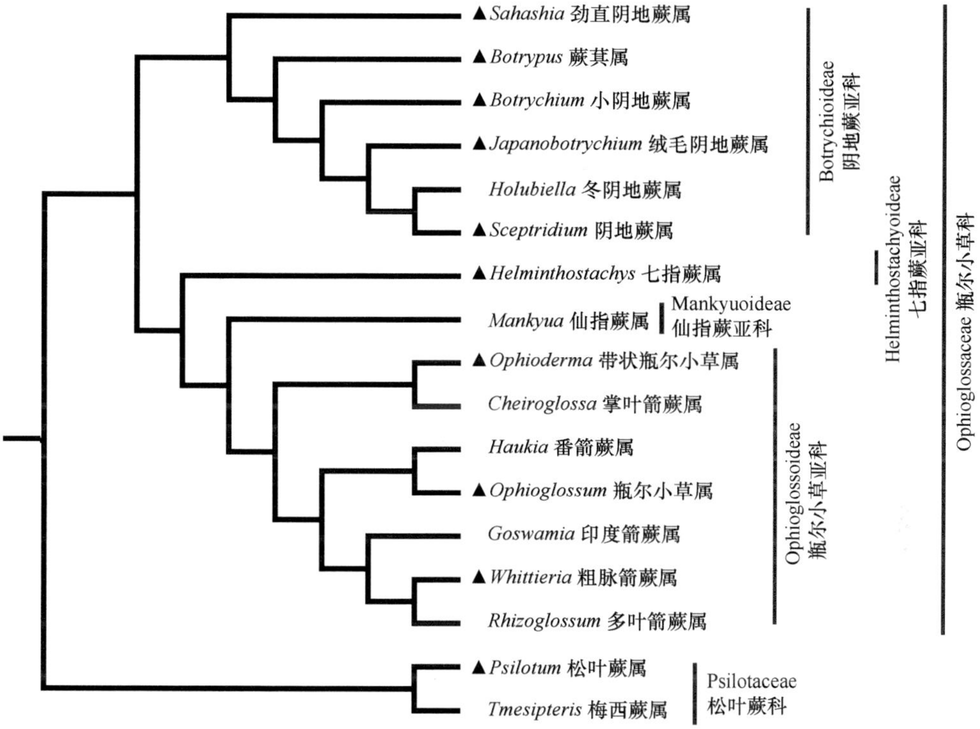

图 24　瓶尔小草科和松叶蕨科下各亚科和属间系统发育关系

(Zhang et al.，2020c；Zhang and Zhang，2022；Kuo et al.，2024)

叶二叉小鳞片状，无叶脉，或上部深裂形成 2 个椭圆披针形而先端锐尖的裂片，各裂片有 1 条分枝的叶脉。孢子囊大，生于叶腋，3 个聚生呈圆球形或 2 个纵向联结，囊壁彼此愈合，有数层细胞，无环带，成熟时各自纵裂，似 1 个 3 室或 2 室的孢子囊。孢子多数，同型，二面体，单裂缝，椭圆形。配子体为不规则分枝的圆柱状，雌雄同株，无叶绿素，菌根营养。孢子体细胞染色体 2*n* 为 104~416 条。染色体 x 为 13 (Zhang and Yatskievych，2013)。

该科有松叶蕨属 *Psilotum* 和梅西蕨属 *Tmesipteri* 2 属，约 19 种 (PPG I，2016)。

分属检索表 (Kramer，1990a)

1. 叶鳞片状或锥形，无叶脉或在叶片基部有一叶脉；孢子囊 3 室，着生于 2 裂的孢子叶基部……………………………………………………………………………………**松叶蕨属 *Psilotum****
1. 叶舌形至披针形，叶有一主脉；孢子囊 2 室，着生于分叉孢子叶的基部偏上……………………………………………………………………………………**梅溪蕨属 *Tmesipteris***

1. 松叶蕨属 *Psilotum* Sw.* (图 25)

地上茎棱柱状或扁平，上部通常多回二歧分枝。叶细小鳞片状或钻状，无叶脉，疏生，排列成 2~3 列；孢子叶与营养叶同大，二叉鳞片状，也无叶脉。孢子囊大，3 个聚生呈圆球形，成熟时各自纵裂，似 1 个 3 室的孢子囊。孢子肾形，极面观矩圆形，赤道面观肾形，具细长的单裂缝，外壁为穴状纹饰。染色体 x 为 13 (Zhang and Yatskievych，2013)。

该属有 2 种：松叶蕨 *Psilotum nudum* (L.) P. Beauv. 和 *P. complanatum* Sw.，广泛分布于热带和暖温带，中国仅松叶蕨 1 种。

图 25　松叶蕨 *Psilotum nudum*

2. 梅溪蕨属 *Tmesipteris* Bernh.

土生或附生 (常附生于树蕨枯树桩)，地下茎无芽，几乎不分枝。茎短，单一直立至下垂或悬垂。除茎基部，全株有叶，叶近无柄，狭卵形至披针形，或“S”形，先端钝或锐尖，常有小尖头。孢子叶深 2 裂，裂片与营养叶形态相似，在茎的顶端或下部聚集。孢子囊无柄，2 室，呈圆形或具尖，等大或不等大。孢子椭圆形，具浅皱纹。该属分布于新喀里多尼亚的 *Tmesipteris oblanceolata* Copel. 拥有目前植物界已知的最大基因组，其 DNA 有高达 1600 亿个碱基对 (Fernández et al.，2024)。

该属约 17 种，分布于东南亚至太平洋向东可至塔希提岛 (Kramer，1990a)，中国不产。

瓶尔小草目 Ophioglossales Link

该目仅瓶尔小草科 Ophioglossaceae 1 科。

瓶尔小草科 Ophioglossaceae*

多为小型土生直立肉质植物，少数为中型悬垂肉质植物。根状茎短，直立，肉质，无鳞片，具管状或网状中柱，向下生出不分枝且无根毛的菌根。叶二型，幼叶直立不拳卷，孢子叶与营养叶同生于 1 总柄；营养叶为单叶，叉状、掌状分裂至多回羽状；叶脉网状，中脉不明显；孢子叶具柄，自总柄或营养叶中部生出，通常每一总柄上仅有 1 营养叶或 1 营养叶和 1 孢子叶，具营养叶掌状分裂的种类有多数孢子叶生于总柄顶部至营养叶基部两侧。孢子囊大，壁厚，圆球形，无柄，下陷，无环带，成熟时横裂，沿囊托两侧排列，彼此相连，形成狭长线形的孢子囊穗。孢子四面体，辐射对称，具三裂缝。原叶体块茎状；生于地下，无叶绿素，有菌根。

瓶尔小草科植物体细胞拥有蕨类植物甚至是真核生物最多的染色体，如心叶瓶尔小草 *Ophioglossum reticulatum* L. 的染色体多达 960 条、1260 条，甚至 1440 条。

瓶尔小草科包含 4 亚科：七指蕨亚科 Helminthostachyoideae、仙指蕨亚科 Mankyuoideae、阴地蕨亚科 Botrychioideae 和瓶尔小草亚科 Ophioglossoideae。

亚科及分属检索表 (Zhang and Zhang，2022)

1. 植株具单叶至掌状分裂叶，叶脉网结 (**瓶尔小草亚科 Ophioglossoideae**)……2
1. 植株具复叶，叶脉分离……8
2. 根状茎表面无毛；营养体不为掌状，每个营养体有 1~2 个孢子囊穗……3
2. 根状茎表面有毛；营养体为掌状，每个营养体有 3 至多个孢子囊穗……**掌叶箭蕨属 *Cheiroglossa***
3. 营养体具圆柱状叶柄，植物土生；孢子囊穗直立，从营养叶基部或地下生出 (世界分布)……4
3. 营养体具扁平叶柄，植物附生或土生；孢子囊穗下垂或直立，从营养叶上生出 (分布于印度洋岛屿，美国佛罗里达州到中美洲、南美洲)……**带状瓶尔小草属 *Ophioderma****
4. 孢子囊穗从根状茎上长出……5
4. 孢子囊穗从营养体上长出……6
5. 根状茎圆柱形 (分布于南非)……**多叶箭蕨属 *Rhizoglossum***
5. 根状茎块状 (分布于新世界)……**番箭蕨属 *Haukia***
6. 植物生长在酸性土壤上；营养叶无双脉结构 (大网眼里含数个小网眼)；孢子萌发时间为 90~100 天 (世界分布)……7
6. 植物生长在碱性土壤上；营养叶有双脉结构 (大网眼里含数个小网眼)；孢子萌发时间为 71 天 (分布于新世界)……**复网瓶尔小草属 *Whittieria****
7. 根状茎块状或近球形，根常明显粗于孢子囊穗柄；营养叶常与地面形成一个 0°~20°的角……**印度箭蕨属 *Goswamia***
7. 根状茎圆柱状，根常明显细于孢子囊穗柄；营养叶常与地面形成一个 60°~80°的角 (世界分布)……**瓶尔小草属 *Ophioglossum****
8. 营养叶羽状，根状茎直立 (**阴地蕨亚科 Botrychioideae**)……9
8. 营养叶三出状分裂，根状茎匍匐……14
9. 植株小于 15 cm；营养叶长卵形，叶长大于宽，一回至二回羽状分裂 (世界分布)……**小阴地蕨属 *Botrychium****
9. 植株高达 50 cm；营养叶三角形，长宽近相等，三回至四回羽状分裂……10
10. 孢子囊穗具长柄，生于营养叶柄上……11
10. 孢子囊穗无柄或有短柄，从靠近营养叶基部或叶轴上长出……12
11. 营养叶平展，每个植株通常有 2 叶片；根淡黄色，每个植株约 30 根；孢子囊穗柄和中脉扁平，肉质；叶在早春枯死，新叶秋后出现 (分布于北美洲)……**冬阴地蕨属 *Holubiella***
11. 营养叶直立或斜升，每个植株通常有 1 叶片；根黑色，每个植株约 15 根；孢子囊穗柄和中脉仅轻微扁平，非肉质；叶在晚春出现一直持续整个春天 (世界分布)……**阴地蕨属 *Sceptridium****
12. 叶鞘不闭合，营养叶无柄；孢子囊穗从营养叶基部生出……13
12. 叶鞘闭合，营养叶有柄；孢子囊穗从叶轴生出……**绒毛阴地蕨属 *Japanobotrychum****
13. 孢子囊穗为一个开张的圆锥状；分布于北半球温带以及中美洲和南美洲……**蕨萁属 *Botrypus****

13. 孢子囊穗为一个紧凑的圆锥状；分布于东亚和俄罗斯远东地区……………**劲直阴地蕨属 *Sahashia*** *
14. 根状茎有芽鳞；孢子囊穗近无柄；孢子囊陷入肉质孢子囊穗中（**仙指蕨亚科 Mankyuoideae**）……………………………………………………………………………………**仙指蕨属 *Mankyua***
14. 根状茎无芽鳞；孢子囊穗有明显柄；孢子囊暴露在孢子囊穗外面（分布于旧世界）（**七指蕨亚科 Helminthostachyoideae**）……………………………………………**七指蕨属 *Helminthostachys*** *

七指蕨亚科 Helminthostachyoideae C. Presl*

土生，根状茎横走。营养叶掌状或鸟足状，叶柄基部有大的肉质托叶，叶三裂至基部，略具短柄，每裂又为三深裂或半羽裂；中肋明显，侧脉羽状分离，二次三叉分枝，达叶边。孢子叶自营养叶的基部生出，有柄，通常高过营养叶；孢子囊穗圆柱形；孢子囊球形，3~5 枚聚生，顶部具鸡冠状的不育附属物，形成狭长穗，纵裂。孢子两面体，近圆形或卵形，表面光滑。

该亚科过去常被单独承认为七指蕨科，目前该亚科仅七指蕨属 1 属，广布于旧世界热带和亚热带，中国有分布。

1. 七指蕨属 *Helminthostachys* Kaulf.* (图 26)

特征同亚科。

图 26 七指蕨 *Helminthostachys zeylanica*

该属仅七指蕨 *Helminthostachys zeylanica* (L.) Hook. 1 种，广布于旧世界热带和亚热

带；中国有分布 (Zhang et al.，2013b)，被列为国家 II 级重点保护野生植物。

仙指蕨亚科 Mankyuoideae J. R. Grant & B. Dauphin

多年土生草本。根状茎块状，黑棕色，匍匐不分枝，常有 1 个 (罕 2 个) 叶芽；根肉质棕色，圆柱形，稀疏分枝，无毛。叶一般 1，少见 2，叶柄绿色肉质，光滑；叶片与叶柄垂直，淡绿色至绿色，近分裂，细裂，膜质至稍微纸质，两面光滑，边缘有在叶脉先端突出的细微锯齿；中间的裂片卵形至披针形，先端圆至锐尖，基部变细，有时候近分裂成 2 无柄的裂片，基部偏斜，两边对称，2 侧生的小裂片会进一步分裂成 2 卵形至披针形的无柄小裂片；叶脉分离，常 1 叉，有分离的小脉。孢子囊穗圆锥状，从叶柄先端发出，背侧着生于叶片的基部，几乎无柄，小穗圆柱状线形，简单或在近基部一次至二次分枝，在先端一段不育。孢子囊陷入肉质的孢子囊穗中，在边缘位置排成 2 列，每列 10~20 个，水平周裂。孢子淡黄色，三裂缝，球形，表面密生粗糙的棍棒状纹饰 (Sun et al.，2001)。

该亚科仅仙指蕨属 *Mankyua* 1 属，含 1 种，分布于朝鲜半岛的济州岛 (Sun et al.，2001)。

2. 仙指蕨属 ***Mankyua*** **B. Y. Sun**

特征同亚科。

该属仅仙指蕨 *Mankyua chejuense* B. Y. Sun, M. H. Kim & C. H. Kim 1 种，分布于朝鲜半岛的济州岛 (Sun et al.，2001)，中国不产。

瓶尔小草亚科 Ophioglossoideae C. Presl*

多为小型土生直立肉质草本，少数为中型悬垂肉质植物。根状茎短，直立，肉质，无鳞片，具管状或网状中柱，根无根毛。叶二型，幼叶直立，孢子叶与营养叶同生于一总柄。营养叶为单叶，多数不分裂，少数呈叉状或掌状分裂；叶脉常网状，中脉不明显。孢子叶具柄，自总柄或营养叶中部生出。孢子囊大，壁厚，圆球形，无柄，无环带，成熟时横裂，沿囊托两侧排列，彼此相连，形成狭长线形的孢子囊穗。孢子四面体，辐射对称，具三裂缝。原叶体块茎状；生于地下，无叶绿素，有菌根。

该亚科下有 7 属，世界分布。

3. 掌叶箭蕨属 ***Cheiroglossa*** **C. Presl**

小型附生草本。叶幼时单叶，成熟变成阔扇形和粗糙的掌状；叶柄基部和茎尖有毛，在柄和叶片的结合处。孢子叶分枝形成多个悬垂的小穗，在幼株时候仅 1 个位于植株中部的孢子囊穗子，成熟时具 3 至多个孢子囊穗。

该属可能包含 1~2 种或更多物种，分布于美国佛罗里达至中美洲和南美洲、印度洋岛屿，中国不产 (Zhang and Zhang，2022)。

4. 印度箭蕨属 ***Goswamia*** **Li Bing Zhang & Liang Zhang**

[该属在 FOC 和 PPG I 系统中被置于瓶尔小草属 *Ophioglossum*]

土生草本。成熟根状茎块状或近球形；每个根状茎有 2~5 (~25) 根，直径达 1.5 mm，常强烈增生。叶直立至开展，常与地面成 0°~20°夹角，叶脉网状。孢子叶从根状茎的先端长出，孢子囊聚集成长达 10 cm 的孢子囊穗，配子体圆柱形。

该属约 15 种，分布于澳大利亚，以及非洲、东南亚和南亚，中国不产 (Zhang and Zhang，2022)。

5. 番箭蕨属 *Haukia* Li Bing Zhang & Liang Zhang

[该属在 PPG I 系统中被置于瓶尔小草属 *Ophioglossum*]

土生草本。根状茎块状，根直径小于 0.1 mm。无能育根。营养叶平铺地面。孢子叶发育自根状茎的顶端，孢子囊聚集成长小于 1 cm 的孢子囊穗。配子体盘状，孢子萌发时间约为 8 天。

该属有 3 种：*Haukia crotalophoroides* (Walter) Li Bing Zhang & Liang Zhang、*H. opaca* (R. Br. ex Carmich.) Li Bing Zhang & Liang Zhang 和 *H. tuberosa* (Hook. & Arn.) Li Bing Zhang & Liang Zhang，分布于美洲和大西洋岛屿 (Zhang and Zhang，2022)，中国不产。

6. 带状瓶尔小草属 *Ophioderma* (Blume) Endl.* (图 27)

常绿附生植物。根状茎短，具乳突状突起。叶簇生，二型；营养叶长，呈带状，下垂，全缘，肉质，顶部常分叉；孢子囊穗状，生于营养叶中部，单一，有时分枝。孢子囊大，无柄，横裂，藏于孢子叶叶肉内，对生，排成 2 列，形成密集的穗。染色体 x 为 15、45。

图 27 带状瓶尔小草 *Ophioderma pendulum*

该属 2~3 种，分布于热带；中国仅带状瓶尔小草 *Ophioderma pendulum* (L.) Endl. 1 种 (Zhang and Zhang，2022)，被列为国家 II 级重点保护野生植物。

7. 瓶尔小草属 *Ophioglossum* L.* (图 28)

土生小型夏绿草本，直立。营养叶与孢子叶有共同的总柄；营养叶全缘，披针形、卵形至椭圆形或近圆形；孢子叶自营养叶基部生出，有长柄。孢子囊穗较为短，顶端具不育小突尖。染色体 x 为 15 (45)。

该属约 50 种，世界分布，主要分布于北半球，中国有 8~9 种 (Zhang et al.，2013b)。

图 28　瓶儿小草 *Ophioglossum vulgatum* L.

8. 多叶箭蕨属 *Rhizoglossum* C. Presl

小型土生草本 (2~6 cm)。根状茎短而直立，根多数成束着生。孢子叶和营养叶在基部分离，孢子叶着生于直立根茎中心，被几个线状的营养裂片包裹 (Clausen，1938)。

该属为单型属，仅多叶箭蕨 *Rhizoglossum bergianum* (Schltdl.) C. Presl 1 种，分布于非洲南部，中国不产 (Clausen，1938；Zhang and Zhang，2022)。

9. 复网瓶尔小草属 *Whittieria* Li Bing Zhang & Liang Zhang* (图 29)

[该属在 PPG I 系统中被置于瓶尔小草属 *Ophioglossum*]

土生草本。根状茎圆柱形，根直径小于 0.5~1.5 mm。营养叶卵形至卵状披针形，初生较大而粗的叶脉内有次级叶脉的双脉。孢子囊聚集，成对的孢子囊 20~40 对，孢子萌发时间为 71 天 (Zhang and Zhang，2022)。

该属有 2 种，过去认为该属仅有分布于美国、墨西哥以及中美洲的 *Whittieria engelmannii* (Prantl) Li Bing Zhang & Liang Zhang，但最近 Liang 和 Zhang (2024) 在中国

的西藏和四川发现了另一种复网瓶尔小草 *W. hengduanensis* Z. L. Liang & Li Bing Zhang，该属为喜马拉雅和美洲间断分布，中国有 1 种 (Zhang and Zhang，2022；Liang and Zhang，2024)。

图 29　复网瓶尔小草 *Whittieria hengduanensis*

阴地蕨亚科 Botrychioideae C. Presl*

小型或中型土生肉质草本。根状茎短，具肉质根。叶有孢子叶与营养叶之分，自总柄生出，总柄基部包有棕色鞘状托叶。营养叶多为三角形或五角形，常一回至多回羽状。叶脉分离。孢子叶出自总柄下部或近中部，有长柄，孢子囊穗聚生成圆锥状。孢子囊圆球形，无柄，沿小穗两侧成 2 行排列，不陷入囊托内，横裂。孢子四面体，三裂缝，无周壁，外壁表面不平，具明显的疣状或不明显的小疣状纹饰。

该亚科下有 6 属 100 余种，世界分布，中国有 5 属。

10. 小阴地蕨属 *Botrychium* Sw.* **(图 30)**

小型土生草本。植株全体无毛，芽无毛；翌年的叶芽完全包于叶基部的叶鞘内；营养叶一回至二回羽状，质厚，长超过宽或近相等；孢子叶出自总柄的顶端，或着生于营养叶的叶轴下部腋间或基部。原叶体略压扁，初生根出自原叶体的上方侧边。染色体 x 为 15 (45)。

该属约 40 种，近世界分布，中国有 3 种：北方小阴地蕨 *Botrychium boreale* Milde、长白山小阴地蕨 *B. lanceolatum* (S. G. Gmel.) Ångstr. 和扇羽阴地蕨 *B. lunaria* (L.) Sw. (Zhang et al.，2013b；Zhang and Zhang，2022)。

图 30　扇羽阴地蕨 *Botrychium lunaria*

11. 蕨萁属 *Botrypus* Michx.*

[该属在 FOC 中被置于阴地蕨属 *Botrychium*]

中型土生或附生草本。植株全体常有长绒毛，芽有毛，叶基部的叶鞘一边开口，故一年生叶芽部分裸露。营养叶草质，三回至四回羽状，细裂，多少无柄，宽超过长。孢子叶出自总柄的顶端或营养叶叶轴下部腋间。原叶体短圆柱形，初生根出自原叶体上方一侧。染色体 x 为 23 (46)。

该属约 15 种，分布于北半球温带、中美洲和南美洲，中国有蕨萁 *Botrypus virginianus* (L.) Michx. [=*Botrychium virginianum* (L.) Sw. (FOC)] 1 种 (Zhang et al.，2013b；Zhang and Zhang，2022)。

12. 冬阴地蕨属 *Holubiella* Škoda

[该属在 PPG I 系统中被置于阴地蕨属 *Sceptridium*]

土生草本。叶晚秋出现，早春死亡。营养叶常淡绿色，平展，二回至三回羽裂，常更小，肉质；羽片可达 5 对，常分离，与地面水平，第一和第二羽片的距离稍微大于第二和第三对羽片，分裂至先端；小羽片扇形，边缘有锯齿，先端圆形，叶脉像扇轴，无中脉。孢子叶二回羽状，长为营养叶的 1~2 倍。染色体 2*n* 为 90。

该属仅冬阴地蕨 *Holubiella lunarioides* (Michx.) Skoda 1 种，分布于北美洲 (Wagner and Wagner，1993)，中国不产。

13. 绒毛阴地蕨属 *Japanobotrychum* Masam.* (图 31)

[该属在 FOC 中被置于阴地蕨属 *Botrychium*]

土生草本。根状茎短粗，直立，有一簇粗健的肉质长根，包于鞘状的棕色托叶内的芽被有密长绒毛。叶粗肥，多汁草质，干后扁平，有较密生的早落的灰白色长绒毛，尤以叶轴上的分枝处为多；营养叶为五角状三角形或卵状三角形，渐尖头，大小不一，下部三回至四回羽状。孢子囊穗从叶片的叶轴生出，叶三出，极度细裂，全株几乎一直有毛；孢子囊穗自第一和第二对羽片之间的叶轴上生出或有时由第二对羽片分枝点附近生出，比营养叶短，复圆锥状，二回至三回羽状，小穗张开，疏松，有绒毛。孢子表面有条状脊的网状纹饰。

该属约 4 种，分布于亚洲和非洲，中国有绒毛阴地蕨 *Japanobotrychum lanuginosum* (Wall. ex Hook. & Grev.) M. Nishida ex Tagawa [= *Botrychium lanuginosum* Wall. ex Hook. & Grev. (FOC)] 1 种 (Zhang et al.，2013b；Zhang and Zhang，2022)。

图 31　绒毛阴地蕨 *Japanobotrychum lanuginosum*

14. 劲直阴地蕨属 *Sahashia* Li Bing Zhang & Liang Zhang* (图 32)

[该属在 FOC 和 PPG I 系统中被置于阴地蕨属 *Botrychium*]

土生草本。根状茎短，直立，具粗壮肉质的长根。营养叶广三角形，叶鞘不闭合，叶长与宽近相等，二回至四回羽状。孢子叶自营养叶的基部生出，长几等于营养叶或较短，无柄或有短柄；孢子囊穗长 7~12 cm，宽 1~2 cm，线状披针形，一回羽状，小穗长约 1 cm，密集，向上，光滑无毛。

该属仅劲直阴地蕨 *Sahashia stricta* (Underw.) Li Bing Zhang & Liang Zhang [=*Botrypus strictus* (Underw.) Holub (FOC)] 1 种，分布于东亚和俄罗斯远东地区 (Zhang et al.，2013b，2020；Zhang and Zhang，2022)，中国有分布。

图 32　劲直阴地蕨 *Sahashia stricta*

15. 阴地蕨属 *Sceptridium* Lyon* (图 33)

[该属在 FOC 和 PPG I 系统中被置于阴地蕨属 *Botrychium*]

中型常绿土生植物。叶三裂，具封闭叶鞘。孢子囊穗常败育。叶原基有毛。染色体 x 为 45、90、135。

该属约 40 种，世界分布，但大部分种分布于美国东北部以及亚洲东部，尤其是日本，中国约有 6 种 (Zhang et al.，2013b；Zhang and Zhang，2022)。

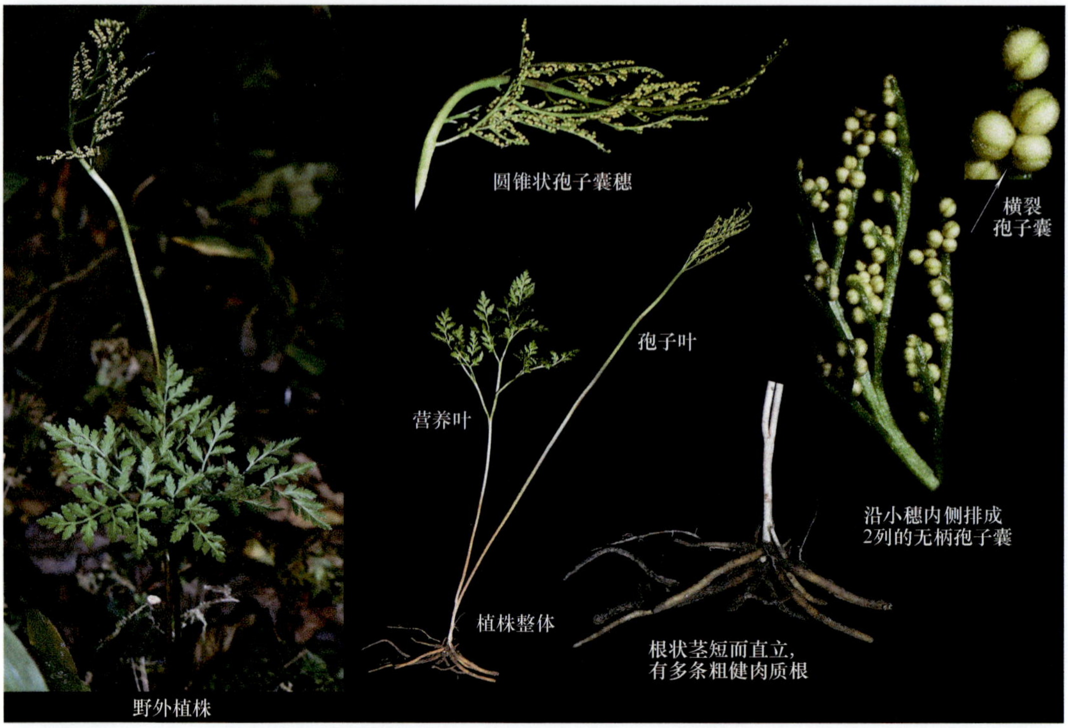

图 33　阴地蕨 *Sceptridium ternatum* (Thunb.) Lyon

合囊蕨亚纲 Marattiidae Klinge

该亚纲仅合囊蕨目 Marattiales 1 目。

合囊蕨目 Marattiales Link

该目仅合囊蕨科 Marattiaceae 1 科。

合囊蕨科 Marattiaceae*

常绿土生植物。植物体有黏液，着生单列多细胞的毛，基部具盾状着生的鳞片。根状茎肉质肥大，直立、斜升或匍匐，富含淀粉。叶柄粗大，基部有肉质托叶状附属物，常有明显的皮孔；叶一型或二型，二型种类孢子叶短命 (如多孔蕨属 *Danaea*)，单叶或者复叶，一回至四回羽状或鸟趾状复叶，小 (约 20 cm) 或者很大 (可达 6 m)；叶基部节在羽片基部常膨大，一些种沿叶柄上具膝状肉质膨大的节 (无羽片)；叶脉分离，单一、二叉或网状，假脉有或无。孢子囊群在叶上表面着生、下陷或具柄状突起，有隔丝，无真囊群盖，沿叶脉长线形排列，或圆环形的聚合孢子囊群两侧或辐射对称。孢子囊常船形，部分或完全陷入聚合囊群中，孢子囊顶部有不发育环带，并以腹部一纵缝开裂释放孢子。孢子单裂缝或三裂缝，表面具瘤状、条状、颗粒状、网状、刺状或棒状纹饰。

该科有6属约210种，主要分布于热带 (Murdock 2008；PPG I，2016) (图34)。中国有3属：莲座蕨属 *Angiopteris*、天星蕨属 *Christensenia* 和合囊蕨属 *Ptisana*。

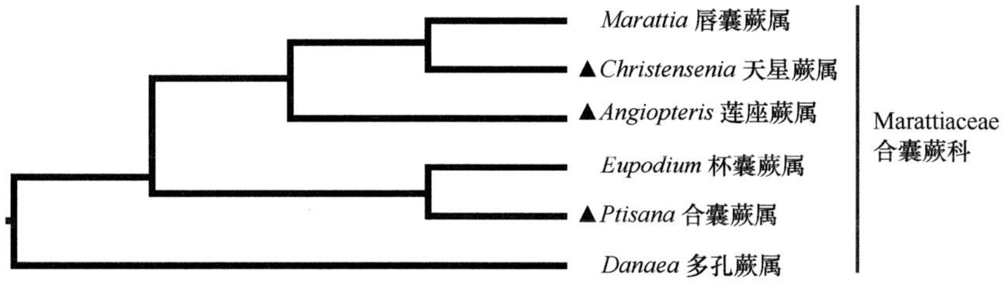

图34　合囊蕨科下属间系统发育关系 (Murdock，2008；Lehtonen et al.，2020；Zhao et al.，2023)

分属检索表 (Murdock，2008)

1. 孢子囊群生叶肉细胞内，即孢子囊群陷入叶肉组织，孢子囊通过顶端孔开裂；叶通常强烈二型，少一型，羽轴基部叶枕明显，叶柄基部托叶不明显……………………………………………**多孔蕨属 *Danaea***
1. 孢子囊群着生于叶表面或凸起，很少凹陷，孢子囊通过侧面至顶端的裂口开裂；叶一型，羽轴基部无叶枕或稍具叶枕，叶柄基部具明显肉质托叶……………………………………………2
2. 孢子囊群圆盘状，具多条对称轴，散生，通过顶端裂口开裂；叶片掌状分裂到鸟足状分裂，气孔大(大于150 μm)，圆形，小脉联结成网状；鳞片网眼大，等直径；根状茎匍匐……………………………………………**天星蕨属 *Christensenia****
2. 孢子囊群两侧对称，规则排列，侧面到顶端开裂；叶片羽状复叶，气孔小 (小于100 μm)，椭圆形，小脉分离；鳞片网眼小，狭长；根状茎直立或匍匐……………………………………………3
3. 囊托裸露，无隔丝等毛状物混生；孢子囊柄明显；裂片背面沿小脉具芒状附属物；一个生长周期仅生1叶，极少2 (分布于新热带)……………………………………………**杯囊蕨属 *Eupodium***
3. 囊托被鳞片，隔丝混生或裸露；孢子囊无柄或稍凸起 (很少具短柄)；裂片背面无芒状附属物；一个生长周期生多叶 (分布于泛热带)……………………………………………4
4. 孢子囊孔不为唇形或略近唇形；孢子囊间通常不沿隔膜形成沟状，孢子囊壁融合；小脉间无倒生假脉；末回羽片基部与羽轴连接处具缝合线 (分布于旧热带) ……………………**合囊蕨属 *Ptisana****
4. 孢子囊孔通常为明显的唇形；孢子囊间沿着隔膜形成垂直沟形或裂隙；小脉间有倒生假脉或无；羽轴基部无缝合线 (分布于泛热带)……………………………………………5
5. 孢子囊完全融合成聚合囊群 (很少单个离生)，囊群沿着隔膜垂直着生，中间具槽，顶端无环带结构；无倒生假脉或假脉不明显；根状茎直立；孢子单裂缝 (分布于新热带和夏威夷群岛)……………………………………………**唇囊蕨属 *Marattia***
5. 孢子囊壁基部融合，上部离生，在孢子囊顶端常具不发育的环带；假脉有或无；根状茎直立或短横走；孢子单裂缝或三裂缝 (主要分布于旧热带，新热带偶见)……………………**莲座蕨属 *Angiopteris****

1. 莲座蕨属 *Angiopteris* Hoffm.* (图35)

大型土生植物，高过0.5 m至高过2 m。根状茎肉质肥大，直立，圆球形，或背腹横走。叶大，一回到二回羽状 (偶为基部三回)，有粗长柄，基部有肉质托叶状的附属物，近基部着生长线形或长披针形暗棕色及粗筛孔的鳞片；末回小羽片披针形，有短小柄或几无柄；叶脉分离，二叉分枝或单一，自叶边常生出倒行假脉，长短不一。孢子囊群长圆形或短线形，每个囊群40~60~160~240个船形而成2行排列的孢子囊组成；近小羽片边缘沿叶脉着生，无隔丝。孢子囊顶部有不发育环带，并以腹部的一纵缝开裂释放孢子，下面有沿叶脉着生的分枝隔丝，隔丝长短不一，节状，具腺头，透明，分枝，干后易被擦落。孢子四面体球形，辐射对称，极面观为圆三角形或钝三角形；赤道面观为扁圆形或椭圆形，不具周壁，表面具瘤状、网状、刺状或棒状纹饰。染色体 $2n$ 为 80、160。

该属 30~40 种，但大部分种尚未被很好地研究，广泛分布于泛热带；中国约 30 种 (He and Christenhusz，2013)，均被列为国家 II 级重点保护野生植物。

图 35　福建莲座蕨 *Angiopteris fokiensis* Hieron.

2. 天星蕨属 *Christensenia* Maxon* (图 36)

土生常绿植物。根状茎横走，长而粗肥，肉质。叶近生；叶具绿色肉质粗柄，基部有 2 短的肉质托叶；充分发育的植株上叶片通常为三出复叶或具 5 个小叶的掌状复叶，少为三裂或不分裂的单叶；羽片或叶片的中肋粗壮，两面隆起；羽状的侧脉，上面细而明显，下面较粗壮；小脉网状，网孔有内藏小脉。孢子囊群为圆环形的聚合囊群，散生于叶下面小脉联结点，由 10~15 个肉质孢子囊合生成为一个中空的圆形钵体；孢子囊从腹部上方的短纵缝向钵体内开裂，散出孢子。孢子椭圆形，壁表面具长刺状纹饰。染色体 $2n$ 为 80、160。

该属仅有 1 种，为在形态上变异较大的天星蕨 *Christensenia aesculifolia* (Blume)

Maxon，分布于亚洲和太平洋岛屿；中国有分布 (He and Christenhusz，2013)，被列为国家 II 级重点保护野生植物。

图 36　天星蕨 *Christensenia aesculifolia*

3. 多孔蕨属 *Danaea* Sm.

茎匍匐或直立，根具硬化的髓。叶放射状生长，丛生至多少远生，长可达 2 m，二型；叶柄中部无叶枕或具多个叶枕，叶枕由多个等径细胞组成，具鳞片。单叶或一回羽状，一些种叶轴有明显翅；小羽片疏生鳞片，有短柄，带状至披针形；基部楔形至钝状，边缘多少全缘；先端通常渐尖有锯齿；孢子叶的羽片比营养叶的羽片短、窄，先端较少渐尖。聚合囊群长，由 2 列孢子囊组成，几乎占据整个羽片一半。孢子椭圆形，单裂缝；孢子壁表面有单刺或联合的刺状纹饰。染色体 2*n* 为 80、160。

该属世界约 80 种，主要分布于新世界热带或亚热带低海拔地区 (Camus，1990)，中国不产。

4. 杯囊蕨属 *Eupodium* J. Sm.

根状茎光滑。叶辐射状排列，叶柄基部托叶紧贴，半圆形，肉质；叶三回羽状至羽裂，三角形叶柄具疏生到稍密的鳞片；鳞片丝状至披针形，橘色至淡棕色，柔软，常早落；叶轴具翅；侧生羽片三角形至椭圆形，羽片有 11~15 对小羽片，小羽片羽裂或深裂；小羽片椭圆形，边平行，先端钝至圆锐尖，基部锐尖，边缘有粗糙的圆锯齿，中脉正面具芒，末回裂片菱形，中间以下最宽，边缘具圆齿，深羽状半裂，叶脉单一或二叉，在先端小羽片分枝。聚合囊群靠边缘，辐状或两侧状，成熟具柄。

该属有 4 种：*Eupodium cicutifolium* (Kaulf.) Lehtonen、*E. kaulfussii* (J. Sm.) Hook.、*E. laeve* (Sm.) Murdock、*E. pittieri* (Maxon) Christenh.，分布于中美洲和南美洲，中国不产 (Christenhusz，2010)。

5. 唇囊蕨属 *Marattia* Sw.

茎直立。叶辐射状排列，聚集，高可达 4 m；叶柄中部从来不出现叶枕，着生有边缘流苏状、基部长耳状的鳞片；鳞片由伸长细胞组成；叶一回到四回羽状，末回的叶轴常有翅；小羽片疏被鳞片，无柄或有短柄，带状至或多或少的椭圆形至披针形，基部楔形至不等大，边缘几乎无齿至有明显锯齿，先端锐尖至有锯齿。孢子囊群位于中部或近小羽片边缘，延长成二瓣状的聚合囊群；囊托形态多样，囊托常有单列的多细胞分枝毛。孢子椭圆形，单裂缝，外壁为颗粒状或刺状纹饰。染色体 $2n$ 为 80。

该属约 77 种，泛热带分布 (Camus，1990)，中国不产。

6. 合囊蕨属 *Ptisana* Murdock[*] (图 37)

土生植物。根状茎常直立，同时着生多片。叶一回至四回羽裂，羽片几乎都是等裂；叶枕出现在小裂片基部，叶柄上无；一回羽片多对生，末回的小裂片在着生点一般有一个明显的缝线，边缘一般具齿，偶尔有小细圆齿；叶脉分离，单一或二叉。鳞片盾状着生，常对称而像基部着生，鳞片细胞长圆形。孢子囊群着生在叶脉上，边缘至中部，孢子囊完全陷入聚合囊中，聚合囊无柄，被不同密度的隔丝或单列毛形成的巢状环包裹；聚囊二瓣状，每个由 2 列相对的孢子囊组成。孢子单裂缝，极少三裂缝，外壁为颗粒状至皱状纹饰。染色体 $2n$ 为 78、156。

该属 20~25 种，广泛分布于旧热带，在新几内亚多样性最高 (Murdock，2008)，中国仅合囊蕨 *Ptisana pellucida* (C. Presl) Murdock (He and Christenhusz，2013) 1 种。

水龙骨亚纲 Polypodiidae Cronquist, Takht. & W. Zimm.

该亚纲是石松类和蕨类植物中最大的亚纲，共有 7 目 46 科 333 属 (PPG I，2016)。

紫萁目 Osmundales Link

该目仅紫萁科 1 科 (图 38)。

图 37　合囊蕨 *Ptisana pellucida*

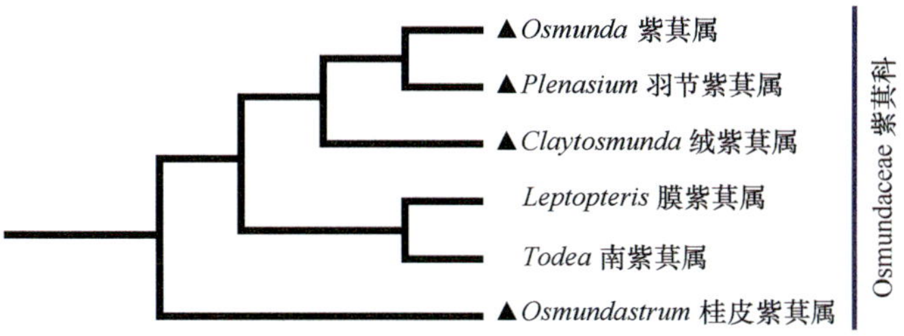

图 38　紫萁科下各属间系统发育关系（Metzgar et al.，2008；Bomfleur et al.，2015）

紫萁科 Osmundaceae*

中型土生植物，植株有时呈树形。根状茎粗壮，直立或斜升，有时具树干状的地上茎，有管状或网状中柱；基部有宿存叶柄，无鳞片，也无真正的毛，幼时叶上被棕色黏质腺状长绒毛，成熟后脱落变光滑。叶二型或具二型羽片，簇生；叶柄基部膨大，无关节，两侧有形如托叶状狭翅附属物；叶一回至二回羽状；叶脉分离，侧脉二叉。孢子囊大，圆球形，着生于强烈收缩的能育羽片边缘，不形成具特定形状的孢子囊群，囊壁薄，顶端有几个厚壁细胞，成熟后从顶端纵裂为二瓣状。孢子球状四面体，三裂缝，外壁有小疣或短棒状纹饰。原叶体近心形，扁平，深绿色，中轴部分较厚呈中脉状，土表生。

该科有 8 属 (包括 2 杂交属：粤紫萁属×*Osmunasiu* 和细绒紫萁属×*Osmunimunda*) 约 18 种，分布于全球温带和热带地区，中国有 5 属 (包括 1 杂交属：粤紫萁属×*Osmunasium*) 约 8 种 (Zhang et al.，2013c)。

分属检索表 (Kramer，1990b；Metzgar et al.，2008)

1. 叶一型；孢子囊沿叶脉生于远轴面不收缩的叶脉上，羽片可进行光合作用 ··········2
1. 叶半二型或二型；孢子囊着生极度收缩的非光合作用羽片上 ··········3
2. 叶薄膜质 (叶细胞层少)，无气孔；孢子囊排列稀疏 ·········· **膜紫萁属 *Leptopteris***
2. 叶革质，有气孔；孢子囊密集排列，成汇生囊群 ·········· **南紫萁属 *Todea***
3. 叶纸质，羽状至羽状半裂，二型，光合羽片在叶片远轴面上临近叶轴位置有成簇毛被 ·········· **桂皮紫萁属 *Osmundastrum****
3. 叶草纸或近革质，光合羽片在叶片远轴面临近叶轴位置无成簇毛被 ··········4
4. 叶近革质，常绿，叶羽状复叶至羽状半裂，羽片以关节着生叶轴上 ·········· **羽节紫萁属 *Plenasium****
4. 叶草质，落叶，叶羽状至羽状半裂或二回羽状，羽片不以关节着生于叶轴上 ··········5
5. 叶羽状至羽状半裂，半二型叶有能育羽片在叶中部 ·········· **绒紫萁属 *Claytosmunda****
5. 叶二回羽状，半二型叶有能育羽片在叶先端或者叶片完全二型 ·········· **紫萁属 *Osmunda****

1. 绒紫萁属 *Claytosmunda* (Y. Yatabe, N. Murak. & K. Iwats.) Metzgar & Rouhan* (图 39)

[该属在 FOC 中被置于紫萁属 *Osmunda*]

根状茎短粗或为圆柱状主轴高出地面，顶端叶丛簇生。叶一型，红棕色或棕禾秆色；叶为草质，干后为黄绿色，叶轴上多少有淡红色的绒毛；叶长圆形，急尖头，幼时通体被淡棕色绒毛，成熟后逐渐脱落，或部分残留叶轴，二回羽状深裂，对生或近对生，无柄，披针形，有急尖头，基部近截形，向顶部的羽片逐渐缩短，羽状深裂几达羽轴；裂片彼此接近，长圆形，圆头，全缘；叶脉纤细，分歧，或基部上方一脉再次分歧，小脉达叶边，两面明显，但不隆起；基部 1~2 对为营养羽片，向上 2~3 对为能育羽片，明显缩短，暗棕色，被有淡红色绒毛。

该属仅绒紫萁 *Claytosmunda claytoniana* (L.) Metzgar & Rouhan [= *Osmunda claytoniana* L. (FOC)] 1 种，分布于北美洲东部和亚洲，中国有分布 (Yatabe et al.，2005；Zhang et al.，2013c)。

2. 膜紫萁属 *Leptopteris* C. Presl

茎粗壮，直立，罕呈树干状，高达 1 m，顶端叶丛簇生。叶中型至大型；叶轴有宿存的毛；叶一型，二回羽状，具齿状至深羽状羽片，贴生，如果不贴生，则以关节着生；叶组织由几层未分化的细胞组成。孢子囊极少，着生在末回裂片的叶脉上；环带大，多细胞，与孢子囊柄相连。孢子形态与紫萁属植物相似。

该属约 6 种，分布于澳大利亚、新西兰、新几内亚到希腊萨摩斯岛及新喀里多尼亚 (Kramer，1990b)，中国不产。

图 39　绒紫萁 *Claytosmunda claytoniana*

3. 紫萁属 *Osmunda* L.* (图 40)

中型夏绿植物。根状茎斜升，有宿存的叶柄基部。叶簇生，二型，幼时密生黏质腺状绒毛，成熟后脱落变光滑；营养叶二回羽状，羽状羽片长圆形，羽片或小羽片不以关节着生于叶轴或羽轴；叶脉羽状，侧脉多回二叉分枝；能育羽片生于叶顶部，或孢子叶和营养叶分开。孢子囊沿羽轴或中肋两侧密生；孢子球状四面体，具棒状纹饰。染色体 x 为 11。

该属约 4 种，几乎遍布热带和温带，中国仅紫萁 *Osmunda japonica* Thunb. 1 种 (Zhang et al.，2013c)。

4. 桂皮紫萁属 *Osmundastrum* C. Presl* (图 41)

中型夏绿植物。根状茎直立斜升。叶簇生，纸质，二型，幼时密生黏质棕色的腺状绒毛；叶一回羽状，羽片羽状深裂，不以关节着生于叶轴；孢子叶与营养叶分开或能育羽片生于孢子叶片中部及下部；裂片侧脉通常二叉。孢子囊密生于羽轴或中肋两侧的背面；孢子球状四面体，具短棒状纹饰。染色体 x 为 11。

该属仅桂皮紫萁 *Osmundastrum cinnamomeum* (L.) C. Presl 1 种，分布于亚洲和北美洲，中国有分布 (Zhang et al.，2013c)。

图 40　紫萁 *Osmunda japonica*

图 41　桂皮紫萁 *Osmundastrum cinnamomeum*

5. 羽节紫萁属 *Plenasium* C. Presl* (图 42)

[该属在 FOC 中被置于紫萁属 *Osmunda*]

中型常绿或树状草本植物。根状茎直立，粗壮，树形，高可达 50 cm，常密被宿存的残留的叶柄基部，先端簇生叶，形状如苏铁。叶一型，近革质，两面光滑无毛；羽片全缘、波状或有锯齿，线状披针形，以关节着生于叶轴；叶脉羽状分枝，侧脉二叉；能育羽片位于叶的中部或下部。孢子囊密生，紧缩成线形着生于能育羽片中肋两侧。孢子球状四面体，具棒状纹饰。染色体 x 为 11。

该属有 4 种 (PPG I, 2016)，分布于亚洲，中国有 3 种：狭叶紫萁 *Plenasium angustifolium* (Ching) A. E. Bobrov (Ching) [=*Osmunda angustifolia* Ching (FOC)]、粗齿紫萁 *P. banksiifolium* (C. Presl) C. Presl [=*O. banksiifolia* (C. Presl) Kuhn (FOC)]和宽叶紫萁 *P. javanicum* (Blume) C. Presl [=*O. javanica* Blume (FOC)] (Zhang et al.，2013c)。

图 42　宽叶紫萁 *Plenasium javanicum*

6. 南紫萁属 *Todea* Willd. ex Bernh.

茎直立，巨大，高可达 2 m。叶羽状至羽状半裂至二回羽状，质硬，植株成熟时近无毛；末端羽片 (裂片) 舌形，边缘锯齿至圆锯齿，贴生，下延；能育小羽片几乎不收缩，孢子囊沿叶脉分布，多汇聚在基部羽片和小羽片，完全成熟时形成近卤蕨型的孢子囊群。孢子形态与紫萁属植物相似。

该属 2 种：分布于南非、澳大利亚和新西兰的 *Todea barbara* (L.) T. Moore 和分布于新几内亚的 *T. papuana* Hennipman (Kramer，1990b)，中国不产。

膜蕨目 Hymenophyllales A. B. Frank

该目仅膜蕨科 Hymenophyllaceae 1 科 (图 43)。

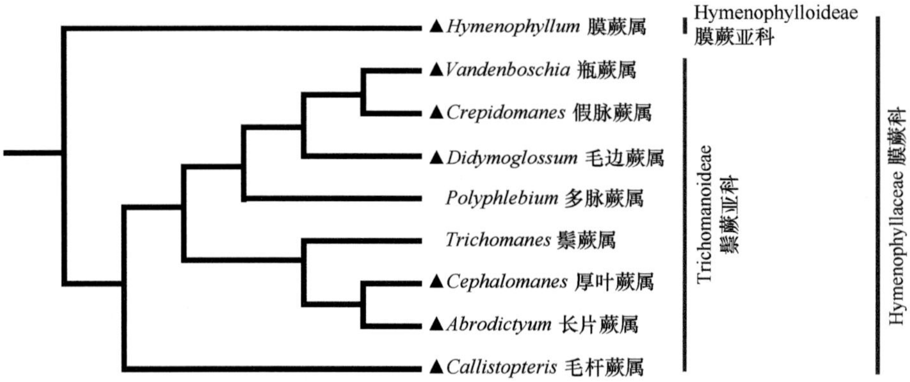

图 43　膜蕨科下各亚科和属间系统发育关系 (Ebihara et al.，2006；Kuo et al.，2018)

膜蕨科 Hymenophyllaceae*

多年生小型或中小型常绿植物，多数附生，少数土生或岩生。根状茎多细长横走，具 2 列着生的叶，少数根状茎短而直立，有辐射排列叶，幼时常被易脱落的多细胞节状细毛，附生类群根系通常退化或不发达，土生类群多具纤维状根。叶常细小、瘦弱，形状多样，直立或有时下垂；叶膜质，不具气孔，大多由一层细胞组成，少数类群叶较厚，由 2~4 层细胞组成 (毛杆蕨属)，幼叶拳卷式卷叠，但极退化的叶有时直立；叶脉分离，二叉分枝或羽状分枝，每个末回裂片有 1 小脉，有时沿叶缘或叶片中部有假脉。囊苞坛状、管状或二唇瓣状。孢子囊群位于末回裂片顶端或腋部，生于由叶脉延伸而成的圆柱状囊托周围，不露出或部分露出囊苞外，环带完全，斜升或近横生，纵裂。孢子四面体，辐射对称，极面观三角形、钝三角形或近圆形，赤道面观半圆形或超半圆形，具三裂缝，裂缝细长，不具周壁。原叶体带状或丝状。染色体 x 为 11、12、13、17、21、22、26、28、36。

该科包括 2 亚科：膜蕨亚科 Hymenophylloideae Burnett (Hymenophylloids) 和鬃蕨亚科 Trichomanoideae C. Presl (Trichomanoids)，有 9 属 (Ebihara et al.，2006) 430 余种，分布于热带、亚热带和温带；中国 2 亚科均产，有 7 属。

分属检索表 (Ebihara et al.，2006)

1. 根状茎长，横走……2
1. 根状茎短，横走或直立……11
2. 根状茎近无毛或疏被浅色毛；囊苞常为二瓣状……**膜蕨属 *Hymenophyllum****
2. 根状茎被红色到深色毛；囊苞通常不为二瓣状……3
3. 无根或被根状幼茎代替……4
3. 有正常根……5
4. 有平行于真脉的连续假脉，叶脉下先出……**毛边蕨属 *Didymoglossum****
4. 无假脉或有近叶缘假脉，有时有平行真脉的假脉，但不连续，叶脉上先出……
……**假脉蕨属 *Crepidomanes* (subg. *Crepidomanes*)***
5. 根少而细……**多脉蕨属 *Polyphlebium***
5. 根多而粗壮……6
6. 叶羽状分裂至二回羽状半裂……7
6. 叶二回羽裂或更多回分裂……8
7. 羽片不对称……**瓶蕨属 *Vandenboschia****
7. 羽片对称……**鬃蕨属 *Trichomanes* (subg. *Lacostea*)**
8. 叶边缘具毛……**鬃蕨属 *Trichomanes* (subg. *Trichomanes*)**
8. 叶边缘无毛……9
9. 有不育叶……**假脉蕨属 *Crepidomanes* (subg. *Nesopteris*)***
9. 无不育叶……10
10. 叶柄、叶轴上有棍棒状毛……**瓶蕨属 *Vandenboschia****
10. 叶柄、叶轴上无棍棒状毛……**长片蕨属 *Abrodictyum****
11. 囊苞二瓣状……**膜蕨属 *Hymenophyllum* (subg. *Fuciformia*)***
11. 囊苞管状……12
12. 叶脉下先出……13
12. 叶脉上先出……14
13. 叶质厚，厚度超过一层细胞……**鬃蕨属 *Trichomanes* (subg. *Feea*)**
13. 叶膜质，仅一层细胞厚……**鬃蕨属 *Trichomanes* (subg. *Trichomanes*)**
14. 叶片羽状分裂至二回羽状半裂……**厚叶蕨属 *Cephalomanes****
14. 叶片二回羽裂或更多回分裂……15
15. 叶柄、叶轴被长鬃毛状浅红色毛……16
15. 叶柄、叶轴无长鬃毛状浅红色毛……17
16. 叶裂片窄，中脉与叶缘间细胞少于 3 行……**长片蕨属 *Abrodictyum****
16. 叶裂片宽，中脉与叶缘间细胞超过 3 行……**毛杆蕨属 *Callistopteris****
17. 叶厚超过一层细胞……**鬃蕨属 *Trichomanes* (subg. *Davalliopsis*)**
17. 叶仅一层细胞厚……18
18. 细胞壁薄而通直……**假脉蕨属 *Crepidomanes* (subg. *Nesopteris*)***
18. 细胞壁较厚或极厚，呈波浪状或凹陷……**长片蕨属 *Abrodictyum****

鬃蕨亚科 Trichomanoideae C. Presl*

该亚科有 8 属，分布于热带和温带，中国有 6 属。

1. 长片蕨属 *Abrodictyum* C. Presl* (图 44)

附生植物。根状茎短小，直立，密被多细胞的节状毛。叶簇生；叶柄圆柱形，无翅，基部被节状毛；叶细小，下垂，二回至多回羽裂；裂片长狭线形，全缘；叶脉叉状，末回裂片有 1 小脉；叶质薄，半透明。孢子囊群生在向轴短裂片的顶端；囊苞漏斗状或管状，口部膨大，全缘；囊群托长而突出，纤细如丝，比囊苞长 3 倍或过之。

该属约 31 种，分布于亚洲到大洋洲热带和亚热带，中国有 3~4 种 (Ebihara et al.，2006；Liu et al.，2013a)。

图 44　广西长筒蕨 *Abrodictyum obscurum* var. *siamense* (Christ) K. Iwats.

2. 毛杆蕨属 *Callistopteris* Copel.* (图 45)

附生植物。根状茎粗而直立或略近直立。叶簇生；叶柄及叶轴圆柱形，被浅红色长毛；叶大，四回深羽状细裂；裂片狭线形，全缘；叶质薄而柔软；细胞壁薄，均匀一致。孢子囊群着生于向轴短裂片的顶端；囊苞倒圆锥形或坛形，口部截形，全缘或浅裂略为两唇瓣形；囊群托突出，伸长。染色体 x 为 36，2*n* 为 72 或其倍数。

该属约5种，分布于旧热带 (亚洲至太平洋岛屿)，中国仅毛杆蕨 *Callistopteris apiifolia* (C. Presl) Copel. 1 种 (Ebihara et al.，2006；Liu et al.，2013a)。

3. 厚叶蕨属 *Cephalomanes* C. Presl* (图 46)

土生。根状茎粗壮，上升或直立，下面密生粗根。叶簇生；叶柄坚硬，被刺毛；叶多一回羽状，通常为披针形；羽片两侧不对称，向顶一边常为浅裂或撕裂状；叶脉近于

图 45　毛杆蕨 *Callistopteris apiifolia*

图 46　厚叶蕨 *Cephalomanes javanicum* var. *sumatranum*

扇状分枝，小脉常突出叶缘以外成刺毛状；叶质粗硬，颜色深黝，细胞大，细胞壁薄而呈波浪状。孢子囊群生于叶顶部的缩狭裂片上或生在正常羽片上侧的叶缘上；囊苞管状或很少缩短为倒圆锥形；囊群托长，突出，粗壮，有时顶端膨大。染色体 $2n$ 为 64 或其倍数。

该属约 5 种，分布于印度至波利尼西亚，中国有 2 变种：厚叶蕨 *Cephalomanes javanicum* var. *sumatranum* (Alderw.) K. Iwats. 和菲律宾厚叶蕨 *C. javanicum* var. *asplenioides* (C. Presl) K. Iwats. (Ebihara et al.，2006；Iwatsuki and Ebihara，2023)。

4. 假脉蕨属 *Crepidomanes* C. Presl* (图 47)

小型植物，多数附生。根状茎细长横走，密被短毛，常无根。叶远生，叶柄细而略

图 47　假脉蕨属 *Crepidomanes* 植物形态

扁，两侧常有狭翅；叶常多回羽裂，裂片全缘，无毛；叶脉羽状分枝，末回裂片有 1 叶脉，叶脉之间有厚壁细胞形成的假脉，假脉与叶脉斜交或平行。孢子囊群生于末回裂片的腋间或向轴短裂片顶端；囊苞背腹略压扁，呈漏斗状、钟状或椭圆球状，先端圆或渐尖，口部浅裂为两唇瓣，唇瓣圆形或三角形，两侧多少有翅；囊托伸出。孢子四面体，辐射对称，极面观钝三角形或近圆形，表面具短棒状纹饰。染色体 2*n* 为 72 或其倍数。

该属约 30 种，包括 *Crepidomanes* C. Presl 和 *Nesopteris* (Copel.) Ebihara & K. Iwats. 2 亚属，分布于非洲到日本和波利尼西亚，中国约有 14 种 (Liu et al.，2013a)。

5. 毛边蕨属 *Didymoglossum* Desv.* (图 48)

根状茎细长呈匍匐状，多分枝，直径达 0.5 mm，密被深色毛，原生中柱并行至退化，皮层叶柄状，无根，但有根状芽。叶柄常极度缩短，仅约 1 cm，叶远生；叶通常单一，或有时浅裂至羽状半裂，椭圆形至狭卵形，叶脉下先出，常呈扇形，近边缘有假脉或无，存在与真脉平行的纵向假脉，内细胞壁薄而直，具刚毛或有时成鳞状突起。孢子囊群顶生或泛生，常陷入叶中，钟状、双唇形，或偶尔截形、管状，双唇常扩大，边缘常暗色，囊托外露。染色体 2*n* 为 68 或其倍数。

该属约 30 种，包括分布于新世界热带的 *Didymoglossum* Desv. (约 20 种) 和旧世界热带的 *Microgonium* (约 10 种) 2 亚属，中国有 5 种 (Ebihara et al.，2006；Liu et al.，2013a)。

图 48　单叶假脉蕨 *Didymoglossum sublimbatum* (Müll. Berol.) Ebihara & K. Iwats.

6. 多脉蕨属 *Polyphlebium* Copel.

附生植物。根状茎长匍匐，多次分枝，丝状，直径 0.1~0.8 mm，密被淡棕色的毛，原生中柱近并行，皮层有硬化细胞，根少而细。叶柄与相邻的叶相距较远；叶一回羽状至四回羽状分裂，卵形至狭卵形，叶脉上先出，有时叶缘有 1 行伸长的细胞，无假脉，内部细胞壁薄而直。孢子囊群并生，管状，唇常膨大，囊托长，伸出。染色体 x 为 36，2*n* 为 72 或其倍数。

该属约 15 种，分布于南半球温带以及低海拔山地森林 (Ebihara et al.，2006)，中国不产。

7. 鬃蕨属 *Trichomanes* L.

土生。茎短，斜升或长匍匐，一些种无根，常密被淡黑色的毛。叶柄不明显至明显，圆柱形；羽片单一，不规则分裂，羽状半裂或羽状分裂，很小至中等大小；叶轴无或明显；羽状叶的羽片或单叶的裂片全缘或浅裂，叶脉单一，多脉或者无叶脉，假脉斜升或近边缘，边缘有毛，叶脉在羽片上下先出。孢子囊群外延，常陷入羽片边缘；囊苞钟形或杯形，口扩大或截形；囊托长，伸出。孢子近球形；表面具浅的乳突或刺。染色体 2*n* 为 64 或其倍数。

该属超过 70 种，大部分分布于新热带，少量在旧热带 (Ebihara et al.，2006；Dubuisson et al.，2022)，中国不产。

8. 瓶蕨属 *Vandenboschia* Copel.* (图 49)

大多为附生植物。根状茎粗壮，通常长而呈匍匐状，常被褐色多细胞的节状毛。叶为 2 列生，羽状复叶，全缘，细胞壁薄而均匀一致，叶边不增厚；叶脉一般多回叉状分枝，叶上无假脉。孢子囊群可从各脉先端生出；囊苞长管状至杯状，口部全缘，突出于叶边之外；囊托伸出，长而纤细；孢子囊细小。配子体为丝状。染色体 2*n* 为 72 或其倍数。

该属超过 20 种，包括 2 个亚属：*Vandenboschia* (15 种) 和 *Lacosteopsis* (2 种以上)，分布于世界热带和亚热带，中国约 8 种 (Ebihara et al.，2006；Liu et al.，2013a)。

膜蕨亚科 Hymenophylloideae Burnett*

该亚科下仅膜蕨属 *Hymenophyllum*，分布于热带和温带，中国有分布。

9. 膜蕨属 *Hymenophyllum* Sm.* (图 50)

小型附生植物。根状茎纤细而呈匍匐状，常分枝，具原生中柱，疏被短毛或几无毛。叶远生；叶柄圆柱形，纤细；叶椭圆形、卵形或椭圆披针形，羽状分裂至四回羽状分裂，偶尔有单生叶类群；裂片全缘、有锯齿或有时卷曲；叶脉羽状，无假脉，每个末回裂片具单一的小脉；叶膜质，细胞壁不加厚，叶轴上面通常疏生红棕色长柔毛。囊苞深裂或深裂几达基部，呈二瓣状，唇瓣顶部呈锯齿或撕裂状；囊托不外露，稍突出于囊苞口外。孢子囊大，无柄。孢子球状四面体，极面观近圆形或三角状圆形，赤道面观椭圆形，表

图 49　瓶蕨 *Vandenboschia auriculata* (Blume) Copel.

面具短棒状纹饰。染色体 2*n* 为 22、26、36、42、56、72、144。

该属约 300 种，广布热带至温带，主要集中在东半球；中国约 32 种，但有待进一步研究 (Liu et al.，2013a)。

里白目 Gleicheniales Schimp.

里白目有 3 科：马通蕨科 Matoniaceae、双扇蕨科 Dipteridaceae 和里白科 Gleicheniaceae，共 12 属 170 余种；中国有双扇蕨科和里白科，共 5 属 (图 51)。

图 50　膜蕨属 *Hymenophyllum* 植物形态

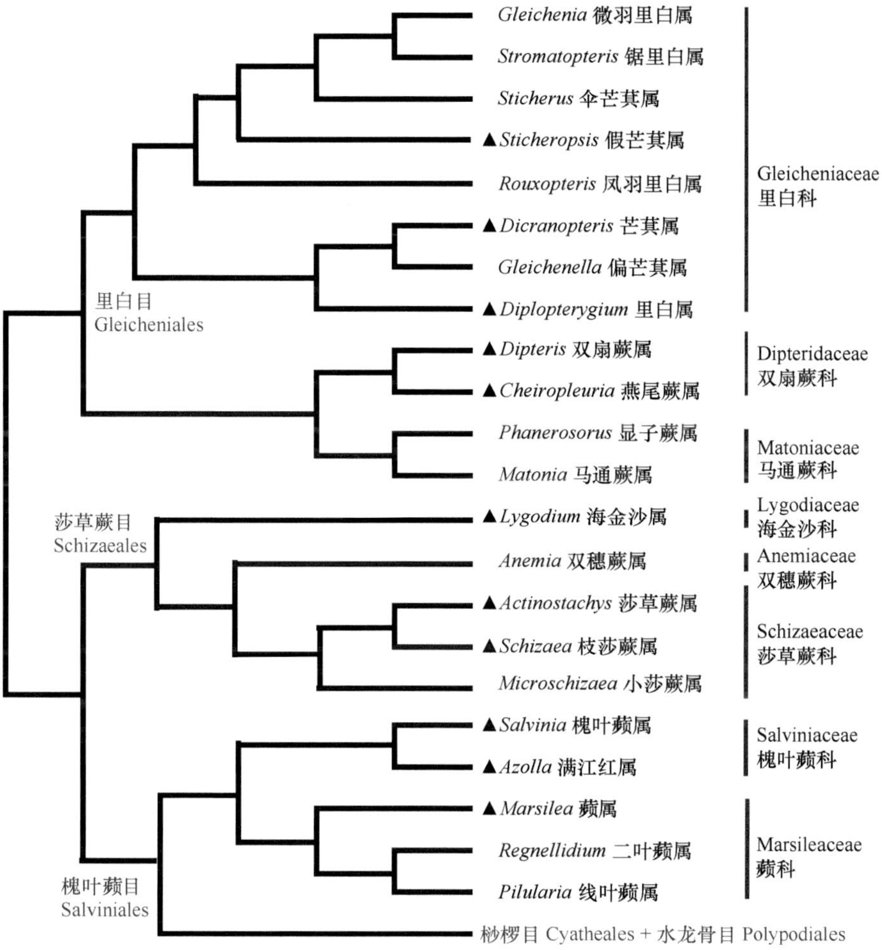

图 51　里白目、莎草蕨目和槐叶蘋目下各科和属间系统发育关系
(Barcelona，2014；Ke et al.，2022；Lima et al.，2023，2024)

马通蕨科 Matoniaceae

土生或附生中型植物。根状茎长而横走，密被多细胞单列毛。茎具 2~3 中柱，同心排列形成管状中柱。叶远生；叶柄无关节，黑色，表面光亮，腹面具槽或无，具单一的横切边缘不规则的维管束；叶假二叉分枝或鸟足状分裂，叶脉下先出，通常成熟后无毛，质坚硬；叶背气孔排列不规则；末回裂片狭长，具中肋，小脉明显，离生，分叉，或在中肋附近联结成网状。孢子囊群生裂片背部，顶生或背生，圆形；囊群盖圆形，盾状着生，通常早落。孢子囊较大，常数个组成一个囊群，同时成熟；孢子囊柄短，粗壮；囊室近球形，环带倾斜，发育不完全，无裂口，开裂方向不定。孢子四面体球形，每个孢子囊 48~64 个。

该科包括 2 个属：马通蕨属 *Matonia* 和显子蕨属 *Phanerosorus*，分布于马来西亚和菲律宾，中国不产。

分属检索表

1. 植株直立；叶鸟足状，不规则的二叉分枝，有一个中心的柄；孢子囊群着生叶脉分叉处……………………马通蕨属 ***Matonia***
1. 植株悬垂；叶羽状，在轴顶端着生单叶或成对羽片；孢子囊群常着生叶脉末端……………………显子蕨属 ***Phanerosorus***

1. 马通蕨属 *Matonia* R. Br. ex Wall.

土生或附生中型植物。根状茎长而横走；密被多细胞单列毛，同心排列成管状中柱，中柱 2~3。叶远生；叶假二歧分枝或鸟足状分裂，叶脉下先出，通常成熟后无毛，质坚硬；末回裂片狭长形，具中肋；叶柄无关节，黑色，表面光亮，腹面具槽或无，具单一的横切边缘不规则的维管束；小脉明显，离生，分叉，或在中肋附近联结成网状。孢子囊群生裂片背面，圆形；囊群盖圆形，盾状着生，常早落。孢子囊较大，常数个组成一个囊群；孢子囊柄短，粗壮；囊室近球形，环带倾斜，发育不完全，开裂方向不定。孢子四面体球形。染色体 n 为 26。

该属有 2 种：*Matonia pectinata* R. Br. 和 *M. foxworthyi* Copel.，分布于马来西亚和加里曼丹岛 (Kramer，1990c)，中国不产。

2. 显子蕨属 *Phanerosorus* Copel.

植株附生石灰岩上。叶脉分离。孢子囊群中脉和边缘间顶生；或偶尔一些联合有孢子囊群着生在叶脉分叉处。孢子三裂缝，四面体球形。

该属有 2 种：分布于马来西亚的 *Phanerosorus sarmentosus* (Baker) Copel. 和分布于菲律宾至印度尼西亚的 *P. major* Diels (Barcelona and Pelser，2014)，中国不产。

双扇蕨科 Dipteridaceae*

土生或岩生植物。根状茎长而横走，粗壮，木质，具原生中柱或管状中柱，被锈棕色或黑褐色坚硬的刚毛状鳞片。单叶，一型或二型，远生；叶二型时，营养叶卵形至圆形，顶端 2 裂或不裂，叶柄光滑上面有纵沟，基部不具关节；叶及主脉多回二歧分叉，常形成多数不等长而排列成扇形的裂片；叶脉网状或有 4~5 主脉，小脉明显，网眼内有反折而分叉的内藏小脉。孢子囊群小，圆形，点状或近汇生，无盖，着生于连接的小脉上，在二型叶种类中，孢子囊满布孢子叶；隔丝棒状或盘状；孢子囊少数，球状梨形，柄短或长柄，环带垂直或稍斜，由 12~24 个增厚细胞组成。孢子单裂缝或三裂缝，外壁光滑或有不明显纹饰。

该科包括 2 个属：双扇蕨属 *Dipteris* 和燕尾蕨属 *Cheiropleuria*，约 11 种，分布于中国、日本至东南亚到美拉尼西亚及波利尼西亚西部，中国有 2 属 6 种 (Zhang et al.，2013d)。

分属检索表

1. 叶一型，叶及主脉多回二歧分叉，形成多数不等长而排列成扇形的裂片，第一回分叉将叶等分为两部分，然后各自再多回二歧分叉；孢子囊群散布叶背；孢子单裂缝……………………双扇蕨属 ***Dipteris****

1. 叶二型，营养叶卵形至圆形，顶端 2 裂或不裂，全缘，孢子叶阔线形，全缘；孢子囊群卤蕨型；孢子三裂缝……………………………………………………………………………………燕尾蕨属 *Cheiropleuria**

1. 燕尾蕨属 *Cheiropleuria* C. Presl* (图 52)

石缝生草本植物。根状茎粗壮而横走，密被锈棕色长柔毛。叶疏生，二型，单叶；营养叶卵形至圆形，顶端 2 裂或不裂，全缘；孢子叶阔线形，全缘，干后近革质，光滑无毛；主脉 4~5，从叶基部放射状向叶边上部伸展，小脉联结成网状，有内藏小脉。孢子囊满布孢子叶背面，具长柄，环带稍斜，由 24 个细胞组成，隔丝棒状。孢子三裂缝，外壁光滑。

该属约 3 种，分布于日本南部、中南半岛到马来西亚 (Zhang et al.，2013d)，中国有 2 种：分布于华南地区的全缘燕尾蕨 *Cheiropleuria integrifolia* (D. C. Eaton ex Hook.) M. Kato, Y. Yatabe, Sahashi & N. Murak. 和仅产海南的燕尾蕨 *C. bicuspis* (Blume) C. Presl (图 52) (Zhang et al.，2013d)。

图 52　燕尾蕨 *Cheiropleuria bicuspis*

2. 双扇蕨属 *Dipteris* Reinw.* (图 53)

土生或岩生植物。根状茎长而横走，粗壮，木质，具管状中柱，被黑褐色的坚硬刚毛状鳞片。单叶，一型，远生；叶柄光滑上面有纵沟；叶及主脉多回二歧分叉，形成多数不等长而排列成扇形的裂片；叶脉网状，网眼内有反折而分叉的内藏小脉。孢子囊群小，点状或近汇生，无盖，着生于连接的小脉上；隔丝棒状或盘状；孢子囊球状梨形，柄短而有 4 行细胞，裂口横向。孢子两侧对称，椭圆形，透明，单裂缝，不具周壁，外壁表面光滑或不清楚纹饰。染色体 2*n* 为 66 或 132。

该属约 9 种，分布于印度东北部、琉球群岛至澳大利亚昆士兰东北部和斐济，中国有 4 种：中华双扇蕨 *Dipteris chinensis* Christ、双扇蕨 *D. conjugata* Reinw.、深圳双扇蕨 *D. shenzhenensis* Y. H. Yan & Z. Y. Wei 和喜马拉雅双扇蕨 *D. wallichii* (R. Br.) T. Moore (Zhang et al.，2013d；Wei et al.，2021c)。

图 53　中华双扇蕨 *Dipteris chinensis*

里白科 Gleicheniaceae*

陆生植物。根状茎长而横走，具原始中柱，被鳞片或被节状毛。叶一型，有柄，不以关节着生于根状茎；叶一回羽状，或由于顶芽不发育，主轴都为一回至多回二叉分枝或假二叉分枝，每一分枝腋间有一被毛鳞片和叶状苞片所包裹的休眠芽，有时在其两侧有 1 对篦齿状的托叶；顶生羽片一回至二回羽状；末回裂片线形；叶纸质或近革质，下面常呈灰白或灰绿色；叶轴及叶下面幼时被星状毛或有睫毛的鳞片或二者混生，老后常脱落。孢子囊群小而圆，无盖，由 2~6 个无柄孢子囊组成，生于叶下面小脉的背上，常成 1 行排列于主脉和叶缘间。孢子囊陀螺形，有 1 横绕中部的环带，从一侧以纵缝开裂。孢子为四面体或两面体，透明，无周壁。原叶体扁，绿色，有脉。

该科有 8 属约 149 种，分布于热带和亚热带，中国有 3 属约 16 种 (Kramer，1990d；Jin et al.，2013；Kessler and Smith，2018a；Lima et al.，2024)。

分属检索表 (Lima et al.，2024)

1\. 叶羽状半裂至羽状全裂……………………2
1\. 叶假二歧分枝或合轴分枝……………………3
2\. 根状茎直立，末回裂片圆形……………………**锯里白属 *Stromatopteris***
2\. 根状茎长匍匐，末回裂片圆形至线形……………………***Sticherus simplex***
3\. 末回分枝二回羽状……………………4
3\. 末回分枝羽状全裂……………………6
4\. 末回裂片线形……………………**里白属 *Diplopterygium*** *
4\. 末回裂片圆形……………………5
5\. 叶假二叉分枝，叶在主轴分叉处总着生一休眠芽；叶侧枝对生……………………**微羽里白属 *Gleichenia***
5\. 叶近合轴分枝，叶在主轴先端处一般无休眠芽；叶侧枝互生……………………**凤羽里白属 *Rouxopteris***
6\. 根状茎和芽覆盖鳞片；叶脉 1 叉……………………7
6\. 根状茎和芽覆盖毛；叶脉 2~4 叉……………………8
7\. 叶等分枝，无分枝主轴……………………**伞芒萁属 *Sticherus***
7\. 叶不等分枝，有明显分枝主轴……………………**假芒萁属 *Sticheropsis*** *
8\. 叶不等分枝，无附属分枝；孢子单裂缝；根状茎具管状中柱……………………**偏芒萁属 *Gleichenella***
8\. 叶等分枝，偶尔不等分枝，有附属分枝；孢子三裂缝，极少单裂缝；根状茎具原生中柱……………………**芒萁属 *Dicranopteris*** *

1. 芒萁属 *Dicranopteris* Bernh.* (图 54)

根状茎细长而横走，密被红棕色多细胞长毛。叶远生；叶直立或常多少蔓生，主轴常多回二叉或假二叉分枝；每回主轴分叉处通常有篦齿状托叶；每回叶轴分叉处有 1 休眠状态的小腋芽，密被绒毛，外面包 1 对叶状小苞片；叶裂片篦齿状排列，全缘，顶端钝或微凹；叶脉分离，二回至三回分枝，每组具 3~6 小脉；叶下面常灰白色，幼时多少被星状毛。孢子囊群生于叶下面小脉背面，圆形，无囊群盖，通常由 6~10 个无柄的孢子囊组成，常在中脉与叶缘间排成 1 列，稍近中脉，孢子囊群托小而不突出。孢子四面体，无周壁，白色透明。染色体 x 为 39。

该属约 23 种，泛热带分布 (Lima et al.，2024)，中国有 6 种 (Jin et al.，2013)。

2. 里白属 *Diplopterygium* (Diels) Nakai* (图 55)

根状茎粗壮，长而横走，密被披针形红棕色鳞片。叶有长柄；主轴粗壮，单一，由其顶芽一次或多次地生出 1 对二叉的长而大的二回羽状的羽片；分叉点的腋间生有 1 大的休眠芽，密被深棕色有光泽厚鳞片，边缘有睫毛，其外包有 1 对叶状的羽裂的苞片，二回羽状；小羽片多数，羽状深裂到小羽轴；叶脉通常为一次分叉，稍斜向上，伸达叶边，基部一组脉的下侧小脉到达软骨质的缺刻底部；叶柄和叶轴幼时密被厚鳞片，并有星状或分枝的毛混生；叶厚纸质，下面灰白色或灰绿色，少有绿色。孢子囊群小，无盖，由 2~4 无柄的孢子囊组成，以一行位于中脉和叶边中间，生于每组脉的上侧小脉背上。

图 54　芒萁 *Dicranopteris pedata* (Houtt.) Nakaike

孢子四面体，无周壁。染色体 x 为 56。

该属约 21 种，除 *Diplopterygium bancroftii* (Hook.) A. R. Sm. 新热带分布，其余种分布于亚洲及太平洋 (Lima et al.，2024)，中国约 9 种。该属植物多生于强酸性土壤，可作为酸性土指示植物 (Jin et al.，2013)。

3. 偏芒萁属 *Gleichenella* Ching

陆生。根状茎长匍匐，具分枝，管状中柱，被褐色多细胞毛；无鳞片着生点。叶直立或攀援，假二叉分枝，具不等二叉分枝；叶具红色毛，毛有分枝，下面常呈星状毛，叶轴无毛，侧脉无腺毛，叶面无毛；末回裂片线形；叶脉分离，2~3 (~ 4) 叉分枝。休眠芽有红色毛，具假托叶。无附属小枝。孢子囊群圆形，每个孢子囊群有 (6~) 8 ~15 (~25) 个孢子囊，无隔丝孢子单裂缝，椭圆形，表面具皱纹。染色体 x 为 43。

该属仅偏芒萁 *Gleichenella pectinata* (Willd.) Ching 1 种 (Kessler and Smith，2018a)，分布于中美洲至南美洲，中国不产。

图 55　大里白 *Diplopterygium giganteum* (Wall. ex Hook.) Nakai ex Bauer

4. 微羽里白属 *Gleichenia* Sm.

根状茎有狭长的呈刚毛或短纤毛状的鳞片。叶远生或极少近生，高可超 2 m；叶柄近直立或斜升，粗壮，坚硬，圆柱形或稍微扁平；靠近基部羽片的近轴面生有 1 对对生的斜升羽片，先端有 1 宿存的休眠芽，或继续作为轴，随后产生 1 对或 2 对对生羽片；羽片二回羽状，或一次或多次假二叉分枝；末回裂片上面光滑，不同程度地被短柔毛或柔毛，具白色或淡黄色颗粒；叶脉单一或分叉。孢子囊群无囊群盖，每个孢子囊群有 2~5 个孢子囊。孢子单裂缝或三裂缝。染色体 x 为 20 或 22。

该属约 10 种 (PPG I，2016；Lima et al.，2024)，分布于非洲、印度洋西部和南部、东南亚及大洋洲，中国不产。

5. 凤羽里白属 *Rouxopteris* Hong M. Liu

[该属在 PPG I 系统中被置于 *Gleichenia*]

土生。根状茎长，匍匐，覆盖有长而易脱落的棕色的单列、单　或分枝的毛。叶远生；叶小羽片羽状全裂、一回羽状或二回羽状，先端无休眠芽；末端小羽片无柄，贴生，深裂；小脉离生，侧脉在每个末端裂片成二叉状。孢子囊群生于叶下面小脉背部，表面生，圆形；无囊群盖；每个孢子囊群有 4~9 个近无柄孢子囊，具里白型环带。孢子四面体，三裂缝。

该属有 3 种：*Rouxopteris boryi* (Kunze) H. M. Liu.、*R. elongatum* (Baker) L. V. Lima, Salino & T. E. Almeida 和 *R. madagascariensis* (C. Chr.) L. V. Lima, Salino, T. E. Almeida，分布于非洲、马达加斯加和马斯克林群岛 (Liu et al.，2020；Lima et al.，2024)，中国不产。

6. 伞芒萁属 *Sticherus* C. Presl

陆生或石生。根状茎长匍匐，分枝，原生中柱，具鳞片，质硬，棕色、红棕色或金黄色，盾状或基部着生；鳞片着生点有或无。叶直立或攀援，假二叉分枝，极少为羽状半裂，具等二叉分枝；叶背无毛、近无毛或被柔毛，叶轴、中脉段、二级脉和 (或) 叶面，具白色、红色或变黑的鳞片；叶面无毛或仅在叶轴或裂片的中脉上有鳞片，末回分枝梳子状，裂片三角形、披针形或线形；脉分离，二叉状。休眠芽被白色、红色或黑的鳞片，同色或二色，若为二色，则顶端、中部或基部细胞颜色较深，有或无假托叶。无附属小枝。孢子囊群圆形，每个孢子囊群具 3~6 个孢子囊，有或无透明的隔丝。孢子单裂缝，椭圆形，略具皱纹，微穿孔。染色体 x 为 34。

该属约 89 种和 2 个杂交种，泛热带分布，中国不产 (Lima et al.，2023，2024)。

7. 假芒萁属 *Sticheropsis* L. V. Lima, Salino & T. E. Almeida* (图 56)

[该属在 FOC 和 PPG I 系统中被置于 *Sticherus*]

陆生。根状茎长匍匐，分枝，具原生中柱；具基部着生鳞片棕色，坚硬。叶攀援，假二叉分枝，具不等二叉分枝；叶背近无毛，叶轴、羽片、中脉、侧脉及叶面具棕色

图 56　假芒萁 *Sticheropsis truncata*

鳞片；叶面鳞片仅见于叶轴上；末级分枝梳子状，线形裂片覆有棕色的具缘毛及近星状的鳞片，还有毛，沿中肋处尤多；叶脉分离，二叉分枝。休眠芽被棕色、同色的鳞片，具假托叶。无附属小枝。孢子囊群圆形，每个孢子囊群有 3~6 个孢子囊，无透明隔丝。孢子单裂缝，椭圆形，表面具皱纹。

该属 2 种：仅 *Sticheropsis milnei* (Baker) L. V. Lima, Salino & T. E. Almeida 和假芒萁 *S. truncata* (Wild.) L. V. Lima, Salino & T. E. Almeida[=*Sticherus truncatus* (Willd.) Nakai (FOC)]，分布于澳大拉西亚，中国仅 1 种 (Jin et al.，2013；Lima et al.，2023，2024)。

8. 锯里白属 *Stromatopteris* Mett.

陆生。根状茎直立，具分枝，地上生的分枝二叉，原生中柱；鳞片深色，基部着生，质硬，着生有刚毛状毛，鳞片无着生点。叶直立，羽状半裂；叶背近无毛，有鳞片但仅着生在有孢子囊群区域；叶面无毛；裂片卵状圆形；叶脉分离，二叉分枝。休眠芽具假托叶，无附属小枝。孢子囊群圆形，每个孢子囊群有 3~6 个孢子囊，无透明隔丝。孢子单裂缝，椭圆形，稍具皱纹，近网状。染色体 x 为 39。

该属仅锯里白 *Stromatopteris moniliformis* Mett. 1 种，分布于新喀里多尼亚，中国不产。

莎草蕨目 Schizaeales Schimp.

该目植物营养叶和孢子叶不一型，且不形成明显孢子囊群。

该目有 3 科：海金沙科 Lygodiaceae、莎草蕨科 Schizaeaceae 和双穗蕨科 Anemiaceae，共 5 属约 190 种 (PPG I，2016)。

海金沙科 Lygodiaceae*

土生攀援植物。根状茎长而横走，无鳞片。叶远生或近生；叶单轴型，叶轴无限伸长，细长，缠绕攀援，常长达数米，两侧生出 1 对平展羽片，羽片一回至二回两叉状、掌状或一回至二回羽状，孢子叶和营养叶一型或近二型；不育羽片通常生于叶轴下部，能育羽片生于叶轴的上部；不育小羽片边缘全缘或具细锯齿；叶脉多数，分离，少数为疏网状，不具内藏小脉，分离小脉直达加厚叶边；小羽片柄有狭翅或无翅，有锈毛或无毛，上面隆起；能育羽片通常较狭，边缘有流苏状的孢子囊穗，由两行并生的孢子囊组成，孢子囊生于小脉顶端，并被叶边长出的一个反折小瓣包裹，形如囊群盖。孢子囊大，椭圆形，横生于短柄上，环带位于远基的一端，由几个厚壁细胞组成，以纵缝开裂。孢子四面体，具三裂缝，周壁具瘤状或网穴状纹饰，外壁层次明显，表面光滑。

该科仅海金沙属 *Lygodium* Sw. 1 属，泛热带分布。

1. 海金沙属 *Lygodium* Sw.* (图 57)

特征同科。

该属约 40 种，泛热带分布，向北分布至韩国、日本和北美洲，向南可分布至新西兰和南非，中国有 9 种 (Zhang and Hanks，2013)。

图 57 海金沙 *Lygodium japonicum* (Thunb.) Sw.

莎草蕨科 Schizaeaceae*

小型土生草本。根状茎短，匍匐或斜升。叶簇生或近生；叶柄与叶之间界限不明显；叶线形不分裂，或一回至多回二歧分裂，或顶端指状分裂；裂片狭线形，仅 1 中脉，能育裂片簇生于叶的顶端，或呈羽状位于不育裂片的顶部。孢子囊群布满能育裂片下面的中脉两侧。孢子囊大，梨形，横生，无柄，环带位于远基的一端，由几个厚壁细胞组成，顶端开裂。孢子椭圆形，两侧对称，单裂缝，无周壁，外壁具肋条状纹饰，肋的方向与裂缝平行或不平行。原叶体丝状，分枝。

该科一般承认有 2 属 (PPG I，2016)，但新的分子系统学研究却表明莎草蕨属非单系类群，Ke 等 (2022) 恢复了莎草蕨科下的小莎蕨属 *Microschizaea* C. F. Reed。目前，莎草蕨科有 3 属约 30 种，泛热带分布，中国有 2 属 (Zhang and Mickel，2013)。

分属检索表 (Ke et al.，2022)

1. 原叶体丝状，叶为单叶或先端指状分裂，孢子囊无梗……………………………………2
1. 原叶体块状，叶假指状分裂，孢子囊有梗……………………………**莎草蕨属 *Actinostachys****
2. 孢子囊间有毛，孢子肾形……………………………………………………**枝莎蕨属 *Schizaea****
2. 孢子囊间无毛，孢子近球形或卵形……………………………………**小莎蕨属 *Microschizaea***

1. 莎草蕨属 *Actinostachys* Wall.* **(图 58)**

土生或附生。根状茎短匍匐，先端密被粗糙的棕色多细胞毛；根纤细，有根毛。叶互相密接着生，坚硬；叶一型，直立，单叶，线形，基部红棕色，圆柱形或三角形，基部往上逐渐变绿和有很窄的翅，无明显柄，中肋极宽，轻微在背面突出，其他叶脉不明显。孢子囊由 2~5 能育裂片聚集形成；能育裂片线形，幼时稍扭结在一起，成熟时展开，边缘全缘，每个裂片的脉具 1 单一中脉，背面稍隆起，上面不明显，上面有 2 个细胞的深色腺毛。孢子囊卵球形，无柄，每个孢子囊具 1 大的顶端环带，在裂片上排成 2 列（极少 3 列）；长丝状透明的红褐色隔丝突出于孢子囊间。孢子单裂缝，两侧对称，表面有浅疣状纹饰。

该属约 17 种，分布于热带，中国有分枝莎草蕨 *Actinostachys digitata* (L.) Wall. [= *Schizaea dichotoma* (L.) Sm. (FOC)] 1 种（Zhang and Mickel，2013；Ke et al.，2022）。

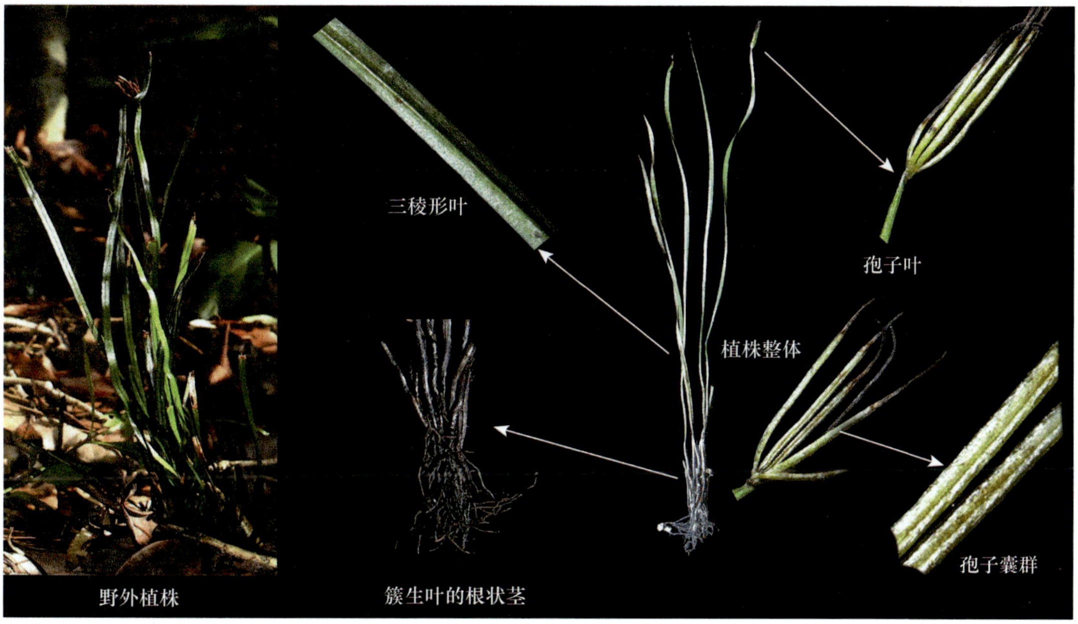

图 58　莎草蕨 *Actinostachys digitata*

2. 小莎蕨属 *Microschizaea* C. F. Reed

[该属在 PPG I 系统中被置于枝莎蕨属 *Schizaea*]

Ke 等（2022）通过分子系统学研究表明枝莎蕨属 *Schizaea* 非单系类群，小莎蕨属 *Microschizaea* 应该被恢复成独立的属。

该属约 7 种 [但不包括 *M. apusilla* (Pursh) C. F. Reed]，分布于新西兰、澳大利亚、夏威夷群岛、南太平洋岛屿、南美洲、东南亚、非洲和马达加斯加（Ke et al.，2022），中国不产。

3. 枝莎蕨属 *Schizaea* Sm.* **(图 59)**

小型土生草本。根状茎短，匍匐或斜升。叶簇生；叶柄与叶的界限不明显，叶线形不分裂，或一回至多回二歧分裂，或顶端指状分裂；裂片狭线形，仅 1 中脉，能育裂片簇生于叶顶端。孢子囊群布满能育裂片下面的中脉两侧。孢子囊大，梨形，横生，无柄，环带位于远基的一端，由几个厚壁细胞组成，顶端开裂。孢子椭圆肾形，单裂缝，无周壁，外壁具肋状纹饰，肋的方向与裂缝平行或不平行。

该属约 20 种 (PPG I，2016)，泛热带分布，中国有枝莎蕨 *Schizaea dichotoma* (L.) Sm. 1 种 (Zhang and Mickel，2013)。

图 59 枝莎蕨 *Schizaea dichotoma*

双穗蕨科 Anemiaceae

小型至中型土生或石生草本。根状茎匍匐至近直立，管状中柱 (木质部两边具韧皮部) 或网状中柱 (有复杂木质部)，密被橙色至红棕色毛。叶直立，二型或近二型。孢子囊在能育羽片的末回裂片上排成 2 列，无柄，稍不对称的卵形或梨形，环带近顶生，单列，有裂口。孢子四面体球形，具平行或稍网结的脊状纹饰。配子体土生，绿色，心形，具不等长裂片。

该科仅 *Anemia* Sw. 1 属。

1. 双穗蕨属 *Anemia* Sw.

特征同科。

该属约 115 种，包括 3 个亚属：*Anemia*、*Anemiorrhiza* Prantl 和 *Mohria* (Sw.) Mickel，主要分布于新热带，少量分布于印度、非洲和马达加斯加 (Labiak et al.，2015)，中国不产。

槐叶蘋目 Salviniales Link

水生或湿生植物。有营养叶和孢子叶分化；叶脉联合；根、茎、叶柄具通气组织；无环带；异形孢子，有大小孢子之分；孢子在孢囊内萌发；只有一个大孢子；配子体退化 (Smith et al.，2008)。

该目有 2 科：槐叶蘋科 Salviniaceae 和蘋科 Marsileaceae，5 属 80 余种 (PPG I，2016)。

槐叶蘋科 Salviniaceae*

小型漂浮水生草本，常生于水中或沼泥上。根状茎细弱，横走，被毛，绿色，有原始管状中柱，侧枝腋生或腋外生，呈羽状分枝或假二歧分枝，通常漂浮于水面，或在水浅时或植株生长密集的情况下，呈莲座状生长。叶无柄，叶 3 轮生或成 2 列互生于茎上，覆瓦状排列，每叶深裂而分为背腹两部分；在上面的裂片称背裂片，浮在水面上，长圆形或卵状，中部略内凹，上面密被瘤状突起，绿色，肉质，基部肥厚，下表面隆起，形成空腔；下面的裂片称腹裂片，腹裂片近似贝壳状，膜质，覆瓦状紧密排列，沉于水下，主要起浮载作用。孢子果有大小两种，多为双生，少为 4 个簇生于茎的下面分枝处；大孢子囊生于较小的孢子果内，8~10 个，有短柄，每个大孢子囊内生 1 个大孢子；小孢子果体积是大孢子果的 4~6 倍，呈球形或桃状，内含多数小孢子囊；小孢子囊球形，有长柄，每个小孢子囊内有 64 个小孢子。大小孢子球形，三裂缝。

该科包括槐叶蘋属 *Salvinia* 和满江红属 *Azolla* 2 属，约 21 种，世界分布，中国有 2 属 4 种 (1 外来种) (Lin et al.，2013a)。

分属检索表 (Lin et al.，2013a)

1. 植物无真根；3 叶轮生于细长茎上，上面 2 叶为椭圆形，漂浮水面，下面 1 叶特化，细裂成须根状，悬垂水中……………………………………………………………………**槐叶蘋属 *Salvinia****
1. 植物有丝状真根；叶 2 列互生，覆瓦状排列，2 裂，上裂片漂浮水面，下裂片沉浸水中……………………………………………………………………………………**满江红属 *Azolla****

1. 满江红属 *Azolla* Lam.* (图 60)

小型浮水植物。根状茎纤细，曲折，两侧交替分枝，上面有 2 行互生的叶，下面有许多悬垂水中的须根。叶小型，覆瓦状排列，呈 2 裂；上裂片浮水而覆盖根状茎，肉质；下裂片下沉水中，膜质。孢子果有大小两种，成对着生于根状茎分枝基部的沉水裂片上；小孢子果球形；大孢子果长圆形，通常位于小孢子果下面；大孢子果内只有 1 大孢子囊，囊内有 1 个大孢子。小孢子球形，三裂缝，具不很清楚的周壁，表面有模糊的颗粒状纹饰，外壁光滑；大孢子圆形。染色体 x 为 11、12。

该属约 7 种，分布于热带至温带，中国有 2 种：本土种满江红 *Azolla pinnata* subsp. *asiatica* R. M. K. Saunders & K. Fowler (图 60) 和外来种细叶满江红 *A. filiculoides* Lam. (Lin et al.，2013a)。

图 60　满江红 *Azolla pinnata* subsp. *asiatica*

2. 槐叶蘋属 *Salvinia* Ség.* (图 61)

小型漂浮植物，常生于水中或沼泥上。根状茎纤细，横走，被毛，具原生中柱。叶 3 轮生：上面 2 叶椭圆形，漂浮水面，全缘；下面 1 叶特化，细裂成须根状，悬垂水中，基部簇生孢子果。大孢子囊生于较小的孢子果内，8~10 个；小孢子囊生于较大的孢子果内，多数，有长柄。大孢子花瓶状，三裂缝位于瓶口，不具周壁，外壁表面形成很浅的小凹；小孢子球形，三裂缝细，裂缝处外壁常内凹，不具周壁，外壁较薄，表面光滑。染色体 x 为 9。

该属约 12 种，世界分布，中国有 3 种：槐叶蘋*Salvinia natans* (L.) All. 1 本土种，人厌槐叶蘋*S. molesta* D. S. Mitch. 和速生槐叶蘋*S. adnata* Desv. 2 外来种。其中，速生槐叶蘋在中国已成为严重的入侵物种 (闫小玲等，2014)。

蘋科 Marsileaceae*

小型植物；通常生于水中或沼泥，很少漂浮。根状茎纤细，长而横走，有管状中柱，被毛。营养叶为线形单叶，或有 2~4 羽片对生于长柄的顶端，浮水或伸出水面；叶脉分叉，但顶端联结。孢子叶变为球形或椭圆形的孢子果，坚实，被毛，有柄或无柄，通常接近根状茎，着生于叶柄上或叶柄基部，通常二瓣开裂。孢子囊无环带，异形，大孢子囊内大孢子单生，小孢子囊内小孢子多数。

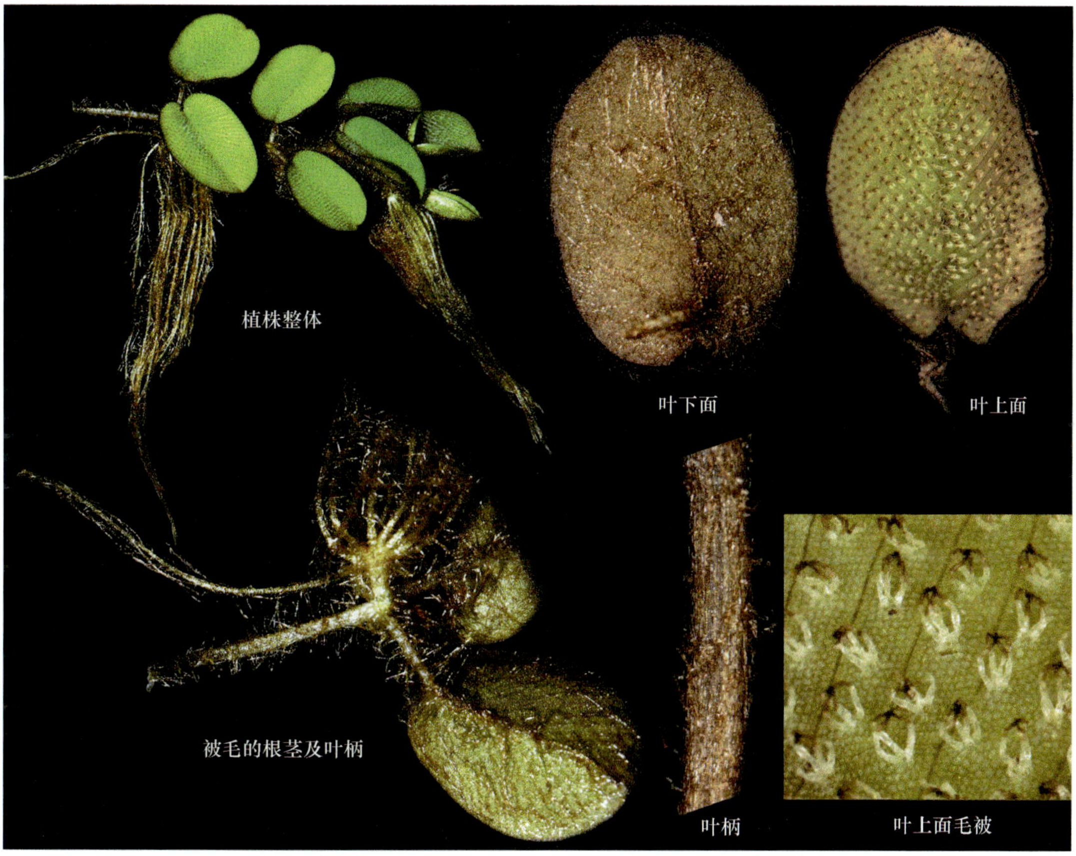

图 61　勺叶槐叶蘋*Salvinia cucullata* Roxb. ex Bory

该科有 3 属约 61 种 (PPG I，2016)，世界分布，中国有 1 属 3 种 (Lin and Johnson，2013)。

分属检索表 (Kramer，1990e)

1. 植株无叶，由丝状叶柄组成；每个孢子果有 2 个或 4 个孢子囊；孢子果单一 ····· 线叶蘋属 ***Pilularia***
1. 植株有叶；每个孢子果内有超过 4 个孢子囊；孢子果单个或多个聚合在一起 ································· 2
2. 叶有 4 小叶；叶脉常多少网结 ··· 蘋属 ***Marsilea****
2. 叶有 2 小叶；叶脉分离或常仅在末端联合 ·· 二叶蘋属 ***Regnellidium***

1. 蘋属 *Marsilea* L.* (图 62)

浅水植物。根状茎细长，横走，节上生根及有单生或簇生的叶，具疏隙管状中柱。营养叶有长柄，羽片 4，十字形排列，基部楔形，顶端截形或圆形，叶脉从羽片基部放射分叉，伸达叶边。孢子果椭圆状肾形或圆形至长椭圆形，外壁坚硬，开裂时呈二瓣，果瓣有平行脉；孢子囊线形或椭圆状圆柱形，排列为紧密的 2 列，孢子囊无环带。大孢子卵圆形，周壁具分布较密的细柱，形成不规则的网状纹饰；小孢子近球形，具明显的周壁，外壁表面有小瘤块或疣状纹饰。染色体 x 为 10。

该属约 55 种，世界分布，非洲、澳大利亚热带是该属分布中心，中国有 3 种：埃及蘋*Marsilea aegyptiaca* Willd.、南国田字草 *M. minuta* L. 和蘋*M. quadrifolia* L. (Lin and Johnson，2013)。

图 62　南国田字草 *Marsilea minuta*

2. 线叶蘋属 *Pilularia* L.

茎纤细。叶远生，叶仅由在芽期螺旋丝状叶柄组成，维管组织退化。子实体单生于插入叶柄基部的柄上，近球形至卵球形，直立或斜升，以狭边着生于柄上，有 2 个或 4 个孢子囊群。孢子球形，大孢子表面皱纹状，小孢子表面有粗糙乳突的紧密褶皱纹饰。

该属 3~6 种，分布于澳大利亚和新西兰的温带以及南美洲，其中，*Pilularia minuta* Durieu 是目前已知的世界最小蕨类植物 (Kramer，1990e)，中国不产。

3. 二叶蘋属 *Regnellidium* Lindm.

叶只有 2 个极大阔扇形的叶；叶脉极密，二叉状，离生或在末端联合。孢子果 1 个，孢子果柄插入叶柄基部，柄以关节着生在上部裂缝，球形至豆形，两室，每室有多个孢子囊 (约 6 个)；孢子囊垂直于孢子果柄，沿着将孢子囊分开的管沟隔膜着生。大小孢子球形，表面有密而突出的褶皱状或疣状纹饰。

该属仅二叶薠*Regnellidium diphyllum* Lindm. 1 种，分布于阿根廷、巴西最南部(Kramer，1990e)，中国不产。

桫椤目 Cyatheales A. B. Frank

桫椤目，即树蕨类植物。该目包括 8 科：桫椤科 Cyatheaceae、瘤足蕨科 Plagiogyriaceae、金毛狗蕨科 Cibotiaceae、蚌壳蕨科 Dicksoniaceae、伞序蕨科 Thyrsopteridaceae、柱囊蕨科 Loxsomataceae、垫囊蕨科 Culcitaceae 和丝囊蕨科 Metaxyaceae，共 14 属，中国有 5 属 (图 63) (PPG I，2016)。

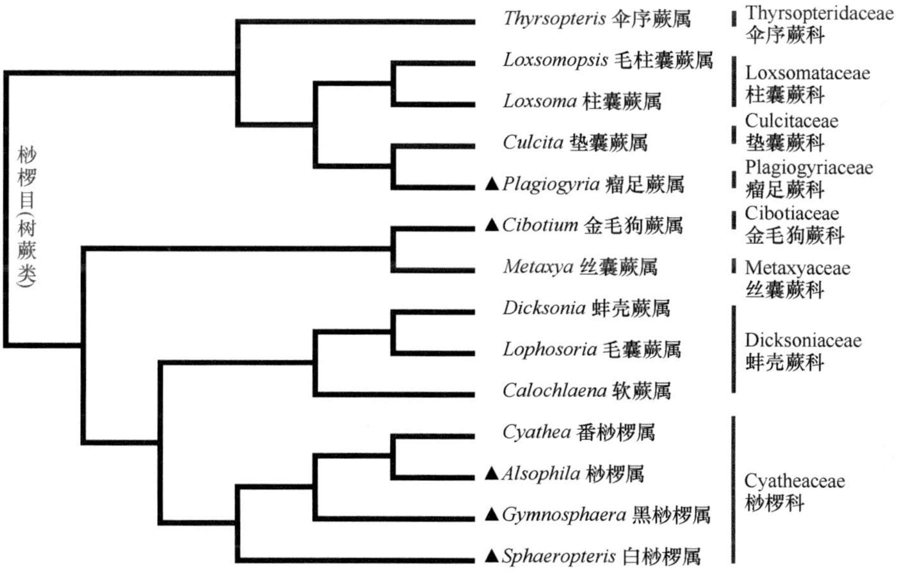

图 63　桫椤目下各科和属间的系统发育关系 (Pelosi et al.，2022；Du et al.，2022；PPG I，2016)

该目植物大型；常具直立树状茎，部分物种有匍匐根状茎；一些物种在茎和叶有毛，另一些物种有鳞片；孢子囊群背部或边缘着生，有或无囊群盖；孢子球形或四面体至球形，三裂缝；配子体绿色，心形 (Smith et al.，2008)。

伞序蕨科 Thyrsopteridaceae

土生。根状茎斜升至直立，被长而坚硬多细胞毛，管状中柱。叶柄长，基部具狭长鳞片，腹面具纵沟，横切面呈马蹄形，维管束彼此靠近形成波状维管束环；叶三回至五回羽裂，坚硬，成熟后无毛，上先出，叶轴及各回羽轴腹面纵沟彼此沟通，末回裂片狭楔形；小脉分离，不达叶缘；叶背面气孔为不规则形；能育羽片多在叶片基部，常狭缩而多裂，最高可达七回羽裂。孢子囊群生小脉顶端；囊群盖不对称，由内、外两部分组成，常杯状，中部具一短的凸起的囊托；囊群无隔丝和混生的毛状物。孢子囊柄短，由数个细胞组成；环带发育完全，倾斜环绕囊室，即不与囊柄基部接触。孢子四面体，表面有突出角状纹饰；外壁厚，两层，周壁表面有不规则疣状纹饰。染色体 x 为 76~78。

该科仅 *Thyrsopteris* Kunze 1 属，分布于南太平洋岛屿，中国不产。

1. 伞序蕨属 *Thyrsopteris* Kunze

特征同科。

该属仅 *Thyrsopteris elegans* Kunze 1 种，分布于南太平洋的胡安·费尔南德斯群岛 (Juan Fernández Islands)，中国不产 (Kramer，1990f)。

柱囊蕨科 Loxsomataceae

中型至大型土生植物。根状茎长而横走，分叉，基部被绒毛状的黑色坚硬刚毛。叶远生，基部无关节；叶柄发达，维管束单一，横切面环状，边缘波纹状，除基部外其余部位光滑无附属物，腹面凸起、扁平或具纵沟；叶二回至三回羽状，质地坚硬，呈狭到宽的三角形，下先出，或至少在叶基部下先出；末回裂片三角状披针形；叶表面气孔下陷，平列型；叶脉分离、分叉或羽状，下先出。孢子囊群着生小脉顶端，突出叶缘之外，混生多细胞单列节状毛；囊群盖下位，坛状，彼此分离；囊托柱状。孢子囊生于粗短的囊托上，孢子囊梨形；环带近垂直，稍倾斜，连续但仅部分加厚。孢子正四面体。

该科有 2 属：毛柱囊蕨属 *Loxsomopsis* 和柱囊蕨属 *Loxsoma* (Kessler and Smith，2018b)，分布于新西兰和美洲，中国不产。

分属检索表 (Kramer，1990g)

1. 基部羽片下先出，有时在轴和小脉背面具毛，背面不被白霜；羽片基部不对称，无柄或近无柄；羽片浅裂，裂片三角状，顶端尖；孢子囊横向开裂，孢子囊有 2/3 细胞有加厚；分布于美洲……**毛柱囊蕨属 *Loxsomopsis***
1. 基部羽片上先出，往上则下先出，成熟后无毛，背面有白霜；羽片基部对称，下部羽片具柄；羽片浅裂，裂片顶端钝圆；孢子囊纵向开裂，孢子囊仅在先端有细胞加厚；仅分布于新西兰……**柱囊蕨属 *Loxsoma***

1. 柱囊蕨属 *Loxsoma* R. Br. ex A. Cunn.

茎匍匐，粗壮。叶远生；叶柄发育完全；叶三角形，长达 60 cm，革质，下面通常被白霜或发白，无毛被，基部三回羽状；下部羽片近对生，有柄；基部羽片的小羽片上先出，向上则下先出，仅 1~2 对小羽片具短柄，向上基部与羽轴合生。孢子囊群生小脉顶端，突出于叶缘之外；囊群盖坛状；囊托柱状，伸出，孢子囊群生囊托上。孢子囊具横向的多少垂直的完整环带，仅远端细胞加厚；纵向开裂。

该属仅柱囊蕨 *Loxsoma cunninghamii* R. Br. 1 种，分布于新西兰北部 (Kramer，1990g)，中国不产。

2. 毛柱囊蕨属 *Loxsomopsis* Christ

茎长匍匐。叶远生，叶长可达 5 m，叶狭长卵形；基部羽片二回羽状，下先出，羽片无柄或近无柄，近对生，不对称，基部羽片或裂片缩小，叶轴和叶脉背面有时宿存节状毛；羽片和裂片斜向上，无柄，基部下延，边缘圆锯齿状至全缘。孢子囊群突出于叶平面，囊托向下弯曲。孢子囊具几乎垂直的完整环带，除少数薄壁细胞，其他细胞均硬化，横向开裂。孢子四面体，三裂缝，表面具瘤或皱状纹饰或有多少联合的皱褶和凹穴。

该属目前仅毛柱囊蕨 *Loxsomopsis pearcei* (Baker) Maxon 1 种，分布于哥斯达黎加、哥伦比亚南部到玻利维亚 (Lehnert et al.，2001)，中国不产。

垫囊蕨科 Culcitaceae

大型土生植物。根状茎粗壮，匍匐或上升，管状中柱。叶近生，维管束横切面呈"U"形，腹面具纵沟，各回羽轴的纵沟彼此连通；叶柄基部两侧具 1 个或几个疣状突起的气囊体，基部被黄棕色长节毛，有时可向上分布；叶坚硬，成熟时很少有毛或无毛，四回至五回羽裂或羽状，羽片下先出，末回裂片卵状披针形，顶端锐尖；小脉离生，通常分叉；能育部位与其余同形或稍皱缩。孢子囊群大，宽达 3 mm，顶生，孢子囊中混生隔丝或节毛；囊托横向伸长，与内囊盖接触，外部囊群盖由叶背反卷而成，基部与内囊盖合生，幼时完全覆盖孢子囊群。孢子四面体，具瘤状到皱状或小圆棒纹饰，在远轴面纹饰较密集。

该科仅垫囊蕨属 *Culcita* 1 属。

1. 垫囊蕨属 *Culcita* C. Presl

特征同科。

该属有 2 种：分布于热带美洲、墨西哥南部到玻利维亚和委内瑞拉、安的列斯群岛和巴西东南部的 *Culcita coniifolia* (Hook.) Maxon，分布于亚速尔群岛、马德拉群岛、特内里费岛和伊比利亚半岛西部的 *C. macrocarpa* C. Presl (Kramer，1990f)，中国不产。

瘤足蕨科 Plagiogyriaceae*

中型土生植物，植物体不具鳞片和真正的毛，仅在幼时具黏绒毛。根状茎粗短直立，圆柱状，具简单的网状中柱。叶簇生，二型；叶柄基部膨大，三角形或近方形，腹部扁平，背面中部隆起，基部有一个横切面"V"形的维管束，两侧反向张开，或分裂为 3 维管束，两侧常具排成一纵列的多个疣状突起的气囊体，有时上升至叶柄中部或叶轴；叶一回羽裂或羽状，顶部羽裂合生或具一顶生羽片；羽片多对，分离或合生，有时基部上延；叶脉分离，从中肋两侧伸达叶边或锯齿，单一或分叉；叶草质或厚纸质，少为革质，光滑，羽片基部下方有一个明显的疣状气囊体；孢子叶直立于植株中央，高于营养叶，羽片强烈收缩成线形。孢子囊群近叶边着生，位于分叉叶脉的加厚小脉上，幼时分离，成熟汇合，满布羽片背面，幼时为特化的干膜质反卷叶边覆盖，成熟后推开。孢子囊为水龙骨型，但有完整斜生环带，由 20~24 个加厚细胞组成；孢子囊柄由 5~6 纵列细胞组成。孢子四面体，辐射对称，不具周壁，外壁表面常分散大小不等的瘤状纹饰。染色体 x 为 62、65、66 (Wang et al.，2018)。

该科仅瘤足蕨属 *Plagiogyria* 1 属。

1. 瘤足蕨属 *Plagiogyria* (Kunze) Mett.* (图 64)

特征同科。

该属约 15 种，主要分布于东亚、东南亚，1 种分布于美洲热带，中国约 10 种 (Zhang and Nooteboom，2013)。

图 64　瘤足蕨属 *Plagiogyria* 植物形态

金毛狗蕨科 Cibotiaceae*

树形蕨类，常有粗大而高耸的主干，或主干短而平卧，复杂的网状中柱，密被垫状长柔毛，形如金毛狗头，不具鳞片，顶端生出冠状叶丛。叶柄粗壮；叶大，长宽能达数米，三回至四回羽状，叶二型或一型，革质；叶腹面深绿色，背面灰白色或蓝绿色，两面光滑，叶轴略被短褐毛；叶脉分离。孢子囊群叶边缘生，着生小脉顶端；囊群盖呈自内外两瓣，形如蚌壳，内凹，革质，外瓣由叶边锯齿反卷形成，较大，内瓣自叶下面生出，同形而较小。孢子囊梨形，有柄，环带稍斜生，完整，侧裂。孢子四面体，不具周壁。染色体 n 为 68。

该科仅金毛狗蕨属 *Cibotium* 1 属，分布于东亚、东南亚、中美洲和夏威夷群岛 (Zhang and Nishida，2013a)。

1. 金毛狗蕨属 *Cibotium* Kaulf.* (图 65)

特征同科。

图 65　金毛狗蕨 *Cibotium barometz*

该属约 12 种，分布于东亚、东南亚、中美洲和夏威夷群岛 (Zhang and Nishida，2013a)；中国有 3 种：金毛狗蕨 *Cibotium barometz* (L.) J. Sm. (图 65)、菲律宾金毛狗蕨 *C. cumingii* Kunze (Zhang and Nishida，2013) 和中缅金毛狗蕨 *C. sinoburmaense* X. C. Zhang & S. Q. Liang (Jiang et al.，2023)，均被列为国家 II 级重点保护野生植物。

丝囊蕨科 Metaxyaceae

根状茎匍匐上升，短而粗壮，有背腹之分，被长而尖的多细胞黄褐色节状毛，管状中柱。叶近生；叶柄彼此靠近，生于根状茎侧面，粗壮，棕色，近圆柱形或腹面具纵沟，侧面具气囊体；维管束单一，横切面马蹄形；叶柄基部有时具不定芽，有毛，后脱落；叶轴光滑，腹面具纵沟，但不与羽片纵沟连通或不完全连通；叶大，简单分裂，具发育完全羽片；侧生羽片互生，具短柄或近无柄，长圆状披针形，成熟后光滑，纸质，边缘具朝向顶端的圆锯齿，顶端尾状渐尖；中轴伸至羽片或裂片顶端，下部羽片上先出，上部羽片明显下先出；叶脉明显，分离，单一或基部分叉，末端增粗，在叶边缘汇合。孢子囊群背生于小脉上，不规则排列，通常靠近中脉，圆形到椭圆形；囊托被多细胞的有时顶端分叉的毛被。孢子囊多数，同时成熟，具由 4 列细胞组成的短柄，囊室大，环带几近垂直，与囊柄接触，具明显的开口组织，每个孢子囊有 64 个孢子。孢子球状四面体，三裂缝，外壁 2 层，周壁厚，3 层，由外层形成颗粒状纹饰 (Cárdenas et al.，2016)。

该科仅丝囊蕨属 *Metaxya* 1 属，约 6 种，主要分布于美洲热带，中国不产。

1. 丝囊蕨属 *Metaxya* C. Presl

特征同科。

该属约 6 种，主要分布于美洲热带地区 (Cárdenas et al.，2016；Kessler and Smith，2018c)，中国不产。

蚌壳蕨科 Dicksoniaceae

土生植物。根状茎粗壮，匍匐上升，管状中柱，被多细胞深色长毛。叶柄基部具狭长气囊体，不明显，在两侧形成一条断续的线；维管束在基部汇合，横切面为凹陷的圆形，在叶柄较上部横切面则为“U”形；叶轴、各回羽轴腹面均具纵沟，彼此沟通；叶纸质至革质，二回至三回羽状，羽片上先出；中轴或小脉具早落或宿存的浅色毛；末回裂片披针形，顶端急尖或近急尖，边缘具齿或浅裂；小脉羽状，简单二叉分枝。孢子囊群顶生，宽可达 1 mm；外囊群盖不特化，基部与内囊盖稍合生，组成囊苞；孢子囊群中混生多细胞节毛。孢子球形，外壁表面有小瘤状突起，表面附着小颗粒纹饰。

该科有 3 属约 35 种，分布于热带，中国不产。

分属检索表 (Kramer，1990f，1999h)

1. 孢子囊群近圆形，有明显囊群盖 ………………………………………………………………2
1. 孢子囊群圆形，无囊群盖 ……………………………………………………**毛囊蕨属 *Lophosoria***
2. 叶上先出分裂，所有叶轴羽轴上面具纵沟，纵沟互相连通 ……………………**软蕨属 *Calochlaena***
2. 叶下先出分裂，或者下部的近似上先出，则叶轴、羽轴上面隆起不具纵沟 ……**蚌壳蕨属 *Dicksonia***

1. 软蕨属 *Calochlaena* (Maxon) M. D. Turner & R. A. White

土生植物。根状茎粗壮，匍匐或斜升，被多细胞毛，管状中柱。叶柄基部气囊体狭长，呈一条多少间断的线状，基部维管束聚合，边缘波浪状，向上形成单一的“U”形结构；叶轴与羽轴连通；叶纸质至近革质，二回至三回羽状，上先出；叶上毛被脱落或宿存；末回裂片披针形，先端具尖头，边缘齿状至羽状半裂；叶脉分离。孢子囊群顶生；外囊群盖基部与内囊盖合生，形成杯状结构；孢子囊群混生多细胞毛，囊托不横向延伸。孢子球形，外壁表面具不规则瘤突，周壁薄。

该属约5种，分布于菲律宾、澳大利亚、爪哇岛和萨摩斯岛，中国不产 (Noben et al.，2017)。

2. 蚌壳蕨属 *Dicksonia* L'Hér.

大型土生植物。茎斜升或直立，少匍匐，网状中柱，顶端有淡黄色至深棕色多细胞毛。叶柄具3皱褶状维管束，腹面不具纵沟，基部被长毛；叶柄基部气囊体呈连续线状；叶大，质硬，二回至四回羽状，背面无白霜，被毛；叶轴具糙伏毛；分裂羽片近无柄，末端有锯齿至羽状半裂；叶脉分离，单一或分叉；气孔平列型或不规则；能育羽片略皱缩至强烈收缩。孢子囊群顶生，常向下反折；外囊盖由叶边缘反卷形成，内囊盖基部与外囊盖部分合生；囊托高，混生多细胞毛。孢子囊柄明显，环带斜生，基部加厚，侧开口。孢子球形，外壁两层，通常有凹痕，周壁不规则，内壁表面平坦或呈粗糙网状，表面具棒状纹饰。染色体 x 为 65，2*n* 为 130。

该属 20~25 种，多分布于热带和南半球温带，新几内亚分布最多，中国不产 (Noben et al.，2017)。

3. 毛囊蕨属 *Lophosoria* C. Presl

大型土生植物。单体中柱或过渡为网状中柱，有多细胞深色毛。叶近生，近轴面具纵沟，基部被黄褐色毛，背面基部偶有不定芽；维管束3，1条维管束在背面，2条维管束在正面；叶二回至三回羽状，椭圆形至三角形，坚硬，背面通常有白霜和多少被毛；羽片多数，具柄，基部1对具发育不完全的关节；羽片上先出，小羽片上先出或下先出；羽轴腹面凸起，两侧具窄翅；叶脉分离，不分叉；气孔平列型。孢子囊群顶生，囊托稍隆起，圆形，无囊群盖。孢子囊间有多细胞丝状毛；孢子囊柄短，环带完整，近垂直，裂口稍分化；每个孢子囊有64个孢子。孢子三裂缝，球形，具大赤道环，近极面由两层壁组成，远极面有穿孔；表面具瘤，瘤上多少具颗粒状沉积物。

该属4种，广布美洲热带山地，中国不产 (Kramer，1990h；Noben et al.，2017)。

桫椤科 Cyatheaceae*

大型土生蕨类植物，通常为树状、乔木状或灌木状。茎粗壮，圆柱形，直立，通常不分枝 (少数种类仅具短而平卧的根状茎)，被鳞片，有复杂的网状中柱，髓部有硬化维管束，茎干下部密生交织包裹的不定根。叶大，多数，簇生于茎干顶端，形成大型辐射对称的树冠；叶通常二回至三回或四回羽状，被多细胞毛，或与鳞片混生；叶柄宿存，或脱落而残留叶痕，被鳞片或有毛，鳞片有时生肉刺顶端，基部两侧具淡白色气囊体，条纹状，排成 1~2 行；叶脉通常分离，单一或分叉。孢子囊群圆形，生小脉背面；囊群盖形状不一，圆球形，或顶端开口成杯状，或仅着生于孢子囊群的靠近末回小羽片的主脉的一侧，或鳞片状而覆盖于孢子囊群之下不易见。孢子囊卵形，具完整而斜生的环带；孢子囊柄细瘦，长短不一，有 4 (或更多) 列细胞；每个孢子囊有 64 个孢子或 16 个孢子。孢子四面体，辐射对称，具周壁，外壁表面光滑。

该科有 4 属约 650 种，分布于热带 (Zhang and Nishida，2013b；PPG I，2016)；中国有 3 属近 20 种，其中桫椤科 [除小黑桫椤 *Gymnosphaera metteniana* (Hance) Tagawa 和粗齿桫椤 *G. denticulata* (Baker) Copel.] 均被列为国家 II 级重点保护野生植物。

分属检索表 (Tryon and Tryon，1982；Zhang and Nishida，2013b)

1. 叶柄基部鳞片质薄，鳞片细胞一型，蓬松而柔软，常卷曲，由同形的狭长薄壁细胞构成，边缘有整齐而斜向上的黑色、深棕色或同色短刺毛；孢子表面有刺状纹饰……………… **白桫椤属 *Sphaeropteris*** *
1. 叶柄基部鳞片坚硬，鳞片细胞二型，厚，中部棕色或黑棕色，由狭长厚壁细胞构成，两侧由较短的薄壁细胞构成，具易擦掉的浅色薄边，有时边缘由厚壁细胞形成少数长刺毛；孢子表面有脊状纹饰……………………………………………………………………………………………………2
2. 鳞片边缘先端具刚毛……………………………………………………………………………………3
2. 鳞片边缘无刚毛……………………………………………………………………… **番桫椤属 *Cyathea***
3. 叶柄禾秆色、淡绿色或棕色，有刺或疣；孢子叶和营养叶近同形；侧生小脉分叉，在分叉处着生孢子囊群；有囊群盖，有时非常小，鳞片状，被成熟的孢子囊覆盖；每个孢子囊有 16 个孢子………………………………………………………………………………………… **桫椤属 *Alsophila*** *
3. 叶柄、叶轴和中轴黑色或红棕色，一般无刺 (滇南黑桫椤 *Gymnosphaera austroyunnanensis* 除外)，稍微有瘤状突起；能育羽片较不育羽片狭窄；叶脉单一；无囊群盖；每个孢子囊有 64 个孢子………………………………………………………………………………… **黑桫椤属 *Gymnosphaera*** *

1. 桫椤属 *Alsophila* R. Br.* (图 66)

乔木状，少数灌木状。茎干粗壮，直立或具横卧地面下的粗短根状茎，先端及叶柄基部被鳞片；鳞片厚，中部深棕色，由狭长厚壁细胞构成，边缘薄而脆，易被擦落而呈啮蚀状，由较短的薄壁细胞组成，有时具较长、不整齐曲折的刚毛，老时脱落。叶柄粗壮，红棕色或暗黄白色，偶为乌木色，有疣状突起或皮刺，或较平滑；叶二回至末回羽片羽状深裂，纸质至革质，下面绿色，被鳞片或被棕色的贴伏的卷曲的短毛，或无毛；叶脉羽状分离，侧脉单一或 2~3 叉。孢子囊群圆球形，有囊群盖，并常有隔丝，囊群盖圆球形或下位鳞片状，每个孢子囊有 16 个孢子。孢子球状四面体，具颗粒状、刺状或条状纹饰。染色体 x 为 23。

该属约 250 种 (Hassler，2024)，广布热带、亚热带；中国约 6 种 (Zhang and Nishida，2013b)，均被列为国家 II 级重点保护野生植物。

2. 番桫椤属 *Cyathea* Sm.

土生植物。茎粗壮，直立，顶端具鳞片，基部有纤维状根。叶一型或稍二型，顶端簇生；叶一回、二回至四回羽状；叶柄基部常宿存边缘特化鳞片，无深色刚毛，先端圆形至丝状，叶柄光滑至具瘤，或具皮刺；叶脉分离或很少联合。孢子囊群圆形，背生，

图 66　中华桫椤 *Alsophila costularis* Baker

常在叶脉分叉处；囊托球形或伸长，具隔丝；囊群盖半球形至球形。孢子四面体至球形，表面光滑或粗糙，或沉积物连接成或短或长的绳索状纹饰。染色体 x 为 69。

该属约 270 种，主要分布于南美洲中部，中国不产 (Tryon and Tryon，1982)。

3. 黑桫椤属 *Gymnosphaera* Blume* (图 67)

[该属在 FOC 和 PPG I 系统中被置于桫椤属 *Alsophila*]

中大型植物。根状茎粗壮，横卧。叶柄粗壮，深棕色至栗黑色，基部鳞片细胞二型；叶大，二型，基部羽片常缩短，草质、纸质或近革质，二回羽状；小羽片羽状分裂，少为一回羽状；叶轴与叶柄同色；叶背面无毛，侧脉常单一不分叉。孢子囊群圆形，生侧脉背部略隆起的囊托上；孢子囊群无盖，每个孢子囊有 64 个孢子。孢子与桫椤属 *Alsophila* 植物相似。染色体 x 为 69。

该属约 46 种 (Hassler，2024)，分布于亚洲和非洲；中国约 9 种 (Dong and Zuo，2018；Dong et al.，2020)，除 *Gymnosphaera denticulata* (Baker) Copel.和 *G. metteniana* (Hance) Tagawa 两个种，均被列为国家 II 级重点保护野生植物。

4. 白桫椤属 *Sphaeropteris* Bernh.* (图 68)

乔木状。茎干粗壮，直立，顶端密被蓬松而柔软的卷曲的浅色鳞片。叶二回或近三回羽状；叶柄基部鳞片无特化边缘，细胞同形，质薄，边缘有整齐而斜向上的黑色、深棕色或同色的短刺毛；叶下面灰白色或灰绿色。孢子囊群无盖。孢子钝三角形，周壁半

图 67　平鳞黑桫椤 *Gymnosphaera henryi* (Baker) S. R. Ghosh

透明或透明，外壁表面常刺状。染色体 x 为 23。

该属有 100 余种 (PPG I，2016；Hassler，2024)，泛热带分布，但在非洲和马达加斯加无分布，集中分布于东南亚；中国有 3 种：白桫椤 *Sphaeropteris brunoniana* (Wall. ex Hook.) R. M. Tryon、广西白桫椤 *S. guangxiensis* Y. F. Gu & Y. H. Yan 和笔筒树 *S. lepifera* (J. Sm. ex Hook.) R. M. Tryon (Zhang and Nishida，2013b；Gu et al.，2021)，均被列为国家 II 级重点保护野生植物。

图 68　白桫椤 *Sphaeropteris brunoniana*

水龙骨目 Polypodiales Link

孢子囊群侧边或中央着生 (多个类群囊群盖丢失)；孢子囊柄 1~3 细胞厚，通常长；成熟孢子囊混合；孢子囊具垂直环带。配子体绿色，生于地表，通常心形 (有时在一些附生植物中呈带状) (Smith et al.，2008)。

该目现有 6 亚目：袋囊蕨亚目 Saccolomatineae、鳞始蕨亚目 Lindsaeineae、凤尾蕨亚目 Pteridineae、碗蕨亚目 Dennstaedtiineae、铁角蕨亚目 Aspleniineae 和水龙骨亚目 Polypodiineae，共 26 科 282 属 9000 余种 (PPG I，2016)。

袋囊蕨亚目 Saccolomatineae Hovenkamp

该亚目仅袋囊蕨科 Saccolomataceae 1 科 (图 69)。

袋囊蕨科 Saccolomataceae

土生。根状茎短匍匐至直立，或具树状躯干，网状中柱，被鳞片，鳞片有时盾状着生。叶向四面伸出，发达；叶柄具单一维管束，基部两侧具线状气囊体；叶光滑，先端常羽裂，顶端具单生羽片，羽片上先出，叶轴腹面具纵沟，各回纵沟连通或在连接处被隔开；叶脉分离，单一或分叉，不达叶缘。孢子囊群顶生，一侧附着叶背，有时伸出叶缘外；内囊盖不具毛或稍具毛。孢子四面体，具三裂缝，具明显相互平行脊，表面具颗粒状纹饰。染色体 2*n* 为 376 或约 63 (Kramer，1990i；Luong et al.，2015)。

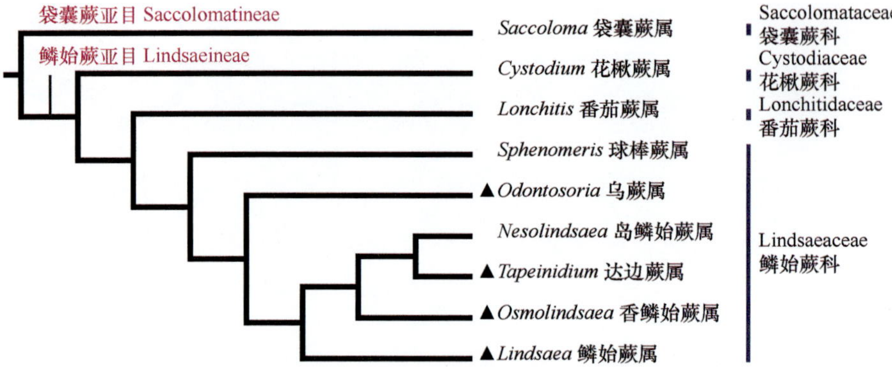

图 69　袋囊蕨亚目与鳞始蕨亚目下科和属间系统发育关系 (Lehtonen et al.，2012)

该科仅袋囊蕨属 *Saccoloma* 1 属，分布于新热带、马来西亚、澳大利亚及马达加斯加，中国不产。

1. 袋囊蕨属 *Saccoloma* Kaulf.

特征同科。

该属约 24 种和 4 个变种，分布于新热带、马来西亚、澳大利亚及马达加斯加 (Schwartsburd，2022)，中国不产。

鳞始蕨亚目 Lindsaeineae Lehtonen & Tuomisto

该亚目有 3 科：花楸蕨科 Cystodiaceae、番茄蕨科 Lonchitidaceae 和鳞始蕨科 Lindsaeaceae，中国仅有鳞始蕨科 Lindsaeaceae (图 69)。

花楸蕨科 Cystodiaceae

根状茎匍匐至直立，网状中柱，被多细胞毛被。叶柄基部密被黄褐色的长节毛；具 2 维管束，维管束向上分枝，在叶柄基部呈侧凸状，在上部呈现背腹性，在中间部位形成一个“X”形的横切面；叶二回羽状，羽片下先出，被长节毛，毛被稀疏，具长关节，孢子叶稍皱缩，浅裂；叶轴、各回羽轴腹面均具沟槽，但各级沟槽彼此不连通；羽片舌形，无柄，彼此贴生，具锯齿，小脉分离、分叉，中肋腹面具沟槽。孢子囊群生小裂片的单一小脉末端，孢子囊群间混生丰富的多细胞毛被。孢子球形，外壁厚，2 层，外层褶皱，内层形成弯曲的脊，表面有颗粒状纹饰 (Kramer，1990f)。

该科仅花楸蕨属 *Cystodium* 1 属，分布于马来西亚至南太平洋岛屿，中国不产。

1. 花楸蕨属 *Cystodium* J. Sm.

特征同科。

该属有 1 种和 1 变种：分布于马来西亚、加里曼丹岛北到阿德默勒尔蒂群岛和路易西亚德群岛的花楸蕨 *Cystodium sorbifolium* (Sm.) J. Sm. 和分布于所罗门群岛的 *C. sorbifolium* subsp. *solomonense* J. R. Croft，中国不产 (Kramer，1990f)。

番茄蕨科 Lonchitidaceae

大型土生植物。根状茎粗壮，短匍匐，肉质，网状中柱，被白色多细胞毛。叶近生；叶柄发达，浅棕色至深棕色，具2维管束，腹面具纵沟；叶大，新鲜时多肉质，干燥后变薄，羽状半裂至三回羽状分裂，羽片上先出或下先出，裂片基部截形；羽片近对生，具柄或近无柄，上部羽片或裂片逐渐缩小汇合；裂片多数合生，基部下延，边缘全缘；叶轴具宿存多细胞毛，腹面具沟槽，羽轴纵沟两侧具翅；小脉分离或偶不规则联结，网眼内无内藏小脉，脉序下先出，至少在主脉上有短柔毛。孢子囊群生几个近边缘小脉交汇处，生缺刻处或其他位置，通常凹陷；外囊群盖由叶缘反折形成，无内囊群盖；囊托混生多细胞丝状毛。孢子球形，三裂缝，表面有颗粒状纹饰。染色体 x 为 50。

该科仅番茄蕨属 *Lonchitis* 1 属，中国不产。

1. 番茄蕨属 *Lonchitis* L.

特征同科。

该属包括 2 种：分布于新热带的 *Lonchitis hirsuta* L. 和分布于非洲和马达加斯加的 *L. occidentalis* Baker (Kramer，1990i；Smith and Kessler，2017)，中国不产。

鳞始蕨科 Lindsaeaceae*

土生，少有附生。根状茎横卧或横走，原生中柱，有鳞片，鳞片由 2~3 行大而有厚壁细胞组成，或基部为鳞片状，上部变成针毛状，即鳞始蕨型的简单型鳞片。叶近生或远生；有柄，叶柄与根状茎之间无关节；叶一型，一回至四回羽状，草质，光滑；叶脉分离或网状，网眼斜长六角形，无内藏小脉，分离小脉二叉。孢子囊群为叶缘生的汇生囊群，着生于多条小脉的结合线上，或单独生于脉顶而为圆形，位于叶边；囊群盖二层，内层为膜质，以基部着生，向外开口，外层为绿色的叶边。孢子囊的柄长而纤细，有3行细胞。孢子大多数辐射对称三裂缝，少数为两侧对称单裂缝，均具周壁。

该科约 8 属 (包括 1 杂交属：鳞乌蕨属×*Lindsaeosoria*)，约 200 种，泛热带分布，中国有 4 属 (Dong et al.，2013；Lehtonen et al.，2013)。

分属检索表 (Dong et al.，2013；Lehtonen et al.，2013)

1. 孢子囊群着生在单一叶脉先端或不超过 3 叶脉；孢子囊群盖杯形，基部部分或完全侧面贴生……2
1. 孢子囊群着生在 3 叶脉或更多叶脉的末端，极少单脉；孢子囊群盖线形或长圆形，基部贴生，侧面离生……3
2. 叶三回至五回羽状复叶；孢子囊群着生在 1~3 叶脉末端……**乌蕨属 *Odontosoria** + 球棒蕨属 *Sphenomeris***
2. 叶一回或二回羽状复叶；孢子囊群着生在 1 叶脉末端……**达边蕨属 *Tapeinidium****
3. 孢子单裂缝；根状茎单体中柱，有硬化的髓部……4
3. 孢子三裂缝；根状茎原生中柱或管状中柱……5
4. 叶有芳香味，闻起来有豆香味……**香鳞始蕨属 *Osmolindsaea****
4. 叶无芳香味……**剃刀蕨属 *Xyropteris***
5. 根状茎具原生中柱……**鳞始蕨属 *Lindsaea****

5. 根状茎具管状中柱……………………………………………………………………… 岛鳞始蕨属 *Nesolindsaea*

1. 鳞始蕨属 *Lindsaea* Dryand. ex Sm.* (图 70)

中小型土生或附生植物。根状茎横卧或横走，被鳞始蕨型鳞片。叶近生或远生；叶有柄，叶柄与根状茎之间无关节；叶一回至二回羽状，羽片或小羽片为扇形或披针形，无主脉或有中脉，小脉分离或网状，网眼稀疏，斜出，狭长，无内藏小脉，分离小脉二叉。孢子囊群沿羽片或小羽片的边缘着生，线形或偶为圆形；囊群盖向叶边开口。孢子囊有细柄，环带直立，有 12~18 个增厚细胞。孢子多为钝三角形，少数为椭圆形，周壁有颗粒状或小瘤状纹饰。染色体基数变化较大。

该属约 180 种，热带和泛热带分布，中国有 13 种 (Dong et al.，2013)。

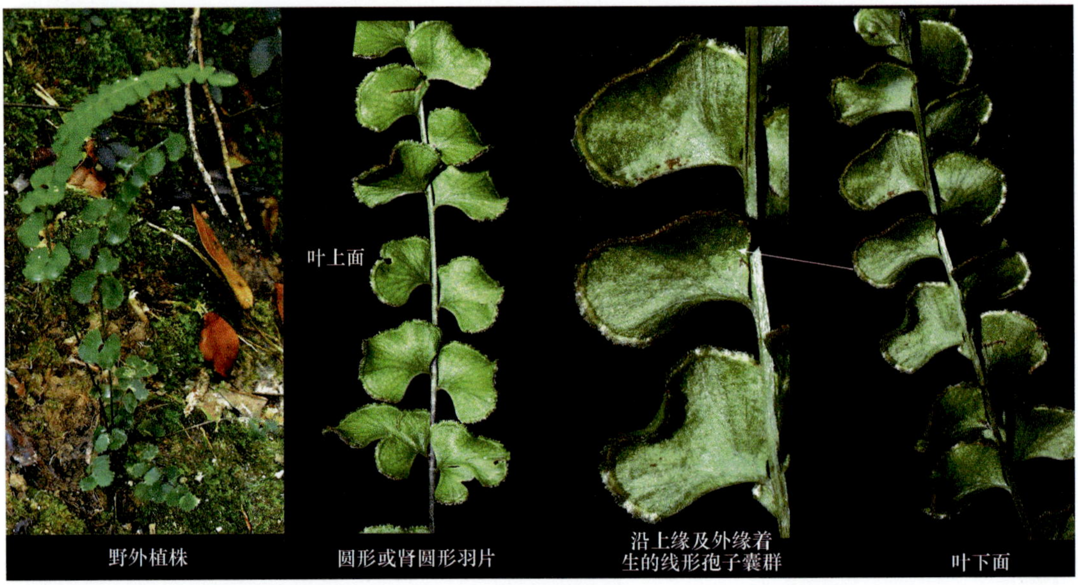

图 70 团叶鳞始蕨 *Lindsaea orbiculata* (Lam.) Mett. ex Kuhn

2. 岛鳞始蕨属 *Nesolindsaea* Lehtonen & Christenh.

该属在形态上与鳞始蕨属植形态相近，但其有管状中柱，孢子三裂缝，染色体 *n* 为 82。

该属仅 2 种：特产于斯里兰卡的 *Nesolindsaea caudata* (Hook.) Lehtonen & Christenh. 和塞舌尔群岛的 *N. kirkii* (Hook.) Lehtonen & Christenh. (Lehtonen et al.，2010)，中国不产。

3. 乌蕨属 *Odontosoria* Fée* (图 71)

陆生草本。根状茎短而横走，密被深褐色钻形鳞片，维管束为原始中柱。叶近生，光滑，三回至五回羽状，末回小羽片楔形或线形；叶脉分离。孢子囊群近叶缘着生，位于叶脉顶端，每个囊群下有 1 细脉，或有时 2~3 细脉融合；囊群盖卵形，以基部及两侧的下部着生，向叶缘开口，通常不达边缘。孢子囊有细柄，环带宽，有 14~18 个加厚的细胞。孢子长圆形或球状长圆形，少为球状四面体。

该属约 20 种，泛热带分布，中国有 2 种：乌蕨 *Odontosoria chinensis* (L.) J. Sm. 和阔片乌蕨 *O. biflora* (Kaulf.) C. Chr. (Dong et al.，2013)。

图 71　乌蕨 *Odontosoria chinensis*

4. 香鳞始蕨属 *Osmolindsaea* (K. U. Kramer) Lehtonen & Christenh.* (图 72)

土生或石生草本。根状茎短至长匍匐，管状中柱；鳞片红棕色，贴伏或舒展，近针形。叶近生或远生；叶柄禾秆色到黑色，近轴面具纵沟，具单一维管束；叶一回羽状，披针形，向先端逐渐变窄或具侧生羽片同形羽片，草质，有强烈的豆香味；羽片近无柄，对开，菱形或楔形，下侧边缘直，顶端钝或锐尖；脉离生，明显，不达叶缘。孢子囊群生叶缘，顶生于数个小脉末端；囊群盖长圆形，连续或中断，基部着生。孢子椭圆形，单裂缝。染色体 x 可能为 75。

该属约 7 种，分布于东亚、南亚至所罗门群岛、非洲东部和马达加斯加 (Lehtonen et al., 2013)，中国有 2 种：香鳞始蕨 *Osmolindsaea odorata* (Roxb.) Lehtonen & Christenh. 和日本鳞始蕨 *O. japonica* (Baker) Lehtonen & Christenh. (Dong et al.，2013)。

图 72　香鳞始蕨 *Osmolindsaea odorata*

5. 球棒蕨属 *Sphenomeris* Maxon

土生草本。根状茎短匍匐，鳞片很窄（少于 3 个细胞），深褐色，叶互相靠近。叶长圆形，长 10~25 cm，叶轴弯曲；末回裂片狭长楔形，纸质，顶端具小齿，尤其在不育时明显。孢子囊群着生于 1~3 小脉末端；囊群盖在远边蚀裂。孢子三裂缝。染色体 $2n$ 为 76。

该属约 3 种：*Sphenomeris clavata* (L.) Maxon、*S. killipii* (Maxon) K. U. Kramer 和 *S. spathulata* (Maxon) K. U. Kramer，分布于美洲，但属下分类有待进一步研究（Lehtonen et al.，2010），中国不产。

6. 达边蕨属 *Tapeinidium* (C. Presl) C. Chr.* (图 73)

土生草本。根状茎横走，原始中柱，或有些种为管状中柱；鳞片钻形，棕色，硬，狭，先端仅 1 列细胞。叶柄细弱，维管束不分枝，马蹄形；叶轴在上面有狭沟，下面有棱角或圆；叶近革质，一回至二回羽状，羽片狭窄，有齿，或较宽而羽状深裂，较宽的羽片呈三角形；叶脉分离，斜上，分叉。孢子囊群分离，圆形，单独顶生，近边缘，每叶边缘有 1~2 齿；囊群盖硬，半杯形，基部及两侧大部分着生叶背，向叶边开口，不达叶缘。孢子两面体，棕色，透明，平滑。

该属约 17 种，分布于亚洲和太平洋西部，中国有 1 种和 1 变种：分布于海南的达边蕨 *Tapeinidium pinnatum* (Cav.) C. Chr. 和台湾的二羽达边蕨 *T. pinnatum* var. *biserratum* (Blume) W. C. Shieh (Dong et al.，2013)。

7. 剃刀蕨属 *Xyropteris* K. U. Kramer

土生草本。根状茎横走。叶一回羽状复叶；羽片大，披针形；末端裂片分离，三裂。孢子囊群着生于充分发育的生殖羽片所有叶脉末端联合处。孢子形态与达边蕨属相似。

图 73　达边蕨 *Tapeinidium pinnatum*

该属仅 *Xyropteris stortii* (Alderw.) K. U. Kramer 1 种，分布于加里曼丹岛和苏门答腊岛 (Kramer，1990i)，中国不产。

凤尾蕨亚目 Pteridineae J. Prado & Schuettp.

该亚目仅凤尾蕨科 Pteridaceae 1 科，共 56 属 (图 74)。

凤尾蕨科 Pteridaceae*

土生或石生草本，部分附生，极少水生。根状茎常直立、上升或匍匐，管状中柱或网状中柱，通常有鳞片，极少有刚毛；鳞片棕色或黑色，有时粗筛孔，披针形至心形，有时盾状着生，边缘常全缘。叶多一型，少为二型或近二型；叶簇生至远生，无关节；叶柄明显，深色，常有光泽至不明显绿色，圆柱形或正面有凹槽，无毛、有毛或被鳞片，近基部有 1~4 维管束，少部分有多根维管束，向上联合；单叶或一回至四回羽状到五回羽状-羽裂，较少指状、鸟足状、一回至三回二叉状或鸟足状；末端小羽片常具柄，有时有关节；草质、纸质或革质，少见膜质或肉质；叶脉分离或联合，联合则网眼内有内藏小脉。孢子囊群沿叶脉或边缘汇生，有时陷入凹槽中，较少在叶脉尖端分离或者内弯膜质边缘裂片 (假囊群盖)，有时为卤蕨型或很少在中脉和边缘之间形成狭窄的纵向带；无真囊群盖，边生的孢子囊群常由叶缘内卷形成的假囊群盖保护。孢子囊通常具长柄，环带垂直，极少倾斜。孢子多为棕色、淡黄色或无色，大部分为四面体球状具三裂缝，很少椭圆形具单裂缝，光滑或有纹饰，有时具赤道环。染色体 x 为 29、30。

该科目前包括 5 亚科：碎米蕨亚科 Cheilanthoideae、珠蕨亚科 Cryptogrammoideae、水蕨亚科 Parkerioideae、凤尾蕨亚科 Pteridoideae 和书带蕨亚科 Vittarioideae，有 56 属约 1300 种 (PPG I，2016)，世界分布，热带和干旱地区物种数量最多；中国 5 亚科均产，有 23 属 250 余种 (Zhang et al.，2013e)。

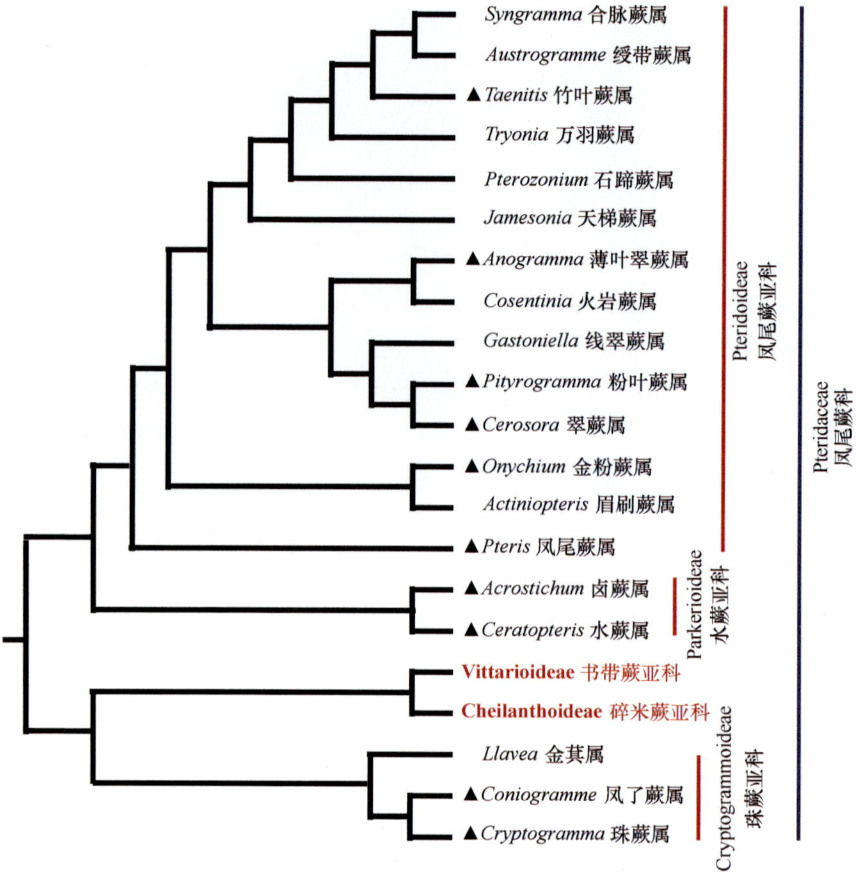

图 74　凤尾蕨科下亚科和属间系统发育关系
(Schuettpelz et al.，2007；Zhang et al.，2017b；Du et al.，2021)

水蕨亚科 Parkerioideae Burnett*

该亚科包括 2 属，分布于热带和亚热带，中国 2 属均产。

分属检索表

1. 海滩潮汐蕨类；叶革质，一回奇数羽状复叶；孢子囊梨形，有长柄，密被叶下面，叶边缘不反折 ……………… **卤蕨属 *Acrostichum****
1. 淡水水生蕨类；叶草质，不规则二回至三回羽裂；孢子囊近圆球形，几无柄，散生网脉上，为反折的叶缘所覆盖 ……………… **水蕨属 *Ceratopteris****

1. 卤蕨属 *Acrostichum* L.* (图 75)

根状茎直立，短而粗壮，木质，密被大鳞片，外有粗壮的须根；内部构造为网状中柱。叶大，簇生；叶柄坚硬，粗壮，内有数条分离的维管束；叶二型，或一型而其上部的羽片能育，一回奇数羽状；羽片大而全缘，有粗大的主脉而无明显的侧脉；叶脉联结成密而整齐的网眼，网眼内无内藏小脉；叶厚革质，无毛。孢子囊群密布于孢子叶羽片背面，其中混生有头状而分裂的隔丝，无囊群盖。孢子囊大型，环带由 20~22 个增厚细胞组成。孢子大，色淡，三角状圆形，具三裂缝，具周壁，表面有粗糙的颗粒状纹饰，周壁常脱落，外壁光滑。染色体 x 为 15 (30)。

该属有 3 种 (PPG I，2016)，泛热带分布，中国有 2 种：卤蕨 *Acrostichum aureum* L. 和尖叶卤蕨 *A. speciosum* Willd. (Zhang et al.，2013e)。

图 75　卤蕨 *Acrostichum aureum*

2. 水蕨属 *Ceratopteris* Brongn.* (图 76)

一年生水生漂浮或沼生植物。根状茎短而直立，网状中柱，顶端疏生鳞片；鳞片阔卵形，基部多少呈心形，全缘，膜质，透明。叶簇生；叶柄绿色，多少膨胀，肉质，圆柱形，上面平扁光滑，下面圆形而具纵脊，内有多行气孔道，气孔道周围有许多小维管束；叶为多汁的薄草质，通体光滑，叶轴绿色，上面有纵沟，在羽片基部上侧常有小芽胞，成熟后脱落行无性繁殖；叶二型，营养叶二回至三回羽状深裂，末回裂片阔披针形，全缘，尖头，基部下延，主脉两侧的小脉网状，网眼纵行，无内藏小脉；孢子叶分裂较深和较细，末回裂片线形，边缘向下反卷，裂片侧脉不明显。孢子囊群布满于孢子叶的羽片下面，无囊群盖；孢子囊稀疏，沿小脉散生，近球形，几无柄，幼时被向下反卷的叶缘所覆盖，环带宽，每孢子囊有 16 个或 32 个孢子。孢子大，四面体，具三裂缝，无周壁，外壁厚，具肋条状纹饰，肋条弯曲。染色体 x 为 13 (39)。

该属约 9 种，分布于热带和亚热带；中国约 7 种 (Zhang et al.，2013e，2020d；Yu et al.，2022)，均被列为国家Ⅱ级重点保护野生植物。

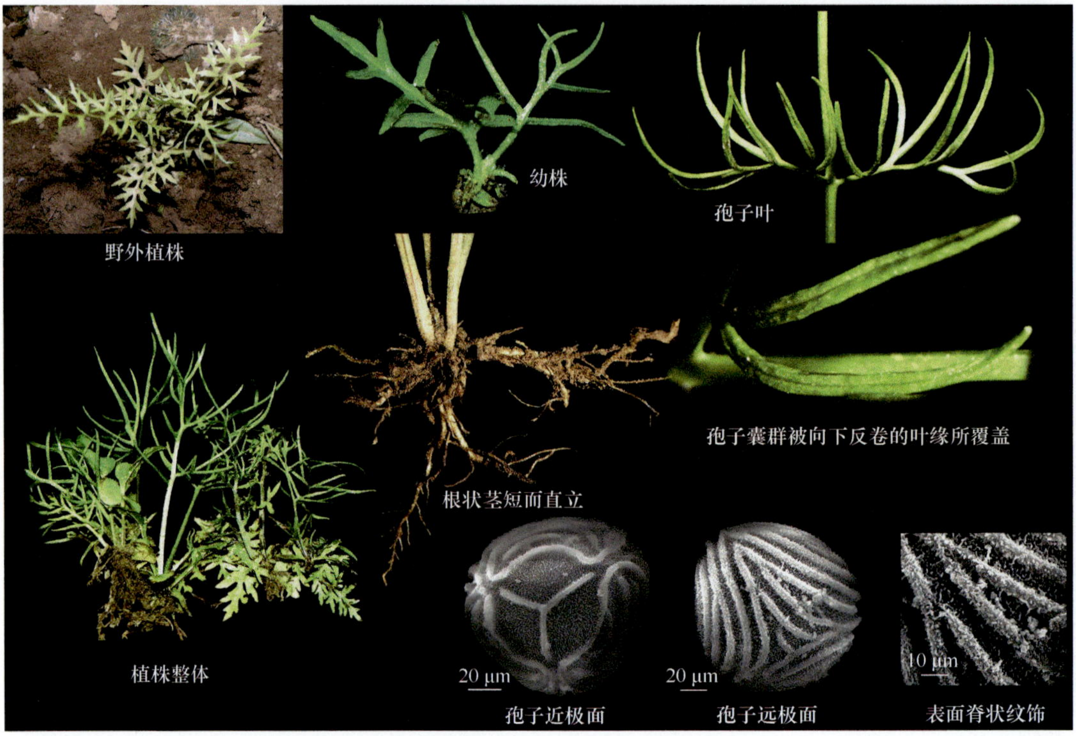

图 76　水蕨 *Ceratopteris thalictroides* (L.) Brongn.

珠蕨亚科 Cryptogrammoideae S. Lindsay*

该亚科包含 3 属，世界分布，中国有 2 属。

分属检索表

1. 叶一型；孢子囊群线形，沿侧脉着生，无假囊群盖……………………………… **凤了蕨属 *Coniogramme****
1. 叶二型或半二型；孢子囊群圆形至长圆形，生于小脉先端，有由反折的变形叶边形成假囊群盖…2
2. 叶二型，有营养叶和孢子叶之分 ……………………………………………………**珠蕨属 *Cryptogramma****
2. 同一叶上的羽片二型，上部分为孢子叶下部分为营养叶，孢子叶较营养叶更长、更宽…………………………………………………………………………………………………… **金其属 *Llavea***

3. 凤了蕨属 *Coniogramme* Fée* (图 77)

常为大型土生喜阴植物。根状茎粗短，横卧，有管状中柱；具褐棕色鳞片，披针形，全缘，基部着生。叶远生或近生，有长柄；柄为禾秆色或饰有棕色或栗棕色，基部以上光滑，维管束断面呈“U”形；叶大，卵状长圆形、卵状三角形或卵形，常一回至二回奇数羽状；侧生羽片常有柄，小羽片披针形至长圆披针形，先端渐尖或尾尖，基部圆形至圆楔形，边缘常为半透明的软骨质，有锯齿或全缘；主脉明显，上面有纵沟，下面圆形，侧脉一回至二回分叉，常分离，小脉的顶端有或多或少膨大的线形、纺锤形或卵形水囊，远离锯齿或伸入锯齿，或直达齿顶与软骨质的叶边汇合；叶草质至纸质，少有近革质。孢子囊群沿侧脉着生，线形或网状，不达叶边，无盖，有短小隔丝（毛）混生。孢子囊为水龙骨型，环带由 14~28 个加厚细胞组成，有短柄。孢子四面体，透明，表面光滑，无周壁。染色体 x 为 30。

该属有 25~30 种，分布于非洲、东亚、东南亚和北美洲，中国有 22 种（Zhang et al., 2013e）。

图 77　尖齿凤了蕨 *Coniogramme affinis* Hieron.

4. 珠蕨属 *Cryptogramma* R. Br.* (图 78)

常为小型石缝生植物。根状茎短而斜升，有网状中柱，被棕色的披针形薄鳞片。叶簇生或稀为远生；叶二型，一回至三回羽状；叶柄通常禾秆色或稍微带棕色；营养叶宽卵形或长圆形，奇数羽状；羽片有具狭翅的短柄；裂片倒卵状楔形或长圆形或线形，全缘或偶有齿；每裂片有 1 小脉，不达叶边，顶端有膨大的水囊，上面常下陷而极明显；叶纸质或草质，无毛；孢子叶高出营养叶，有长柄，裂片线形或狭长圆形，形如荚果状；叶脉羽状，小脉单一或分叉。孢子囊群圆形或长圆形，生在小脉先端，成熟后彼此靠合；囊群盖由反折变形的叶边形成，宽几达主脉，不断裂；孢子囊环带由 20~24 个增厚细胞组成。孢子球状四面体，周壁上颗粒分布不均匀，外壁表面具疣状纹饰。染色体 x 为 15 (30)。

该属约 10 种，分布于温带和亚热带高寒地区、亚洲、欧洲、美洲，中国有 3 种：高山珠蕨 *Cryptogramma brunoniana* Wall. ex Hook. & Grev.、稀叶珠蕨 *C. stelleri* (S. G. Gmel.) Prantl 和珠蕨 *C. raddeana* Fomin (Zhang et al.，2013e)。

图 78　高山珠蕨 *Cryptogramma brunoniana* Wall. ex Hook. & Grev.

5. 金荓属 *Llavea* Lag.

土生或石生草本。根状茎直立至短匍匐，根状茎鳞片二色，有黑色光泽。叶半二型，顶端为孢子叶，基部为营养叶；叶柄具禾秆色鳞片，近轴面具沟槽；叶二回至三回羽状，卵形到三角形，革质，无毛；叶轴与叶柄近似，羽片有柄；正面有小细脉，脉在轴上连续。孢子囊沿叶脉排列成短线形，被反折叶边保护，成熟时汇合。孢子三裂缝，四面体球形。染色体 x 为 29。

该属仅金荓 *Llavea cordifolia* Lag. 1 种，分布于美国南部至墨西哥、危地马拉和哥斯达黎加 (Tryon and Tryon，1982；Palacios-Rios et al.，2016)，中国不产。

凤尾蕨亚科 Pteridoideae Link*

该亚科约 14 属 350 种，世界分布，中国有 6 属。该亚科类群复杂，形态多样，参考 Tryon 等 (1990) 对该亚科的研究，列出亚科下部分类群的检索表供参考。

分属检索表 (Tryon et al.，1990)

1. 茎一年生，茎上只有活体叶，直立；植株小型；植株有白色毛被或鳞片……2
1. 茎多年生，茎基部有宿存叶，常斜升或匍匐；植株大型；植株有大量棕色或暗色的毛被、刚毛或鳞片……3
2. 末回裂片线形……**线翠蕨属 *Gastoniella***
2. 末回小羽片或裂片卵状椭圆形、匙形或倒卵形……**薄叶翠蕨属 *Anogramma****
3. 茎上被毛……4
3. 茎上有鳞片……11
4. 叶上的毛不同于孢子囊间或孢子囊柄上的毛，或极少无毛则叶脉连接或末端边缘联结……5
4. 如果具毛被，则孢子囊间的毛被与在叶表面的毛相似，所有叶脉完全分离……8
5. 叶近圆形；叶脉从中肋到边缘联合，或仅在中肋附近形成网眼……**竹叶蕨属 *Taenitis****
5. 叶片长，不为圆形；叶脉仅在边缘联合或形成 1 列或 2 列边缘网眼，或叶脉在边缘不联合……6
6. 叶脉在边缘联合或在叶边缘形成 1~2 列网眼……**合脉蕨属 *Syngramma***
6. 叶脉在边缘不联合，所有叶脉分离或仅在中肋附近形成网眼……7
7. 茎具深色硬刚毛；叶柄仅有 1 维管束……**翠蕨属 *Cerosora****
7. 茎具棕色毛被或刚毛；叶柄有 2 维管束……**绶带蕨属 *Austrogramme***
8. 孢子叶直立，比营养叶长……**天梯蕨属 *Jamesonia***
8. 孢子叶与营养叶相似……9
9. 羽片全缘或浅裂，叶无限生长，或者如果有限生长则羽片贴生……**天梯蕨属 *Jamesonia***
9. 羽片羽状半裂至多回分裂，或者如果全缘则叶有限生长和羽片具柄……10
10. 羽片分裂，羽状半裂或更复杂，如果全缘，最大羽片宽约 1 cm……**天梯蕨属 *Jamesonia***
10. 羽片全缘，最大羽片宽 2 cm……**石蹄蕨属 *Pterozonium***
11. 孢子叶全缘，全缘二叉裂或一回羽状有全缘的羽片具扇形叶脉……12
11. 孢子叶常羽状全裂，或者如果羽状裂，则羽片有中肋……13
12. 孢子叶全缘，或一回羽状有全缘的羽片具扇形叶脉……**石蹄蕨属 *Pterozonium***
12. 孢子叶全缘二叉裂……**眉刷蕨属 *Actiniopteris***
13. 孢子囊有边缘结合处，被 1 个边缘变形的囊群盖覆盖……**金粉蕨属 *Onychium****
13. 孢子囊沿叶脉形成线形孢子囊群，边缘不变形……**粉叶蕨属 *Pityrogramma****

6. 眉刷蕨属 *Actiniopteris* Link

茎极短，匍匐，具极狭窄的褐色、同色或二色鳞片，中部黑色硬化。叶一型至极度二型 (孢子叶有更长的裂片)；叶柄邻近基部有 1 维管束，在正面和背面均有沟槽；叶二叉或分枝成 6~30 长而窄的末回裂片，多光滑至略有鳞片，尤其在基部；不育脉离生，结束于近边缘，叶脉先端几乎不扩大；上表皮细胞螺旋增厚。孢子囊着生于叶脉边缘结合处形成孢子囊群线，无毛被，被连续较好发育的边缘假囊群盖覆盖。孢子三裂缝，四面体球形，表面具瘤，具突出的赤道环。染色体 x 为 58。

该属共 6 种 (PPG I，2016)，主要分布于非洲和邻近岛屿，但也向东延伸至阿富汗、尼泊尔、印度和斯里兰卡 (Tryon et al.，1990)，中国不产。

7. 薄叶翠蕨属 *Anogramma* Link*

小型中生草本。叶簇生；叶柄长，栗棕色，光滑或偶有透明节状毛；幼株叶团扇形，二叉分裂或三出，或为长卵形，一回羽状，小羽片均为扇形，顶部浅裂；成年植株叶卵状三角形或卵状披针形，二回羽状复叶，通常基部 1 对羽片较大，向上略渐变小，末回小羽片倒卵形或倒三角形，向顶部有一或二浅裂片，基部楔形下延；叶脉两面可见，每裂片有 1 小脉，远离叶边，叶干后几膜质，黄绿色，无毛。孢子囊群沿小脉着生，无盖。染色体 $2n$ 为 58。

该属约 3 种，分布于热带、亚热带、地中海和欧洲大西洋沿岸，中国仅薄叶翠蕨 *Anogramma leptophylla* (L.) Link 1 种 (Zhang et al.，2013e)。

8. 绶带蕨属 *Austrogramme* E. Fourn.

土生或溪水生，很少附生。根状茎短，匍匐或近直立，管状中柱，至少在末端覆盖不显眼的刚毛；根多，坚硬。叶丛生，成几列，单叶或三回羽状半裂；叶柄暗红棕色，近基部或整个叶柄有不明显刚毛，具 2 维管束；叶草质，多少无毛；叶脉离生或各式联结。孢子囊群圆形至长圆形，沿叶脉各式着生，有 16~20 个加厚细胞。孢子三裂缝，多少球形，白色，壁薄，外表面光滑。染色体 x 约 58。

该属约 6 种 (PPG I，2016)，分布于菲律宾、印度尼西亚至新喀里多尼亚 (Hennipman，1975)，中国不产。

9. 翠蕨属 *Cerosora* Domin* (图 79)

[该属在 FOC 中被置于薄叶翠蕨属 *Anogramma*]

图 79　翠蕨 *Cerosora microphylla*

小型中生草本。根状茎短而直立，具多条须根和众多的残存叶柄，顶端疏被棕色的披针形鳞片。叶簇生，多数；叶柄亮栗色，基部疏被棕色的披针形鳞片，向上光滑无毛；叶薄纸质或膜质，绿色，两面光滑无毛，三回羽状，侧生羽片互生，平展，基部 1 对羽片最大；小羽片上先出，互生；末回小羽片或裂片二叉分裂或匙形，顶端钝或有小突尖，基部楔形下延，两侧边缘全缘；叶脉分离，小脉两面可见，每裂片有 1 中肋，不达顶端，无侧脉。孢子囊群短线形，沿小脉着生，有 6~10 个孢子囊，无囊群盖。染色体 $2n$ 为 116。

该属约 4 种 (PPG I，2016；Tryon et al.，1990)，主要分布于非洲、南亚和东南亚，中国仅翠蕨 *Cerosora microphylla* (Hook.) R. M. Tryon [=*Anogramma microphylla* (Hook.) Diels (FOC)] 1 种 (Zhang et al.，2013e)。

10. 火岩蕨属 *Cosentinia* Tod.

石灰岩生草本，植株高 10~20 cm。根状茎棕色，有长线形淡棕色鳞片。叶羽状复叶，上面绿色，下面棕色，下面有密而互相缠绕的长白色多细胞毛；叶柄棕色，幼时密被毛，成熟光滑，幼叶几乎无柄，分裂。孢子囊群连续，孢子囊在叶边缘沿叶脉分布，被反卷的叶边缘覆盖。

该属仅火岩蕨 *Cosentinia vellea* (Aiton) Tod. 1 种，分布于土耳其，中国不产 (Pichi-Sermolli，1985)。

11. 线翠蕨属 *Gastoniella* Li Bing Zhang & Liang Zhang

一年生石生草本。根状茎短，疏被鳞片；鳞片小，纤维状。叶多数，一型，丛生；叶柄禾秆色或基部棕色，细，远轴面圆形，近轴面具沟槽，光滑；叶卵形、卵状三角形至卵状披针形或披针形，二回至三回羽状，薄草质或近膜质，两面常光滑；末回羽片或裂片线形，边缘全缘，或先端浅裂；叶脉离生，分叉，每个裂片仅 1 小脉，远离叶边缘。孢子囊群沿小脉着生，无囊群盖。孢子三裂缝，表面稍微具脊。染色体 x 为 29、58。

该属有 3 种：*Gastoniella ascensionis* (Hook.) Li Bing Zhang & Liang Zhang、*G. chaerophylla* (Desv.) Li Bing Zhang & Liang Zhang 和 *G. novogaliciana* (Mickel) Li Bing Zhang & Liang Zhang，分布于美洲，中国不产 (Zhang et al.，2017b)。

12. 天梯蕨属 *Jamesonia* Hook. & Grev.

茎斜升或常长匍匐，具浅棕色至黑色的硬毛或刚毛。叶一型；叶柄在基部附近具 1 维管束，圆柱状至正面稍具沟槽；叶一回羽状，线形，通常无限生长，常被短柔毛或具腺体，羽片小，通常圆形，边缘强烈下弯；叶脉离生，近边缘消失，叶脉末端不或稍扩大。孢子囊群沿叶脉着生，无囊群盖，短，有时形成线状分枝的孢子囊群，常具与叶表面相似的毛。孢子三裂缝，四面体，表面有粗糙常联合的瘤状纹饰，远极面有 3 个突出的脊，有突出的赤道环。染色体 x 为 87。

该属约 50 种，分布于热带美洲 (Tryon et al.，1990；PPG I，2016)，中国不产。

13. 金粉蕨属 *Onychium* Kaulf.* (图 80)

中型土生草本。根状茎横走，细长，被棕色的披针形或阔披针形全缘鳞片。叶远生或近生，一型或近二型；叶柄光滑，禾秆色或栗棕色，腹面有宽浅沟；叶干后坚草质，遍体光滑无毛，略有光泽，通常为卵状三角形，三回至四回或五回羽状细裂；末回裂片狭小，披针形，有尖头，基部楔形下延；叶脉在不育裂片上单一，在能育裂片上羽状，小脉在沿叶缘反卷处的 1 边脉上联结。孢子囊群圆形，生小脉顶端的连接边脉上，线形；囊群盖膜质，由反折变形的叶边形成，宽几达中脉，形如荚果，无夹丝 (毛)。孢子四面体，表面有块状纹饰。染色体 x 为 29。

该属约 10 种，分布于热带、亚热带非洲和亚洲，中国有 8 种 (Zhang et al.，2013e)。

图 80　繁叶金粉蕨 *Onychium plumosum* Ching

14. 粉叶蕨属 *Pityrogramma* Link* (图 81)

中型土生草本。根状茎直立或斜升，外被棕色的狭披针形鳞片。叶簇生，一型；叶柄紫栗色，基部被与根状茎上相同的鳞片和毛，向上光滑，有光泽；叶草质，两面无毛，上面绿色，下面密被白色至黄色粉末，卵状披针形，二回至三回羽状分裂；羽片多数，披针形，基部有柄；小羽片多数，基部不对称，无柄；叶脉分离，单一或分叉，不明显。孢子囊群沿叶脉着生，无囊群盖，也无隔丝。孢子四面体，周壁具不规则脊状隆起。染色体 x 为 29 (30)，2*n* 为 240。

该属约 20 种，分布于非洲、美洲和亚洲热带，中国有归化种粉叶蕨 *Pityrogramma calomelanos* (L.) Link 1 种 (Zhang et al.，2013e)。

图 81　粉叶蕨 *Pityrogramma calomelanos*

15. 凤尾蕨属 *Pteris* L.* (图 82)

中型土生草本。根状茎直立、斜升或横卧，顶端密被鳞片；鳞片狭披针形或线形，棕色或深棕色，以基着生。叶簇生或近生，一型或二型；叶柄长，内常有一"V"形的维管束；叶草质或革质，多数光滑，少数被毛，卵状披针形或三角状披针形，一回至三回羽状，偶有单叶不分裂或为掌状分裂；羽片分叉或羽裂，裂片边缘通常有锯齿；叶轴单一或自基部分三叉；叶脉分离或网状，网眼内无内藏小脉。孢子囊群线形，沿叶缘着生连续延伸，着生于叶缘下的联结小脉上，有隔丝；囊群盖由叶边反折形成，为膜质的假囊群盖。孢子囊有柄。孢子通常四面体，表面粗糙或有疣状突起。染色体 x 为 29。

该属约 250 种，分布于热带和亚热带，中国有超过 80 种 (Zhang et al.，2013e)。

16. 石蹄蕨属 *Pterozonium* Fée

茎匍匐至直立，具褐色至紫黑色的疏松或硬的刚毛，或为深色的刚硬的狭窄鳞片。叶一型；叶柄近基部具 1 或 2 维管束，圆柱形或正面有槽沟，很少有窄翅；叶通常全缘或一回羽状，末端为奇数羽片，有或无稀疏毛；叶脉分离，末端不或显著扩大。孢子囊沿叶脉生长，形成长或短的线形无囊群盖的孢子囊群，或仅着生在叶脉末端，有时在孢子囊间有腺体，有粉。孢子三裂缝，四面体，稍具瘤，具或多或少致密颗粒，远极面

图 82 凤尾蕨属 *Pteris* 植物形态

有强烈三向辐射脊和突起赤道环。

该属约 14 种 (PPG I，2016)，分布于南美洲中部 (Tryon et al.，1990)，中国不产。

17. 合脉蕨属 *Syngramma* J. Sm.

茎匍匐，具深色硬刚毛。叶一型或近一型；叶柄在近基部有 1~3 维管束，近圆柱状或正面具凹槽，有狭翅；单叶，全缘，或复叶具 3 小叶，极少有 6 小叶，上先出，无毛；叶脉至叶缘附近联合，在此处汇合形成边脉或者 1 列或 2 列无内藏小脉的网眼。孢子囊群沿叶脉着生，无囊群盖，多较长，呈线形，有时有分枝，极少短；孢子囊间常有暗红色和顶端扩大的毛。孢子三裂缝，四面体球状，通常在裂缝之间凹陷，具低矮的瘤，乳突，被小棒状纹饰覆盖，无赤道环。染色体 x 为 58、116。

该属约 15 种，分布于马来西亚到菲律宾、新几内亚，东到斐济和加罗林群岛 (Tryon et al.，1990)，中国不产。

18. 竹叶蕨属 *Taenitis* Willd. ex Schkuhr* (图 83)

土生草本。根状茎横走，密被暗栗色长针状鳞片，基部变阔，有数列细胞，管状中柱。叶柄有 2 维管束，在上部汇合，柄上面有沟，直达叶轴；叶为单叶或一回奇数羽状，顶生羽片 1 与侧生羽片相似；羽片不分裂，全缘，披针形，多少为革质，光滑；羽片各中脉上面有浅沟不隆起；叶脉网状，沿中脉两侧有 2~3 行或更多行的斜上的狭长网眼，不具内藏小脉。孢子囊线形，常位于中脉与叶边缘之间，或沿叶脉不规则着生，或收缩成圆形、长圆形的孢子囊群，或在背面形成卤蕨型孢子囊群；无囊群盖；隔丝有多行细脉。孢子四面体球形，表面有瘤状至棒状纹饰。染色体 *n* 为 44、108、110、114。

该属约 15 种，分布于斯里兰卡至印度南部，遍布马来西亚和印度尼西亚至澳大利亚昆士兰北部和斐济，中国仅有产海南的竹叶蕨 *Taenitis blechnoides* (Willd.) Sw. 1 种 (Zhang et al., 2013e)。

图 83　竹叶蕨 *Taenitis blechnoides*

19. 万羽蕨属 *Tryonia* Schuettp., J. Prado & A. T. Cochran

岩石丛生或土生植物。根状茎短匍匐，暗棕色，覆盖直立或伏贴的稍微或密的毛和硬刚毛，暗棕色、红棕色或金棕色，多细胞，具腺体，先端细胞球形，刚毛先端长丝状。叶一型；叶柄近轴面具沟槽，有时平，二色，基部栗色，上部禾秆色；叶羽状复叶至羽状半裂到二回羽状至羽状全裂，三角形、长三角形、狭椭圆形或线形，膜质至革质；叶轴形态和毛被与叶柄相似；羽片反折，平至斜升，三角形、狭三角形、卵形或线形，互生至近对生，向先端逐渐变细，有柄，叶面具与叶柄或叶轴相似的毛、腺体或无；叶脉二叉，有时单脉，达或不达叶边缘。孢子囊群在脉上，有时在所有裂片背面散布，环带有 2~4 个硬化细胞，有 1~2 列细胞的短柄。孢子三裂缝，四面体，棕色，有赤道环。染色体 x 为 29。

该属约 5 种，分布于巴西东南部和乌拉圭 (Cochran et al.，2014；Della and Prado，2020)，中国不产。

书带蕨亚科 Vittarioideae Link*

该亚科几乎全为单叶附生植物，共 12 属约 350 种 (PPG I，2016)，泛热带分布，中国有 4 属约 60 种 (图 84) (Zhang et al.，2013e)。

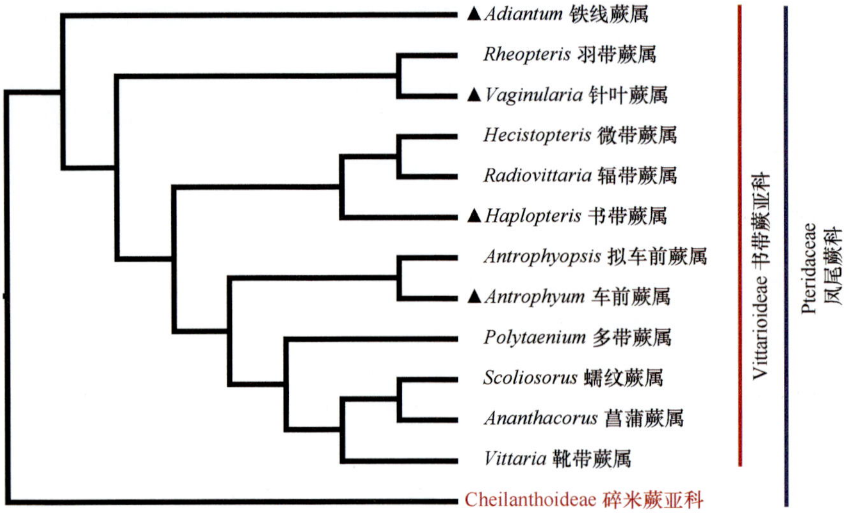

图 84 凤尾蕨科书带蕨亚科下属间系统发育关系 (Schuettpelz et al.，2016)。

分属检索表 (Schuettpelz et al.，2016)

1. 叶多为复叶，极少单叶；叶柄黑色或红棕色，有光泽，常呈铁丝状；叶脉为扇形的多回二叉分枝；孢子囊群有叶边缘反折的假囊群盖……………………………………**铁线蕨属 *Adiantum****
1. 叶几乎全为单叶，极少复叶；叶柄多少绿色，不呈铁丝状；叶脉通常不为扇形二叉分枝；孢子囊群无囊群盖……………………………………………………………………2
2. 叶羽状分裂；孢子囊群圆形……………………………………**羽带蕨属 *Rheopteris***
2. 单叶、分叉或分裂；孢子囊群线形 (可形成网状)……………………………………3
3. 叶脉分离 (一般不易观察到)；植物非常矮小；叶长一般小于 10 cm；每叶上一般只有一个孢子囊群，如果叶分裂，则每个裂片一个孢子囊群……………………………………4
3. 叶脉形成网眼；植株大型；叶长常超过 10 cm；每叶上孢子囊群 2 列或多列，如果叶分裂则每个裂片上有 2 列或多列孢子囊群……………………………………7
4. 叶二叉或分裂……………………………………**微带蕨属 *Hecistopteris***
4. 单叶不分裂……………………………………5
5. 叶脉由 2~3 等长的平行脉组成；孢子囊群隔丝顶端细胞球形…………**拟车前蕨属 *Antrophyopsis***
5. 叶脉有 1 中脉，有 1~3 不明显侧脉或无；孢子囊群隔丝顶端细胞细长或倒圆锥形…………6
6. 孢子囊群隔丝先端细胞细长；叶脉有 1 中肋和 1~3 不明显侧脉…………**针叶蕨属 *Vaginularia****

6. 孢子囊群隔丝先端细胞倒圆锥形；叶脉仅具 1 中肋……………………………… **书带蕨属 *Haplopteris*** *
7. 叶脉形成 2 列网眼（中肋每边各一列），孢子囊群在边缘或近边缘位置联合，叶宽小于 1 cm………8
7. 叶脉形成 3 列或多列网眼，孢子囊群在边缘或近边缘的位置联合或不联合，叶宽常超过 1 cm…10
8. 孢子囊群隔丝先端细胞细长 ……………………………………………………………… **靴带蕨属 *Vittaria***
8. 孢子囊群隔丝先端细胞倒圆锥形 ………………………………………………………………………………9
9. 根状茎无背腹面；叶多列 ……………………………………………………………… **辐带蕨属 *Radiovittaria***
9. 根状茎有背腹面；叶 2 列 ……………………………………………………………… **书带蕨属 *Haplopteris*** *
10. 孢子囊群仅在近边缘联合 …………………………………………………………… **菖蒲蕨属 *Ananthacorus***
10. 孢子囊群在叶边缘不联合 ……………………………………………………………………………………11
11. 孢子囊群无隔丝 ………………………………………………………………………… **多带蕨属 *Polytaenium***
11. 孢子囊群有隔丝 ………………………………………………………………………………………………12
12. 孢子三裂缝，孢子囊群隔丝先端细胞细长或球形……………………………… **车前蕨属 *Antrophyum*** *
12. 孢子单裂缝，孢子囊群隔丝先端细胞球形 ……………………………………………………………………13
13. 叶有中肋和主脉 ………………………………………………………………………… **蠕纹蕨属 *Scoliosorus***
13. 叶无中肋和主脉 …………………………………………………………………… **拟车前蕨属 *Antrophyopsis***

20. 铁线蕨属 *Adiantum* L.* （图 85）

中小型土生草本，植株形态变异较大。根状茎短而直立或细长横走，被有棕色或黑色的质厚且常为全缘的披针形鳞片。叶一型，螺旋状簇生、二列散生或聚生；叶柄黑色或红棕色，有光泽，通常细圆，坚硬如铁丝；叶多为一回至三回或多回羽状复叶或一回至三回二叉掌状分枝，极少为团扇形单叶，草质或厚纸质，多光滑无毛；叶轴、各回羽轴和小羽柄均与叶柄同色同形；末回小羽片的形状不一致；叶脉分离，罕为网状，顶端二歧分叉，伸达边缘。孢子囊群着生在叶片或羽片顶部边缘的叶脉上，由反折的叶缘覆盖；假囊群盖形状变化很大，一般有圆形、肾形、半月形、长方形和长圆形等。孢子囊为圆球形，有长柄，大多由 18 个（有时达到 28 个）加厚细胞组成。孢子四面体，不具周壁。染色体 x 为 15 (30)、29。

该属约 225 种（PPG I，2016），世界分布，从寒温带到热带，大部分在南美洲；中国约 40 种（Zhang et al.，2013e; Wang et al.，2017），其中荷叶铁线蕨 *Adiantum nelumboides* X. C. Zhang 被列为国家 I 级重点保护野生植物。

21. 菖蒲蕨属 *Ananthacorus* Underw. & Maxon

附生草本。根状茎单体中柱，短匍匐，有背腹面。叶 2 列，聚生或稍微远生，长 30~50 cm，单叶，全缘，线形；叶有中肋，在中肋两边侧脉各形成 2 列网眼。孢子囊群线形，生于近边缘的凹槽中，隔丝具纤维状的顶端细胞。孢子单裂缝。

该属仅菖蒲蕨 *Ananthacorus angustifolius* (Sw.) Underw. & Maxon 1 种，分布于热带美洲（Crane，1997；Schuettpelz et al.，2016），中国不产。

22. 拟车前蕨属 *Antrophyopsis* (Benedict) Schuettp.

根状茎有背腹面。叶 2 列，单叶，无中肋；叶脉形成多列网眼（只在一种中有分离叶脉，组成 2~3 列等长平行叶脉）。孢子囊群沿网状脉或离生的 2~3 平行脉着生成线形，

图 85　铁线蕨属 *Adiantum* 植物形态

隔丝有 1 球形先端细胞。孢子单裂缝。

该属有 3 种：*Antrophyopsis bivittata* (C. Chr.) Schuettp.、*A. boryana* (Willd.) Schuettp. 和 *A. manniana* (Hook.) Schuettp. (Schuettpelz et al.，2016)，分布于热带非洲和印度洋，中国不产。

23. 车前蕨属 *Antrophyum* Kaulf.* (图 86)

小型或中型附生常绿植物。根状茎短而直立或横卧，多须根及根毛，具海绵状吸水构造，密被披针形鳞片。叶近生或簇生；叶一型，单叶，肉质，全缘；叶柄基部被与根状茎先端相同的鳞片；鳞片深棕色，透明，粗筛孔状，边缘具细齿或近全缘，先端纤细或钻状；叶脉主脉缺或不完全，小脉多回二歧分叉，联结成多行大而伸长网眼，不具内藏小脉。孢子囊群为汇生囊群，线形，沿小脉延伸，常呈网状，多少下陷于叶肉中；隔丝顶端细胞膨大，呈头状，具细长分节的柄。孢子囊为水龙骨型，无囊群盖。孢子三裂缝，表面纹饰模糊、光滑或具细颗粒或乳突状突起。染色体 x 为 15。

该属有 34 种，分布于旧世界热带，中国有 9 种（Zhang et al.，2013e；Chen et al.，2023）。

图 86　美叶车前蕨 *Antrophyum callifolium* Blume

24. 书带蕨属 *Haplopteris* C. Presl* (图 87)

根状茎有背腹面。叶 2 列，单叶或在少数种类二叉，有中肋；叶脉形成 2 列网眼或少数种只有 1 单脉。孢子囊群线形，在近边缘处联合或极少数种沿单脉着生；隔丝有倒圆锥形顶端细胞。孢子单裂缝或三裂缝。

该属约 40 种，大部分种分布于热带、亚热带亚洲和太平洋，约 10 种分布于热带非洲和印度洋（Schuettpelz et al.，2016），中国约有 13 种（Zhang et al.，2013e）。

25. 微带蕨属 *Hecistopteris* J. Sm.

小型附生草本。根状茎短匍匐，有背腹性，原生中柱；鳞片极小。叶近生，二叉分裂或二叉状，单叶，仅在幼时先端具齿，具二叉分枝的叶脉，无中肋。孢子囊群线形在末端或近末端分枝叶脉上，不下陷入叶肉；孢子囊群毛丝状，有头状的末端细胞。孢子三裂缝，四面体球形至球形，表面有乳突和有小球；外壁 2 层，外面 1 层平，周壁 1 层。

图 87　书带蕨 *Haplopteris flexuosa* (Fée) E. H. Crane

该属有 3 种：*Hecistopteris kaieteurensis* Kelloff & G. S. McKee、*H. pinnatifida* R. C. Moran & B. Øllg. 和 *H. pumila* (Spreng.) J. Sm. (Tryon et al.，1990；Schuettpelz et al.，2016)，分布于热带美洲，中国不产。

26. 多带蕨属 *Polytaenium* Desv.

小型或中型附生或石生草本。根状茎短匍匐，有背腹面。叶 2 列，单叶，有中肋；叶脉多列网眼，肉质或革质，常披针形或倒披针形，有时线形、匙形或近圆形，多向基部逐渐变窄或成叶柄状；仅在基部或稍向上有中肋，或到叶顶；侧脉多联合成网状，无内藏小脉；边缘网眼开放或闭合。孢子囊群线形，表面生或陷入叶肉，在侧脉上，网状或分枝，很少单生；孢子囊群有毛，单个或无。孢子三裂缝或单裂缝，表面有低乳突状突起，常散布小球和小棒。

该属约 13 种，分布于美洲热带 (Schuettpelz et al.，2016)，中国不产。

27. 辐带蕨属 *Radiovittaria* (Benedict) E. H. Crane

附生或石生草本。放射状茎短匍匐至近直立。叶多列排列，具网状中柱，单叶，披针形至狭线形；叶柄通由基部变狭形成或无柄；有中肋，叶脉形成 2 列网眼。孢子囊群线形，近边缘联合，隔丝有倒圆锥状的顶端细胞。孢子单裂缝，椭圆形。

该属约 10 种，分布于美洲热带 (Schuettpelz et al.，2016)，中国不产。

28. 羽带蕨属 *Rheopteris* Alston

中型附生草本。匍匐茎粗壮，有背腹面，密被三角状、长渐尖、边缘具纤毛的粗筛孔鳞片。叶柄互相靠近，近轴面具沟槽，背面扁平；叶狭长圆形，革质，一回羽状；羽片多数，近无柄，基部轻微至强烈缩小，先端羽状半裂，边缘有稍微密的小齿至锯齿；叶脉一次或二次分叉，分离；叶轴有翅。孢子囊群极大，近圆形，着生脉先端叶边缘，无囊群盖隔丝有球形的顶端细胞。孢子囊柄有 2 列细胞，孢子三裂缝，表面光滑。

该属仅羽带蕨 *Rheopteris cheesmaniae* Alston 1 种，分布于新几内亚 (Schuettpelz et al.，2016)，中国不产。

29. 蠕纹蕨属 *Scoliosorus* T. Moore

根状茎有背腹面。叶 2 列，单叶，有中肋，叶脉形成多列网眼。孢子囊群线形，沿网状脉分布，隔丝有球形的顶端细胞。孢子单裂缝。

该属仅蠕纹蕨 *Scoliosorus ensiformis* (Hook.) T. Moore 1 种，分布于热带美洲 (Schuettpelz et al.，2016)，中国不产。

30. 针叶蕨属 *Vaginularia* Fée* (图 88)

极小附生草本。根状茎纤细，横走，相互缠绕，被粗筛孔鳞片。叶 2 列着生，单叶，线形，具中脉及 1~3 不明显侧脉。孢子囊形成汇生囊群，短线形，沿侧脉着生，每叶有 1~3 枚，无囊群盖，具隔丝。孢子囊环带由 14~18 个增厚细胞组成。孢子三裂缝，三角圆形，外壁表面无明显纹饰。染色体 x 为 15 (30)。

该属有 4 种，分布于亚洲热带到澳大利亚及太平洋岛屿，中国有 2 种：连孢一条线蕨 *Vaginularia paradoxa* (Fée) Mett. ex Miq. [= *Monogramma paradoxa* (Fée) Bedd. (FOC)] (图 83) 和针叶蕨 *V. trichoidea* Fée [= *M. trichoidea* (Fée) Hook. (FOC)]。

图 88　连孢一条线蕨 *Vaginularia paradoxa*

31. 靴带蕨属 *Vittaria* Sm.

中型附生草本。根状茎有背腹面。叶 2 列；单叶，有中脉，叶脉形成 2 列网眼。孢子囊群线形，近边缘联合，隔丝有一个细长的顶端细胞。孢子单裂缝或三裂缝。

该属有 7 种，除 1 种分布于非洲热带和印度洋以及 1 种分布在北美温带，多数种分布于热带美洲 (Schuettpelz et al.，2016)，中国不产。

碎米蕨亚科 Cheilanthoideae Horvat

碎米蕨亚科下许多类群，如碎米蕨属 *Cheilanthes*、美洲旱蕨属 *Pellaea* 和隐囊蕨属 *Notholaena* 都不是单系类群，亚科下属间系统发育关系目前尚未得到很好的解决 (图 89) (Rothfels et al.，2008；Johnson et al.，2012；Ponce and Scataglini，2018，2022；George et al.，2019；Zhao et al.，2025a)。

该亚科约 25 属 430 种 (PPG I，2016)，世界分布，但主要分布于亚热带，中国有 9 属分布。

中国分布属检索表 (Zhang et al.，2013e)

1\. 孢子囊群沿网脉着生，成熟时满布叶下面，无盖……2
1\. 孢子囊群散生，常着生在近边缘，有叶边缘反折形成的假囊群盖……4
2\. 单叶全缘……**泽泻蕨属 *Mickelopteris*** *
2\. 复叶一回至三回羽状……3
3\. 叶下面密被覆瓦状排列的阔披针形鳞片……**金毛裸蕨属 *Paragymnopteris***
3\. 叶下面密被长绢毛……**绢毛裸蕨属 *Sericopteris*** *
4\. 叶下面通常具腺体，分泌黄色、白色或金黄色的蜡质粉状物……**粉背蕨属 *Aleuritopteris*** *
4\. 成熟时叶下面无黄色、白色或金黄色的蜡质粉状物 (部分物种幼时有粉)……5
5\. 羽片有明显的柄，常具关节；叶柄和叶轴细，亮黑色或亮红色……6
5\. 羽片无柄或近无柄，无关节，常羽状半裂；叶柄和叶轴不为亮黑色或亮红色……7
6\. 羽片卵形至卵状戟形，基部心形，末回羽片几乎总是有 1 对钝的开展裂片……**美洲旱蕨属 *Pellaea*** *
6\. 羽片长圆形至卵形，基部圆形至截形，无裂片……**银旱蕨属 *Argyrochosma*** *
7\. 叶轮廓为五角形，基部羽片基部的下侧羽片扩大……8
7\. 叶轮廓为披针形、长圆状披针形或长圆状三角形至三角状披针形或三角状卵形……10
8\. 孢子囊群着生在叶脉先端，圆形，分离 (成熟时汇生)；根状茎鳞片棕色或暗棕色，同色或有狭窄的亮棕色边缘……**粉背蕨属 *Aleuritopteris*** *
8\. 孢子囊群沿边缘的腹缝线叶脉着生；根状茎鳞片二色，有黑色和厚的中心带，阔棕色膜质边缘……9
9\. 根状茎长匍匐；叶多疏生……**戟叶黑心蕨属 *Calciphilopteris*** *
9\. 根状茎短，直立或斜升；叶聚生……**黑心蕨属 *Doryopteris*** *
10\. 叶边缘不或仅轻微反折，无囊群盖；叶背面有密的黄色至棕色的长毛……**碎米蕨属 *Cheilanthes*** *
10\. 叶边缘反折和有分化，形成干膜质的假囊群盖；叶背面光滑或疏被毛，少数种有腺体或鳞片……11
11\. 根状茎鳞片披针形或线状披针形，常黑色或暗棕色，边缘全缘……**碎米蕨属 *Cheilanthes*** *
11\. 根状茎鳞片卵状披针形，半透明棕色，边缘有稀疏锯齿……**粉背蕨属 *Aleuritopteris*** *

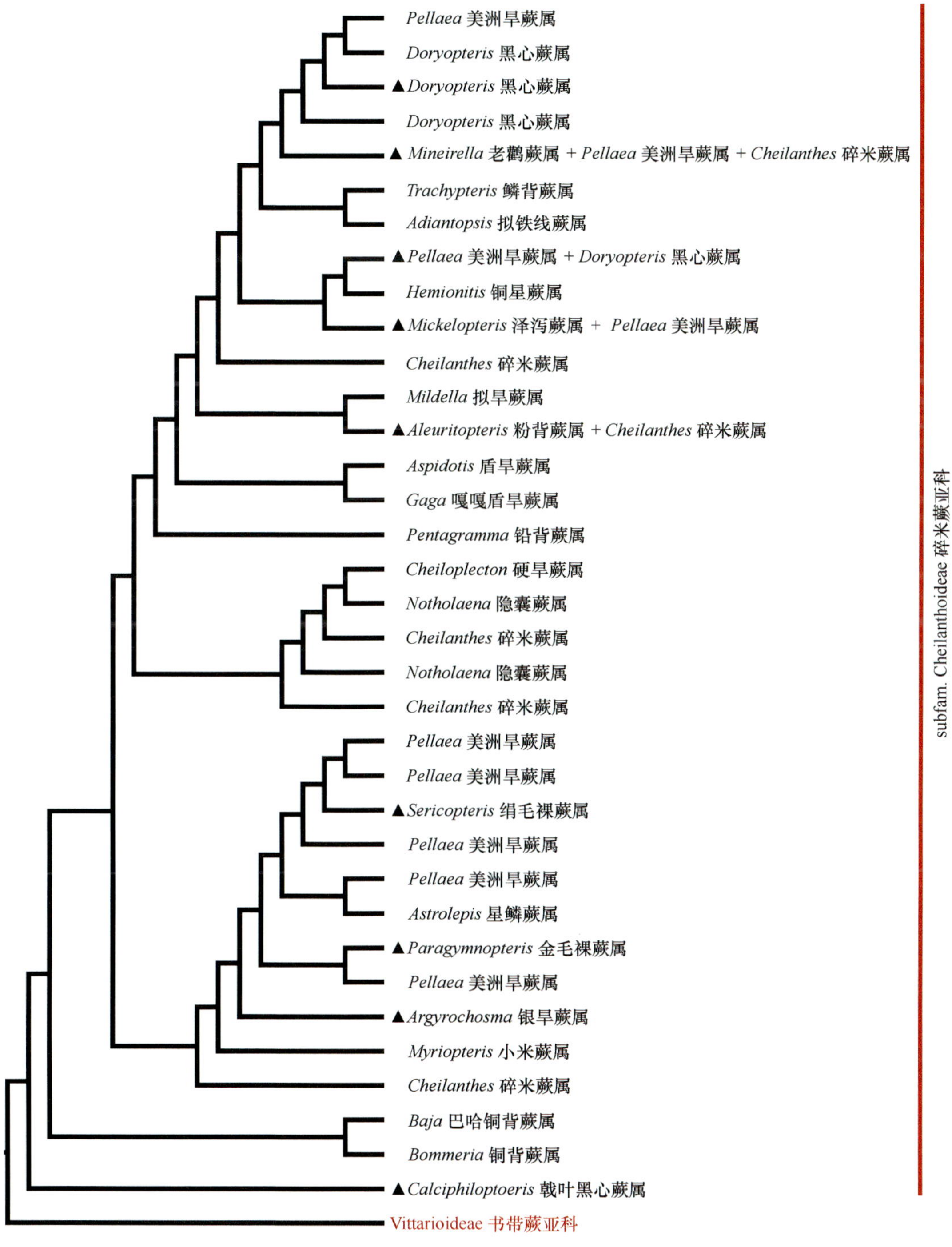

图 89　风尾蕨科碎米蕨亚科下属间系统发育关系（Zhao et al.，2025a）

32. 拟铁线蕨属 *Adiantopsis* Fée

茎常直立至斜升，至长匍匐，具鳞片，通常二色，边缘棕色，有深色硬化中心或完全黑色硬化。叶一型；叶柄近基部有 1~3 维管束，叶轴正面有沟槽；叶一回至四回羽状复叶，上先出，或有时鸟足状或放射状，无毛到有时有短柔毛；叶脉离生，常消失在叶边缘，末端稍膨大。孢子囊群在叶脉先端分离，被一月形或圆形边缘囊群盖覆盖。孢子三裂缝，四面体球形，表面有刺，无赤道环。染色体 2*n* 为 60。

该属约 35 种 (PPG I，2016)，分布于热带美洲，中国不产 (Link-Pérez，2010)。

33. 粉背蕨属 *Aleuritopteris* Fée* (图 90)

中小型常绿旱生植物。根状茎短，直立或斜升，密生鳞片；鳞片全缘，极少具稀疏锯齿。叶簇生；叶柄圆柱形，有光泽；叶纸质或草质，下面通常有白色、浅黄色或橙黄

图 90　粉背蕨属 *Aleuritopteris* 植物形态

色的蜡质粉末，五角形、三角状卵圆形或三角状长圆形，一回至二回羽状；基部 1 对羽片较大，三角形，一回至二回羽裂；叶脉羽状，分离，纤细，通常不明显，伸达叶边；叶轴上有纵沟。孢子囊群生于叶边小脉先端，彼此分离，但成熟时常向两侧扩展，彼此靠合而呈线形；囊群盖由反折的叶边特化而成，干膜质，棕色或灰棕色，稀浅绿色，连续或不连续。孢子囊有短柄或近无柄；由 15~18 个细胞构成。孢子为球状四面体，周壁光滑或有皱褶或有颗粒状纹饰。染色体 x 为 29、30。

该属 40 余种，非单系类群，主要分布于中国、印度及东南亚，少量分布于非洲和美洲，中国约 29 种 (Zhang et al.，2013e)。

34. 银旱蕨属 *Argyrochosma* (J. Sm.) Windham* (图 91)

[该属在 FOC 中被置于美洲旱蕨属 *Pellaea*]

根状茎紧凑，短匍匐、直立至或多或少斜升，具鳞片和许多须根；根状茎鳞片薄，同色，顶端渐尖，全缘至微具齿。叶一型，簇生；叶柄无毛，有白霜，稀疏的蜡质粉；叶革质，上面无毛或稀疏的蜡质，下面无毛或通常密集的白色蜡质；奇数羽状复叶，基部二回羽状到五回羽状，具多达 15 对近对生或互生的羽片；羽片披针形、长圆形、卵形至三角状，羽片边缘未变形，很少反折保护孢子囊群；叶轴与叶柄相似但偶尔弯曲；叶脉离生，一回或二回分叉，未变形的末端分枝着生孢子囊。孢子囊有 64 个或 32 个大孢子。孢子三裂缝，具鸡冠状纹饰或皱褶。染色体 x 为 27。

该属约 20 种，主要分布于美洲 (Windham，1987)，中国仅四川旱蕨 *Argyrochosma connectens* (C. Chr.) G. M. Zhang [=*Pellaea connectens* C. Chr. (FOC)] 1 种。

图 91　四川旱蕨 *Argyrochosma connectens*

35. 盾旱蕨属 *Aspidotis* (Nutt. ex Hook.) Copel.

土生或石生。茎多少紧凑，匍匐，在先端上升，多分枝，呈绿色，不变暗；鳞片大多深褐色，常有亮色的窄边缘，披针形，边缘全缘。叶一型至轻微二型，聚生，长 8~35 cm；叶柄通常暗红棕色，正面具单沟，无毛，具单一维管束；叶卵形三角形、三角形或五角形，三回至四回 (五回) 羽状，质厚到薄，背面无毛，正面有光泽，具条纹，光滑；叶轴直；羽片末回裂片具短柄，线形至披针形。孢子叶边缘反曲，末回裂片叶脉不明显，离生，多少羽状，不分枝。假囊群盖出现在边缘间，干膜质，发白，宽阔，部分包藏孢子囊。孢子囊在背面的边缘形成离散或连续的孢子囊群，每个孢子囊有 64 个孢子，无隔丝和腺体。孢子四面体球状，三裂缝，网状，无赤道环。染色体 x 为 30。

该属约 4 种，分布于北美洲，中国不产 (Windham，1993)。

36. 星鳞蕨属 *Astrolepis* D. M. Benham & Windham

常为石生草本。茎密集到短匍匐，直立到上升，稀疏分枝；鳞片棕褐色到栗棕色，线形缩小。叶一型，密丛生；叶柄暗栗褐色或稻草色，正面圆形，生疏至密被鳞片，具 2 维管束；叶线形至线状长圆形，一回羽状至羽状半裂，革质，具纤毛状鳞片，下面 1 层为星状鳞片，背面覆盖稀疏至密的星状毛或纤毛状鳞片；叶轴直；末回裂片有柄或近无柄，基部心形到近心形或很少截形；羽片边缘平，未分化，不下弯形成假囊群盖。孢子囊沿近羽片近边缘小脉着生，包含 32 个或 64 个孢子，不与产生粉的腺体混合。孢子四面体球形，有皱纹，无突出赤道环。染色体 x 为 29。

该属约 8 种，全部分布于美洲，中国不产 (Benham and Windham，1993；Beck et al.，2010)。

37. 巴哈铜背蕨属 *Baja* Windham & L. O. George

[该属在 PPG I 系统中被置于碎米蕨属 *Cheilanthes*]

石生。根状茎短匍匐，红棕色，有同色的鳞片。叶三角形，羽状复叶。假囊群盖发育良好，完全包被靠近边缘的孢子囊群，每个孢子囊有 64 个孢子 (George et al.，2019)。

该属仅巴哈铜背蕨 *Baja brandegeei* (D. C. Eaton) Windham & L. O. George 1 种，特产于墨西哥的下加利福尼亚半岛 (Peninsula de Baja California) (George et al.，2019)，中国不产。

38. 铜背蕨属 *Bommeria* E. Fourn.

茎短至长匍匐，具披针形至卵状披针形的淡棕色薄鳞片，或二色鳞片，中心深色硬化或近全部硬化，偶具毛。叶一型；叶柄具 1 维管束，近基部束状、圆柱状或正面具沟槽；叶鸟足状，二回至三回羽状，被短柔毛并具一些鳞片；叶脉离生或部分联合，无内藏小脉，叶脉末端近边缘不扩大。孢子囊沿叶脉形成无囊群盖的孢子囊群线。孢子三裂缝，四面体球形，表面有由细长绳状物质形成鸡冠状到网状，无赤道环。染色体 x 为 30。

该属有 5 种 (PPG I，2016)，分布于美国西南部以南至哥斯达黎加，中国不产 (Tryon et al.，1990)。

39. 戟叶黑心蕨属 *Calciphilopteris* Yesilyurt & H. Schneid.* (图 92)

土生常绿草本。根状茎横走，密被鳞片，中间栗黑色或栗棕色，两侧有浅棕色狭边，

图 94　黑心蕨 *Doryopteris concolor*

状鳞片；叶二回至四回羽状，卵状三角状到五角形，下侧基部羽片常扩大，中肋和主脉通常无毛，近轴面常有凹槽；裂片叶脉末端形成突起水囊。孢子囊群被强烈分化边缘假囊群盖覆盖，假囊群盖光滑或有毛。孢子囊聚集在叶脉先端，每个孢子囊有 32 个或 64 个孢子。孢子球形。染色体 x 可能为 30。

该属有 19 种，分布于美国西南部至玻利维亚南部，墨西哥为该属多样性中心 (Li et al.，2012)，中国不产。

44. 铜星蕨属 *Hemionitis* L.

根状茎直立至短匍匐，有淡棕色薄的同色或二色鳞片，并逐渐变为棕色毛。叶一型至二型；叶柄基部有 1 维管束，圆柱形至近轴面有沟槽；叶全缘至深 7 裂和鸟足状，或一回至二回羽状复叶，罕见近三回羽状复叶，有 1 奇数的末回裂片，近同形，背面轻微或稍具毛和有时有鳞片；叶脉离生至完全网结，无内藏小脉，末端近达叶缘，不或明显扩大。孢子囊群线形，无囊群盖；孢子囊沿叶脉着生，常分枝。孢子三裂缝，表面有鸡冠状、刺状或疣状至不规则的瘤状纹饰，无赤道环。染色体 *n* 为 30、60。

该属 7 种，分布于美洲热带 (Tryon et al.，1990)，中国不产。

45. 开脉蕨属 *Lytoneuron* (Klotzsch) Yesilyurt

石生草本，很少土生。茎直立至斜升，很少短匍匐；鳞片线形至线状披针形，先端渐尖，边缘光滑或具齿，二色，中心红棕色至深棕色，边缘透明，不为筛孔状。叶二型或近二型；叶柄圆柱形或近圆柱形，先端通常扁平，光滑或具瘤，无毛或具毛或具鳞片，基部有 2 维管束，向上联合；叶纸质至革质，掌状，鸟足状、箭形或戟形，基部无能育芽胞；叶脉离生或部分联合；排水器在营养叶上面明显。孢子囊群边缘生，着生在汇合的脉上，沿缺刻连续或间断，由反折的叶边缘保护；假囊群盖膜质至纸质，光滑，圆齿状的或波浪状。孢子三裂缝，周壁具皱纹。

该属 12 种，分布于南美洲 (Smith-braga and Schwartsburd，2020；Tryon et al.，1990)，中国不产。

46. 泽泻蕨属 *Mickelopteris* Fraser-Jenk.* (图 95)

[该属在 FOC 和 PPG I 系统中被置于 *Parahemionitis*]

小型土生草本。根状茎短，直立，内有网状中柱，顶端被红棕色的狭披针形或钻形小鳞片。叶簇生，二型或近二型；叶柄栗黑色，基部被与根状茎上相同鳞片；叶草质，上面绿色，光滑无毛，下面黄绿色，被浅棕色毛状小鳞片，卵形或心形，单叶不分裂，基部深心形，顶端钝圆，边缘全缘；叶脉网状，网眼小而密，长六角形，斜向上，无内藏小脉，上面明显，下面不明显，中脉鳞片较密，边缘有浅棕色的睫毛。孢子囊群沿孢子叶网脉着生，幼时呈网状分布，成熟时布满叶背面，无囊群盖，也无隔丝。染色体 $2n$ 为 120。

图 95 泽泻蕨 *Mickelopteris cordata*

该属仅泽泻蕨 *Mickelopteris cordata* (Hook. & Grev.) Fraser-Jenk. [=*Parahemionitis arifolia* (Burm. f.) Panigrahi (FOC)] 1 种，分布于亚洲热带，中国有分布 (Zhang et al.，2013e)。

47. 拟旱蕨属 *Mildella* Trevis.

小型植物，石生或土生。根状茎鳞片线状披针形，强烈二色至同色。叶极硬，聚生；叶柄和叶轴禾秆色，上面有凹槽或平，下面被琥珀色至棕色的稀疏短硬圆柱形至略棒状的毛；叶羽状至羽状半裂至二回羽状；基部羽片对生，两侧不等，下侧羽片近革质，发育成宽贴生的三角形、长圆形或线形；下一级羽片的基部羽片基部一对小羽片全缘或者或多或少深羽状半裂，上部的羽片逐渐简化和缩小，向上的小裂片单个或一列，通常上升，贴生，在叶轴上下延；叶脉离生，二叉或单脉，尖端常几达裂片边缘。囊群盖薄，边缘内着生，全缘，啮蚀状或具缘毛。孢子囊环带有 18~22 个增厚细胞。孢子四面体。

该属 7~8 种，非单系类群，世界分布 (Hall and Lellinger，1967)，中国不产。

48. 老鹳蕨属 *Mineirella* Ponce & Scataglini

[该属在 PPG I 系统中被置于碎米蕨属 *Cheilanthes*]

石生草本。根状茎匍匐；鳞片线形至卵状披针形，棕黑色，中心硬化，透明。叶一型，丛生或沿根状茎密生；叶柄圆柱形至上部稍具槽，长达叶的 2~5 倍，叶柄遍布长柔毛或棉毛，一般密，成熟时脱落；叶草质至纸质，叶面被长柔毛至棉毛，毛简单或节状，多细胞或单列，轮廓五边形，叶边缘通常有膜质边，全缘，分裂至羽状半裂，二回羽状半裂或基部一回至二回羽状；基部羽状裂或下侧基部羽状半裂，有伸长的下侧裂片；叶脉离生，2~4 分叉；具排水器。孢子囊群边缘生。孢子囊着生于叶脉先端，被圆锯齿或开裂边缘覆盖，有 32 个或 64 个孢子。孢子三裂缝，表面皱褶，有时为短鸡冠状纹饰。

该属有 5 种，分布于南美洲 (Ponce and Scataglini，2022)，中国不产。

49. 小米蕨属 *Myriopteris* Fée

中小型旱生草本。根状茎密至长匍匐，上升或水平，有鳞片；鳞片披针形到针状，同色或二色。叶柄栗色到黑色；叶轴圆柱形或扁平或正面有凹槽，有与叶柄上相似的毛被；叶二回至四回羽状，披针形至卵状三角形，上面无毛或短柔毛，下面有鳞片和 (或) 短柔毛；末回裂片圆形至长圆形卵形，叶脉不明显。孢子囊聚生在叶脉尖端，一个分化不明显的假囊群盖在裂片边缘。每个孢子囊有 64 个或 32 个孢子。孢子球状四面体，表面有鸡冠状至皱状纹饰。染色体 n 为 29、30、58、60、87。

该属约 45 种 (PPG I，2016)，分布于加拿大南部至加勒比海和中美洲至智利南部，仅 1 种特产于纳米比亚和南非 (Grusz and Windham，2013)，中国不产。

50. 隐囊蕨属 *Notholaena* R. Br.

中小型旱生草本。根状茎常短横卧，少有直立，管状中柱，被棕色钻形披针形小鳞片。叶簇生或近生；叶柄栗色或栗黑色，圆形或腹面有纵沟；叶长圆形至披针形，一回至三回羽状，通常遍体被厚绒毛；叶脉分离，不明显。孢子囊群近圆形或长圆形，近叶边生于叶脉顶端，彼此接近，成熟后向两侧扩大汇合，沿叶边连接成线形，无囊群盖，或有时部分被不变态的反卷叶边所覆盖。孢子为球状四面体，表面有颗粒状纹饰。染色体 x 为 29 (30)。

该属约 30 种 (Yatskievych and Arbeláez，2008)，非单系类群，可能只在新世界分布，中国不产。

51. 链羽蕨属 *Ormopteris* J. Sm. ex J. Sm.

土生或石生草本。根状茎短，上升 (匍匐) 或平铺；根状茎和叶柄基部的鳞片筛孔或非筛孔状。叶柄基部具 1 维管束，圆柱状至具沟或具强烈沟，无毛或具毛被或鳞片状纤维；叶一型至轻微二型；叶轴圆柱状到正面具槽，光滑；叶多样分裂，从一回羽状到三回羽状不等，无毛或偶在主脉上有毛；叶脉分离，可形成水囊。孢子囊群边缘到显著的近边缘生，囊托不连续至极少形成连续的线，假囊群盖强烈从边缘分化，无隔丝。孢子囊无柄或柄短于孢子囊，孢子囊基部细胞有时明显。孢子表面有鸡冠状至密皱状纹饰。

该属约 6 种，主要分布于南美洲，许多种特产巴西 (Yesilyurt et al.，2015)，中国不产。

52. 金毛裸蕨属 *Paragymnopteris* K. H. Shing* (图 96)

植株通常附生于岩石上，喜旱。根状茎斜升或横卧，短而粗壮；鳞片淡褐色，狭钻形。叶一型，簇生或着生紧密；叶柄栗黑色，基部略具鳞片和毛，上部有毛或近无毛；叶上面淡绿色或褐绿色，披针形，一回羽状，奇数羽状或羽状深裂，向羽裂的顶端逐渐

图 96　欧洲金毛裸蕨 *Paragymnopteris marantae*

变窄，干燥时纸质或革质，上面无毛，下面密被褐色、透明的卵状披针形鳞片；叶轴具稀疏的狭钻形鳞片；叶脉不明显。孢子囊群线形，沿侧脉分布，被鳞片覆盖，成熟时略外露；无囊群盖。孢子四面体，周壁具脊状纹饰。染色体 x 为 29、30、32。

该属 2 种：滇西金毛裸蕨 *Paragymnopteris delavayi* (Baker) K. H. Shing 和欧洲金毛裸蕨 *P. marantae* (L.) K. H. Shing，分布于欧洲、非洲和亚洲，中国 2 种均产 (Zhang et al.，2013e；Zhao et al.，2025a，2025b)。

53. 美洲旱蕨属 *Pellaea* Link* (图 97)

小型至中小型旱生植物，常绿或夏绿。根状茎短，直立或斜升；鳞片栗黑色。叶簇生；叶柄栗色或栗黑色，腹面通常有棕色短毛或节状毛；叶纸质或革质，两面无蜡质粉末，卵形或卵状披针形，或偶有三角形或五角状披针形，一回至二回羽状；小羽片或裂片全缘；叶脉分离，小脉 2~3 叉，不达叶边；通常有腺毛或刚毛。孢子囊群圆形，生于小脉先端，成熟时汇合成线形；无隔丝；囊群盖线形，由叶边在叶脉顶端以内反折而成。孢子球状四面体，表面有刺状或细颗粒状纹饰。染色体 x 为 29。

该属有 40~50 种，目前是一个多系类群，主要分布于美洲和南非，少量种分布到亚洲和大洋洲，中国仅三角羽旱蕨 *Pellaea calomelanos* (Sw.) Link 1 种 (Zhang et al.，2013e)。

图 97　三角羽旱蕨 *Pellaea calomelanos*

54. 铅背蕨属 *Pentagramma* Yatsk., Windham & E. Wollenw.

岩生或土生草本。茎短匍匐，直立或上升；鳞片显著二色，边缘全缘。叶一型，簇生；叶柄栗褐色至黑色，圆形，无毛，具粉质，或具黏性的腺体，具单一维管束；叶轴直；叶草质至革质，下面通常被白色或黄色粉，上面无毛或具腺，三角形至五角形，近端一回至二回羽状至羽状半裂，上部羽状裂；末端裂片无柄，贴生轴和中肋，三角形至披针形，边缘不反折形成假囊群盖；末端裂片脉离生，不明显，羽状或先端叉状分枝。孢子囊沿脉生长，含 64 个孢子，混有产粉腺体。孢子明显四面体，具粗糙瘤。染色体 x 为 30。

该属约 6 种，分布于北美洲 (Schuettpelz et al.，2015)，中国不产。

55. 绢毛裸蕨属 *Sericopteris* Jing Zhao, X. M. Zhou & Z. R. He* (图 98)

[该属在 FOC 和 PPG I 系统中被置于金毛裸蕨属 *Paragymnopteris*]

植物通常附生于岩石上。根状茎横卧或斜升，短而粗壮；鳞片有光泽，棕色或深棕色，狭钻形。叶一型，簇生；叶柄淡栗色，密被棕色绢毛；叶披针形至宽披针形或卵形，一回或二回羽状，奇数羽状，质地柔软，下面密被绢毛，上面疏被绢毛；羽片披针形或三角状披针形、卵形或狭卵形，具短柄或长柄，基部圆形或心形，边缘全缘，有时基部羽片具 1 或 2 分离小羽片，先端钝；小羽片三角状卵形或戟形，边缘全缘或具 1 或 2 个小裂片，先端钝；叶脉不明显。孢子囊群无囊群盖，线形，沿叶脉全长或叶脉远端着生，被毛，成熟时略外露。孢子四面体，周壁脊状或皱状纹饰。染色体 x 为 29、30。

该属有 4 种：耳羽绢毛裸蕨 *S. auriculata* (Franch.) Jing Zhao & X. M. Zhou [=*Paragymnopteris bipinnata* var. *auriculata* (Franch.) K. H. Shing (FOC)]、川西绢毛裸蕨 *S. bipinnata* (Christ) Jing Zhao & X. M. Zhou [=*P. bipinnata* (Christ) K. H. Shing (FOC)]、三角绢毛裸蕨 *S. sargentii* (Christ) Jing Zhao & X. M. Zhou [=*P. sargentii* (Christ) K. H. Shing (FOC)]及绢毛裸蕨 *S. vestita* (Hook.) Jing Zhao & X. M. Zhou [=*P. vestita* (Hook.) K. H. Shing (FOC)] (Zhang et al.，2013e；Wang et al.，2015；Zhao et al.，2025a，2025b)，分布于亚洲，中国 4 种均产。

图 98 耳羽金毛裸蕨 *Sericopteris auriculata*

56. 鳞背蕨属 *Trachypteris* André ex Christ

根状茎斜升至直立，具宽的带褐色或有时粉红色的近同色鳞片。叶一型；叶羽状半裂和鸟足状或二型；叶柄近基部有 1 维管束，圆柱状或正面具槽；叶下面密被鳞片，光滑到疏被鳞片；叶脉联合，无内藏小脉。孢子囊着生在叶脉间，无囊群盖。孢子三裂缝，表面有明显的鸡冠状纹饰，无赤道环。染色体 x 为 29 或 30。

该属有 3~4 种 (PPG I，2016)，分布于南美洲和马达加斯加，中国不产 (Tryon et al.，1990)。

碗蕨亚目 Dennstaedtiineae Schwartsb. & Hovenkamp

该亚目仅碗蕨科 Dennstaedtiaceae 1 科，有 11 属。

碗蕨科 Dennstaedtiaceae*

土生草本，少为蔓性植物。根状茎通常长横走，少为斜升 (稀子蕨属) 或直立 (一些网苞蕨属物种)，管状中柱或网状中柱，通常被多细胞柔毛，少为少细胞圆柱状腺毛或多细胞刚毛，一般不具鳞片 (栗蕨属除外)。叶中型至大型，一型，有时为无限生长，通常被毛，很少无毛；叶柄基部不以关节着生；叶轴近轴面常具沟槽，有时生不定芽 (稀子蕨属)；叶革质或纸质，一回至四回羽状；羽片对生或互生；叶脉多数分离，羽状分枝，少数有网结 (栗蕨属和网苞蕨属)。孢子囊群边生或近边生，线状、圆形或椭圆形，可有内外两侧囊群盖 (蕨属和曲轴蕨属)，或两侧囊群盖愈合为碗状 (碗蕨属等)，或仅内侧囊群盖 (鳞盖蕨属绝大多数物种)，或仅外侧囊群盖位于叶缘呈反折状 (姬蕨属等)，或无囊群盖 (稀子蕨属)。孢子三裂缝或单裂缝，表面有脊状纹饰、瘤状突起或光滑。染色体 x 为 26、29、30、31、33、34、38、46、47、48 或其他。

基于分子系统学，该科下有 3 亚科：稀子蕨亚科 Monachosoroideae、碗蕨亚科 Dennstaedtioideae 和姬蕨亚科 Hypolepidoideae (Schwartsburd et al.，2020)，历史上这 3 个亚科曾被置于不同的科，但本书采用最新处理，承认碗蕨科包括上述的 3 亚科。

在 PPG I 系统 (2016) 中，碗蕨科包括 10 属。随后，Shang 等 (2018) 发现传统承认的姬蕨属 *Hypolepis* 不是单系群，从中划分出新属卫蕨属 *Hiya*。Triana-Moreno 等 (2023) 对碗蕨科开展了分子系统学研究，表明过去承认的大碗蕨属 *Dennstaedtia* 不是一个单系类群，从中又划分出碗蕨属 *Sitobolium* 和壶盖蕨属 *Mucura* 两个小属，其中壶盖蕨属 *Mucura* 为新成立属，而将 PPG I 系统承认的薄盖蕨属 *Leptolepia* 和酒蕨属 *Oenotrichia* 合并至大碗蕨属 *Dennstaedtia* 中。

目前，承认碗蕨科有 3 亚科 11 属约 240 种，世界分布，中国有 8 个属 (图 99)。

分属检索表 (Triana-Moreno et al.，2023)

1. 孢子囊群着生在 1 条叶脉上 ······ 2
1. 孢子囊群着生在 2 至多条叶脉上 ······ 8

2\. 根状茎短匍匐或斜升，网状中柱；叶柄有 2 维管束；孢子囊群无囊群盖……………………稀子蕨属 ***Monachosorum****

2\. 根状茎长匍匐或斜升，管状中柱；叶柄有 1 维管束；孢子囊群有囊群盖……………………3

3\. 无内侧囊群盖，孢子单裂缝……………………4

3\. 有内侧囊群盖，孢子三裂缝……………………5

4\. 叶可无限生长；羽片与叶轴呈直角，叶轴和羽轴的沟槽连通……………………卫蕨属 ***Hiya***

4\. 叶一般有限生长；羽片与叶轴呈锐角，叶轴和羽轴的沟槽不连通……………………姬蕨属 ***Hypolepis****

5\. 孢子囊群近边缘或极少数边缘着生；一般仅具内侧囊群盖，常膜质化；周壁由均匀分布或形成网状的脊突组成……………………鳞盖蕨属 ***Microlepia****

5\. 孢子囊群边缘着生；内外两侧囊群盖同质常愈合成碗状；周壁形态多样，但从不脊突……………………6

6\. 叶柄近圆柱形，无明显沟槽；叶轴或羽轴有隆起的翅，翅下延至下一级……………………壶盖蕨属 ***Mucura***

6\. 叶柄近轴面有沟槽，沟槽连通至下一级；叶轴或羽轴无隆起的翅……………………7

7\. 根状茎规则分枝，直径约 0.5 cm；叶长小于 1 m，无叶芽，光滑或有毛，节状毛，疏展，有时末端膨大为头状细胞；分布于北温带……………………碗蕨属 ***Sitobolium****

7\. 根状茎不分枝，粗壮，直径 0.5~4 cm；叶长 1~2 m，有时达 12 m，常具叶芽，毛多样，但无腺毛；主要分布于热带……………………大碗蕨属 ***Dennstaedtia****

8\. 叶脉有规律联合，至少形成规则叶脉网眼；羽片对生或近对生……………………9

8\. 叶脉分离或偶尔联合；所有羽片或大部分互生……………………10

9\. 根状茎纤细，长横走；成熟的叶无肉眼可见的毛；具托叶状小羽片……………………栗蕨属 ***Histiopteris****

9\. 根状茎粗壮，斜升至直立；成熟的叶至少在下面的叶脉上被稀疏到浓密的毛，很少无毛；无托叶状小羽片……………………网茄蕨属 ***Blotiella***

10\. 叶轴弯曲；孢子单裂缝……………………曲轴蕨属 ***Paesia****

10\. 叶轴通直；孢子三裂缝……………………蕨属 ***Pteridium****

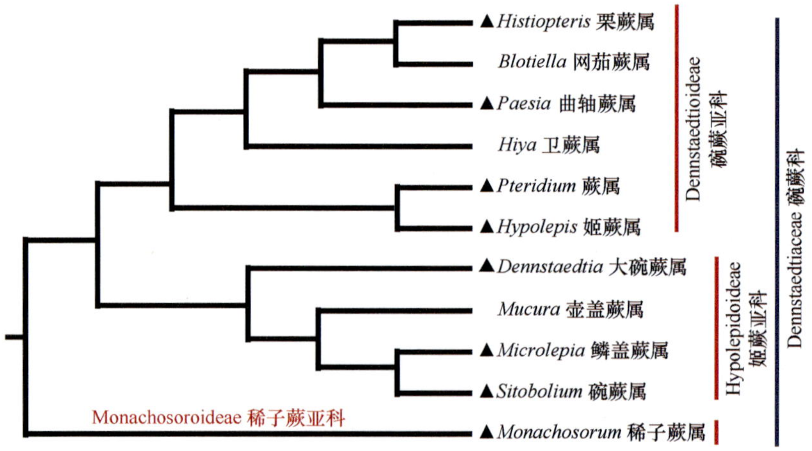

图 99　碗蕨科下各亚科和属间系统发育关系（Triana-Moreno et al.，2023）

碗蕨亚科 Dennstaedtioideae Lotsy*

该亚科有 4 属，世界分布，中国有 4 属。

1. 大碗蕨属 *Dennstaedtia* Bernh.*

[该属包括 PPG I 系统中的薄盖蕨属 *Leptolepia* 和酒蕨属 *Oenotrichia*]

中型土生夏绿植物。根状茎横走，生有多细胞的淡灰色刚毛。叶一型；叶柄基部不以关节着生，上面有纵沟，幼时有毛，老则脱落，多少变粗糙；叶三角形至椭圆形，多回羽状细裂，通体多少有毛，尤以叶轴为多，少为无毛；小羽片偏斜，基部为不对称的楔形；叶脉分离，羽状分枝，小脉不达叶边，先端有水囊。孢子囊群圆形，叶缘着生，顶生于每条小脉，分离；囊群盖碗形，由两层 (内瓣及外瓣) 融合而成，外瓣为多少变质的叶缘的锯齿或小裂片，碗口全缘，少有缺刻，通常多少弯折下向，形如烟斗，质厚，常为淡绿色；囊托短。孢子囊有细长柄，环带直立，下部被囊柄中断。孢子钝三角形，无周壁或具周壁 (表面有明显的小瘤状纹饰)，外壁表面形成各种不同程度的加厚。染色体 2*n* 为 60、62、68、92、94、128、132、188。

该属约 55 种，分布于热带 (Triana-Moreno et al.，2023)，中国仅刺柄碗蕨 *Dennstaedtia scandens* (Blume) Moore 1 种 (Yan et al.，2013；Triana-Moreno et al.，2023)。

2. 鳞盖蕨属 *Microlepia* C. Presl* (图 100)

中型土生常绿或夏绿植物。根状茎横走，被多细胞的淡灰色刚毛。叶柄基部不以关节着生，有毛，上面有浅纵沟；叶椭圆形至长卵形，一回至四回羽状；小羽片或裂片偏斜，基部上侧的比下侧的大，常与羽轴或叶轴平行，多少呈三角形，少为披针形，通常被浅灰色刚毛或柔毛，尤以叶轴和羽轴为多；叶脉分离，羽状分叉，小脉不达叶边。孢子囊群圆形，边内 (即离叶边稍远) 着生于一小脉的顶端，常接近裂片间的缺刻；囊群盖杯形，以基部及两侧着生于叶肉，上方向叶边开口，上边缘截形，若囊群盖为圆肾形，则仅以基部着生。孢子囊的环带直立，由 16~20 个加厚细胞组成，基部被囊柄中断。孢子钝三角形，通常具褶皱，周壁具细网状纹饰，常龟裂，外壁表面具模糊的细网状纹饰，少数种类具宽窄不等的条状加厚。染色体 x 为 43。

该属约 60 种，分布于热带和亚热带，中国近 30 种 (Yan et al.，2013)。

3. 壶盖蕨属 *Mucura* L. A. Triana & Sundue

[该属在 PPG I 系统中被置于 *Dennstaedtia*]

土生草本。根状茎二叉分枝。叶柄无叶柄上芽，基部近圆柱形，无清晰沟槽；叶轴或羽轴有隆起的翅，翅下延至下一级。叶边缘孢子囊群有近轴面和远轴面的囊群盖，形成 1 个圆柱形或杯状的囊苞。孢子三裂缝，周壁表面有疣状和宽脊状纹饰，有时为不规则的网状纹饰。

该属有 2 种：*Mucura bipinnata* (Cav.) L. A. Triana & Sundue 和 *M. globulifera* (Poir.) L. A. Triana & Sundue，分布于新热带，中国不产 (Triana-Moreno et al.，2023)。

4. 碗蕨属 *Sitobolium* Desv.* (图 101)

[该属在 FOC 和 PPG 中被置于 *Dennstaedtia*]

土生或岩石生。根状茎短至长匍匐，一般有分枝，有节状毛。叶柄具沟槽，近轴面有沟槽，叶柄上有芽，无防护；叶小至中等大小，一般小于 1 m，直立，多回分裂，常二回至四回羽状，常有先端膨大为头状的节状非腺毛，有时为腺毛，没有能育的叶上芽

图 100　鳞盖蕨属 *Microlepia* 植物形态

胞；叶脉不联合，有膨大的先端。孢子囊群边缘着生，内外两侧的孢子囊群盖融合成 1 个杯状的囊苞。孢子三裂缝，周壁有突出的脊和疣状或瘤状纹饰。

该属约 8 种，主要分布于北半球，大部分种东亚分布，仅 *Sitobolium punctilobulum* (Michx.) Desv. 1 种北美洲分布，中国约 7 种 (Yan et al., 2013; Triana-Moreno et al., 2023)。在 FOC 中置于碗蕨属 *Dennstaedtia* 的种，除刺柄碗蕨 *Dennstaedtia scandens* (Blume) Moore (大碗蕨属) 外，其余种均归属于该属 (Yan et al., 2013; Triana-Moreno et al., 2023)。

图 101　碗蕨 *Sitobolium zeylanicum* (Sw.) L. A. Triana & Sundue

姬蕨亚科 Hypolepidoideae Lovis*

5. 网茄蕨属 *Blotiella* R. M. Tryon

中型至超大型土生草本，植株高可达几米。根状茎斜升至直立，通常具粗壮的茎，网状中柱，茎上附着有多细胞的毛。叶近生；叶柄发达，淡紫色至紫色，近轴面有深沟槽，大型植株中会增加 2 沟槽，具多细胞的表皮毛，尤其在沟槽里；维管束单一，在较大的叶中多具皱纹；叶一回羽状、多回或常二回羽状、二回羽状+羽状半裂，上先出或下先出，基部截形；叶轴凸起在羽片着生处未断开，一回羽片的叶轴无沟槽，至少在轴上和更大的叶脉有关节状毛的，罕见光滑；叶下部的羽片常无柄或有短柄，近对生，向上羽状复叶或羽裂；羽片末端小裂片近披针形，全缘至羽状裂而有圆形的裂片；末回裂片明显有小脉，叶脉有网眼，无离生内藏小脉，主脉和小脉的网眼常狭长圆形，同对叶脉对生或常明显的下先出。孢子囊群短小，只着生在缺刻处，或长线形占据边缘的大部分或间断；具外侧囊群盖，着生于叶缘，呈反折状；无内侧囊群盖，囊托具丰富的多细胞毛。孢子单裂缝，椭圆形，具粗糙的刺突，罕有刺间联合的绳状纹饰 (Triana-Moreno et al.，2023)。

该属约 20 种，分布于非洲和马达加斯加，中国不产。

6. 栗蕨属 *Histiopteris* (J. Agardh) J. Sm.* (图 102)

土生草本植物。根状茎长横走，管状中柱，密被鳞片；鳞片披针形，栗棕色。叶远生；叶柄圆柱形，栗红色，除最基部被鳞片外，光滑无毛；叶轴与叶柄同色；叶纸质或近革质，光滑无毛，下面通常呈灰白色，卵状披针形或三角状披针形，二回至三回羽状；羽片对生，无柄，基部有 1 对托叶状的小羽片；小羽片也对生，亦无柄，其基部也有 1 对托叶状的裂片；叶脉网状，网眼内无内藏小脉。孢子囊群线形，生于叶缘内的一联结脉上，由叶缘反折的外侧膜质囊群盖所覆盖，无内层囊群盖，有隔丝。孢子囊有长柄，环带大约由 18 个加厚细胞组成。孢子单裂缝，椭圆形或肾形，透明，表面略具小疣状突起。染色体 x 为 24。

该属约 10 种，广布于泛热带，中国仅栗蕨 *Histiopteris incisa* (Thunb.) J. Sm. 1 种 (Yan et al.，2013)。

图 102　栗蕨 *Histiopteris incisa*

7. 卫蕨属 *Hiya* H. Shang

土生草本。根状茎长横走，具栗色多细胞刚毛。叶常具攀援性，多数种类可无限生长；叶柄基部具不定芽，可长出新的根状茎，叶柄基部深棕色至黑色，上部浅棕色，正面具凹槽，具稀疏的链形针状毛和侧面贴伏的毛被，非腺毛，毛被脱落处会变粗糙，多数种类具防御性弯刺，尖端黑色，实心或为圆锥形，黑色，中空；叶轴平直，禾秆色到浅棕色，粗糙，常具刺，毛被稀疏；叶二回至五回羽状复叶，边缘无毛；羽片卵形或狭卵形，近等边，与叶轴呈直角；基部第 1 对小羽片强烈收缩，保护羽片和叶轴相交处，呈托叶状；羽轴背面和正面皆有毛，上面的沟槽与叶轴的沟槽汇合；小羽轴和叶脉下面和上面具毛，或无毛；叶脉分离，止于叶边缘，在下面和上面叶脉之间无毛，或很少有散生毛。孢子囊群边生，圆形或椭圆形；具外侧囊群盖，位于叶边缘，常膜质化反折或不反折使囊群暴露。孢子单裂缝。染色体 x 为 28、29。

该属 4 种，分布于东南亚至大洋洲，南美洲中部 1 种，中国不产 (Shang et al.，2018；Triana-Moreno et al.，2023)。

8. 姬蕨属 *Hypolepis* Bernh.* (图 103)

中型至大型土生草本。根状茎长而横走，被多细胞的灰色针状刚毛，无鳞片。叶远生，一型；叶柄粗壮，基部无关节，有灰色针状毛；叶草质或纸质，三回至四回羽状，各回羽片偏斜，基部不对称，两面被灰色的多细胞的针状毛，叶轴和羽轴的毛被更密；叶脉分离，羽状分枝。孢子囊群小，圆形，生于叶边 1 小脉的顶端，一般位于裂片的缺刻处；具外侧囊群盖，位于叶边缘，常膜质化反折或不反折使囊群暴露；囊托不融合。孢子囊梨形，有细长的由 3 行细胞组成的柄，环带直立，由 13~15 个加厚细胞组成，侧面开裂，常有线状的多细胞隔丝混生。孢子两面对称，具单裂缝，周壁表面具不整齐刺状纹饰，外壁表面光滑。染色体 x 为 26。

该属约 70 种，分布于泛热带，中国约 8 种 (Yan et al.，2013；PPG I，2016；Triana-Moreno et al.，2023)。

图 103　无腺姬蕨 *Hypolepis polypodioides* (Blume) Hook.

9. 曲轴蕨属 *Paesia* A. St.-Hil.* (图 104)

土生草本。根状茎长而横走，有管状中柱，被栗色茸毛，无鳞片。叶远生，具长柄；叶多回羽状，近革质，叶脉分离；叶轴通常成“之”字形左右曲折，被纤毛。孢子囊群沿末回裂片两侧分布，着生于叶边内的一条连接脉上；囊群盖双层，外层为着生于叶缘呈反折状，膜质化，内层不明显。孢子囊环带狭，由 17~20 个加厚细胞组成。孢子两面体，光滑。染色体 x 为 26。

该属约 15 种，分布于热带美洲及亚洲，中国仅曲轴蕨 *Paesia radula* (Baker) C. Chr. [= 台湾曲轴蕨 *P. taiwanensis* W. C. Shieh (FOC)] 1 种 (Yan et al.，2013)。

图 104　曲轴蕨 *Paesia radula*

10. 蕨属 *Pteridium* Gled. ex Scop.* (图 105)

大型土生草本。根状茎长而横走，黑棕色，外被锈黄色长柔毛，无鳞片，内具双轮管状中柱。叶远生，一型；有长柄，叶柄坚硬，粗壮；叶大，草质或革质，表面近光滑，下面有毛或无毛，卵形或三角状卵形，三回羽状；羽片近对生或互生，有柄，基部 1 对羽片最大，三角形；叶脉分离，在末回裂片上为羽状，侧脉二叉，在下面隆起，达叶缘的一条边脉。孢子囊群线形，沿末回裂片的边缘着生；囊群盖双层，外层为着生于叶缘呈反折状。孢子囊有长柄，环带由 13 个增厚细胞组成。孢子辐射对称，钝三角形，具三裂缝，周壁表面有颗粒状或小刺状纹饰。染色体 x 为 26。

该属目前承认约 13 种，世界分布，中国有 6 种 (Yan et al.，2013)。

图 105　毛轴蕨 *Pteridium revolutum* (Blume) Nakai

稀子蕨亚科 Monachosoroideae Crabbe, Jermy & Mickel*

11. 稀子蕨属 *Monachosorum* Kunze* (图 106)

土生草本。根状茎短而斜升，顶端被能分泌黏液的腺毛。叶簇生；叶柄粗壮，浅绿色，被锈棕色腺毛；叶膜质，干后棕绿色，光滑或近光滑，或有棍棒状的腺毛，尤以叶轴及羽轴的上面较多，锈棕色，三角状卵形，二回至四回羽状，末回小羽片羽状深裂；叶脉分离，小脉不达叶边；叶轴中部以上常有 1 至数个珠芽，珠芽锈棕色，落地后能长出新的植株。孢子囊群小，圆形，生于小脉的近顶端，无囊群盖，有腺状毛混生。孢子四面体，无周壁，外壁表面有疣状纹饰或不明显的网状纹饰。染色体 x 为 28。

该属约 6 种，分布于东亚、东南亚至新几内亚，中国有 3 种：尾叶稀子蕨 *Monachosorum flagellare* (Maxim. ex Makino) Hayata、稀子蕨 *M. henryi* Christ 和穴子蕨 *M. maximowiczii* (Baker) Hayata (Yan et al.，2013)。

图 106　稀子蕨 *Monachosorum henryi* Christ

铁角蕨亚目 Aspleniineae H. Schneid. & C. J. Rothf.

铁角蕨亚目，即真水龙骨类 II (eupolypods II)，共有 11 科 85 属 (图 107，图 108)，该类群在叶柄基部常具 2 维管束。

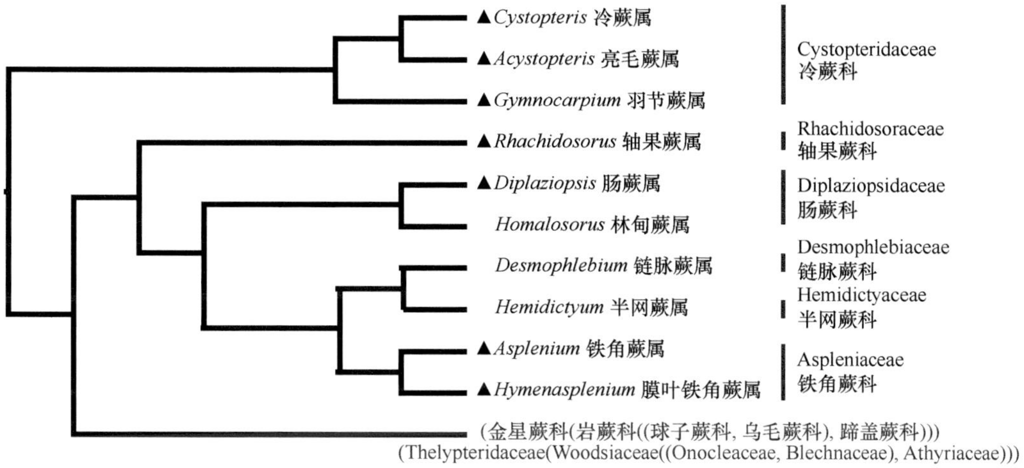

图 107　铁角蕨亚目下各科、亚科和属间系统发育关系（一）(Du et al.，2021)

铁角蕨亚目分科检索表 (Rothfels et al.，2012；Mynssen et al.，2016)

1. 孢子囊群长圆形，常生于叶脉的一侧，很少在单个脉上背靠背成对着生，叶脉从不弯曲向叶脉另一侧呈“U”或“J”形；叶柄具 2 维管束，横切面上可见在远端联合形成“X”形，维管束的木质部横切面呈“C”形；根状茎鳞片粗筛孔状，极少有黑色硬化网眼；孢子囊柄中部 1 个细胞宽……………………………………………………………………………………**铁角蕨科 Aspleniaceae***
1. 孢子囊群长圆形或圆形，着生于叶脉顶端、叶脉的一侧、背靠背成对着生，或生叶脉一侧但向另一侧弯曲，呈“U”或“J”形；叶柄有超过 2 维管束，或如果是 2 维管束，则在叶柄上部联合成横切面观呈“U”或“V”形，最粗的维管束木质部呈海马形；根状茎鳞片非粗筛孔状（除了轴果蕨科 Rhachidosoraceae 和一些冷蕨科 Cystopteridaceae 种类），极少有黑色硬化网眼；孢子囊柄中部宽超过 1 个细胞，一般有 3 个细胞……………………………………………………………………2
2. 叶柄超过 2 维管束；孢子囊群狭长，与主脉平行，有囊群盖，开向主脉，或者孢子囊群卤蕨型光叶藤蕨属 (*Stenochlaena*)；叶幼时红色，成熟不为红色……………………………**乌毛蕨科 Blechnaceae***
2. 叶柄有 2 维管束；孢子囊群沿着或者在侧脉先端着生，圆形至狭长圆形，从不为卤蕨型，如果是长圆形则常与中脉形成角度，当平行于中脉时，囊群盖开向羽片边缘（囊群盖发育自中脉）或无囊群盖；叶所有阶段均为绿色，或者若幼时为红色，则在成熟时也为红色……………………………………3
3. 叶显著二型；孢子囊群被收缩内卷的小羽片边缘覆盖；孢子含有叶绿素…… **球子蕨科 Onocleaceae***
3. 叶一型或稍微二型，孢子囊群着生的小羽片收缩不明显，不内卷；孢子不含有叶绿素………………4
4. 叶有毛（罕见无毛），针状毛，分叉，星状或钩状；根状茎鳞片边缘和表面常有相似的毛被；若有囊群盖则为肾形且侧生；羽片基部常有一个明显气囊体，气囊体圆形、长圆形或蠕虫状；叶幼时有时具黏液………………………………………………………………**金星蕨科 Thelypteridaceae***
4. 叶光滑或被毛，但毛不为针状，单细胞，从不分叉或为钩状；根状茎鳞片边缘有纤毛或锯齿，但没有与叶相似的毛；若囊群盖出现，则基生或侧生，如果侧生则为长圆形或者一片微小的鳞片，不为肾形；羽片基部没有突出的气囊体；叶从来无黏液……………………………………………………5
5. 囊群盖基生，环绕孢子囊群，球形或由多个鳞片状或纤维状裂片组成………… **岩蕨科 Woodsiaceae***
5. 囊群盖侧生，或如果基生，则不环绕孢子囊群，且由单个鳞片状裂片组成，或无囊群盖……………6
6. 孢子囊群圆形，或孢子囊群轻微伸长（长不超过宽的 2 倍），无囊群盖，孢子囊群托扁平；叶脉达裂片边缘；若有囊群盖，着生于孢子囊群下部，为微小的帽状鳞片，常早落…………………………………………………………………………………………**冷蕨科 Cystopteridaceae***

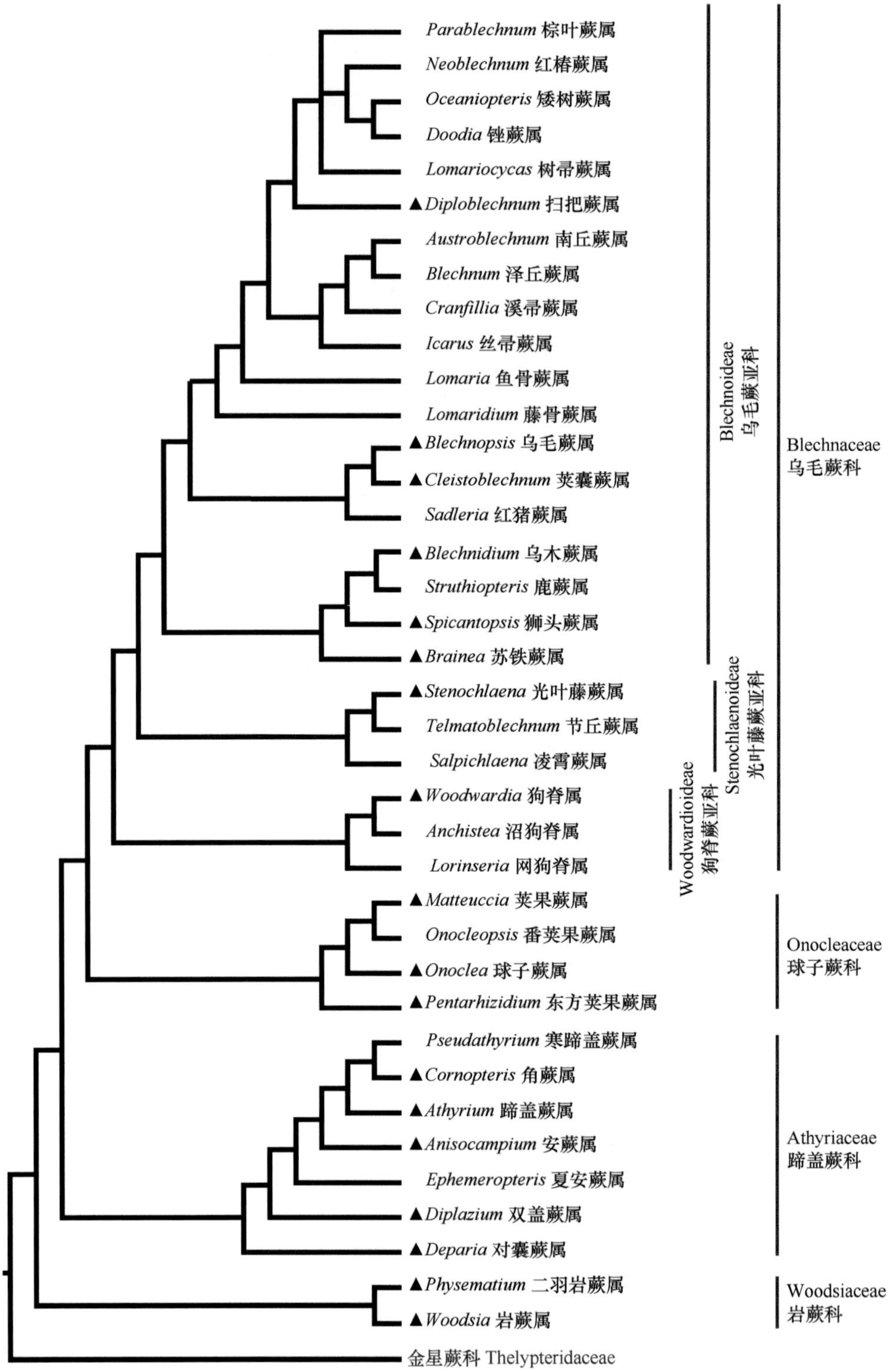

图 108　铁角蕨亚目下各科、亚科和属间系统发育关系（二）(De Gasper et al.，2017；Qi et al.，2018；Wei et al.，2018；Lu et al.，2019a；Moran et al.，2019；Du et al.，2021；Zhao et al.，2025c)

6. 孢子囊群常狭长圆形，常超过宽的数倍，有时圆形蹄盖蕨科（Athyriaceae），有囊群盖，孢子囊群托扁平；叶脉常不达裂片边缘；囊群盖侧生，呈拱形或极度的扁平，常宿存……7
7. 根状茎鳞片粗筛孔；叶脉末端不分化，不膨大、隆起，也不形成排水器……**轴果蕨科 Rhachidosoraceae***
7. 根状茎鳞片不为粗筛孔；叶脉末端分化，增厚、隆起或形成排水器……8
8. 叶脉形成一个近边缘的集合脉；叶缘有一个宽的膜质边；羽片基部近心形，下侧裂片覆盖叶轴……**9**
8. 叶脉分离或联合，但是不形成一个近边缘的集合脉；叶边缘干膜质或不分化，但是没有一个宽的膜质边缘；羽片基部截形、楔形或凹缺，但非近心形且不覆盖叶轴……10
9. 叶的羽片在叶片上全部对生；叶脉在羽片边缘联结成网状……**半网蕨科 Hemidictyaceae**
9. 叶的羽片至少在上部互生；叶脉在朝羽片边缘方向分离，但在末端联结……**链脉蕨科 Desmophlebiaceae**
10. 孢子囊群常沿叶脉的一侧着生，极少背靠背对生；根色浅，肉质；孢子囊群隆起，囊群盖通常在侧向张开前先顶端开裂；叶片上面的叶脉隆起且呈软骨状……**肠蕨科 Diplaziopsidaceae***
10. 孢子囊群常沿叶脉的两侧着生，或成对着生，或者沿叶脉呈"U"或"J"形；根黑色，硬；孢子囊群平，有时隆起，囊群盖总是侧边开裂；叶脉长扩展，但是不隆起或在叶上面不隆起……**蹄盖蕨科 Athyriaceae***

冷蕨科 Cystopteridaceae*

中小型夏绿草本。根状茎纤细、匍匐或上升。羽轴以或不以关节着生在叶轴上；叶羽状至三回（或四回）羽状或羽裂。孢子囊群圆形或长圆形，着生于叶脉背面，有或无囊群盖；囊群盖卵圆至披针形、卵形或圆形，着生在囊托近端。染色体 x 为 40、42。

该科目前有 4 属（包括 1 杂交属：羽节冷蕨属×*Cystocarpiu*）约 40 种，中国有 3 属约 20 种。

分属检索表（Wang et al.，2013a）

1. 孢子囊群具卵形、卵圆形或扁圆形囊群盖，以基部一点着生于囊托成熟时后倾，全部或下部压于囊群下呈下位鳞片状；叶不以关节着生……2
1. 孢子囊群无囊群盖；叶以关节着生于叶柄先端，或羽片以关节着生于叶轴……**羽节蕨属 *Gymnocarpium****
2. 囊群盖小，卵形鳞片状，边缘有腺体状疏睫毛，常萎缩而不显著；叶通体被单行细胞透明长节毛，并混生下部 2~3 (4) 列上部 1 列方形或多角形细胞构成的蠕虫状或粗毛状小鳞片……**亮毛蕨属 *Acystopteris****
2. 囊群盖卵圆形或扁圆形，显著，边缘无腺体状睫毛；叶无单行细胞长节毛及蠕虫状或粗毛状小鳞片……**冷蕨属 *Cystopteris*（包括光叶蕨属 *Cystoathyrium*）***

1. 亮毛蕨属 *Acystopteris* Nakai*（图 109）

中型土生夏绿植物。根状茎细长横走或较粗短而横卧，疏被鳞片；鳞片披针形或卵状披针形，膜质，先端长渐尖，边缘有腺毛状的疏齿。叶远生或近生；叶柄栗褐色或禾秆色，被鳞片以及透明的节状长毛和短毛；叶阔卵形或卵状披针形，三回至四回羽状分离；羽片近对生，无柄，末回小羽片长方形或长圆形；叶脉分离，羽状分枝，小脉单一或分叉。孢子囊群小，圆形，生于小脉背部；囊托凸起，在小羽片或二回小羽片中肋两侧各 1 行，有时二回小羽片上仅 1 枚；囊群盖膜质，灰绿色，卵圆形或近圆形，边缘有疏而短的腺体状睫毛，以基部一点着生于囊托。孢子肾形或半圆形，表面具棒状纹饰。染色体 x 为 42。

该属至少有 3 种，分布于东亚、东南亚以及新西兰的热带和亚热带地区，中国有 3 种：亮毛蕨 *Acystopteris japonica* (Luerss.) Nakai、禾秆亮毛蕨 *A. tenuisecta* (Blume) Tagawa 和台湾亮毛蕨 *A. taiwaniana* (Tagawa) Á. Löve & D. Löve (Wang et al.，2013a)。

图 109　禾秆亮毛蕨 *Acystopteris tenuisecta*

2. 冷蕨属 *Cystopteris* Bernh.* (图 110)

[该属包括 FOC 中的光叶蕨属 *Cystoathyrium*]

小型夏绿植物，生于高山林下。根状茎细长横走或短而横卧。叶生远生、近生或簇生，较细弱；叶柄基部常呈深褐色，向上为禾秆色或栗色；叶薄草质或草质，干后绿色，卵状披针形、卵状三角形或近五角形，常二回至三回羽状；羽片上先出，有短柄；裂片边缘有小锯齿；叶脉分离，二叉或羽状，小脉通直，达锯齿顶端或达锯齿间的小缺刻；叶柄、叶轴、羽轴和小羽轴基部具少数小鳞片，并被有多细胞毛或单细胞腺毛，叶片通常近无毛。孢子囊群圆形，生于小脉背上；囊托微凸；囊群盖卵形、披针形、近圆形或半杯形，着生于孢子囊群下面囊托基部的一侧，膜质，宿存，宛如下位的囊群盖。孢子圆肾形，深褐色，周壁表面通常具刺状突起，少有褶皱。染色体 x 为 42。

该属约 26 种，主要分布于温带和热带山地，中国约 12 种，其中光叶蕨 *Cystopteris chinensis* (Ching) X. C. Zhang & R. Wei [=*Cystoathyrium chinense* Ching (FOC)] (Wang et al.，2013a；Wei and Zhang，2014) 被列为国家 I 级重点保护野生植物。

图 110　膜叶冷蕨 *Cystopteris pellucida* (Franch.) Ching

3. 羽节蕨属 *Gymnocarpium* Newman* (图 111)

中小型土生夏绿植物。根状茎细长横走，黑褐色，几光滑，有网状中柱，先端和叶柄基部被褐色、质薄、阔披针形或卵状披针形鳞片。叶远生；叶柄纤细，远较叶片长，基部深褐色，向上禾秆色，上面纵沟；叶草质或薄草质，叶柄上部、叶轴、羽轴及叶两面多少有透明或淡黄色的头状腺体，或缺如，三角状卵形至五角状广卵形，先端渐尖，基部以关节着生于叶柄先端，并与叶柄呈倾斜面，单叶羽状深裂至三回羽状，顶部羽裂，羽片以关节着生于叶轴，基部 1 对不缩短；叶脉分离，在末回裂片上为羽状，侧脉单一或偶为二叉，达于叶边。孢子囊群长圆形或圆形，生于小脉背上，在主脉或羽轴两侧各排成 1 行；无盖。孢子圆肾形，表面呈裂片状，上有小穴状纹饰或网状纹饰。染色体 x 为 40。

该属约 10 种，分布于北半球温带和亚洲的亚热带山地，中国有 5 种 (Wang et al.，2013a)。

图 111　羽节蕨 *Gymnocarpium jessoense* (Koidz.) Koidz.

轴果蕨科 Rhachidosoraceae*

中型至大型土生或石隙常绿植物。根状茎直立或横卧至横走，先端和叶柄基部被褐色披针形全缘长鳞片。叶簇生，少为远生至近生。孢子叶叶柄淡禾秆色，罕为红褐色，常与叶近等长，疏被鳞片，向上通体光滑；叶大，草质，两面光滑，三角形或卵状三角形，顶部羽裂渐尖，下部二回至三回羽状，小羽片或末回小羽片羽裂；羽片互生，斜展，有柄，小羽片上先出；裂片上先出，钝头，下部的通常基部不对称；叶脉分离，明显，侧脉在末回裂片上多二叉或羽状，少为单一。羽轴上面略具浅纵沟，两侧边稍隆起。孢子囊群短线形或略呈新月形，单生于末回裂片基部上出小脉上侧，通常每裂片一条，在具羽状脉的裂片上常有 1~2 对；囊群盖与孢子囊群同形，单生，厚膜质，稍膨胀，全缘，宿存。孢子圆肾形，周壁明显，表面不平，具规则或不规则疣状纹饰，或周壁形成少数阔片状褶皱。染色体 x 为 40。

该科仅轴果蕨属 *Rhachidosorus* 1 属，主要分布于中国热带和亚热带，向东可以分布至日本、菲律宾，向南可分布至印度尼西亚苏门答腊岛，中国有分布。

1. 轴果蕨属 *Rhachidosorus* Ching* (图 112)

特征同科。

该属 8 种，主要分布于中国热带和亚热带地区，向东可至日本、菲律宾，向南可分布至印度尼西亚苏门答腊岛，中国有 5 种 (Chu and He，1999；He and Kato，2013a)。

图 112　云贵轴果蕨 *Rhachidosorus truncatus* Ching

肠蕨科 Diplaziopsidaceae*

中型土生植物。根状茎粗而斜升或直立，略被深褐色阔披针形全缘的厚鳞片。叶簇生；叶柄草质，基部以上光滑，上面有 1 深纵沟；叶薄草质，无毛，干后绿色或黄绿色，椭圆形，基数一回羽状；羽片 1~10 对，互生，近无柄，披针形，顶端渐尖或呈尾状，基部对称，圆截形，全缘或略呈浅波状；羽片主脉粗壮，上面有纵沟，侧脉网状或分叉，在主脉两侧各形成 2~4 行无内藏小脉的网孔，沿主脉两侧的 1 行网孔较大并呈长三角形，其余各行网孔较小呈六角形，近叶边的小脉分离但不达叶边。孢子囊群短线形，通直或略呈新月形，通常单生于侧脉上侧，少见双生一脉两侧，在主脉两侧各列成整齐的 1 行，通常下端达到或接近主脉，上端斜向上或略斜展，不达叶边；囊群盖腊肠形，粗肥，幼时为膜质，灰色，生于小脉上侧，远轴的一边 (即下侧边) 着生于小脉上，而近轴的一边 (即上侧边) 分离，但被紧压于发育中的孢子囊群之下，成熟时变厚并变为黑褐色。孢子半圆形，周壁透明，形成有层次的阔翅状褶皱，褶皱边缘及表面均有小刺。染色体 x 为 41。

该科有 2 属：分布于亚洲的肠蕨属 *Diplaziopsis* 和分布于北美洲的林甸蕨属 *Homalosorus*，中国有 1 属。

分属检索表

1. 叶脉网结，广布亚洲热带和亚热带……………………………………………………**肠蕨属 *Diplaziopsis*** *
1. 叶脉 1~2 分叉，分布于北美洲大陆的东部和东南部……………………………**林甸蕨属 *Homalosorus***

1. 肠蕨属 *Diplaziopsis* C. Chr.* (图 113)

中型土生植物。根状茎粗而斜升或直立。叶簇生；叶柄草质，基部以上光滑，上面有 1 深纵沟；叶椭圆形，奇数一回羽状，顶端渐尖或呈尾状，基部对称，圆截形；羽片主脉粗壮，上面有纵沟，侧脉网状，在主脉两侧各形成 2~4 行无内藏小脉网孔，沿主脉

图 113　阔羽肠蕨 *Diplaziopsis brunoniana*

两侧的一行网孔较大且呈长三角形，其余各行网孔较小呈六角形。孢子囊群短线形，通直或略呈新月形，通常单生于侧脉上侧，少见双生一脉两侧；囊群盖腊肠形，粗肥，幼时为膜质，灰色，生于小脉上侧，远轴的一边着生于小脉上，而近轴的一边分离，但被紧压于发育中的孢子囊群之下。孢子半圆形，周壁透明，形成有层次的阔翅状褶皱。染色体 x 为 41。

该属有 4 种 (PPG I，2016)，分布于亚洲热带、亚热带和温带，中国有 3 种：川黔肠蕨 *Diplaziopsis cavaleriana* (Christ) C. Chr.、阔羽肠蕨 *D. brunoniana* (Wall.) W. M. Chu 和肠蕨 *D. javanica* (Blume) C. Chr. (He and Kato，2013b)。

2. 林甸蕨属 *Homalosorus* Small ex Pic. Serm.

根状茎匍匐，鳞片棕色，阔披针形，边缘全缘。叶簇生，每个根状茎有 5~6 叶；叶长披针形，一回羽状，基部羽片收缩至变窄，基部向上最宽，先端急渐尖；羽片线形，多少全缘至具细圆齿，基部截形或者上侧耳状，先端渐尖；叶脉常 1~2 分叉，几乎达到圆锯齿的缺刻。孢子囊群长条形，直或镰状，单个或极少双生；囊群盖圆，多少加厚。染色体 2*n* 为 80。

该属仅林甸蕨 *Homalosorus pycnocarpos* (Spreng.) Pichi-Sermolli 1 种，分布于加拿大和美国，中国不产。

链脉蕨科 Desmophlebiaceae

根状茎斜升至直立，被鳞片。叶一回羽状，膜质至纸质；叶柄基部被线形至披针形鳞片；叶披针形至卵状披针形，顶端汇合，羽片下先出；叶轴腹面具沟槽，沟槽两侧脊上具翅；羽片 2~6 对，边缘全缘或浅裂；小脉 1~4 叉，在外缘通过平行小脉联结。孢子囊群线形；囊群盖宿存、膜质。孢子肾形，表面具鸡冠状纹饰。

该科仅链脉蕨 *Desmophlebium* 1 属，分布于美洲中部到南部，中国不产。

1. 链脉蕨属 *Desmophlebium* Mynssen, A. Vasco, Sylvestre, R. C. Moran & Rouhan

特征同科。

该属 2 种：*Desmophlebium lechleri* (Mett.) Mynssen, A. Vasco, Sylvestre, R. C. Moran & Rouhan 和 *D. longisorum* (Baker) Mynssen, A. Vasco, Sylvestre, R. C. Moran & Rouhan，分布于从哥斯达黎加到巴西至大西洋沿岸热带雨林 (Mynssen et al.，2016)，中国不产。

半网蕨科 Hemidictyaceae

根状茎粗壮，直立，被棕色全缘鳞片；根纤维状。叶柄粗壮，发育良好，基部被浅棕色至深棕色鳞片。叶大，一回羽裂；羽片长圆形，近对生，无柄，基部一对羽片最宽，顶生羽片与侧生羽片相似，叶片轮廓长圆形，基部近截形，先端短渐尖，边缘全缘至波状，光滑；中脉色浅，伸至羽片或裂片顶端，上面具沟槽；叶脉下先出；小脉分离，或在中脉边缘间距离的 2/3 或 3/4 处分叉，在近外侧联结成网状，即外侧有一条与中轴平行的小脉将其余小脉联结。孢子囊群狭长，着生于分叉小脉上侧的基部，单生或双生；

囊群盖膜质，但不为短肠形。孢子椭圆形至近球形，具膨大突出的穿孔褶皱。染色体 x 为 31。

该科仅 *Hemidictyum* 1 属，分布于热带美洲，中国不产。

1. 半网蕨属 *Hemidictyum* C. Presl

特征同科。

该属仅半网蕨 *Hemidictyum marginatum* (L.) C. Presl 1 种，分布于热带美洲 (Kramer et al.，1990)，中国不产。

铁角蕨科 Aspleniaceae*

多为中型或小型陆生、石生或附生草本，稀攀援。根状茎横走、卧生或直立，被具透明粗筛孔的褐色或深棕色的披针形小鳞片，无毛，有网状中柱。叶远生、近生或簇生，草质、革质或近肉质，光滑或有时疏被不规则的星芒状薄质小鳞片，有柄；叶柄草质，常为栗色并有光泽，或为淡绿色或青灰色，上面有纵沟，基部有 2 维管束，横切面呈卵圆形或椭圆肾形，左右两侧排成 8 字形，向上结合成“X”形，在羽状叶上的各回羽轴上面有 1 纵沟，两侧常有相连的狭翅，各纵沟彼此不通；叶形变异极大，单一 (披针形、戟形、心形或圆形)、深羽裂或常为一回至三回羽状细裂，偶为四回羽状，复叶的分枝式为上先出，末回小羽片或裂片多为斜方形或不等边四边形，基部不对称，边缘为全缘、有锯齿或疏为撕裂状；叶脉分离，上先出，一回至多回二歧分枝，小脉不达叶边，有时向叶边多少结合成网状，在细裂叶的种类，每一末回裂片仅 1 单脉。孢子囊群多为线形，有时近椭圆形，沿小脉一侧着生 (常为上侧)，罕有双生，通常有囊群盖；囊群盖厚膜质或薄纸质，全缘，以一侧着生于叶脉，通常开向主脉 (中脉)，或有时相向对开，在细裂叶的种类中，每一末回裂片只有 1 叶脉及孢子囊群，囊群盖通常开向上侧叶边。孢子囊为水龙骨型。孢子两侧对称，椭圆形或肾形，单裂缝，周壁具褶皱，褶皱连接形成网状或不形成网状，表面具小刺或光滑，但常因不同的分类群而变化很大，外壁表面光滑。

该科有 3 属：铁角蕨属 *Asplenium*、膜叶铁角蕨属 *Hymenasplenium* 以及杂交属铁角冷蕨属×*Asplenicystopteris*，约 800 种 (PPG I，2016)，近世界分布，中国有 2 属超 120 种。

分属检索表

1. 根状茎直立或斜升，稀横走 (具辐射状中柱)，密被鳞片；叶远生或簇生，单叶至四回羽状复叶；中肋基部下侧小脉通常存在……………………………………………………………………**铁角蕨属 *Asplenium****
1. 根状茎长横走 (具背腹性中柱)，除根状茎先端，其他部位很少有鳞片；叶远生，单叶或一回羽状复叶至二回羽裂；中肋基部下侧叶脉常缺失……………………………………**膜叶铁角蕨属 *Hymenasplenium****

1. 铁角蕨属 *Asplenium* L.* (图 114)

石生、附生或土生。根状茎通常直立或斜升，稀横走，具粗筛孔状鳞片。叶常簇生；叶柄淡绿色至栗褐色或黑色有光泽，基部横切面有 2 背对背的“C”形维管束，向上融合成“X”形；叶草质至革质，有时为肉质，单叶至四回羽状复叶，稀分叉；叶脉多为

图 114　铁角蕨属 *Asplenium* 植物形态

分离，稀网状。孢子囊群线形至长圆形，背生叶脉；囊群盖膜质至纸质，边缘全缘、啮蚀状或流苏状。孢子单裂缝。染色体 x 为 35、36。

该属超过 700 种，世界分布，中国超过 90 种 (Lin and Viane，2013；Xu et al.，2020)，其中对开蕨 *Asplenium komarovii* Akasawa 被列为国家 II 级重点保护野生植物。

2. 膜叶铁角蕨属 *Hymenasplenium* Hayata* (图 115)

石生、附生或土生。根状茎长横走，有背腹面，具粗筛孔鳞片。叶草质或膜质，远生；叶柄通常有光泽，栗褐色至黑紫色或黑色，稀灰绿色；叶为单叶或一回羽状，稀二回羽裂；羽片不对称，基部下侧常斜切呈狭楔形；下缘全缘，上缘具圆齿、波状或有锯齿，有时有微凹的锯齿；叶脉通常分离，不达叶缘，基部下侧有一至数条叶脉缺失。孢子囊群单生，稀双生，线形至近椭圆形，有囊群盖。孢子两侧对称。染色体 x 为 38、39。

该属超过 60 种，泛热带分布，中国有近 30 种 (Lin and Viane，2013；Xu et al.，2018b)。

图 115　齿果膜叶铁角蕨 *Hymenasplenium cheilosorum* (Kunze ex Mett.) Tagawa

岩蕨科 Woodsiaceae*

中小型夏绿草本。根状茎短而斜升至直立或横卧，有简单的网状中柱，外被鳞片；鳞片披针形，棕色，膜质，筛孔细密。叶簇生；叶柄多少被鳞片及节状长毛，有时具关节；叶草质或纸质，长圆状披针形至狭披针形，一回羽状；羽片通常羽裂，少有全缘或边缘波状；叶脉羽状，分离，小脉先端常有 1 水囊，不达羽片边缘；多少被有透明的节状长毛或粗毛，有时被腺毛或头状腺体，或沿羽片中肋下面有小鳞片；叶轴下面圆形，上面有浅纵沟。孢子囊群圆形，着生于囊群托上；囊群盖下位，膜质，碟形至杯形，边缘有流苏状睫毛，或为圆球形或膀胱形，顶端有1开口，或退化成多细胞卷曲长毛，或为裸露。孢子囊球形，环带纵行，由16~22个环带细胞组成。孢子两面体，椭圆形，两侧对称，单裂缝，具周壁；周壁形成褶皱，表面具颗粒状、小刺状及小瘤状纹饰；外壁表面光滑。

该科有3属（包括1杂交属：杂交岩蕨属×*Woodsimatium*)(Lu et al.，2019a)，约45种，中国有2属约25种（Zhang et al.，2013f)。

分属检索表

1. 叶柄有关节或无关节，一回羽状至一回羽状羽裂，无腺毛；有囊群盖，碟形或者有毛，囊群盖上部有长纤毛……………………………………………………………………………………岩蕨属 ***Woodsia****
1. 叶柄无关节，二回羽状至二回羽状羽裂，有腺毛；有真或假囊群盖，真囊群盖光滑或有带状裂片，囊群盖上部无毛或有短纤毛……………………………………………………二羽岩蕨属 ***Physematium****

1. 二羽岩蕨属 *Physematium* Kaulf.*（图116）

[该属包括FOC中的膀胱蕨属*Protowoodsia*和滇蕨属*Cheilanthopsis*；该属在PPG I系统中被置于岩蕨属*Woodsia*]

图116　滇蕨 *Physematium indusiosum* (Christ) Li Bing Zhang, N. T. Lu & X. F. Gao

常为石生草本。根状茎直立至横卧，先端密被鳞片；鳞片卵状披针形或披针形，棕色，有光泽，全缘。叶簇生或近簇生，通常披散，叶质薄，叶轴质脆易断，具有节的透明粗毛；柄短，无关节，质脆易断而下部宿存；叶披针形，远长于叶柄，向基部变狭，二回羽状深裂，羽片多数，无毛或略被腺毛，不具鳞片；叶脉分离，羽状，小脉不达叶边。孢子囊群小，圆形，由 6~12 个孢子囊组成，位于小脉的顶部或中部；囊托隆起，明显；囊群盖大，下位，圆球形、圆卵形或膀胱形，边缘不整齐或流苏状，平覆裂片下面，部分或完全遮盖孢子囊群，宿存或以后逐渐脱落或以后裂为瓣状而脱落。孢子囊大，球形，环带纵向，由 16~22 个增厚细胞组成；孢子囊柄短而细。孢子椭圆形，周壁具褶皱，细颗粒状纹饰外壁表面光滑。染色体 x 为 11、33、37、38、41。

该属约 28 种，分布于美洲、亚洲、非洲和马达加斯加，中国有 4 种 (Zhang et al.，2013f；Lu et al.，2019a)。

2. 岩蕨属 *Woodsia* R. Br.* (图 117)

小型石生草本。根状茎短，直立或斜升，罕有横卧，被鳞片；鳞片披针形或线状披针形，膜质，边缘全缘或流苏状，或者有小齿或睫毛。叶簇生或近簇生，草质或近纸质，无毛或被毛，或被毛及鳞片，沿羽轴下面偶有小鳞片；叶柄有明显关节，关节位于中部以下或顶部；叶干枯后常由关节处脱落，或不具关节而叶柄与叶轴宿存 (即叶干枯后仅羽片脱落)；叶披针形，常向基部变狭，一回至二回羽状分裂；叶脉分离，羽状，小脉不达叶边。孢子囊群小，圆形，由 3~18 个孢子囊组成，位于小脉顶端或中部；囊托稍

图 117 蜘蛛岩蕨 *Woodsia andersonii* (Bedd.) Christ

隆起；囊群盖多样，下位，或为杯形至碟形，膜质，脆弱易碎，边缘具睫毛或为流苏状，或退化为卷发状的多细胞长毛，或无盖而孢子囊群裸露。孢子囊大，球形，环带纵向，由 18~20 个增厚细胞组成；孢子囊柄粗短，有 3 列细胞。孢子椭圆形，具周壁；周壁形成褶皱，常联结成明显而整齐的网状，表面分布有颗粒状和小刺状纹饰，或具小瘤状纹饰；外壁表面光滑。染色体 x 为 39、41。

该属约 40 种，分布于东亚和环北极，中国约 20 种 (Zhang et al.，2013f；Lu et al.，2019a)。

球子蕨科 Onocleaceae*

土生夏绿草本。根状茎粗短，直立或横走，有网状中柱，被膜质的卵状披针形至披针形鳞片。叶簇生或疏生，有柄，二型。营养叶绿色，草质或纸质，椭圆披针形或卵状三角形，一回羽状至二回深羽裂；羽片线状披针形至阔披针形，互生，无柄；羽裂深达 1/2，裂片镰状披针形至椭圆形，全缘或有微齿；叶脉羽状，分离或联结成网状，无内藏小脉。孢子叶椭圆形至线形，一回羽状；羽片强度反卷成荚果状，深紫色至黑褐色，成圆柱状或圆球形；叶脉分离，在裂片上为羽状或叉状分枝，能育的末回小脉的先端常突起成囊托。孢子囊群圆形，着生于囊托上；囊群盖下位或为无盖，外为反卷的变形叶片包被。孢子囊圆球形，有长柄，环带由 36~40 个增厚细胞组成，纵行。孢子两侧对称，单裂缝，不具边缘，具透明的周壁；周壁薄膜状，疏松地包裹于孢子外面，略微褶皱，表面有小刺状纹饰；外壁表面光滑。

该科有 4 属约 5 种 (PPG I，2016)，分布于北半球和墨西哥温带，中国有 3 属 4 种 (Xing et al.，2013a)。

分属检索表

1. 根状茎长横走；叶疏生；营养叶叶脉联结成网状；孢子叶羽片反卷紧缩成串珠状……………………2
1. 根状茎短而直立；叶簇生；营养叶叶脉羽状，分离；孢子叶羽片强反卷成荚果状……………………3
2. 营养叶一回羽状，基部羽片近心形；孢子叶草质，会枯萎 ……………………**番荚果蕨属 *Onocleopsis***
2. 营养叶深羽裂或者基部一回羽状，基部羽片缩小；孢子叶质硬，常绿……………**球子蕨属 *Onoclea****
3. 叶柄和叶轴在上部有很深沟槽；营养叶椭圆形-倒披针形至倒披针形，基部明显收缩；孢子囊群有囊群盖…………………………………………………………………………………**荚果蕨属 *Matteuccia****
3. 叶柄和叶轴在上部无沟槽；营养叶卵形-三角形或椭圆形，基部轻微变窄；孢子囊群有或无囊群盖…………………………………………………………………………………**东方荚果蕨属 *Pentarhizidium****

1. 荚果蕨属 *Matteuccia* Tod.* (图 118)

根状茎粗壮，直立或斜升，被棕色披针形鳞片。叶簇生。营养叶草质或纸质，近光滑或仅沿叶轴、中肋和主脉有少数柔毛或疏生鳞片，椭圆状披针形或倒披针形，顶部羽裂渐尖，基部缩狭，羽裂渐尖的顶部以下一回羽状；羽片深羽裂，互生，平展或斜展，无柄；裂片镰状披针形至椭圆形，近全缘或有微齿；叶脉羽状，分离，小脉伸达裂片边缘。孢子叶椭圆形至倒披针形，奇数一回羽状；羽片线形，互生，几无柄，两侧强反卷成深棕色荚果状，包着孢子囊群。孢子囊群圆球形，有囊托，囊托位于中肋与裂片之间，有囊群盖，成熟时汇生呈线形。孢子囊大，柄纤细，环带通常由 40 个细胞组成。孢子椭圆形。染色体 x 为 39。

该属有 1 种和 1 变种：荚果蕨 *Matteuccia struthiopteris* (L.) Tod. 和尖裂荚果蕨 *M. struthiopteris* var. *acutiloba* Ching，分布于北半球美洲、亚洲和欧洲的温带，中国均有分布 (Xing et al.，2013a；Zhao et al.，2025c)。

图 118　荚果蕨 *Matteuccia struthiopteris*

2. 球子蕨属 *Onoclea* L.* (图 119)

中型土生草本。根状茎长而横走，黑褐色，被棕色鳞片。叶疏生，有柄，二型。营养叶草质，绿色，两面光滑，仅沿叶轴及羽轴疏生有白色丝状长毛，阔卵状三角形，长

图 119　球子蕨 *Onoclea sensibilis* var. *interrupta*

宽几相等，一回羽状（先端为羽状半裂）；羽片披针形，边缘浅裂，下部 1~2 对有短柄，向上无柄且与叶轴合生；叶轴常具狭翅；叶脉明显，联结为长六角形网眼，无内藏小脉，近叶边的小脉向外分离。孢子叶强狭缩，二回羽状；羽片线形，有短柄，与叶轴成锐角而极斜向上，羽状；小羽片强反卷成小球形，近对生，彼此分离。孢子囊群背生于显著的囊托上；囊群盖下位，包被孢子囊群，外面被反卷的小羽片包裹成小球形，每球内有 1 孢子囊群。孢子囊球形，柄细弱，环带纵行，由 36~40 个增厚细胞及 10 个（或更多）扁平细胞组成。孢子长椭圆形；周壁透明，具褶皱，表面分布有小刺状纹饰；外壁表面光滑。染色体 x 为 37。

该属有 1 种和 1 变种：*Onoclea sensibilis* L. 和球子蕨 *O. sensibilis* var. *interrupta* Maxim. 1 种，分布于东亚和北美洲，中国仅球子蕨 1 种（Xing et al.，2013a；Zhao et al.，2025c）。

3. 番荚果蕨属 *Onocleopsis* F. Ballard

根状茎直立，粗壮，有时具匍匐茎，网状中柱；根状鳞片先端长渐狭，同色，不为筛孔状，边缘全缘，具光泽。叶簇生；叶柄达叶长的一半，近轴面有凹槽，禾秆色至浅棕色，基部密被鳞片，向上鳞片稀疏。营养叶一回羽状，卵状披针形，近轴面光滑，远轴面在中肋和主脉上有细毛和散布鳞片；叶轴疏生鳞片，近轴面具沟槽；羽片 13~25 对，近互生至对生，披针形，无柄，基部截形至近心形，先端渐尖，边缘浅裂至有锯齿，基部羽片极度退化成一小耳；叶脉联合，在中肋间形成狭长的网眼，其他网眼多少等径，末端在消失于近叶边缘的排水器。孢子叶三回羽状，线状披针形；叶轴疏生鳞片，在近轴面有凹槽；叶极度收缩，无柄；叶脉离生，单一或一回分叉。孢子囊群 1~2，着生于末回裂片。染色体 x 为 40。

该属仅番荚果蕨 *Onocleopsis hintonii* F. Ballard 1 种，分布于墨西哥和危地马拉（Gastony and Ungerer，1997），中国不产（Zhao et al.，2025c）。

4. 东方荚果蕨属 *Pentarhizidium* Hayata* (图 120)

根状茎粗壮，直立或短匍匐，先端上升，暗棕色，先端连同叶柄基部密被鳞片；鳞片浅棕色，膜质，全缘，有光泽，披针形。叶近生或簇生。营养叶叶柄棕色，基部膨大，有短而突出的气囊，上面有深纵沟，基部横切面半圆形，基部密被较小的鳞片，向上稀疏；叶卵状三角形或椭圆形，一回羽状至羽片深裂，向上渐狭，纸质，叶轴上有稀疏的纤维状鳞片；羽片 15~25 对，基部羽片不缩短或缩短，基部稍窄，无柄，先端渐尖；裂片狭半椭圆形或长圆形，全缘或稍微具齿，先端钝，急尖或平截；叶脉明显，羽状，小脉单一或偶分叉，斜向上伸达裂片边缘。孢子叶与营养叶等长或较短，形态与营养叶相似，有长柄，羽片稍密接，深紫色，线形。孢子囊群圆形，成熟时汇合连接成线形；有或无囊群盖。染色体 2*n* 为 80。

该属有 2 种：东方荚果蕨 *Pentarhizidium orientale* (Hook.) Hayata 和中华荚果蕨 *P. intermedium* (C. Chr.) Hayata，分布于东亚和南亚，中国 2 种均产（Xing et al.，2013a）。

图 120　东方荚果蕨 *Pentarhizidium orientale*

乌毛蕨科 Blechnaceae*

多为土生，有时附生，有时呈亚乔木状。根状茎横走或直立，偶有横卧或斜升，有时形成树干状的直立主轴，有网状中柱，被具细密筛孔的全缘的红棕色鳞片。叶一型或二型，有柄，叶柄内有多条维管束；叶一回至二回羽裂，罕为单叶，厚纸质至革质，无毛或常被小鳞片；叶脉分离或网状，如分离则小脉单一或分叉，平行，如网状则小脉常沿主脉两侧各形成 1~3 行多角形网眼，无内藏小脉，网眼外的小脉分离，直达叶缘。孢子囊群为长的汇生囊群，或为椭圆形，着生于与主脉平行的小脉上或网眼外侧的小脉上，均靠近主脉；囊群盖同形，开向主脉，很少无盖。孢子囊大，环带纵行而于基部中断。孢子椭圆形，两侧对称，单裂缝，具周壁，常形成褶皱，上面分布有颗粒，外壁表面光滑或纹饰模糊。

基于最近的分子系统学和分类学研究，该科被细分为 3 亚科：狗脊蕨亚科 Woodwardioideae、光叶藤蕨亚科 Stenochlaenoideae 及乌毛蕨亚科 Blechnoideae (De Gasper et al.，2017)，共 26 属 (包括 1 杂交属：锉树蕨属×*Oceanidoodia*) 260 余种，近世界分布，中国有 8 属 14 种 (Wang et al.，2013b)。

分属检索表 (De Gasper et al.，2016)

1. 植物完全水生，整个植株近完全浸入水中……………………………………**矮树蕨属 *Oceaniopteris***
1. 植物土生、附生、攀援或偶尔石生，有时生于沼泽……………………………………2
2. 孢子囊群无囊群盖或有由叶边缘反折形成的假囊群盖……………………………………3

2. 孢子囊群有囊群盖……4
3. 茎粗壮，像树干或形成坚硬的茎高约 1 m；叶近二型……**苏铁蕨属 *Brainea*** *
3. 根状茎长匍匐，攀援；叶二型……**光叶藤蕨属 *Stenochlaena*** *
4. 营养叶叶脉至少部分网结……5
4. 营养叶叶脉完全离生……10
5. 羽片以关节着生于叶轴上……**沼狗脊属 *Anchistea***
5. 羽片不以关节着生于叶轴上……6
6. 叶羽状全裂，在基部急剧或近急剧缩短……**乌木蕨属 *Blechnidium*** *
6. 叶为单叶或羽状 (至少在基部) 或二回羽状复叶……7
7. 羽片边缘具细齿……**泽丘蕨属 *Blechnum***
7. 羽片边缘全缘、锯齿、细锯齿、圆锯齿或有刺……8
8. 叶脉网眼在羽片中肋两侧排列成 1 列，所有网眼大小和形状相似……**锉蕨属 *Doodia***
8. 叶脉网眼在羽片中肋两侧排列明显的 2 列，第一列网眼和第二列网眼大小和形状不同……9
9. 叶强烈二型，孢子叶具极度狭缩的羽片……**网狗脊属 *Lorinseria***
9. 叶一型……**狗脊属 *Woodwardia*** *
10. 叶凭借缠绕的叶轴攀援……**凌霄蕨属 *Salpichlaena***
10. 叶不攀援，如果攀援，则依靠根状茎……11
11. 根状茎匍匐……12
11. 根状茎不匍匐……15
12. 叶一型至轻微二型……**泽丘蕨属 *Blechnum***
12. 叶二型……13
13. 根状茎先端以及叶柄基部有线状披针形的鳞片，叶片二色，叶轴有深沟槽……**鱼骨蕨属 *Lomaria***
13. 根状茎先端以及叶柄基部有披针形至卵形鳞片，叶片同色，叶轴有浅沟槽……14
14. 羽片先端钝尖；叶轴近光滑或具叉状毛；孢子叶高于营养叶……**南丘蕨属 *Austroblechnum***
14. 羽片先端锐尖；叶轴有毛，毛宿存，细，单列；孢子叶与营养叶大小相近……**溪帚蕨属 *Cranfillia***
15. 根状茎长匍匐，攀援……16
15. 根状茎直立，短或长匍匐，有时形成直立的茎，但不攀援……17
16. 根状茎覆盖长披针形的边缘有细齿或全缘鳞片；叶基部一半为深羽状全裂或羽状复叶，叶基部有残留或收缩的耳状小羽片，营养叶羽片边缘全缘……**藤骨蕨属 *Lomaridium***
16. 根状茎覆盖有线状披针形的边缘粗糙的鳞片；叶羽状复叶，土生的营养叶羽片小于附生的营养叶 (二型至三型)，叶基部 2~6 对羽片收缩，营养叶羽片边缘有微齿……**丝帚蕨属 *Icarus***
17. 羽片以关节着生于叶轴上……18
17. 羽片不以关节着生于叶轴上……19
18. 羽片边缘锯齿状，根状茎长匍匐，叶一型或近二型……**节丘蕨属 *Telmatoblechnum***
18. 羽片边缘全缘至有圆锯齿，根状茎直立，叶二型……**棕叶蕨属 *Parablechnum***
19. 叶羽状至羽状半裂或二回羽状半裂……20
19. 单叶、羽状半裂或一回羽状……21
20. 根状茎直立，近树状，硬；叶一型……**红猪蕨属 *Sadleria***
20. 根状茎长匍匐至短匍匐，如果茎直立，则纤细；叶二型或轻微二型……**扫把蕨属 *Diploblechnum*** *
21. 叶脉陷入叶肉组织，几乎不可见 [除 *Lomariocycas aurata* (Fée) Gasper & A. R. Sm.]……22
21. 叶脉易见……23
22. 根状茎直立，坚硬，树状，密被二色的弯曲的基部加厚的针状鳞片……**树帚蕨属 *Lomariocycas***
22. 根状茎短，斜升或近直立，被橘黄至棕色先端弯曲的光滑的披针形鳞片……**荚囊蕨属 *Cleistoblechnum*** *

23. 基部羽片明显具柄，裂片先端有侧生羽片与顶生羽片同形至近同形……………………………………24
23. 基部羽片贴生叶轴，最下近只有叶柄，裂片先端羽状半裂……………………………………………25
24. 叶片基部无残留的耳状羽片；羽片镰形、长圆状线形、披针形；囊群盖近全缘至撕裂或啮蚀状…… ……………………………………………………………………………………**棕叶蕨属 *Parablechnum***
24. 叶基部有残留的耳状小羽片至大羽片；羽片线形至狭椭圆，通常有一个下侧裂片；囊群盖成熟时全缘……………………………………………………………………………**乌毛蕨属 *Blechnopsis****
25. 叶一型…………………………………………………………………………**红椿蕨属 *Neoblechnum***
25. 叶二型或近二型………………………………………………………………………………………26
26. 根状茎鳞片线状披针形或针形，或有时鳞片呈篦齿状，仅在茎部加宽，否则是与鳞片近等长的针形……………………………………………………………………………………………………27
26. 根状茎鳞片披针形、卵形，有时渐尖…………………………………………………………………29
27. 叶二色，叶轴有深沟……………………………………………………………**鱼骨蕨属 *Lomaria***
27. 叶同色，叶轴有浅沟…………………………………………………………………………………28
28. 根状茎短匍匐至直立，有时树状，有黑色的全缘的鳞片；叶在基部轻微收缩；小羽片边缘全缘、细齿或有齿……………………………………………………………………**矮树蕨属 *Oceaniopteris***
28. 根状茎短或长匍匐，有棕色至黑棕色的边缘全缘或稀疏齿的鳞片；叶基部逐渐收缩，有耳状的基部羽片；小羽片全缘……………………………………………………………**鹿蕨属 *Struthiopteris***
29. 叶柄黑色、深褐色或略带紫色；叶有腺毛…………………………………**鹿蕨属 *Struthiopteris***
29. 叶柄浅色或禾秆色；叶无腺毛………………………………………………**狮头蕨属 *Spicantopsis****
30. 叶柄、叶轴、中肋和叶脉被毛………………………………………………**溪帚蕨属 *Cranfillia***
30. 叶柄、叶轴、中肋和叶脉光滑………………………………………………………………………31
31. 根状茎直立，形成细的树干状………………………………………………………………………32
31. 根状茎直立，但不形成细的树干状…………………………………………………………………33
32. 叶脉末端有一个棍棒状的排水器…………………………………………**南丘蕨属 *Austroblechnum***
32. 叶脉末端无排水器，叶脉直达叶边缘…………………………………………**藤骨蕨属 *Lomaridium***
33. 羽片有柄，叶先端有根………………………………………………………**溪帚蕨属 *Cranfillia***
33. 羽片无柄或贴生，叶片先端不生根…………………………………………………………………34
34. 叶基部截形，最长羽片的下部无耳状羽片……………………………………**溪帚蕨属 *Cranfillia***
34. 叶基部逐渐或急剧收缩成耳状或单叶…………………………………………………………………35
35. 单叶，羽状全裂或羽裂，如果羽状，则羽片长圆形到近圆形，边缘具圆锯齿至细锯齿……………… ………………………………………………………………………………**南丘蕨属 *Austroblechnum***
35. 羽状叶，羽片长圆状线形到线状镰形，边缘全缘………………………………**鹿蕨属 *Struthiopteris***

光叶藤蕨亚科 Stenochlaenoideae (Ching) J. P. Roux*

植株附生或土生。根状茎长匍匐，攀援或不。叶一型至二型；叶柄无毛至被毛；叶片羽状至二回羽状，有时被柔毛；常无芽胞；叶轴具有限或无限生长，无毛；羽片与叶轴有关节或无关节，无毛或基部具一对腺体；叶脉分离，或在中脉附近具不明显的网眼，单一或分叉，在凌霄蕨属 *Salpichlaena* 中，叶脉末端由一条边缘脉相连。孢子囊群为卤蕨型，光叶藤蕨属 *Stenochlaena* 无囊群盖，其他属的囊群盖为线形 (De Gasper et al.，2016)。

该亚科有 3 属，分布于热带，中国有 1 属 (De Gasper et al.，2016)。

1. 凌霄蕨属 *Salpichlaena* J. Sm.

土生草本。根状茎长匍匐，有背腹面，根状茎上的鳞片棕色至黑色，通常边缘颜色较浅。叶近一型至强烈二型，具缠绕的叶轴，长可达 15 m；叶柄远轴面圆柱状，近轴面具槽，具"Ω"形维管束，无毛，具节状毛和淡黄色至棕色鳞片；草质至革质，边缘软骨质到非软骨质；幼株叶全缘，非攀援叶一回（或二回）羽状复叶，攀援叶二回羽状复叶；羽片对生至近对生；在羽下面有 2 个或 3 个细胞的节状毛，大部分着生在脉上；叶轴无毛，疏生毛或鳞片，脉平行，单一或分叉；小羽片近对生于对生（或互生）。孢子叶通常比营养叶狭窄，披针形、椭圆形到倒披针形，有柄到无柄或具翅；先端渐尖、渐狭、尾状、尖齿或楔形，具全缘、圆齿或有锯齿边缘，基部圆形至渐狭。孢子囊群在叶脉两侧呈线状，被 1 个坚硬的深棕色开向主脉的囊群盖覆盖。孢子单裂缝，椭圆形至肾形，表面有疣状纹饰。染色体 x 为 40。

该属 4 种：*Salpichlaena hookeriana* (Kuntze) Alston、*S. hybrida* Lehtonen、*S. papyrus* G. G. Cárdenas, Tuomisto & Lehtonen 和 *S. volubilis* (Kaulf.) J. Sm. 分布于新热带，中国不产（De Gasper et al.，2016）。

2. 光叶藤蕨属 *Stenochlaena* J. Sm.* (图 121)

土生藤状攀附。根状茎粗壮，圆柱形，顶端有棕色的近圆形的覆瓦状鳞片，内有复杂的分体中柱，即维管束极多，最多可达 40，排列成 3 圈，内圈的较粗。地上茎藤状无限伸长，最长可达 8~10 m。叶远生，二型，奇数一回羽状，羽片多数，侧生羽片以关节着生于叶轴上，顶生羽片无关节。营养叶的羽片为椭圆状披针形，表面光滑，有光泽，边缘具软骨质的尖锯齿，近轴面的基部具一腺体，侧脉纤细，仅在基部形成 1 行狭长的网眼，外侧的叶脉分离，密而斜展，单一。孢子叶的羽片线形，全缘，边缘稍反卷。孢子囊群布满于孢子叶的羽片下面，无隔丝，无囊群盖。孢子囊环带由 12~20 个增厚细胞组成。孢子两侧对称，椭圆形，单裂缝，无周壁，外壁表面有小颗粒状纹饰。染色体 x 为 37。

该属约 7 种，分布于亚洲和非洲，中国仅光叶藤蕨 *Stenochlaena palustris* (Burm. f.) Bedd. 1 种（De Gasper et al.，2016）。

3. 节丘蕨属 *Telmatoblechnum* Perrie, D. J. Ohlsen & Brownsey

土生攀援植物，很少生地表。根状茎长匍匐，无匍匐茎，粗壮，被双色的披针形的全缘鳞片。叶一型或轻微二型，有限生长；叶柄粗，长，光滑无毛，基部黑色，先端禾秆色，具一些与根状茎相似的鳞片；叶同色，羽状，长圆形到披针形，基部截形，先端叶与侧生叶同形；叶轴无毛或有形态不稳定的透明鳞片；无芽胞；无气囊体；羽片以关节着生于叶轴上，线形到线形长圆形，边缘有锯齿；叶脉离生，一回至二回分叉，末端达羽片边缘。孢子囊群线形，靠近中肋，具窄囊群盖，边缘撕裂状至啮蚀状。染色体 x 为 36。

该属 2 种：*Telmatoblechnum indicum* (Burm.f.) Perrie 和 *T. serrulatum* (Rich.) Perrie，分布于亚洲和美洲热带，中国不产（De Gasper et al.，2016）。

图 121　光叶藤蕨 *Stenochlaena palustris*

狗脊蕨亚科 Woodwardioideae Gasper, V. A. O. Dittrich & Salino*

叶一型或二型；叶片羽状半裂、羽状深裂至二回羽状半裂，边缘具细锯齿至具小刺状齿；叶脉网结，沿中脉和小脉形成规则排列网眼，一级和二级网眼清晰可见。染色体 x 为 31、34、35 (De Gasper et al.，2016)。

该亚科下包含 3 个属，主要为北温带环洋分布，中国有 1 属 (De Gasper et al.，2016)。

4. 沼狗脊属 *Anchistea* C. Presl

土生。根状茎长匍匐，无匍匐茎，纤细，被黑褐色的有光泽的卵形的全缘鳞片。叶为单叶；叶柄直径 3~4 mm，与叶近等长，基部栗色到深紫黑色，上部禾秆色，基部具少量鳞片，背面光滑；叶同色，披针形，一回羽状至羽状半裂，基部不收缩，顶端羽状半裂；叶轴疏被鳞片至光滑；无芽胞；无气囊体；羽片无柄到近有柄，以关节着生叶轴上，狭披针形，边缘具小齿或细锯齿；叶脉网结，营养叶和孢子叶均无内藏小脉，沿中肋和主脉两侧形成一列网眼，末端 (边缘) 叶脉离生。孢子囊群长圆形至线形，着生于中肋和脉两侧的网眼中，孢子囊群呈节状分布但成熟时常汇生，囊群盖膜质，常被孢子囊覆盖。染色体 x 为 35 (De Gasper et al.，2016)。

该属仅沼狗脊 *Anchistea virginica* (L.) C. Presl 1 种，分布于北美洲 (美国东部和加拿大东南部)，中国不产 (De Gasper et al.，2016)。

5. 网狗脊属 *Lorinseria* C. Presl

土生。根状茎长匍匐，无匍匐茎，纤细 (直径约 5 mm)，密被褐色的卵状到宽披针状的全缘鳞片。叶二型，孢子叶红棕色；叶柄纤细，长，至少在基部有鳞片，在上部有稀疏鳞片；叶同色，卵形至三角形，营养叶深羽状裂，孢子叶一回羽状，在基部不收缩，顶端羽状半裂；叶轴具散生的卵形的浅棕色鳞片；无芽胞；无气囊体；羽片不以关节着生于叶轴上，营养叶贴生，狭椭圆形，边缘有细锯齿，孢子叶收缩，线形，基部渐狭；在营养叶和孢子叶中，叶脉均网结，在网眼中无小脉，在中肋叶和羽片边缘之间形成规则的一系列两列或多列网眼，叶脉靠近边缘离生。孢子囊群线形长圆形，深陷入叶片中，分布在中肋两侧的网眼中，囊群盖膜质，外缘包裹孢子囊。染色体 x 为 35 (De Gasper et al.，2016)。

该属仅网狗脊 *Lorinseria areolata* (L.) C. Presl 1 种，分布于北美洲 (美国和加拿大)，中国不产 (De Gasper et al.，2016)。

6. 狗脊属 *Woodwardia* Sm.* (图 122)

[该属包括 FOC 中的崇澍蕨属 *Chieniopteris*]

大型土生常绿植物。根状茎直立、斜升、横卧或横走，先端密被棕色的厚膜质的狭披针形大鳞片。叶丛生或近生；叶柄坚韧；叶纸质至近革质，椭圆形，一回羽状；侧生羽片多对，披针形，分离，羽状深裂；裂片边缘有细锯齿；叶脉部分网状，部分分离，即沿羽片中肋及裂片主脉两侧各有 1 列平行于中肋或主脉的狭长的能育网眼，其外侧还有 1~3 列多角形网眼，无内藏小脉，其余的小脉均分离，直达裂片边缘。孢子囊群短肠形或椭圆形，不连续，呈单行并列于主脉 (有时也沿中肋) 两侧，着生于靠近主脉的网眼外侧小脉上；囊群盖与孢子囊群同形，纸质或厚纸质，深棕色，略隆起，亦着生于靠近中肋的网眼外侧小脉上，成熟时开向中肋，宿存。孢子囊梨形，有长柄，环带为水龙骨型，纵行而中断，有 18~24 个环带细胞。孢子椭圆形，周壁具褶皱，外壁表面光滑。染色体 x 为 31、34 (De Gasper et al.，2016)。

该属约 13 种，分布于北温带，中国有 7 种 (Wang et al.，2013b；De Gasper et al.，2016)。

乌毛蕨亚科 Blechnoideae Gasper, V. A. O. Dittrich & Salino*

根状茎形态多样，有时形成树桩状，有或无匍匐茎。叶通常为二型 (极少三型)，偶为一型；叶片羽状半裂、羽状或二回羽状 (极少为单叶不分裂)；叶上很少有芽胞和气囊体；叶脉离生或结成网眼。孢子囊群线形，沿联结脉着生，有囊群盖，极少无囊群盖 (De Gasper et al.，2016)。

野外植株　新叶　幼株

羽片下面（示叶脉）　孢子囊群

狗脊 *W. japonica* (L. f.) Sm.

野外植株　叶下面　横走根状茎　孢子囊群

崇澍蕨 *W. harlandii* Hook.

图 122　狗脊属 *Woodwardia* 植物形态

该亚科有 19 属，大多数分布于南半球，但在北温带也有少量分布 (De Gasper et al.，2016)，中国有 6 属 (De Gasper et al.，2016)。

7. 南丘蕨属 *Austroblechnum* Gasper & V. A. O. Dittrich

土生或岩生。根状茎直立，上升，短或长匍匐，有或无匍匐茎，中等粗壮，有时形成小的茎，顶端有棕色至红棕色的同色披针形或卵形的渐尖的全缘鳞片 (很少二色，边缘灰白)。叶二型；叶柄纤细或粗壮，黑紫色至黑色或淡黄色，孢子叶的叶柄更长，叶柄基部具与根茎上相似的鳞片，有时具单列毛，在上部近光滑；叶同色，披针形至渐尖，狭椭圆形或卵形，羽状全裂至羽状，极少全缘，叶基部缩短或截形，有时具退化残留的羽片，顶端羽半裂或羽状全裂；叶轴光滑或具少量鳞片；很少有芽胞；无气囊体；羽片部分或完全与叶轴合生，镰形，长圆形或剑形，全缘或具圆齿至锯齿，边缘平展或稍微反卷；叶脉离生，很少单脉，1~2 分叉，末端成稍微明显的棍棒状，在近轴面形成排水器。孢子囊群线形，囊群盖全缘到蚀盖或流苏状。染色体 x 为 33 (De Gasper et al.，2016)。

该属约 39 种，分布于热带至南温带，中国不产 (De Gasper et al.，2016)。

8. 乌木蕨属 *Blechnidium* T. Moore* (图 123)

中小型常绿附生植物。根状茎细长横走，栗黑色，密被红棕色的有光泽的覆瓦状排列的披针形鳞片。叶远生或近生；叶柄长，乌木色或栗红色，无光泽，上面有纵沟，基部被鳞片，向上光滑无毛；叶厚纸质至革质，两面均无毛，呈褶皱状，披针形至卵状披

图 123　乌木蕨 *Blechnidium melanopus* (Hook.) T. Moore

针形，基部缩短成圆耳状，先端渐尖，羽状深裂达叶轴；裂片平展或略向上斜展，宽披针形，急尖头至短渐尖头，近篦齿状排列，全缘并有软骨质狭边，干后常反卷；叶脉不明显，沿中肋两侧各有 1~3 列多角形网眼，其外侧的小脉分离并直达叶缘。孢子囊群线形，紧靠中肋两侧着生，有囊托；囊群盖线形，与孢子囊群等长，着生于中肋两侧的囊托上，成熟时开向中肋，宿存。孢子椭圆形，具周壁，形成不规则的网状纹饰，上有稀疏的粗颗粒纹饰，外壁表面光滑。染色体 x 为 31 (De Gasper et al.，2016)。

该属仅乌木蕨 *Blechnidium melanopus* (Hook.) T. Moore 1 种，分布于中国和印度 (Wang et al.，2013b；De Gasper et al.，2016)。

9. 乌毛蕨属 *Blechnopsis* C. Presl* (图 124)

[=乌毛蕨属 *Blechnum* L. (FOC)]

图 124　乌毛蕨 *Blechnopsis orientalis*

土生草本。根状茎直立至近直立，无匍匐茎，粗壮，有时形成树干状的茎，密被同色或不明显二色的棕色的线形全缘鳞片。叶一型；叶柄粗壮，暗红色或紫褐色，基部着生与根茎相同的鳞片，有时上部有非常细的浅色毛；叶同色，卵形到三角形，羽状复叶，基部骤缩成多对（10+）耳形羽片，顶端羽片和侧生羽片近同形；叶轴光滑无毛或具稀疏的不规则毛和细长的红棕色鳞片；无芽胞；无气囊体；羽片无柄或近有柄，线形到狭椭圆形，全缘，有时在边缘反卷，通常下侧具裂片；叶脉离生，一叉，叶脉末端隐于一个小水囊。孢子囊群线形，有囊群盖，囊群盖成熟时全缘，反折但不覆盖孢子囊。染色体 x 为 32、33、34 (De Gasper et al.，2016)。

该属有 2 种：*Blechnopsis finlaysoniana* (Wall. ex Hook. & Grev.) C. Presl 和乌毛蕨 *B. orientalis* (L.) C. Presl，分布于澳大利亚、太平洋岛屿及亚洲，中国有乌毛蕨 *B. orientalis* [=*Blechnum orientale* L. (FOC)] 1 种（Wang et al.，2013b；De Gasper et al.，2016）。

10. 泽丘蕨属 *Blechnum* L.

土草本生。根状茎通常粗短，直立，有复杂的网状中柱，被鳞片；鳞片狭披针形，全缘，质厚，深棕色。叶簇生，一型或轻微二型；叶柄粗硬；叶通常革质，无毛，一回羽状，羽片线状披针形，两边平行，全缘或具锯齿；主脉粗壮，上面有纵沟，下面隆起，小脉分离，平行，密接，单一或二叉。孢子囊群线形，连续，少有中断，紧靠主脉并与之平行，着生于主脉两侧的不甚明显的 1 纵脉上，仅羽片先端（或有时基部）不育；囊群盖与孢子囊群同形，纸质，与孢子囊群共同着生于主脉两侧的不明显的纵脉上，开向主脉，宿存。孢子囊有柄，环带由 14~28（通常为 20）个增厚细胞组成。孢子椭圆形，具周壁，松软包于外面，稍褶皱，外壁表面光滑。染色体 x 为 31 (De Gasper et al.，2016)。

该属约 25 种，几乎全部分布于新热带，南非有少量种分布，中国不产（Wang et al.，2013b；De Gasper et al.，2016）。

11. 苏铁蕨属 *Brainea* J. Sm.* (图 125)

植株形态像树蕨。茎直立，木质，先端有鳞片，鳞片红棕色，线形。叶簇生成顶部树冠，轻微二型；叶柄禾秆色，基部密生鳞片；叶椭圆状披针形，厚纸质至革质，下面沿叶轴和叶脉有小鳞片，羽片多数，对生或互生，近无柄，线形，中部羽片基部浅心形，先端渐尖，边缘有细密小齿，基部羽片略缩短；叶脉除羽轴旁 1 列近三角形网眼外均分离，单一或分叉。孢子囊群沿网眼着生，成熟时满铺羽片下面，无囊群盖。孢子二面体。染色体 x 为 33 (De Gasper et al.，2016)。

该属仅苏铁蕨 *Brainea insignis* (Hook.) J. Sm. 1 种，分布于中国及东南亚（Wang et al.，2013b；De Gasper et al.，2016)，被列为国家 II 级重点保护野生植物。

12. 荚囊蕨属 *Cleistoblechnum* Gasper & Salino* (图 126)

[该属在 FOC 中被置于 *Struthiopteris*]

土生或石生草本植物。根状茎短，斜升或近直立，无匍匐茎，纤细，在顶端着生一

图 125　苏铁蕨 *Brainea insignis*

簇橙棕色的光滑披针形全缘鳞片，其中一些具离散的界限分明的变暗的灰紫色的中间条纹。叶稍微二型，孢子叶稍长，羽片更窄，羽片间距更宽，基部变窄；叶柄短，纤细，禾秆色至棕黑色，粗糙至棕褐色，鳞片仅着生在叶柄最基部，与根茎鳞片相似；叶厚，同色，羽状全裂，线状倒披针形，羽片在基部 1/4 至 1/3 处缩小成耳状，先端羽状半裂；叶轴无毛；无芽胞；无气囊体；羽片贴生，长圆形到狭三角形，边缘全缘强烈反卷；叶脉不明显或完全隐藏于近革质叶中，叶脉分离，二叉状，不达叶边。孢子囊群线形，着生于主脉与叶缘之间，沿主脉两侧各 1 列，几与羽片等长，但不达羽片基部及先端；囊群盖纸质，拱形，与孢子囊群同形并紧包孢子囊群，开向主脉，宿存。染色体 x 为 33 (De Gasper et al.，2016)。

该属有 1 种和 1 变种：荚囊蕨 *Cleistoblechnum eburneum* (Christ) Gasper & Salino 和天长罗蔓蕨 *C. eburneum* var. *obtusum* (Tagawa) Gasper & Salino，特产于中国 (Wang et al.，2013b；De Gasper et al.，2016)。

图 126　荚囊蕨 *Cleistoblechnum eburneum* var. *eburneum*

13. 溪帚蕨属 *Cranfillia* Gasper & V. A. O. Dittrich

土生草本。根状茎短匍匐到通常近直立或直立，有匍匐茎或无，细长至粗壮，被红棕色至黑色，或有时二色的披针形或长圆形渐狭且先端渐尖的全缘鳞片。叶二型；叶柄纤细或粗壮，短到长，禾秆色到深棕色，基部有鳞片，通常还有大量毛，或有时有稀疏毛或无毛；叶线状长圆形到三角形，羽状或在基部深羽状半裂，先端羽状半裂，基部截形或具逐渐到近急剧缩小的羽片；叶轴有鳞片或通常有毛，毛一般单列，有时稀疏；无芽胞或很少种有；无气囊体；羽片在基部近有柄，在先端常完全贴生于叶轴，长圆形到披针形，有时镰形，边缘全缘到圆齿或齿；叶脉离生，一回或二回分叉，近极面叶脉先端在叶边缘有水囊。孢子囊群线形，囊群盖或多或少全缘，有时囊群盖具单列毛。染色体 x 为 33 (De Gasper et al.，2016)。

该属有 23 种，部分种分布于新热带，大部分种分布于大洋洲 (De Gasper et al.，2016)，中国不产。

14. 扫把蕨属 *Diploblechnum* Hayata*

土生草本。根状茎纤细，长至短匍匐，或树状直立茎，顶端密被二色的线状渐尖或披针形的全缘或具疏齿的鳞片。叶二型或轻微二型；叶柄细，短，棕色至红色，基部密被鳞片，上部较少宿存鳞片；叶同色，卵形到狭椭圆形，羽状到深羽状半裂，或二羽状全裂到二回羽状，先端通常二回羽状半裂，基部羽片逐渐或突然缩短成 1 对或 2 对羽片，或突然退化成翅状裂片，向下延伸到叶轴，叶顶端部分羽状半裂；叶轴有稀疏鳞片；在先端羽片轴上有时有芽胞；无气囊体；羽片近有叶柄至贴生叶轴，狭线形到狭椭圆形、披针形，稍外卷，边缘近全缘到圆齿；叶脉离生，一回分叉，叶脉末端为棒状水囊或网结形成多列网眼，在中肋和羽片边缘之间约有 2 列。孢子囊群线形，有囊群盖，囊群盖近全缘或啮蚀状，成熟时反折不覆盖孢子囊。染色体 x 为 27、28 (De Gasper et al.，2016)。

该属有 6 种，分布于马来西亚和大洋洲 (De Gasper et al.，2016)，中国仅扫把蕨 *Diploblechnum fraseri* (A. Cunn.) De Vol 1 种 (Wang et al.，2013b)。

15. 锉蕨属 *Doodia* R. Br.

土生草本。根状茎直立到上升，有时有匍匐茎，纤细，被黑色到棕色的披针形到线状披针形的全缘鳞片。叶一型或二型；叶柄纤细，大多较短，通常在基部深色和轴上禾秆色，被鳞片，鳞片与根状茎上鳞片相同，通常光滑；叶同色，线状披针形、披针形渐尖，羽状全裂至羽状复叶，基部羽片近耳状，先端羽状全裂或顶生小羽片与侧生羽片近同形；叶轴有时具鳞片；无芽胞；无气囊体；羽片无柄或贴生，披针形，有时镰形、卵形至线形，边缘有锯齿状齿；叶脉形成 1~3 列网眼，第一列在不同分叉的小脉之间，第二列在同一分叉的小脉之间，有时也像第一列网眼，如果第三列网眼有则与第一列网眼相同。孢子囊群单列或几列在叶中肋两边，着生网眼叶脉上，短而离散或多少连续，孢子囊群线形，全缘至波浪形。染色体 x 为 32 (De Gasper et al.，2016)。

该属约 19 种，分布于澳大利亚、新西兰、夏威夷群岛至太平洋岛屿 (De Gasper et al.，2016)，中国不产。

16. 丝带蕨属 *Icarus* Gasper & Salino

土生草本。根状茎长匍匐，攀援，无匍匐茎，细，密被双色或深棕色的线状披针形或方形鳞片。叶二型或三型，攀援时具不同的营养叶；叶柄纤细，较短，但长于着生在攀援根状茎上的叶，禾秆色至暗黑色，叶柄基部有与根状茎相似的鳞片，具散生的鳞片至上部顶端脱落；叶同色，披针形到狭长圆形，土生营养叶比附生营养叶小，2~6 对羽片在基部稍缩小，先端羽状半裂；叶轴具散生的褐色鳞片和稍密的透明弯曲的节状毛，毛长 0.2~0.5 mm；无芽胞；无气囊体；羽片狭三角形，基部截形，无柄或短叶柄，具齿至细锯齿或沿边缘有细微圆齿；叶脉分离，单脉或分叉，叶脉末端消失在近边缘的水囊。孢子囊群线形，囊群盖棕色，连续，边缘撕裂状，成熟时反折。染色体 x 为 33。

该属仅丝带蕨 *Icarus filiformis* (A. Cunn.) Gasper & Salino 1 种，特产于新西兰 (De Gasper et al.，2016)，中国不产。

17. 鱼骨蕨属 *Lomaria* Willd.

土生。根状茎直立，粗壮，有时形成小树干状，有或无匍匐茎，被二色或同色的深褐色或带黑色的线状披针形至针状的全缘鳞片，褐色鳞片中部具黑色条纹。叶二型；叶柄粗壮，长，棕色至黑色，具与根状茎相同的鳞片，但更小，具柔毛或光滑；叶披针形或长圆状椭圆形，羽状或羽状半裂，基部逐渐缩小，基部羽片耳状，先端羽状半裂，二色 (干后上面深绿色，下面褐色)；叶轴背面有鳞片或光滑；无芽胞；无气囊体；羽片贴生至近有柄，长圆形、线形到披针形，全缘或微具细圆齿的叶边缘平或稍微反卷；叶脉分离，1~2 叉，末端达羽片边缘，有时在正面于脉先端形成水囊或微扩大。孢子囊群线形，囊群盖连续，成熟时撕裂状或啮蚀状。染色体 x 为 28 (De Gasper et al.，2016)。

该属有 6 种，分布于南非、澳大利亚、新喀里多尼亚和南美洲 (De Gasper et al.，2016)，中国不产。

18. 藤骨蕨属 *Lomaridium* C. Presl

土生或攀援。根状茎长匍匐，攀援于树上或上升至直立，无匍匐茎，粗壮，多数被二色的长披针形的具齿或全缘 (很少) 鳞片。叶二型；叶柄粗壮，长，禾秆色，棕色至深棕色，叶柄基部具与根状茎相同鳞片，无毛或具微小稠密的小乳突；叶同色或二色，上面深绿色，下面银绿色，披针形或卵状三角形，基部至一半羽片深羽状全裂或羽状，叶基部有许多对急剧缩小的耳状或退化羽片，上部羽状全裂，有时具一个全缘的渐尖顶端裂片；叶轴无毛或具散落的微毛，通常为紫红色；无芽胞；无气囊体；营养叶羽片贴生，长圆形锐尖到线形渐狭或狭三角形，有时镰形，边缘全缘，稍外卷；叶脉分离，基部 1 叉，叶脉在叶正面先端近边缘处膨大。孢子囊群线形，囊群盖线形，全缘至近全缘。染色体 x 为 29、32。

该属有 16 种，分布于热带南部，尤其在新热带、非洲东部、马达加斯加和澳大利亚 (De Gasper et al.，2016)，中国不产。

19. 树帚蕨属 *Lomariocycas* (J. Sm.) Gasper & A. R. Sm.

土生，很少附生。根状茎直立，粗壮，树干状，无匍匐茎，先端密被二色的针状的弯曲全缘鳞片。叶二型，极少一型；叶柄粗壮，长，淡黄到深棕色，基部具与根状茎相似的鳞片，上部光滑或有鳞片；叶同色，倒披针形到椭圆形，羽状，先端羽状半裂，基部羽片逐渐缩短或退化成小耳状，先端急剧退化成一个大全缘裂片；叶轴两面或仅在远轴面有鳞片，有时早落；无芽胞；无气囊体；羽片无柄到近叶柄或部分贴生，线形到长圆形，狭长圆至披针形，边缘全缘，强烈外卷；叶脉离生，不达边缘，陷入叶肉组织中，浸入叶肉组织中，几乎不可见。孢子囊群线形，囊群盖线形，连续，全缘或啮蚀状。染色体 x 为 33 (De Gasper et al.，2016)。

该属约 19 种，分布于新热带、非洲和马达加斯加 (De Gasper et al.，2016)，中国不产。

20. 红椿蕨属 *Neoblechnum* Gasper & V. A. O. Dittrich

土生。根状茎直立，粗壮，树干状，无匍匐茎，被黑色的有光泽的针状的弯曲全缘鳞片。叶一型；叶柄短，粗壮，棕色至略带黑色，叶柄基部具与根茎相似但较小的鳞片，向上光滑或鳞片脱落；叶同色，长圆形披针形，羽状到羽状全裂，基部逐渐缩小，在叶基部具小的耳，先端羽状半裂；叶轴光滑或有无毛或具微小头状毛；无芽胞；无气囊体；羽片贴生于轴，下延，线形到线状披针形，边缘有细锯齿；叶脉离生，1 叉，达羽片边缘。孢子囊群线形，囊群盖全缘到近全缘。染色体 x 为 66 (De Gasper et al.，2016)。

该属仅红椿蕨 *Neoblechnum brasiliense* (Desv.) Gasper & V. A. O. Dittrich 1 种，分布于新热带 (De Gasper et al.，2016)，中国不产。

21. 矮树蕨属 *Oceaniopteris* Gasper & Salino

土生或水生。根状茎短匍匐至直立，无匍匐茎，粗壮，有时呈树干状，被黑色的渐尖的针状全缘鳞片，或有时鳞片梳子状仅在最基部变宽，否则整个鳞片近针形。叶二型或近二型，或半二型 (叶仅先端能育)；叶柄通常粗壮，长或短，禾秆色、棕色或黑色，鳞片与根状茎上相同，先端几乎无鳞片，鳞片有时脱落，罕见有微毛；叶同色，三角形至卵形，羽状或羽状至羽状全裂，基部略微退化，先端羽状半裂；叶轴光滑或具稀疏鳞片和毛；无芽胞；无气囊体；羽片贴生或具叶柄，线形到狭椭圆形，全缘到有锯齿；叶脉离生，分叉，末端消失在正面的一个棒状水囊中。孢子囊群线形，生在中肋两侧，囊群盖全缘。染色体 x 为 32 (De Gasper et al.，2016)。

该属约 8 种，分布于马来西亚、斐济、新喀里多尼亚和澳大利亚 (De Gasper et al.，2016)，中国不产。

22. 棕叶蕨属 *Parablechnum* C. Presl

土生草本。根状茎直立或近直立，有时近乔木至斜升，短匍匐，无匍匐茎，粗壮，覆盖红色至棕色的二色或同色卵形或卵状披针形，只有一层的全缘或具齿的鳞片，有时被黏液覆盖。叶常二型，很少一型或近二型；叶柄长，粗壮，禾秆色，浅棕色或深紫色，叶柄基部有与根状茎相似的鳞片，很少具扭曲毛；叶同色，长圆形到披针形，一回羽状，基部截形，顶端羽片和侧生羽片相似；叶轴光滑或脱落到常具密的鳞片；无芽胞或在少数种类中有芽胞；有时在羽片基部远轴面有气囊体；羽片无柄或有柄，通常无关节，常镰形、长圆状线形或披针形，叶面平或在边缘外卷，全缘或具细微小齿；叶脉分离，单一至一叉，先端在叶正面呈棒状，叶脉达叶边缘附近。孢子囊群线形，囊群盖近全缘至撕裂或啮蚀状。染色体 x 为 28、31、33 (De Gasper et al.，2016)。

该属有 60~70 种，泛热带分布，中国不产 (De Gasper et al.，2016)。

23. 红猪蕨属 *Sadleria* Kaulf.

土生，少附生。根状茎直立，近树状，无匍匐茎，粗壮，具褐色的线状渐尖或披针形鳞片，鳞片全缘或具微小齿或短缘毛。叶一型；叶柄长，粗壮，禾秆色或暗色，叶柄基部具丝状棕色鳞片，上部光滑或毛脱落；叶同色，披针形到椭圆形，羽状至羽状半裂或二回羽裂，顶端羽状半裂；叶轴具鳞片，有时具腺毛，光滑或近光滑；无芽胞；无气囊体；羽片无柄或短柄，裂片镰形到钝，近全缘到有圆齿；叶脉在靠近中肋处分叉，联合形成肋弓，末端形成水囊。孢子囊群线形，在脉上连续，孢子囊群连续或不连续，有时具腺体。染色体 x 为 33 (De Gasper et al.，2016)。

该属约 6 种，特产于夏威夷群岛，中国不产 (De Gasper et al.，2016)。

24. 狮头蕨属 *Spicantopsis* Nakai*

[该属在 FOC 和 PPG I 系统中被置于荚囊蕨属 *Struthiopteris*]

陆生植物。根状茎细匍匐，或粗而长，无匍匐茎，颜色深，覆盖同色或异色鳞片，鳞片淡褐色至深褐色，线状披针形至卵状披针形，膜质或纸质，边缘全缘。叶二型；营养叶具细长短小的淡褐色或绿色叶柄，基部有鳞片，营养叶披针形，呈莲座状，直立或弯曲，一回羽状至羽状深裂，基部羽片逐渐缩小，在顶端羽片与侧生羽片相似，贴生，线状长圆形至线状镰形，边缘全缘；叶脉分离，二叉分枝，末端近边缘，叶正面具明显的排水器；边缘内有一多列气孔，在中脉与边缘之间平行排列，不沿二级脉分布；孢子叶直立，一回羽状，羽片强烈收缩，叶轴有少数丝状鳞片，或无；中脉两侧有线形的连续孢子囊群，羽片全长分布，不向叶轴下延；囊群盖线状，连续，长且内卷，开口向中脉；孢子囊环带具 19 ~20 个细胞；孢子单裂缝。具棕色的不规则网状或疣状小颗粒。染色体 x 为 31 (Molino et al.，2019)。

该属有 3 种和 1 变种：*Spicantopsis amabilis* (Makino) Nakai、宽叶荚囊蕨 *S. hancockii* (Hance) Masam.[= *Struthiopteris hancockii* (Hance) Tagawa (FOC)]、*S. niponica* (Kunze) Nakai、*S. niponica* var. *minima* Tagawa，分布于东亚，中国仅宽叶荚囊蕨 *S. hancockii* 1 种 (Molino et al.，2019)。

25. 鹿蕨属 *Struthiopteris* Scop.

土生草本。根状茎短或长匍匐，无横走茎，粗壮，被棕色至暗棕色的线形、披针形或卵状披针形鳞片，边缘全缘或疏具齿。叶二型或近二型；叶柄细短，禾秆色至黑紫色，基部具鳞片，上部光滑；叶同色，倒披针形或披针形，羽状至羽状半裂，基部逐步缩短成耳状，先端羽状半裂，叶轴有一些丝状的鳞片或光滑；无芽胞；无气囊体；羽片贴生，长圆状线形至线状镰形，边缘全缘；叶脉离生，不明显，二叉状，末端消失在近边缘的排水器。孢子囊群线形，在中肋两边，孢子囊群盖线形，连续或不连续，全缘，成熟时常包围孢子囊。染色体 x 为 31、34。

该属有 3 种和 2 个变种，分布于北温带，中国不产 (Molino et al.，2019)。

蹄盖蕨科 Athyriaceae*

中小型土生植物，少有大型。根状茎细长横走或粗长横卧，或粗短斜升至直立，内有网状中柱；鳞片常棕色或黑色，细胞狭长，孔细密，不透明，基部着生或近中部盾状着生。叶柄上面有 1~2 纵沟，下面圆，基部有时加厚变尖削呈纺锤形，通常或多或少有类似根状茎上的鳞片，基部内有 2 扁平维管束，向上会合成“V”形；叶通常草质或纸质，一回至三回羽状，顶部羽裂渐尖或奇数羽状，有时呈近奇数羽状的过渡形态，即顶生羽片与侧生羽片近同形；叶片、羽片全缘或有锯齿，或羽片、小羽片及末回小羽片羽裂；裂片通常有锯齿或缺刻，少有全缘；叶轴、各回羽轴及中肋上面通常有彼此贯通或不相通的纵沟，各回小羽片中肋基部有扁平角状或细针状突起；叶脉分离，羽状或近羽状，侧脉单一或分叉，少有联结成三角形或多角形而无内藏小脉的网孔，有时相邻的 1 至多对小脉先端靠合或联结形成斜方形网孔，并有 1 短脉从联结点外行，略成星毛蕨型。孢子囊群圆形、椭圆形、线形、新月形，或上端向后弯曲越过叶脉呈不同程度的弯钩形乃至马蹄形或圆肾形，通常生于叶脉背部或上侧，有时新月形或线形孢子囊群成对双生于一脉上下两侧，有或无囊群盖；囊群盖圆肾形、线形、新月形、弯钩形或马蹄形，以弯缺处或一侧着生。孢子通常极面观椭圆形，赤道面观肾形或半圆形，罕近圆形，单裂缝，大多有较明显的周壁，少无周壁；周壁及外孢壁有多种纹饰，并常见周壁褶皱。染色体 x 为 40、41、42。

该科目前有 9 属（包括 2 杂交属：德国蹄盖蕨属×*Apseudathyrium* 和角蹄蕨属×*Cornoathyrium*）约 650 种（PPG I，2016；Moran et al.，2019），分布于世界热带至寒温带地区，中国有 5 属 280 余种（Wang et al.，2013c）。

分属检索表（Moran et al.，2019）

1. 根状茎匍匐；叶 2 列，叶柄基部横切面为宽“U”形，叶其余部分脱落后，叶柄基部不以充满淀粉的营养体形式残留在根状茎上 ·· **夏安蕨属 *Ephemeropteris***
1. 根状茎匍匐至直立；叶多列排列，叶柄基部横切面阔圆形，叶其余部分脱落后，叶柄基部通常会或不会以充满淀粉的营养体形式残留在根状茎上 ·· 2
2. 中肋沟槽在基部断开，不与叶轴沟槽连通；叶上有多细胞毛，干时常变成节状毛 ·· **对囊蕨属 *Deparia****
2. 中肋沟槽基部与叶轴沟槽连通；叶上的毛有 1 或 2 细胞，不成节状毛 ·· 3
3. 中肋和小肋在近轴面基部有角状突起，孢子囊群无囊群盖 ·· **角蕨属 *Cornopteris****
3. 中肋和小肋在近轴面基部无角状突起，孢子囊群有典型的囊群盖 ·· 4
4. 孢子囊群圆形；囊群盖小或无 ·· **寒蹄盖蕨属 *Pseudathyrium***
4. 孢子囊群典型的长圆形、线形或马蹄形；有明显囊群盖，至少幼时明显 ·· 5
5. 孢子囊群线形，每叶脉 2 个，常背对背排列 ·· **双盖蕨属 *Diplazium****
5. 孢子囊群每叶脉 1 个，“C”形或“J”形 ·· 6
6. 叶柄基部不呈纺锤形；羽轴及小羽片中肋上面无硬刺状或软针状突起；叶脉分离或联合；孢子囊群小，圆肾形 ·· **安蕨属 *Anisocampium****
6. 叶柄基部常呈纺锤形；羽轴及小羽片中肋上面常有硬刺状或软针状突起；叶脉不联合；孢子囊群明显，兼有新月形、弯钩形、马蹄形乃至圆肾形等多种形态 ·· **蹄盖蕨属 *Athyrium****

1. 安蕨属 *Anisocampium* C. Presl* (图 127)

中小型土生草本。根状茎长而横走或短而直立，被褐色披针形鳞片。叶远生或簇生，干后纸质，上面光滑，下面羽轴或主脉上被褐色线状披针形小鳞片和灰白色短毛；叶柄长，通常禾秆色，基部疏被与根状茎相同鳞片，向上近光滑，腹面有 1 纵沟，直通叶轴；叶卵状长圆形或三角状卵形，一回羽状；顶部羽裂或顶生羽片与侧生羽片同形，下部对生或近对生，上部互生，镰状披针形，渐尖头，下部有柄，边缘浅裂，裂片有锯齿；叶脉在裂片上为羽状，侧脉 3~5 对，单一或偶二叉，分离或连接形成 1~2 对菱形网眼。孢子囊群圆形，背生于小脉中部，在主脉两侧各排列成 1 列或仅 3~5 枚；囊群盖小，圆肾形，膜质，边缘具睫毛，早落。孢子两面体，具周壁，表面有脊状纹饰。染色体 x 为 40。

该属有 4 种：安蕨 *Anisocampium cumingianum* C. Pres、拟鳞毛安蕨 *A. cuspidatum* (Bedd.) Y. C. Liu, W. L. Chiou & M. Kato、日本安蕨 *A. niponicum* (Mett.) Y. C. Liu, W. L. Chiou & M. Kato 和华东安蕨 *A. sheareri* (Baker) Ching，分布于东亚热带和亚热带，中国 4 种均产（Wang et al.，2013c）。

图 127　安蕨属 *Anisocampium* 植物形态

2. 蹄盖蕨属 *Athyrium* Roth* (图 128)

中型土生草本。根状茎多数短而直立，偶有横卧至长而横走者，先端连同叶柄基部被鳞片。叶簇生，少有近生或远生，通常为草质，光滑，罕有上面具鳞片、毛或短腺毛者；叶柄上面具沟通向叶轴，基部常膨大，横切面有 2 维管束，向上融成 1 维管束，"U"形；叶一回至三回羽状：叶轴的沟与羽轴、小羽轴的相连续，羽轴、小羽轴及中肋基部上面有刺或无刺，或有肉质角状突起；叶脉分离，分叉或羽状。孢子囊群圆形、圆肾形、马蹄形、钩形、长圆形或短线形，生叶脉一侧或横过叶脉或背生；囊群盖通常与囊群同形，稀无盖或发育不良。孢子二面体。染色体 x 为 40。

该属约 220 种，主要分布于温带和亚热带山地森林，中国近 130 种 (Wang et al., 2013c)。

图 128 蹄盖蕨属 *Athyrium* 植物形态

3. 角蕨属 *Cornopteris* Nakai* (图 129)

林下湿生植物，常绿或夏绿。根状茎大多粗而横卧、斜升或直立，顶部及叶柄基部有全缘的鳞片。叶近生或簇生，较少稍远生，光滑或叶轴及各回羽轴下面被多细胞的短节毛及稀疏的披针形褐色小鳞片，少有被较多单细胞短毛，并混生少数具 2~3 个细胞的短节毛；叶柄长，向基部加厚，近肉质或草质，上面有阔纵深沟，近光滑；叶椭圆形至卵状三角形，羽片或末回小羽片常羽裂；羽片无柄或有短柄，近平展，顶部渐尖或长渐尖，两侧不对称或近对称，一回羽状分裂至二回羽状，小羽片常羽裂；叶轴和各回羽轴上面有阔纵深沟，两侧有隆起的狭边，相交处有一肉质角状扁粗刺；叶脉分离，在裂片上羽状，小脉单一或二叉至羽状，不达叶边。孢子囊群短线形、椭圆形或圆形，背生于小脉上，无囊群盖。孢子两面体，极面观椭圆形，赤道面观半圆形或肾形，周壁明显，表面不平，有少数褶皱。染色体 x 为 40。

该属约 16 种，分布于亚洲热带和亚热带，中国有 12 种 (Wang et al.，2013c)。

图 129　黑叶角蕨 *Cornopteris opaca* (D. Don) Tagawa

4. 对囊蕨属 *Deparia* Hook. & Grev.* (图 130)

中型土生草本。根状茎直立至长而横走，先端和叶柄基部被鳞片；鳞片棕色，卵形或披针形。叶簇生至远生，干后草质或纸质；叶柄长；叶一回或二回羽状；叶轴、羽轴和小羽轴上面均具沟，但互不相通；叶表面通常有棕色至深棕色的多细胞毛，羽轴、小羽轴和中脉具 1~3 列或 4 列细胞构成的蠕虫状鳞毛；叶脉多分离，侧脉单一或分叉。孢子囊群形状多样；囊群盖同形，宿存。孢子二面体。染色体 x 为 40。

该属约 70 种，分布于亚洲热带至温带、非洲热带及马达加斯加，中国约 53 种 (Wang et al.，2013c)。

毛轴假蹄盖蕨 *D. petersenii* (Kunze) M. Kato　大久保对囊蕨 *D. okuboana* (Makino) M. Kato

网脉对囊蕨 *D. heterophlebia* (Mett. ex Baker) R. Sano

单叶对囊蕨 *D. lancea* (Thunberg) Fraser-Jenkins　四川对囊蕨 *D. sichuanensis* (Z. R.Wang) Z. R.Wang

图 130　对囊蕨属 *Deparia* 植物形态

5. 双盖蕨属 *Diplazium* Sw.* (图 131)

大中型草本。根状茎直立至匍匐，有时呈乔木状，被鳞片；鳞片通常钻形、披针形或宽披针形。叶簇生，近生或远生，草质或纸质，罕有革质，光滑；叶轴、羽轴、小羽轴上面有沟槽，沟相通，羽轴两面常有细腺毛；叶柄基部被鳞片，向上渐光滑或疏生鳞片，上面有沟无毛：叶一回羽状至四回羽裂，多数为二回羽状先端羽裂或有顶生羽片；叶脉分离，稀网状，沿羽轴和小羽轴有 1 列网眼。孢子囊群单生，或在叶脉上背对背双生，长圆形至线形，少有卵形；囊群盖膜质或厚膜质，宿存或早落。孢子二面体，单裂缝，周壁通常明显，纹饰大多具皱纹、颗粒状、网状、很少具脊。染色体 x 为 41 (Wang et al.，2013c)。

该属约 350 种，世界分布，中国有 86 种 (Wang et al.，2013c)。

图 131　双盖蕨属 *Diplazium* 植物形态

6. 夏安蕨属 *Ephemeropteris* R. C. Moran & Sundue

土生草本。根状茎匍匐，有背腹面，先端有鳞片。叶 2 列，有 2 维管束；叶柄基部有鳞片，横切面为阔“U”形，光滑；叶一回至三回羽状至羽状半裂，三角状至卵形或卵状长圆形，在先端常骤缩成羽状半裂，羽片披针形，下部的羽片基部两侧不等；叶轴近轴面具沟槽，槽内光滑，背面淡红色至禾秆色；叶脉离生，上先出，在靠近边缘处消失；正面中肋、主脉和中脉的基部无绿草质的刺；正面叶轴和主脉的沟槽连续，光滑。孢子囊群长圆形，“J”至“C”形；囊群盖粗糙的齿或啮蚀状，透明，常早落。孢子单裂缝，环带有厚细胞 12~14 个，周壁有宽的褶皱 (Moran et al.，2019)。

该属有 3 种：*Ephemeropteris palmensis* (Christ) R. C. Moran & Sundue、*E. skinneri* (Baker) R. C. Moran & Sundue 和 *E. tejeroi* (Mickel) R. C. Moran & Sundue，分布于墨西哥至中美洲 (Moran et al.，2019)，中国不产。

7. 寒蹄盖蕨属 *Pseudathyrium* Newman

土生或偶尔附生草本。根状茎斜升至短匍匐，多数成丛。叶为落叶，同形，叶轴、中肋、主脉有小的淡棕色鳞片，中肋上具沟槽，与主脉叶轴连通；叶柄上部禾秆色或红棕色，基部黑红棕色至黑色，有 2 列齿，膨大，叶柄有 2 维管束，向上联合成“U”形，鳞片在基部棕色至黑棕色，宽披针形至线形；叶狭椭圆形至披针形，二回至三回羽状至羽状全裂，窄长椭圆形或卵状椭圆形，纸质，先端稍微变窄，最宽处在中部，先端渐尖，黄绿色或亮绿色；羽片有短柄，长的狭三角形至三角形，先端锐尖；小羽片 8~10 对，披针形，深羽状全裂，末回裂片长圆形，具细圆齿；叶脉羽状，不联合二叉，常达叶边缘。孢子囊群圆形至椭圆形，着生在中脉和边缘中部；囊群盖无或非常小，鳞片状；早落。染色体 $2n$ 为 80。

该属 2~3 种，分布于美国北部至欧洲到东亚，中国不产。

金星蕨科 Thelypteridaceae*

常中型土生。根状茎粗壮，具放射状对称的网状中柱，分枝或不分枝，直立、斜升或细长而横走，顶端被鳞片；鳞片基生，披针形，罕为卵形，棕色，质厚，筛孔狭长，背面常有灰白色短刚毛或边缘有睫毛。叶簇生，近生或远生；柄细，禾秆色或偶有栗红色，不以关节着生，基部横切面有 2 海马状的维管束，向上逐渐靠合成“U”形，通常基部有鳞片，向上多少有与根状茎同样的灰白色的单细胞针状毛，罕有多细胞的长毛或顶端呈星状分枝的毛；叶一型，罕近二型，多为长圆状披针形或倒披针形，少为卵形或卵状三角形，通常二回羽裂，少有三回至四回羽裂，罕为一回羽状，各回羽片基部对称，羽轴上面或凹陷成一纵沟，但不与叶轴上的沟互通，或圆形隆起，照例密生灰白色针状毛，羽片基部着生处下面有时具一膨大的气囊体。染色体 x 为 27~36。

该科有 2 亚科：卵果蕨亚科 Phegopteridoideae 和金星蕨亚科 Thelypteridoideae。Fawcett 和 Smith (2021) 与 Fawcett 等 (2021) 用来自 621 个材料的 407 个核基因片段重新构建了金星蕨科系统发育关系，重新鉴定了金星蕨科的 14 个属，并建立了 7 个新属，最终承认金星蕨科共有 37 属，在该分类系统中，过去承认的金星蕨科下很多属的概念及范围都发生了较大变化 (图 132)。该科目前共 41 属 (包括 4 杂交属：稀小毛蕨属×*Chrismatopteri*、红小毛蕨属×*Christelliopsis*、新小毛蕨属×*Chrinephrium* 及方假毛蕨属×*Glaphyrocyclosorus*) 1200 余种，世界分布，在赤道附近有最高的多样性，中国目前有 26 属 (包括 2 杂交属：新小毛蕨属×*Chrinephrium* 和方假毛蕨属×*Glaphyrocyclosorus*) 180 余种 (Lin et al.，2013b)。

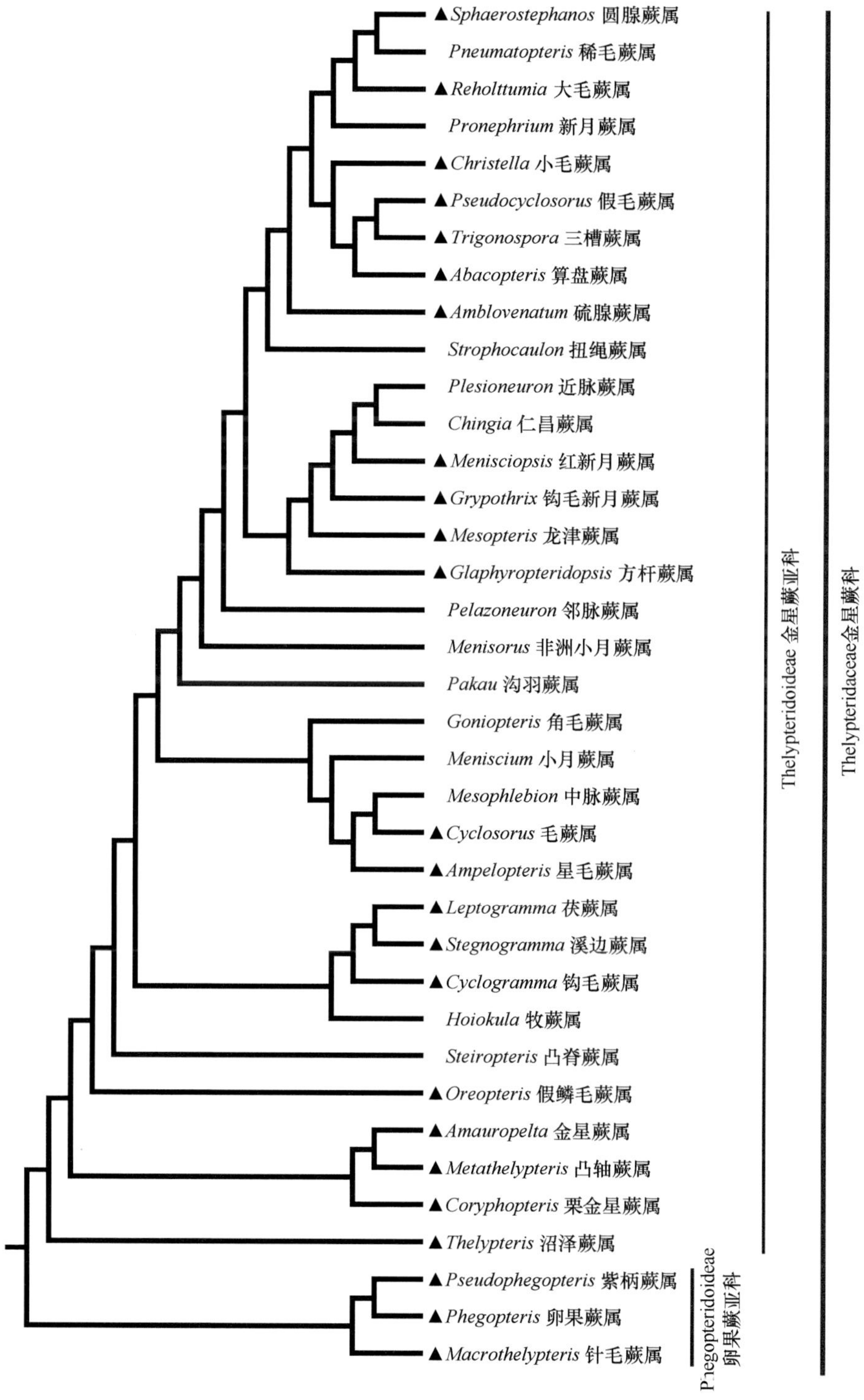

图 132　金星蕨科下各亚科和属间系统发育关系（Fawcett and Smith，2021）

分属检索表 (Fawcett and Smith，2021；Fawcett et al.，2021)

1. 叶上面羽轴腹部无沟槽；叶脉不达到叶边缘 ······ 2
1. 叶上面羽轴腹部有沟槽；叶脉达叶边缘 ······ 6
2. 叶卵形至披针形；孢子囊群有囊群盖；鳞片仅存在叶柄基部 ······ **凸轴蕨属 *Metathelypteris*** *
2. 叶三角形、卵形或披针形；孢子囊群无囊群盖或有极小囊群盖 (小于 3 mm)；鳞片有时出现叶柄和中肋 ······ 3
3. 孢子囊群无囊群盖，线形至长圆形；孢子囊有密的细刚毛；叶脉多数单一；x 为 36 ······ **茯蕨属 *Leptogramma*** *
3. 孢子囊群有囊群盖或无，圆形至轻微的长圆形；孢子囊光滑或者有极少的刚毛；叶脉多二叉；x 为 30、31 ······ 4
4. 叶柄鳞片边缘有刚毛，叶羽裂至羽状复叶；中部羽片贴生；x 为 30 (分布于温带及旧热带地区山区) ······ **卵果蕨属 *Phegopteris*** *
4. 叶柄鳞片边缘和表面均有刚毛，叶一回羽状至小羽片羽状半裂至二回羽状或更分裂；中部羽片分离 (仅在叶先端合生)；x 为 31 (分布于旧热带) ······ 5
5. 中部羽片近对生；孢子囊群无囊群盖；叶柄鳞片棕色，厚度均匀；叶上毛为单细胞 ······ **紫柄蕨属 *Pseudophegopteris*** *
5. 中部羽片互生；孢子囊群有或无囊群盖；叶柄鳞片色浅，基部加厚；叶上常有分节的毛 ······ **针毛蕨属 *Macrothelypteris*** *
6. 叶脉分离 ······ 7
6. 叶脉在缺刻处或近缺刻处逐渐联合，或在缺刻下形成一条延伸至缺刻处脉 ······ 20
7. 基部 3 对或多对羽片强烈缩小 ······ 8
7. 基部羽片少于 3 对强烈缩短，或无缩小羽片 ······ 10
8. 基部羽片骤缩成 1 列对生的被钩状气囊体包裹的耳状结构 (仅分布于旧热带) ······ **假毛蕨属 *Pseudocyclosorus*** *
8. 基部羽片逐渐缩小，极少急缩成 1 列对生的被钩状气囊体包裹的耳状结构 (主要分布于新热带及北半球温带) ······ 9
9. 叶柄鳞片边缘有乳突状的附属物；x 为 34 (分布于北温带和旧热带山区) ······ **假鳞毛蕨属 *Oreopteris*** *
9. 叶柄鳞片多样，边缘常有细刚毛；x 为 27、29、31 (大多分布于新热带和亚热带，部分分布于北温带) ······ **金星蕨属 *Amauropelta*** *
10. 植株冬枯；根状茎匍匐；分布于温带 ······ 11
10. 植株常绿；根状茎多样；主要分布于热带和亚热带 ······ 13
11. 叶轻微二型；叶远轴面中肋具卵状鳞片；叶脉常二叉；羽片无腺体 ······ **沼泽蕨属 *Thelypteris*** *
11. 叶一型；叶远轴面无鳞片；叶脉单一不分叉；叶表面有时具无柄或有柄的腺体；x 为 27、31、32、33 ······ 12
12. 羽片裂片近全缘，常渐狭，与中脉斜交，先端渐尖；腺体无或橘黄色，球形或半球形；大部分种 x 为 27、31 ······ **金星蕨属 *Amauropelta*** *
12. 羽片裂片全缘，两侧平行，几乎与中脉垂直，先端圆形或截形；腺体常橘红色具黏性，半球形；x 为 31、32、33 ······ **栗金星蕨属 *Coryphopteris*** *
13. 生于岩石河床和溪边；根状茎 (主茎) 直立；孢子三裂缝 ······ **三槽蕨属 *Trigonospora*** *
13. 生境多样；根状茎匍匐、斜升或直立；孢子单裂缝 ······ 14
14. 羽片基部有钩状的气囊体；发育中的叶表面常有黏液 (分布于新热带) ······ **凸脊蕨属 *Steiropteris***
14. 羽片无气囊体 (除钩毛蕨属 *Cyclogramma*)，或羽片基部有不明显的突起；发育中的叶表面少有黏液 (分布于旧热带) ······ 15

15. 叶远轴面和孢子囊有钩状或直的刚毛；孢子表面有粗糙的刺或网脊………**钩毛蕨属 *Cyclogramma*** *
15. 叶远轴面无钩状毛，孢子囊无刚毛；孢子表面纹饰多样……………………………………………………16
16. 植株小于 50 cm；根状茎形成直立茎基；先端羽片有半球形树脂状腺体；叶轴背面常有鳞片………
……………………………………………………………………………………………………**栗金星蕨属 *Coryphopteris*** *
16. 植株大于 50 cm；根状茎匍匐至直立；腺体无或者各式各样；叶轴背面无鳞片………………………17
17. 植株先端的羽片有琥珀色到微红的半透明半球形腺体；叶干后红色且两面颜色不同……………………
……………………………………………………………………………………………………**龙津蕨属 *Mesopteris*** *
17. 植株先端的羽片无腺体，或成球形的硫黄色不透明的腺体；叶干后绿色或者棕色，两面同色………18
18. 孢子囊群近中部着生，常覆盖小脉；所有羽片对生或近对生 ………**方秆蕨属 *Glaphyropteridopsis*** *
18. 孢子囊群中部至近边缘处；末端羽片常互生……………………………………………………………19
19. 中部羽片基部不对称，楔形或圆形；叶纸质到硬革质………………………………**近脉蕨属 *Plesioneuron***
19. 中部羽片基部多少对称，截形；叶膜质到纸质………………………………**硫腺蕨属 *Amblovenatum*** *
20. 至少部分脉在缺刻处联合或延伸到缺刻不汇合……………………………………………………………21
20. 至少有一对叶脉在缺刻下方相互连接，形成外行小脉……………………………………………………25
21. 叶脉延伸至缺刻下，有非维管组织的软骨质突起……………………………………………………………22
21. 叶脉联合在缺刻下，无软骨质突起……………………………………………………………………………23
22. 孢子囊具 1 个被微红至橘黄色球形腺体覆盖的多细胞柄；叶下面中肋、叶轴和叶脉有狭的鳞片 (分布于旧热带)……………………………………………………………………………**中脉蕨属 *Mesophlebion***
22. 孢子囊无有腺体柄；叶下面中肋、叶轴和叶脉无鳞片 (分布于新热带)………**凸脊蕨属 *Steiropteris***
23. 叶轴和叶上没有无柄的腺体，但是常有具短柄的亮黄色腺体；所有叶脉在缺刻下联合 (分布于新热带) ……………………………………………………………………………………**邻脉蕨属 *Pelazoneuron***
23. 叶远轴面有腺体；叶脉在缺刻下逐渐联合、网结或者有时不联合 (分布于旧热带)…………………24
24. 叶近轴面具透明针状毛，叶远轴面具不透明的硫黄色或浅黄色球形腺体；叶干后同色，绿色或橄榄色………………………………………………………………………………………**硫腺蕨属 *Amblovenatum*** *
24. 叶近轴面光滑或者有具短柄的腺体，叶远轴面有半透明的微红到橘色半球形腺体；叶干后二色且微红…………………………………………………………………………………………**龙津蕨属 *Mesopteris*** *
25. 羽片全缘至近全缘，或浅裂，裂的深度小于到叶轴距离的 1/3…………………………………………26
25. 羽片裂的深度超过到中肋距离的 1/3………………………………………………………………………37
26. 羽片近轴面在叶脉间有丰富的单细胞毛；孢子囊群线形或稍延长，无囊群盖；孢子囊环带有浓密的细刚毛……………………………………………………………………………………………………27
26. 羽片在近轴面光滑或有稀疏的毛；孢子囊群圆形 (偶尔长圆形的)，有或无囊群盖；孢子囊环带光滑、有腺体或者细刚毛…………………………………………………………………………………………29
27. 孢子表面有翅状纹饰 (特产于夏威夷群岛)…………………………………………**牧蕨属 *Hoiokula***
27. 孢子表面刺状 (分布于美国亚拉巴马州、墨西哥以及非洲和欧亚大陆)…………………………………28
28. 叶脉形成 2 个或者更少的裂片间网眼，或者叶脉分离………………………………**茯蕨属 *Leptogramma*** *
28. 叶脉至少形成 3 个裂片间网眼，或者叶脉不规则的联合…………………………**溪边蕨属 *Stegnogramma*** *
29. 性状毛或者分叉的毛，在叶轴、中肋及叶柄基部鳞片上常见 (分布于新热带)……………………………
……………………………………………………………………………………………………**角毛蕨属 *Goniopteris***
29. 所有毛不分枝 (在星毛蕨属 *Ampelopteris* 中有一些有 2 叉的毛) (除小月蕨属 *Meniscium*，分布于旧热带) ……30
30. 孢子囊柄有一个多细胞柄被球形的微红到橘红色腺体覆盖；叶富有鳞芽，成熟叶可以无限生长……
……………………………………………………………………………………………………**星毛蕨属 *Ampelopteris*** *
30. 孢子囊柄没有微红到橘红色的多细胞腺体；叶富有鳞芽或无，成熟叶为有限生长…………………………
……31

31. 叶有钩状毛，在下面的叶轴上明显可见……………………………………………**钩毛新月蕨属 *Grypothrix****
31. 叶有针状毛………………………………………………………………………………………………32
32. 叶在远端羽片的轴上几乎都长有能育芽胞 (特产于非洲) ……………………**非洲小月蕨属 *Menisorus***
32. 叶在远端羽片的轴上极少有能育芽胞 (罕见分布于非洲) ………………………………………………33
33. 叶明显二型到近二型；羽片宽大部分小于 4 cm，在缺刻下 4 个或更少的叶脉常联结；叶、孢子囊群和 (或) 囊群盖具无柄的淡黄色腺体…………………………………………………………………………34
33. 叶一型到近一型；羽片宽常大于 4 cm，在缺刻下超 5 对叶脉联结；无柄橘黄色的腺体常无……35
34. 基部羽片不缩短；叶正面的叶脉间无毛…………………………………………………**新月蕨属 *Pronephrium***
34. 基部羽片常缩短；叶正面的叶脉间常有毛………………………………**圆腺蕨属 *Sphaerostephanos****
35. 孢子囊环带常有刚毛；孢子囊群常在中脉和散生……………………………………**算盘蕨属 *Abacopteris****
35. 孢子囊环带常光滑；孢子囊群位于脉间近中脉处或沿横脉汇生…………………………………………36
36. 叶干后常微红色；羽片先端无芽胞 (分布于亚洲、马来群岛和夏威夷群岛等)……**红新月蕨属 *Menisciopsis****
36. 叶干后常淡绿色、橄榄色或者棕色；羽片先端常有芽胞 (分布于新热带) …… **小月蕨属 *Meniscium***
37. 星状毛和二叉状毛，在叶正面的叶中脉、叶轴和叶柄基部的鳞片上可见 (分布于新热带)……**角毛蕨属 *Goniopteris***
37. 所有毛不分枝 (大多分布于新热带)……………………………………………………………………………38
38. 根状茎形成像树状的直立茎；羽片对生 (特产于新西兰和澳大利亚) …………………**沟羽蕨属 *Pakau***
38. 根状茎匍匐、斜升或直立；大部分羽片或至少在先端的羽片互生 (大部分分布于旧热带)…………39
39. 根状茎长匍匐 (节间大于 3 cm)，不露出地面；叶硬革质…………………………………………………40
39. 根状茎匍匐 (节间小于 3 cm)、斜升或直立；叶膜质到纸质……………………………………………41
40. 叶下面轴上常有卵形鳞片；孢子囊环带无腺体或刚毛；植株生于淡水沼泽或湿地 (分布于泛热带)……**毛蕨属 *Cyclosorus****
40. 叶下面轴上无鳞片；孢子囊环带有无柄的腺体或刚毛；植株不生长在被水长时间淹没的生境 (分布于古热带)……………………………………………………………………**扭绳蕨属 *Strophocaulon***
41. 毛常伏贴，常分布于叶正面的叶脉间………………………………………………………………………42
41. 植株如果有毛，常稀疏分布于叶正面，多数毛分布于叶轴和羽轴……………………………………43
42. 基部羽片数对逐渐缩短或不明显缩短；有时具橙红色棒状或梨形腺体 (中南半岛和印度次大陆多样性最为丰富)…………………………………………………………………… **小毛蕨属 *Christella****
42. 基部羽片多数骤缩短；有时具淡黄色无柄球形到扁球形腺体 (马来群岛多样性最为丰富)…………………………………………………………………………………………**圆腺蕨属 *Sphaerostephanos****
43. 孢子囊群较靠近中肋；叶柄鳞片圆柱形或线状披针形并增厚，棕黑色到黑色，密且连续分布……**仁昌蕨属 *Chingia***
43. 孢子囊群位于中脉至边缘处；叶柄鳞片不为圆柱形、卵形至披针形，棕色，常伏贴、易脱落…44
44. 气囊体钩状，在小羽片或羽片基部突出；基部羽片骤缩短到成残留的羽片边缘；叶干后二色，且淡红……………………………………………………………………………**稀毛蕨属 *Pneumatopteris***
44. 气囊体不明显；基部小羽片逐渐缩小；叶干后同色，呈绿色或橄榄色 ……… **大毛蕨属 *Reholttumia****

卵果蕨亚科 Phegopteridoideae Salino, A. R. Sm. & T. E. Almeida*

该亚科有 3 属。

1. 针毛蕨属 *Macrothelypteris* (H. Itô) Ching* (图 133)

中型至大型土生常绿草本。根状茎短粗，直立或斜升，被鳞片；鳞片质厚，棕色，披针形，边缘有针状疏睫毛。叶簇生，草质或纸质，干后黄绿色；叶柄粗大，禾秆色或浅红色，光滑或被披针形的厚鳞片，鳞片脱落后常留下半月形突起；叶大，卵状三角形，二回至三回羽状，各回羽片平展或近平展，小羽片沿羽轴两侧以狭翅相连，各回羽轴在叶上面圆而隆起；叶脉分离，小脉单一，不达叶边；叶两面沿各回羽轴多少被灰白色多细胞针状毛和狭披针形厚鳞片，鳞片脱落留下凸起，罕为无毛。孢子囊群圆形，小，生于小脉近顶端；无盖或有极小而易早落的盖。孢子椭圆形，周壁透明，具褶皱，周壁表面具小刺状或小穴状纹饰，外壁表面具明显的或不明显的细网状纹饰。染色体 x 为 31。

该属共 10 种，分布于印度、澳大利亚、马达加斯加、马斯克林群岛、马来群岛、美拉尼西亚群岛、波利尼西亚及东亚 (Fawcett and Smith，2021；Fawcett et al.，2021)，中国有 7 种 (Lin et al.，2013b)。

图 133　翠绿针毛蕨 *Macrothelypteris viridifrons* (Tagawa) Ching

2. 卵果蕨属 *Phegopteris* (C. Presl) Fée* (图 134)

中小型土生植物。根状茎长而横走或短而直立，密被棕色鳞片和灰白色针状毛。叶远生或簇生，草质或软纸质，两面多少被灰白色针状毛，叶轴、羽轴和小羽轴在两面圆形隆起，密生同样的毛，有时混生顶端分叉的毛，叶下面被较多浅棕色的边缘疏生长缘毛的披针形鳞片；叶柄纤细，淡禾秆色，有光泽，基部被鳞片；鳞片棕色，披针形，边略有疏长毛；叶卵状三角形或狭披针形，二回羽裂；羽片与羽轴合生，彼此以狭翅相连，或下部 1~3 对分离，下部羽片不缩短或基部 1 对略缩短，或下部多对羽片逐渐缩短成耳状；叶脉羽状，侧脉单一或多少分叉，小脉伸达叶边。孢子囊群卵圆形或长圆形，背生于侧脉中部以上；无盖。孢子囊体顶部近环带处常有少数短针毛或头状毛。孢子两面体，肾形，周壁翅状，薄而透明，表面有颗粒状纹饰。染色体 x 为 30。

该属共 6 种，广泛分布于北半球温带，个别种出现在亚热带高山 (Fawcett and Smith，2021；Fawcett et al.，2021)，中国有 3 种 (Lin et al.，2013b)。

图 134　延羽卵果蕨 *Phegopteris decursive-pinnata* (H. C. Hall) Fée

3. 紫柄蕨属 *Pseudophegopteris* Ching* (图 135)

中型土生常绿植物。根状茎短而横卧或长而横走，疏被鳞片。叶近生或簇生，草质，干后绿色，两面疏被针状毛；叶柄通常为红棕色或栗色，少为禾秆色或深禾秆色，有光泽，基部疏被阔披针形鳞片，鳞片边缘全缘，边缘略有短睫毛；叶椭圆形，一回至二回羽状；羽片对生，无柄，不与叶轴合生，也不下延，羽轴上两面圆形隆起，常红棕色，有光泽，常有单细胞的灰白色短毛；叶脉分离，在裂片上羽状，小脉单一，不伸达叶边。孢子囊群椭圆形或卵圆形，无囊群盖，背生于小脉中部以上，成熟时不汇合。孢子椭圆形，周壁薄而透明，表面具网状纹饰，外壁表面光滑。染色体 x 为 31。

该属共 28 种，广泛分布于从西非热带、马达加斯加、留尼汪岛、印度、日本、东南亚、马来群岛到斐济和夏威夷群岛 (Fawcett and Smith，2021；Fawcett et al.，2021)，中国有 12 种，为该属多样性中心 (Lin et al.，2013b)。

图 135　耳状紫柄蕨 *Pseudophegopteris aurita* (Hook.) Ching

金星蕨亚科 Thelypteridoideae C. F. Reed*

该亚科有 34 属 1000 余种，中国有 21 属约 160 种。

4. 算盘蕨属 *Abacopteris* Fée* (图 136)

[该属在 FOC 中被置于新月蕨属 *Pronephrium* C. Presl]

中型至大型土生植物。根状茎长或短横走。叶一型，一回羽状；叶柄禾秆色、暗棕色或略带红色，根状茎和叶柄基部具披针形棕色有毛或无毛鳞片；叶膜质至纸质，干后绿色，顶端具大型顶羽片，叶轴无芽胞；基部羽片不缩短或仅略缩短；羽片全缘至具波状齿，或浅裂，基部楔形或截形，无柄或具短柄；叶脉下面可见，多对侧脉联结形成外行且中断的内藏小脉，或通直的连续外行小脉，羽轴在上面具沟槽，气囊体在羽片基部膨大；叶脉和脉间在叶下面具针状和有时头状毛，叶上面具无色单细胞针状毛；叶肉有时具泡状突起。孢子囊群圆形，生侧脉中部，有时汇合，囊群盖有或无，囊群盖浅棕色且有毛。孢子囊通常具毛或有时无毛。孢子浅棕色或黑色，具流苏状隆起纹饰。染色体 x 为 36。

该属共 14 种，多样性中心位于亚洲南部 (Fawcett and Smith，2021；Fawcett et al.，2021)，中国有 9 种 (Lin et al.，2013b)。

图 136 大羽新月蕨 *Abacopteris nudata* (Roxb.) S. E. Fawc. & A. R. Sm.

5. 金星蕨属 *Amauropelta* Kunze* (图 137)

[该属在 FOC 中被置于 *Parathelypteris* (H. Itô) Ching；包括 PPG I 系统中的 *Parathelypteris*]

小到中型土生植物，偶在溪流中或石生。根状茎长匍匐、短匍匐、近直立或直立，很少攀援。叶一型，一回羽状，羽片常羽状半裂至深裂，偶有二回羽状，常弯弓形；叶柄禾秆色或偶尔紫黑色，柄基部和根茎鳞片暗褐色至黑色，卵形至披针形，极少光滑，叶边缘和叶表面常有透明短针毛；叶纸质至革质，披针形、卵形至宽三角形，基部通常骤缩至不到 5 mm 长，叶先端逐渐缩短，无芽胞或偶有在叶轴上有芽胞；羽片浅裂、半裂或全裂，极少一回羽状或近全缘，羽片通直或较少镰形，有时在上侧基部有耳凸；下面叶脉可见，通常最基部 1 对伸达缺刻以上叶边缘，罕见伸达缺刻处，从不联结形成外行小脉，侧脉伸达叶边；有些具瘤状或长的气囊体；下面叶轴和叶脉 (偶脉间) 被透明的针状毛，毛被有时伏贴，叶柄和叶轴上针状毛较短，罕见植株光滑或近光滑，针状毛常单细胞，罕见分节的多细胞毛；部分种具树脂状半球形橙色至红色腺体，叶脉和脉间有时具头状带短柄的亮黄色腺毛；叶肉无泡状突起。孢子囊群生侧脉中部以下或中部或偶尔近边缘着生，常圆形，偶尔椭圆形或长圆形，有或无囊群盖；囊群盖圆肾形或退化为片状，宿存或脱落，有毛和（或）腺体至光滑。孢子囊光滑，极少具细刚毛。孢子淡棕色，无凸起的翅状脊或刺，有网状和带网孔的纹饰。染色体 x 为 27、29、31。

该属有 233 种，世界分布，多样性中心位于热带美洲 (Fawcett and Smith，2021；Fawcett et al.，2021)，中国约 7 种 (Lin et al.，2013b)。

图 137　金星蕨 *Amauropelta glanduligera* (Kunze) Y. H. Chang

6. 硫腺蕨属 *Amblovenatum* J. P. Roux* (图 138)

[该属在 FOC 中被置于毛蕨属 *Cyclosorus* Link]

中型土生植物，生于林下或受干扰的生境。根状茎长匍匐到直立，生具棕色刚毛的线状至披针形鳞片。叶一型；一回羽状叶柄暗棕色至禾秆色，叶柄鳞片卷曲，开展，线状披针形，深棕色，刚毛状，易脱落；叶膜质至纸质，干燥的叶两面同色，先端羽片与侧生羽片近同形或逐渐缩小，基部羽片不收缩，或急剧收缩；叶轴无芽胞；羽片有短柄，基部截形，向基部逐渐变窄，叶边缘开裂至离中脉 1 mm 处，或仅裂至边缘至中脉的 1/3 处，裂片近垂直至稍微外斜和镰形，顶端圆形至宽锐尖；叶脉分离，侧脉在缺刻处或附近汇合，或 1 对侧脉在缺刻下联结，其余侧脉伸达缺刻以上，叶脉伸达叶边或不达叶边；气囊体不明显膨大；叶下面沿叶轴、叶脉具透明长针状毛，上面具短针状毛，叶脉间具大量硫黄色的球形无柄或有柄腺体，在末回裂片先端最多，极少在中脉上有鳞片；近轴面沿叶轴和叶脉被透明的长针状毛，有时具无色有柄小腺体；叶肉无泡状突起。孢子囊群圆形，离生或汇合，有时陷入叶中，靠近叶边缘着生，常仅在裂片顶端，有或无盖；囊群盖厚，棕色或有时二色，常生有较多的硫黄色腺体和（或）刚毛。孢子囊有细柄，柄上有具柄腺体，孢子囊无毛。孢子棕色至黑色，周壁有低细的脊。染色体 x 为 36。

该属有 6 种，分布于中国、澳大利亚、马来群岛、夏威夷群岛等太平洋岛屿以及东南亚和南亚 (Fawcett and Smith，2021；Fawcett et al.，2021)，中国有 3 种：腺脉毛蕨 *Amblovenatum opulentum* (Kaulf.) J. P. Roux [= *Cyclosorus opulentus* (Kaulf.) Nakaike (FOC)]、顶育毛蕨 *A. terminans* (Wall. ex Hook.) J. P. Roux [= *C. terminans* (J. Sm. ex Hook.) K. H. Shing (FOC)]、海南金星蕨 *A. immersum* (Blume) Mazumdar [= *Parathelypteris subimmersa* (Ching) Ching (FOC)] (Lin et al.，2013b)。

图 138　顶育毛蕨 *Amblovenatum terminans*

7. 星毛蕨属 *Ampelopteris* Kunze* (图 139)

湿生常绿蔓生植物。根状茎斜升，疏被鳞片；鳞片小，披针形，背面略被单细胞有柄的星状毛。叶簇生或近生，基部疏被与根状茎上相同的鳞片，坚草质或纸质，在叶轴和羽轴基部被单细胞星状分叉毛，其余部位偶有针状单毛；叶柄禾秆色，坚硬，光滑；叶椭圆形，奇数一回羽状或顶端羽裂渐尖，叶轴上部常伸长成鞭状，并有小羽片疏生，顶端能着地生根而产生新植株，或从羽片基部的鳞芽着地生根而产生新植株；侧生羽片可达 20 对，披针形，近对生，基部有短柄，顶端渐尖，边缘有钝齿，顶生羽片与侧生羽片同形或逐渐缩短，基部 1 对羽片不缩短或略缩短；羽轴下面隆起，上面有狭纵沟，无毛；叶脉联结成特殊的星毛蕨型，即在相邻侧脉的小脉联结，小脉联结处向外具 1 外行小脉并直达叶边缺刻，在外行小脉两侧各形成一列斜方形的网眼。孢子囊群圆形或椭圆形，无盖，背生于小脉中部，成熟时往往汇合。孢子囊无毛，孢子囊柄具腺体。孢子椭圆形，周壁薄而透明，具细网状纹饰，网脊上具小刺。染色体 x 为 36。

该属仅星毛蕨 *Ampelopteris prolifera* (Retz.) Copel. 1 种，产旧世界热带、亚热带 (Lin et al.，2013b；Fawcett and Smith，2021；Fawcett et al.，2021)，中国有分布 (Lin et al.，2013b)。

图 139　星毛蕨 *Ampelopteris prolifera*

8. 仁昌蕨属 *Chingia* Holttum

土生植物，常见于开阔地，有树蕨习性，高可达 5 m。根状茎直立并具地上主干，直径 10 cm 以上，主干可到 1 m；具宿存叶柄基部。叶一型，直立，一回羽状或很少二回羽状；叶柄禾秆色至栗色，具扁平到圆柱状的鳞片，或同时具毛与鳞片；叶柄基部鳞片密集，质厚坚硬，具刚毛，深棕色至微黑色，线状披针形，长达 2 cm，圆柱形开展的刺状鳞片，常脱落破碎并留下深色疤痕；叶纸质，干时绿色或带红色，卵形到披针形，基部羽片急剧缩短或呈腺体状，先端逐渐缩短或具同形顶羽片，侧生羽片向先端逐渐缩短，无芽胞；羽片无柄或具短柄，基部截形、圆形或宽楔形，边缘从具齿到深裂，缺刻处具凸起的膜质连线，缺刻下 1 至数对侧脉联结，同时更多对伸达缺刻膜质连线处，基部侧脉常从羽轴处分出；无气囊体；远轴面沿叶轴、羽轴、叶脉和脉间具长或短透明针状毛，有时还有透明具柄腺体或无柄黄色球形腺体，幼叶有时具黏性、辛辣气味的刺激性分泌物；近轴面仅在叶轴和羽轴上具毛；叶肉无泡状突起。孢子囊群常近主脉着生，较少居中或散生，无盖或具小的囊群盖。孢子囊光滑或有球形的黄色腺体或柄状腺体或刚毛。孢子近黑色或暗棕色，乳突状，翅状或刺状纹饰；染色体 x 为 36。

该属 25 种，分布于泰国南部至太平洋东南部岛屿、澳大利亚昆士兰南部，中国不产。

9. 小毛蕨属 *Christella* H. Lév.* (图 140)

[该属在 FOC 中被置于毛蕨属 *Cyclosorus* Link]

中型至大型土生植物。根茎通常短至长匍匐或近直立，偶尔直立；根状茎鳞片披针形，棕色，边缘和表面具刚毛。叶一型或偶尔轻微二型，一回羽状；叶柄禾秆色至略带紫色，叶轴正面具凹槽，基部具根状茎上相同鳞片；叶纸质至近革质，叶基部有 1~5 (~10) 对羽片逐渐缩小，在上侧基部一般有耳突，较少羽片基部截形；叶顶端通常羽裂渐尖，无顶羽片，侧生羽片常羽状半裂或羽状全裂；羽轴常具毛，偶有同时具鳞片，无芽胞；羽片通常互生或在叶片末端互生，羽轴和叶轴近轴面沟槽不连通；侧脉两面明显，不分

图 140　渐尖毛蕨 *Christella acuminata* (Houtt.) Holttum

叉，相邻裂片的基部 1~3 对侧脉在缺刻下以锐角相联结，并形成外行小脉延伸至缺刻，偶有最基部一对侧脉在缺刻处汇合或伸达缺刻以上叶边，其余侧脉伸达裂片边缘；羽片基部无膨大气囊体；远轴面在叶柄、叶轴、叶脉和叶脉间开展的透明针状毛，通常为单细胞，有时也有短的头状腺毛，同时叶脉常具橙色至红色的梨形或棒状腺体，无柄球形腺体，中脉无鳞片；近轴面在叶柄、轴和主脉上的具较长的单细胞刚毛，有时也着生在叶脉上，脉间具稍开展的较短针状毛；叶肉无泡状突起。孢子囊群中部着生，成熟时不汇合，有边缘和表面具刚毛的囊群盖并多少宿存；囊蒴上通常无毛及腺体，但孢囊柄上常有一单细胞橙色细长的腺体 (非洲产种类无)。孢子深褐色，周壁有脊状、皱纹状或瘤状纹饰。染色体 x 为 36。

该属有 66 种，分布于旧世界热带和亚热带，多样性中心位于亚洲热带 (Fawcett and Smith，2021；Fawcett et al.，2021)，中国有 32 种 (Lin et al.，2013b)。

10. 栗金星蕨属 *Coryphopteris* Holttum* (图 141)

[该属在 FOC 中被置于金星蕨属 *Parathelypteris* (H. Itô) Ching]

图 141　钝角金星蕨 *Coryphopteris angulariloba* (Ching) L. J. He & X. C. Zhang

小型至中型土生，或偶有附生，生于温带森林林下或热带高山。根状茎直立和树干状 (极少匍匐)。叶一型至弱二型，一回羽状，偶有二回羽状；叶柄禾秆色、栗色或暗棕色；叶柄鳞片线状披针形至卵形，质地软薄至坚硬，通常无毛，鳞片常逐渐过渡到纤维状鳞片，或在叶轴远轴面上有单列毛；叶膜质至纸质，干时绿色或带黑色，先端逐渐缩短，基部羽片通常最大，不缩短或仅略缩短，常反折，很少有几对至多对逐渐缩小的基部羽片；无芽胞；羽片边缘全缘或稍具齿，裂片平行并稍变细，顶端通常圆形或截形，不常锐尖，通常几乎与主脉垂直 (从不强烈偏斜)，基部有一个或多个裂片完全开裂并在基部上侧具耳突；叶脉不联合，几乎完全单一，伸达叶边缘，羽轴近轴面具沟槽；气囊体无或仅轻微肿胀；叶远轴面具透明的针状毛，几乎总是具有柄或无柄腺体，有黏性或树脂状，微红色、琥珀色或金色，但不为硫黄色 (有时在干标本上很难观察到腺体)；鳞片通常沿叶柄和中脉的远轴面分布，逐渐过渡到多细胞毛；近轴面沿叶轴、羽轴等具单细胞或有分隔的透明针状毛，有时脉间也有毛，有时还有无柄或有柄腺体；叶肉无泡状突起。孢子囊群圆形，有时稍伸长，不汇生，生裂片中部至近中脉，通常有囊群盖，盖光滑或有针状毛或腺体。孢子囊有短柄，囊蒴无毛或腺体，囊柄有时具腺体。孢子颜色较淡，周壁有穿孔，并常具流苏状的翅。染色体 x 为 31、32、33。

该属有 68 种，广泛分布于亚洲大陆到印度北部至俄罗斯南部，多样性位于马来群岛 (Fawcett and Smith，2021；Fawcett et al.，2021)，中国有 17 种 (Lin et al.，2013b)。

11. 钩毛蕨属 *Cyclogramma* Tagawa* (图 142)

中型土生常绿植物。根状茎直立或长而横走，被灰白色单细胞短毛和少数背面和边缘有毛的棕色阔披针形厚鳞片。叶簇生、近生或远生，一型；叶柄多少被毛或近光滑；叶草质或纸质，棕绿色或绿色，两面多少被灰白色短毛和少数粗长针状毛，粗长针状毛的顶端常呈钩状 (钩毛)，阔披针形或椭圆形，一回羽状；羽片多数，羽状深裂，披针形，基部无柄，下部数对常缩短，基部与叶轴着生处的下面有疣状突起的气囊体，通常为爪状弯曲；裂片多数，椭圆形或近方形，圆头或钝头，全缘，边缘疏生针状毛；叶脉分离，在裂片上羽状，通常 5~12 对，小脉单一，斜上，基部 1 对出自主脉基部或基部以上，均伸达缺刻以上的叶边。孢子囊群圆形，小，由较少的孢子囊组成，背生于侧脉中部或靠近主脉两侧，在主脉两侧各成 1 列，每裂片 4~12 对，无囊群盖，往往有短刚毛。孢子囊具短柄，近顶处有 1~4 根直立刚毛，刚毛顶端呈钩状。孢子椭圆形，周壁具明显的褶皱，表面形成不规则的大网状，或周壁形成刺状突起，周壁与外壁不易区分者则表面具刺状纹饰，外壁表面光滑。染色体 x 为 36。

该属有 9 种，分布于东亚、南亚和东南亚 (Fawcett and Smith，2021；Fawcett et al.，2021)，中国 9 种均有 (Lin et al.，2013b)。

12. 毛蕨属 *Cyclosorus* Link* (图 143)

中型至大型土生或水生植物。根状茎极长横走，分枝，干时黑色；根状茎具稀疏鳞片。叶远生，一型，一回羽状；叶柄基部具稀疏的黑色卵状至披针形的边缘棕色有细刚毛的鳞片，上部禾秆色，近轴面具沟槽；叶纸质至近革质，干时绿色或淡红色，基部羽

图 142　狭基钩毛蕨 *Cyclogramma leveillei* (Christ) Ching

图 143　毛蕨 *Cyclosorus interruptus*

片不缩短或最下面 1 对略缩短，基部上侧无耳突，叶先端常短，羽裂至具与侧生羽片近同形但较短的顶羽片；无芽胞；叶近轴面及叶柄、中脉及中肋上具透明的单细胞短针毛，叶脉和脉间无毛；叶肉无泡状突起；羽片 10~30 对，线状披针形，有短柄，常互生，基部圆形至截形，近轴面有沟槽且与叶轴沟槽不互通，浅裂至半裂，个别深裂；叶脉单一，两面可见，相邻裂片基部数对侧脉在缺刻下联结成锐角，形成外行小脉伸达缺刻，其余侧脉伸达缺刻以上叶边；羽片气囊体不显著或无，不膨大。孢子囊群在裂片中部或近中部着生，圆形，基部 1 或 2 对叶脉上常无囊群，成熟时不汇生，有囊群盖；囊群盖在边缘或有时在表面疏被毛，随着成熟逐渐脱落。孢子囊无刚毛或腺体，但常在囊柄有橘黄至浅红的具长柄的腺体。孢子深棕色，周壁有不规则的细刺或有短的有穿孔的脊，无狭翅。染色体 x 为 36。

该属仅 2~3 种，泛热带分布 (Fawcett and Smith，2021；Fawcett et al.，2021)，中国有 1 种：毛蕨 *Cyclosorus interruptus* (Willd.) H. Itô (Lin et al.，2013b)。

13. 方秆蕨属 *Glaphyropteridopsis* Ching* (图 144)

大中型土生植物。根状茎短粗，横卧或斜升，无毛，稍被鳞片。叶簇生或近生；叶柄粗壮，基部疏被棕色的披针形鳞片；叶草质、纸质或革质，干后黄绿色，椭圆形，基部不变狭，二回羽状深裂；羽片多对，线状披针形，无柄，分离，对生或近对生，其基部与叶轴相连处下面不具疣状突起的气囊体；叶轴下面方形，扁平，光滑或有疏短毛，

图 144 粉红方秆蕨 *Glaphyropteridopsis rufostraminea* (Christ) Ching

干后常呈微红色，叶轴和羽片两面多少被灰白色长毛，不具腺体；羽轴上面有一条纵沟，沟内生密毛，羽裂几达羽轴；裂片多对，披针状镰刀形；叶脉分离，在裂片上为羽状，小脉单一，多且密，达于叶边，基部 1 对到达缺刻附近或缺刻以上的叶边。孢子囊群圆形，生于侧脉基部，靠近裂片主脉两侧各成 1 列，成熟时彼此密接，常汇合成线形，无盖或有盖。孢子囊近顶处常有针状毛。孢子椭圆状两面体，表面有不规则的刺状或小瘤状突起。染色体 x 为 36。

该属共 11 种，10 个为中国特有种，方秆蕨 *Glaphyropteridopsis erubescens* (Hook.) Ching 可以分布到印度北部、尼泊尔、不丹、缅甸北部、越南和菲律宾 (Lin et al.，2013b；Fawcett and Smith，2021；Fawcett et al.，2021)。

14. 角毛蕨属 *Goniopteris* C. Presl

小型至中型 (5~80 cm) 土生或附石植物。根状茎通常粗壮、短匍匐、上升或直立，鳞片表面和 (或) 边缘通常具星状或分叉状毛。叶直立或匍匐，一型或轻微二型，一回羽状至羽片半裂，很少单叶或羽片全裂；叶柄禾秆色至暗棕色，近轴面有沟槽，叶柄鳞片棕色，三角形至卵形至线状披针形，典型的表面和 (或) 边缘有分叉状或星状毛；叶膜质至厚革质，干后暗绿色，叶先端小羽片同形或逐渐缩小，叶基部不收缩，或若收缩，无多对逐渐缩小的羽片，沿叶轴和羽轴，或有时沿主脉有芽胞；羽片具柄、无柄或狭贴生 (尤其是在叶先端的羽片)，边缘全缘，圆齿状至深裂，基部膨大，截形、圆形、戟形或上侧呈耳状；无气囊体，极少在羽片基部瘤状；毛被为具柄或无柄的分枝毛，呈“T”形或“Y”形或者星状，毛偶尔分叉或多回分叉，分枝毛有时与单细胞或多细胞透明针状毛同时出现，分枝毛沿着轴的正面凹槽最容易观察到，但有时也存在于叶轴、羽轴和叶面，叶轴、羽轴和叶上通常无腺体；鳞片通常无，仅少数南美物种中沿着背面的中肋上有分布。孢子囊群圆形，通常在侧脉中部着生，有或无囊群盖，散生；囊群盖有针状或各式分枝的毛。孢子囊无毛或具刚毛。孢子棕色，有网状纹饰。染色体 x 为 36，同时有二倍体、三倍体和四倍体存在。

该属有 138 种，分布于新世界热带，中国不产 (Fawcett and Smith，2021；Fawcett et al.，2021)。

15. 钩毛新月蕨属 *Grypothrix* (Holttum) S. E. Fawc. & A. R. Sm.* (图 145)

[该属在 FOC 中被置于新月蕨属 *Pronephrium*]

小型至中型土生植物，通常生于低海拔林下或溪边。根状茎短或长横卧。叶一型、弱二型或二型，一回羽状、三出或单叶；叶柄禾秆色、浅棕色或略带红色，有棕色、栗色或黑色线状披针形具毛鳞片；叶纸质，干后有时带红色，具顶羽片，基部羽片不缩短，罕有芽胞；羽片通常较宽，边缘通常全缘，有时具波状齿，罕有浅裂，基部楔形或有时心形，无柄或具短柄；远轴面在羽轴和叶脉上具无色钩状毛，有时脉间也有；近轴面在羽轴和叶脉上 (有时在脉间) 也有钩状毛；叶肉有时具泡状突起；叶脉通常两面明显，伸达叶边，数对侧脉规则地联结成成列的网格，有中断的内藏小脉，或有时形成连续的外行小脉；气囊体有时存在，在羽片基部膨大。孢子囊群无盖，沿叶脉着生并汇合，有时密集排列成卤蕨型，或成圆形排列在侧脉中部，不汇合。孢子囊无毛或在囊蒴具钩状毛或腺体。孢子棕色或黑色，具流苏状隆起纹饰。染色体 x 为 36。

该属共 12 种，分布于马来群岛、太平洋岛屿、澳大拉西亚、东亚、南亚和东南亚 (Fawcett and Smith，2021；Fawcett et al.，2021)，中国有 7 种 (Lin et al.，2013b)。

图 145　三羽新月蕨 *Grypothrix triphylla* (Sw.) S. E. Fawc. & A. R. Sm.

16. 牧蕨属 *Hoiokula* S. E. Fawc. & A. R. Sm.

中型土生、崖壁生或溪流生植物。根状茎短横卧。叶一回羽状，一型；叶柄禾秆色或淡棕色，叶柄基部和根状茎具淡棕色光滑的鳞片或具表面有毛的卵形至线状披针形鳞片；叶纸质，披针形至阔三角形，顶端渐缩，远端羽片基部下延，基部羽片不缩短或略缩短，基部 1 对羽片有时反折，叶轴无芽胞；羽片具圆齿、齿或浅裂，有时近全缘，一般通直，较少为镰状，基部上侧耳状；叶脉两面明显，缺刻下数对侧脉联结并形成曲折的外行小脉，叶脉伸达叶边缘；羽片基部无气囊体或仅具很小的通气组织，有时稍膨大；远轴面在叶脉和脉间 (有时仅脉上) 具基部扩大，末端变狭的透明针状毛，近轴面具沟槽，沿叶脉和脉间具透明针状毛；腺体通常无，或有时叶面、叶脉和孢子囊上具透明橙黄色球形腺体；叶肉无泡状突起。孢子囊群生于裂片中部，圆形或沿脉伸长，无囊群盖。孢子囊具细刚毛或少有无毛。孢子淡棕色，具翅状纹饰。染色体 x 可能为 36。

该属有 2 种：*Hoiokula pendens* (D. D. Palmer) S. E. Fawc. & A. R. Sm. 和 *H. sandwicensis* (Brack.) S. E. Fawc. & A. R. Sm.，特产于夏威夷群岛，中国不产。

17. 茯蕨属 *Leptogramma* J. Sm.* (图 146)

[该属包括FOC中边果蕨属 *Craspedosorus* 以及溪边蕨属 *Stegnogramma* 的部分物种]

小型土生或附生，生于热带或亚热带森林林下、溪流旁及石缝中。根状茎短横走至直立，具卵形至披针形的有毛鳞片。叶一型至弱二型，一回羽状，羽片羽状半裂；叶柄禾秆色至浅棕色，有长或短的多细胞或单细胞的透明针毛，叶柄鳞片同根状茎；叶膜质至纸质，戟形、卵形至披针形，顶端渐缩，无顶生羽片，一般基部最宽，基部羽片从不缩短，无芽胞；羽片浅裂至深裂，个别全缘或全裂，羽片基部圆形或截形，常下延，有时不对称但不形成耳状突起；叶脉分离，单一或偶分叉，或1~2对侧脉联结在缺刻下形成锐角，叶脉伸达叶边或不达叶边；气囊体不明显或无；叶两面沿叶柄、叶轴、羽轴和叶脉及脉间具长短透明针状毛；叶肉无泡状突起。孢子囊群线形沿叶脉着生，无盖。孢子囊囊蒴具毛。孢子一般具刺状纹饰。染色体 x 为 36。

该属共 29 种，主要分布于喜马拉雅和中国南部，向北可分布到日本，向南分布到斯里兰卡，还分布到马来西亚、菲律宾和印度尼西亚，个别种分布于非洲、欧洲、美洲 (Fawcett and Smith，2021；Fawcett et al.，2021)，中国有 15 种 (Lin et al.，2013b)。

图 146　小叶茯蕨 *Leptogramma tottoides* Hayata ex H. Itô

18. 红新月蕨属 *Menisciopsis* (Holttum) S. E. Fawc. & A. R. Sm.* (图 147)

[该属在 FOC 中被置于新月蕨属 *Pronephrium*]

小型至大型土生、流水生或岩石生植物。根状茎短匍匐，长而横走，或形成大的直立茎基。叶一型，一回羽状，直立、斜升或下垂；叶柄禾秆色，暗棕色或淡红色；叶柄鳞片暗棕色，阔卵状至三角形至卵状披针形，纸质至近革质；叶干后常变红色，上面无毛，或叶中肋有短的透明针状毛，罕见有毛，有时中肋上有鳞片；一些种在叶下面脉上有橘黄色树脂状小腺体，叶两面有泡状突起或无；羽片基部无气囊体或有一个深色突起充气组织；叶全缘，圆锯齿、齿或浅裂，基部羽片不或稍微缩小，先端羽片逐渐缩小，顶生羽片与其下的同形；叶脉网结，小脉多对，近斜展，在缺刻基部下一对顶端联结成1个三角形网眼，其上各对小脉和相交点的外行小脉较直形成2列斜方形网眼，外行小脉达到或几达到上1对小脉联结点。孢子囊群沿中肋或小肋分布，极少沿小脉在交叉处汇合，有或无囊群盖；囊群盖光滑，宿存或在成熟时皱缩。孢子囊无毛或腺体。孢子通常黑色，有时棕色，有非网状褶皱或短的刺状突起。染色体 x 为 36。

该属有 7 种，分布于亚洲至夏威夷群岛 (Fawcett and Smith，2021；Fawcett et al.，2021)，中国目前承认 2 种：红色新月蕨 *Menisciopsis lakhimpurensis* (Rosenst.) S. E. Fawc. & A. R. Sm. [= *Pronephrium lakhimpurense* (Rosenstock) Holttum (FOC); = *P. medogensis* Y. X. Lin (FOC)]和披针新月蕨 *M. penangiana* (Hook.) S. E. Fawc. & A. R. Sm. [= *P. penangianum* (Hook.) Holttum (FOC)] (Lin et al.，2013b)。

图 147　红色新月蕨 *Menisciopsis lakhimpurensis*

19. 小月蕨属 *Meniscium* Schreb.

小型至大型土生、溪流生或崖壁生植物。根状茎短横卧或长横卧，或形成粗壮的直立茎。叶一型，一回羽状；叶柄禾秆色、淡棕色或微红色；叶柄鳞片淡棕色，阔卵状三角形或卵状披针形；叶纸质至近革质，干后为典型的淡绿色；羽片全缘，具圆齿、齿或浅裂，基部羽片不缩短或略缩短，远端羽片逐渐缩短，具同形或近同形顶羽片；叶脉缺刻下数对联结并形成网眼，侧脉一般通直，外行小脉中断或连续，通直或曲折，侧脉末端伸达叶边缘；气囊体无或仅具较小的通气组织；远轴面无毛或具稀疏的短针毛，大致仅限于羽轴和叶脉；近轴面无毛，或具稀疏的短针毛，大致仅限于羽轴和叶脉，或偶有脉间也有，羽轴有时具鳞片；部分种在远轴面沿叶脉有较长的橙色树脂状腺体；叶两面有或无泡状突起。孢子囊群在侧脉中部以内，通常沿羽轴、小羽轴，偶尔沿联结的侧脉汇合，有盖或无盖；囊群盖无毛，宿存或在成熟时缩小。孢子囊无毛及腺体。孢子多为黑色或有时棕色，具不连成网状的隆起或短且具刺的鸡冠状纹饰。染色体 x 为 36。

该属共26种，分布于美国南部、中美洲及南美洲等 (Fawcett and Smith，2021；Fawcett et al.，2021)，中国不产 (Lin et al.，2013b)。

20. 非洲小月蕨属 *Menisorus* Alston

小型到中型草本，高可达 1 m，土生或低地热带森林岩石河床溪流生。根状茎直立、斜升或短横卧，根状茎鳞片早落。叶一型，一回羽状；叶柄禾秆色；叶柄鳞片贴伏，稀疏，无毛，棕色，卵状三角形至稍长，显著早落；叶干后色深，基部羽片不缩短或略缩短，顶部具同形或近同形顶生羽片，叶轴常具芽胞，或数个小植株从叶轴远端生出；羽片边缘具圆齿、倾斜齿或浅裂，基部截形至狭楔形；叶脉 1 至数对联结，并形成曲折的外行小脉伸达缺刻，其上叶脉伸达缺刻膜质；气囊体无或伸长；叶两面无毛，或仅在叶轴、羽轴等处具短而直立的毛以及羽轴偶尔具小鳞片；在 *M. unitus* 中叶肉具泡状突起。孢子囊群圆形至长圆形，分离或跨脉汇合，无盖。孢子囊无毛。孢子具乳突或翅状纹饰。染色体 x 为 36。

该属有 3~5 种，仅分布于非洲 (Fawcett and Smith，2021；Fawcett et al.，2021)，中国不产 (Lin et al.，2013b)。

21. 中脉蕨属 *Mesophlebion* Holttum

中型土生草本，多生于湿润林下。根状茎短至长横卧，绿色、禾秆色或成熟时带红色，基部具鳞片，深色至棕色，披针形，边缘和表面具短针毛，顶端具坚硬而具短针毛的深色鳞片。叶一型至二型，通常一回羽状，基部羽片不缩短，顶端羽片下延并汇合至具近同形顶羽片，或偶有单叶；羽片浅裂至深裂，基部羽片向基部变狭，无柄或具长柄；叶轴具毛或有时无毛，毛针状，有时具与叶柄相似的鳞片，叶轴无芽胞；叶脉分离或少有稍联结，通常为在缺刻处或缺刻稍下处靠合并伸达缺刻下通常具毛的脊状突起，叶脉单一，伸达叶边缘，向基部一侧的基部侧脉有时从羽轴而非中肋分出；羽轴近轴面凸起，具沟槽，有时具膨大气囊体但从不为钉子状，仅沿叶轴和羽轴具针状毛；远轴面在各级叶轴、羽轴和叶脉处具针状毛，脉间通常无毛，无具柄腺体，有时具圆球形、半球形腺体，远轴面沿羽轴有时具鳞片；叶肉无泡状突起。孢子囊群圆形或长圆形，生侧脉中部，具囊群盖；囊群盖圆肾形，薄而常早落，无毛或具短刚毛。孢子囊柄较短，幼嫩时常为淡紫色，光滑或在囊柄处有红橙色具柄球形腺体，囊蒴无腺体及毛。孢子深棕色，具长而连续的翅状或脊状或乳头状纹饰。染色体 x 为 36。

该属共 17 种，分布于缅甸至泰国、越南及马来群岛 (Fawcett and Smith，2021；Fawcett et al.，2021)，中国不产 (Lin et al.，2013b)。

22. 龙津蕨属 *Mesopteris* Ching* (图 148)

土生草本，生热带林下或受干扰生境，或石灰岩地区。根状茎长而横走，褐色，木质，连同叶柄基部密被褐棕色披针形鳞片。叶远生；叶柄粗壮，近四棱形，基部以上光滑无毛，不具瘤状气囊体；叶纸质或近革质，狭椭圆形，一回羽状，具与侧生羽片几同形的顶羽片；侧生羽片线状披针形，基部羽片向下变狭成楔形，基部无耳状突起，羽状半裂，斜展；裂片尖头；叶无毛或在仅各级轴上具极短的透明针状毛；近轴面具细小的球形无柄或具柄红色、琥珀色腺体；近轴面毛被情况类似，腺体仅分布于羽轴；远轴面叶脉及脉间具微细的金色球形无柄的腺体散生，无气囊体；远轴面叶肉常具泡状突起；侧脉单一，极斜向上，下部 2 对左右靠合形成锐角并伸达缺刻处透明膜，或偶有 1 对联结并形成外行小脉，缺刻发达且伸长，在叶远轴面成齿状突起，侧脉不伸达或伸达叶边缘。孢子囊群圆形，生于侧脉中部，上部侧脉常不育，无盖。孢子囊光滑无毛，或在囊蒴或柄处具腺体。孢子黑褐色，具不联结成网的鸡冠状纹饰。染色体 x 为 38 (存疑)。

该属 6 种，分布于东南亚，中国仅龙津蕨 *Mesopteris tonkinensis* (C. Chr.) Ching 1 种 (Lin et al.，2013b；Fawcett and Smith，2021；Fawcett et al.，2021)。

图 148 龙津蕨 *Mesopteris tonkinensis*

23. 凸轴蕨属 *Metathelypteris* (H. Itô) Ching* (图 149)

中小型土生常绿草本。根状茎直立或横卧，先端略被卵状披针形鳞片。叶簇生或近生；叶柄浅绿色，近光滑或略有短柔毛；叶草质，干后草绿色，椭圆状披针形，一回至二回羽状；先端羽裂渐尖，基部不变狭，侧生羽片多对，互生，披针形，顶端渐尖头，基部平截，对称，羽状深裂或上部羽片羽状半裂，基部羽片不缩短或略缩短；裂片椭圆形，边缘有锯齿；羽轴和小羽轴上面圆形隆起，无沟槽；叶两面多少被单细胞的灰白色针状毛，尤以各回羽轴上面的毛更密，叶面有时光滑，远轴面无橙色球形腺体；叶脉分离，小脉单一或二叉，斜展，在裂片上羽状，均不伸达叶边。孢子囊群圆形，小，生于小脉顶端，位于叶边和主脉之间，有盖；囊群盖圆肾形，绿色，有毛或光滑，宿存。孢子椭圆形，周壁具褶皱，表面常连成网状或拟网状，褶皱具小穴状纹饰，外壁表面具细网状纹饰。染色体 x 为 31、34、35、36。

该属共 17 种，分布于非洲、马达加斯加、亚洲，向东可达所罗门群岛，多样性中心位于亚洲 (Fawcett and Smith，2021；Fawcett et al.，2021)，中国有 12 种 (Lin et al.，2013b)。

图 149　微毛凸轴蕨 *Metathelypteris adscendens* (Ching) Ching

24. 假鳞毛蕨属 *Oreopteris* Holub*

中型土生夏绿植物。根状茎近直立或直立。叶一型，密集生和簇生，一回羽状，羽片羽裂；叶柄在基部以上禾秆色至棕色；叶柄鳞片宿存，浅棕色到禾秆色，薄，卵形到披针形，鳞片无针状毛但边缘具乳突；叶纸质，椭圆形或倒披针形，基部 5~10 羽片对逐渐缩小，最基部 1 对有时耳形或腺体状，叶先端羽裂渐尖，顶端羽片不下延，无芽胞；羽片无柄或几无柄，羽轴近轴面具凹槽，羽片半裂、深裂至全裂，有时上侧基部有具细圆齿边缘的耳状突起，或基部两侧 1 对裂片均多少延长；叶轴禾秆色至浅栗色，叶远轴面沿羽轴具深色线形、披针形或卵形鳞片，有时还具沿羽轴具针状毛，脉和脉间的组织通常无毛或近无毛，有时具较多淡黄色至偶尔橙色球形腺体，近轴面无毛或有透明针状毛在叶轴和羽轴上，有时在叶脉和叶脉之间也有短毛或具柄腺体；叶肉无泡状突起。孢子囊群生于裂片边缘或中部，圆形，具圆肾形囊群盖；囊群盖宿存，无毛或有时带有细微的头状毛，边缘具齿。孢子囊光滑或有时有腺体。孢子淡褐色，表面有刺或有明显不规则脊，形成粗糙的网状纹饰。染色体 x 为 34。

该属有 3 种，分布于东亚和北美洲温带 (Fawcett and Smith，2021；Fawcett et al.，2021)，中国有 2 种：亚洲假鳞毛蕨 *Oreopteris quelpaertensis* (Christ) Holub 和锡金假鳞毛蕨 *O. selwesii* (Hook. & Baker) Holttum (Lin et al.，2013b)。

25. 沟羽蕨属 *Pakau* S. E. Fawc. & A. R. Sm.

大型土生植物。根状茎有时形成高达 1 m 的直立地上茎，或横卧。叶一型，一回羽状；叶柄淡棕色，基部具棕色卵形、披针形无毛鳞片；叶基部 2~5 对羽片逐渐缩短，最小 1 对不退化成腺体状；羽片近轴面具沟槽，半裂或稍深，裂片斜展，顶端钝圆且边缘具浅齿，基部羽片常耳状；远轴面沿叶轴和羽轴具棕色有光泽的卵形至三角形鳞片，同时羽轴上有时疏被单细胞短针毛或头状毛；近轴面沿叶轴和羽轴具指向羽片顶端的弯弓红棕色毛，且羽轴疏被头状毛或短针毛，其余部位无毛；叶脉两面明显，软骨质缺刻下通常 1 对侧脉联结，第 2 对侧脉伸达缺刻处；无气囊体；叶肉无泡状突起。孢子囊群靠近小脉，基部 1~2 对常为椭圆形，无盖。孢子囊光滑。孢子黑色，具细小不规则翅状纹饰。染色体 x 为 36。

该属仅沟羽蕨 *Pakau pennigera* (G. Forst.) S. E. Fawc. & A. R. Sm. 1 种，分布于新西兰和澳大利亚东南部等 (Fawcett and Smith，2021；Fawcett et al.，2021)，中国不产 (Lin et al.，2013b)。

26. 邻脉蕨属 *Pelazoneuron* (Holttum) A. R. Sm. & S. E. Fawc

中型到大型土生或偶石生。根状茎短或长横卧，偶有近直立至直立并形成树干状。叶一型，一回羽状；叶柄禾秆色，基部颜色较深，近轴面具沟槽，根状茎与叶柄基部具鳞片；鳞片披针形或卵状披针形，棕色，表面和边缘具毛，偶无毛；叶纸质至近革质，无芽胞，基部 1 对羽片几最大，一般不具与侧生羽片同形的顶羽片；羽片近轴面具沟槽但不与叶轴沟槽连通，羽片羽状浅裂或深裂；叶柄、叶轴、羽轴、叶脉和脉间在远轴面具透明针状毛，老时有时脱落，或有时小脉和脉间无毛，个别种在羽轴上散生鳞片；近轴面具较长透明单细胞针毛，个别种脉间也有毛；叶脉两面明显，基部 1 对 (偶 2 对) 侧脉靠合形成锐角并伸达缺刻或缺刻稍下处，少有 1 对侧脉完全联结并形成伸达缺刻的外行小脉，侧脉伸达叶边缘；气囊体无，或羽片基部具轻度膨大的气囊体；叶肉无泡状突起。孢子囊群生裂片中部左右，有些在成熟时汇合，有囊群盖；囊群盖无毛或具刚毛，宿存。孢子囊在囊蒴无毛及腺体，在柄处生有单细胞小型无色棒状腺体。孢子深棕色，具各类脊状、皱状或刺状纹饰。染色体 x 为 36。

该属共 16 种 4 变种，分布于新世界热带、亚热带，从美国南部经墨西哥、中美洲直到阿根廷北部（Fawcett and Smith，2021；Fawcett et al.，2021），中国不产（Lin et al.，2013b）。

27. 近脉蕨属 *Plesioneuron* Holttum

小型至大型土生或石生植物。根状茎横卧至直立。叶一型；叶柄禾秆色至淡棕色，具卵状披针形至线形的棕色至深棕色鳞片，通常质薄或有时在叶柄基部和根状茎顶端加厚，有时鳞片缺失；叶柄有时具深色放射状的刺；叶纸质至硬革质，干后通常暗绿色或灰白色，一回羽状，基部羽片骤缩，通常反折，少数渐缩，顶端具与侧生羽片相同的顶羽片或渐缩，叶轴上无芽胞；羽片通直或镰状，无柄或有柄，通常顶端通常渐尖或尾尖，基部强烈不对称，楔形、圆形或截形，通常具分离的基部裂片，但无耳状突起；羽片缺刻膜质通常加厚，隆起且具毛；叶脉通常分离，伸达缺刻以上叶边或在缺刻两侧隆起，不形成网眼；气囊体略膨大或在部分种中伸长；远轴面仅在叶脉和羽轴具较短的单细胞透明针状毛，有时脉间也有，少有无毛，有时具黄色球形无柄或有柄腺体，羽轴有时具鳞片；近轴面通常仅在叶脉、羽轴和叶轴具透明针状毛或红色向前弯弓的毛；叶肉有时在近轴面或远轴面具泡状突起。孢子囊群圆形，分离，生侧脉中部或中部以内，通常具囊群盖；囊群盖较大，深色，宿存，无毛或具毛或腺体。孢子囊无腺体，或者具球形琥珀色或黄色腺体，或具刚毛。孢子通常黑色，通常具小刺或偶有翅状纹饰。染色体 x 为 36。

该属约 60 种，分布于马来群岛和太平洋岛屿，多样性中心位于巴布亚新几内亚（Fawcett and Smith，2021；Fawcett et al.，2021），中国不产（Lin et al.，2013b）。

28. 稀毛蕨属 *Pneumatopteris* Nakai

土生植物，通常沿溪流生长。植株高达 2 m。根状茎粗壮，匍匐或形成直立的茎。叶密集簇生；叶一型，一回羽状；叶柄禾秆色，鳞片棕色，宽卵形到卵状披针形，无毛，或通常沿边缘有毛；叶通常质地粗糙，两面常二色，先端羽裂渐尖或具与侧生羽片相近的顶羽片，基部羽片急剧收缩到轻微残留的羽片，叶组织包围在气囊体四周；羽片无柄，基部截形，浅裂，有明显的软骨质缺刻，缺刻在叶近轴面凹陷，并在远轴面凸起伸出叶片之外，末回裂片先端常锐尖；叶脉两面明显，颜色常较叶肉浅，至少 1 对在缺刻下联结，形成外行小脉伸达缺刻，并有更多对侧脉伸达突出的缺刻膜质处，叶脉排列密集；气囊体沿叶柄和羽片基部着生，形似钉子状突出，在幼叶阶段突出于所分泌黏液之外，有时在羽轴上中肋的基部也有类似气囊体；叶远轴面无毛，或在脉上和脉间有短的透明针状毛，近轴面无毛，或在叶脉和脉间具大量短毛，同时在叶轴羽轴沟槽中具弯弓的红棕色毛；叶肉无泡状突起，或叶两面都有。孢子囊群圆形，生于裂片中部到近边缘，无囊群盖，有时有囊托状毛，或有小而光滑或具毛的囊群盖。孢子囊光滑，具刚毛或腺体，腺体无色，刚毛针状或头状，单细胞或多细胞，成熟时通常萎缩或早落。孢子黄色至浅棕色。染色体 x 可能为 36。

该属约 31 种，分布于太平洋岛屿 (Fawcett and Smith，2021；Fawcett et al.，2021)，中国不产 (Lin et al.，2013b)。

29. 新月蕨属 *Pronephrium* C. Presl

[该属包括 PPG I 系统中的微羽蕨属 *Nannothelypteris* Holttum]

小型到中型草本，土生、溪流生或石生。根状茎短横卧，匍匐或直立。叶通常强二型，孢子叶比营养叶高，一回羽状；叶柄禾秆色或淡棕色，具卵状三角形至线状披针形棕色具毛鳞片；叶纸质至近革质，罕有膜质，顶端渐缩短或具顶羽片，或具比侧生羽片更大的顶羽片，基部羽片不缩短或略缩短，叶轴无芽胞；羽片边缘全缘、具圆齿或浅裂，偶有深裂，通常在基部上侧耳状，无柄或具短柄，具截形或阔楔形基部，在部分种中强烈不对称；叶脉两面明显，数对侧脉联结并形成通直或偶有曲折的外行小脉，有时具内藏小脉，在叶较小的种中侧脉更多为分叉而不是联结，侧脉伸达叶边缘；气囊体很少有；叶远轴面沿羽轴、叶脉和有时脉间具透明针状毛，同时常有金黄色球形腺体；叶近轴面沿羽轴和叶脉具透明针状毛；叶两面具密集泡状突起。孢子囊群生侧脉中部，圆形，有或无盖；囊群盖无毛或具针状毛或金色球形腺体，在外行小脉两侧成对排列，在狭缩的孢子叶下面为卤蕨型。孢子囊无毛或具刚毛或具金黄色球形腺体。孢子棕色，具流苏状顶端联结成网的鸡冠状纹饰。染色体 x 为 36。

该属约 37 种，大部分分布于马来群岛，尤其在菲律宾最为集中，部分种类分布到亚洲大陆。在 FOC 和 PPG I 系统中，新月蕨属 *Pronephrium* 包含了在中国有分布的算盘蕨属 *Abacopteris*、红新月蕨属 *Menisciopsis* 和钩毛新月蕨属 *Grypothrix*；但在新的分类系统中，该属在中国不产 (Lin et al.，2013b；Fawcett and Smith，2021；Fawcett et al.，2021)。

30. 假毛蕨属 *Pseudocyclosorus* Ching* (图 150)

中型土生植物，通常生于溪边或林下。根状茎短横卧或直立；鳞片浅棕色，无毛。叶一型；叶柄禾秆色、栗色或淡棕色；叶柄鳞片稀疏或早落，棕色，无毛或具缘毛，卵形至披针形；叶纸质，干后绿色、棕色或橄榄色；顶端渐变狭，基部通常骤缩至 1 列耳状羽片，或有时仅保留气囊体；叶轴无芽胞；羽片无柄或具短柄，基部截形，深羽裂，裂片垂直或强镰羽状；叶脉分离，伸达缺刻下膜质；气囊体膨大，幼叶时期分泌黏液；远轴面在叶轴、羽轴、叶脉及脉间等处具开展毛，叶柄具弯弓长毛，有时还有细小无柄或具柄金黄色腺体；近轴面仅在叶轴、羽轴和叶脉处，有时也在脉间有透明针状毛；叶肉无泡状突起。孢子囊群圆形，分离或极少汇合，生于侧脉中部或靠近中肋或裂片边缘处，有盖；囊群盖较大，宿存，无毛或具短毛或腺体。孢子囊囊蒴光滑，柄处有时具头状毛。孢子两面体，具鸡冠状或刺状纹饰。染色体 x 为 35 或 36。

该属约 14 种，分布于亚洲热带和亚热带，多样性中心位于中国云南至喜马拉雅

(Fawcett and Smith，2021；Fawcett et al.，2021)，中国有 8 种 (Lin et al.，2013b)。

图 150　普通假毛蕨 *Pseudocyclosorus subochthodes* (Ching) Ching

31. 大毛蕨属 ***Reholttumia*** S. E. Fawc. & A. R. Sm.* (图 151)

[该属在 FOC 中被置于毛蕨属 *Cyclosorus* Link]

中型至大型土生植物。根状茎短，横走、斜升至直立，罕有长横走，具棕色早落的鳞片。叶一型，一回羽状；叶柄禾秆色或少有棕色；叶柄鳞片质厚，棕色，阔卵形至线状披针形，无毛或边缘具毛，早落，罕有一直延伸至叶轴；叶膜质至纸质，干后不变红，顶端渐变狭，基部不变狭或多对羽片缩短，基部最小羽片缩小至 1 cm 左右，叶轴无芽胞；羽片无柄或近无柄，基部截形，边缘浅裂，裂片顶端圆形或有时平截，偶有急尖，下部羽片向基部逐渐变狭或具耳突；相邻裂片基部 1~3 对侧脉联结并形成外行小脉伸达缺刻处膜质连线或在缺刻以下中断，其余侧脉伸达缺刻以上；气囊体无或膨大，有时仅羽片基部处颜色不同，从不呈钉子状；远轴面有时在叶轴、羽轴等处具短毛，脉间一般无毛，但有时具直立针状毛；近轴面通常仅在叶轴和羽轴处具无色或红色弯弓针状毛，以及短而直立的针状毛；叶肉近轴面有时具泡状突起，并具较大不规则形或细小无色腺体。孢子囊群圆形，不汇合，一般生于侧脉中部或有时靠近中脉，大多有盖；囊群盖成熟时缩小并隐没在囊群中，深棕色，无毛或具针状毛。孢子囊无毛或在囊蒴处具无色头状腺体，罕有细刚毛。孢子棕色，具瘤状或厚翅状纹饰。染色体 x 为 36。

该属共 11 种，广泛分布于太平洋岛屿 (除夏威夷群岛)，少数种类分布于马来群岛

和亚洲大陆 (Fawcett and Smith，2021；Fawcett et al.，2021)，中国有 2 种：截裂毛蕨 *Reholttumia truncata* (Poir.) S. E. Fawc. & A. R. Sm. [= *Cyclosorus truncatus* (Poir.) Farw. (FOC)]和线羽截裂毛蕨 *R. loyalii* (Holttum) S. E. Fawc. & A. R. Sm.[= *C. truncatus* var. *angustipinnus* Ching (FOC)] (Lin et al.，2013b)。

图 151　截裂毛蕨 *Reholttumia truncata*

32. 圆腺蕨属 *Sphaerostephanos* J. Sm.* (图 152)

[该属在 FOC 中被置于毛蕨属 *Cyclosorus*]

中型至大型土生植物，偶尔生于岩壁或溪流等处。根状茎大多近直立或直立，偶尔短匍匐。叶一型或孢子叶更小且更直立，通常一回羽状；叶柄禾秆色或棕色，常无光泽，叶柄基部和根状茎上的鳞片棕色到棕褐色，卵形到披针形，很少无毛，薄，鳞片边缘和表面常有透明针状毛；叶通常纸质，较少近革质至革质，叶干时绿色，披针形，卵形至三角形，基部羽片通常近突然或突然缩短，偶尔逐渐缩短，缩短羽片通常超过 6 对，基部几对通常为耳形或腺体状，叶先端逐渐狭缩，先端羽片不下延或仅略下延，或近骤缩成顶羽片状；叶轴无芽胞；羽片全缘至近全缘，圆齿状，浅裂或裂至宽度一半以上，罕有全裂至离羽轴 1 mm 处，有时在基部上侧具小耳突，羽轴近轴面具沟槽；叶脉通常两面明显，相邻裂片基部 1 对侧脉在缺刻处联结并形成外行小脉伸达缺刻处，有时以上 2~4 对侧脉仍联结于上述外行小脉，罕有基部 1 对侧脉伸达缺刻之上的叶边，其余叶脉伸达缺刻以上叶边；羽片基部有气囊体或无，气囊体膨胀成瘤状或棒状，或仅在羽片基部形成一小块深色通气组织；远轴面在叶轴、羽轴，中脉（有时脉间）常具透明针状毛，罕有光滑或近光滑；近轴面叶轴和羽轴有无色或带红色的针状毛，有时也分布在叶脉和脉间，毛通常贴伏在叶脉之间，散生到浓密，在叶柄和轴上的毛长度和疏密变化较大，罕无毛或毛脱落，毛通常单细胞，很少多细胞；如有腺体则成树脂状或不透明状半球形，通常淡黄色到淡橙色，很少头状，生于叶片和叶脉远轴面，有时在近轴面也有；叶肉通常具泡状突起。孢子囊群着生在裂片近中部或中部，很少近边缘，通常圆形，有时为长圆形或沿脉伸长，囊群盖有或无；囊群盖通常为圆肾形或退化为碎片，幼时常呈白色或棕褐色，宿存或脱落，有毛和（或）腺体至无毛。孢子囊在囊蒴通常具小刚毛或在环带之下具与叶上类似的无柄腺体。孢子淡褐色，无明显翅状凸出的脊，具刺状、网状或有穿孔的纹饰。染色体 x 为 36。

该属有 190 余种，分布于热带非洲、亚洲大陆、太平洋岛屿、印度洋岛屿（Fawcett and Smith，2021；Fawcett et al.，2021），中国有 4 种：阴生毛蕨 *Sphaerostephanos latebrosus* (Kunze ex Mett.) Holttum、异果毛蕨 *S. heterocarpus* (Blume) Holttum、兰屿大叶毛蕨 *S. productus* (Kaulf.) Holttum、台湾毛蕨 *S. taiwanensis* (C. Chr.) Holttum ex C. M. Kuo (Lin et al.，2013b)。

图 152　台湾毛蕨 *Sphaerostephanos taiwanensis*

33. 溪边蕨属 *Stegnogramma* Blume* (图 153)

[该属包括 FOC 中圣蕨属 *Dictyocline* Moore]

小型至中型土生植物，通常生于林下陡坡或溪畔。根状茎短横卧、斜升或直立，有卵形至披针形具毛鳞片。叶一型或弱二型，单叶至一回羽状；叶柄禾秆色至淡棕色，无沟槽；具单细胞长短针状毛，偶有同时具多细胞针状毛；叶柄鳞片栗色、棕色或淡色，通常表面和边缘具毛；叶膜质至纸质，干后绿色、橄榄色或深棕色，卵形、戟形至三角形，顶端渐缩，基部最宽且从不具多对渐缩羽片；叶轴无芽胞；羽片全缘至浅裂，下延至无柄，基部圆形或截形，有时不对称但从不具耳状突；叶脉有时侧脉不规则网格状，有或无内藏小脉，或侧脉数对规则联结形成外行小脉伸达缺刻处，叶脉伸达叶边缘；气囊体不明显或无；叶柄、叶轴、羽轴、叶脉及脉间两面具长和（或）短透明针状毛，通常单细胞或偶有多细胞；叶肉无泡状突起。孢子囊群线形，或沿侧脉或网格叶脉汇合，无囊群盖。孢子囊在囊蒴处具很多毛。孢子具刺状或短翅状纹饰。染色体 x 为 36。

该属共 7 种，分布于旧世界热带和亚热带，多样性中心位于中国南部、印度东部、缅甸和越南北部等 (Fawcett and Smith，2021；Fawcett et al.，2021)，中国有 5 种：圣蕨 *Stegnogramma griffithii* (T. Moore) K. Iwats、闽浙圣蕨 *S. mingchegensis* (Ching) X. C. Zhang & L. J. He、羽裂圣蕨 *S. wilfordii* (Hook.) Seriz.、戟叶圣蕨 *S. sagittifolia* (Ching) L. J. He & X. C. Zhang、屏边溪边蕨 *S. dictyoclinoides* Ching (Lin et al.，2013b)。

图 153　羽裂圣蕨 *Stegnogramma wilfordii*

34. 凸脊蕨属 *Steiropteris* (C. Chr.) Pic. Serm.

土生，偶为适生于急流环境的植物。植株大小变化大，小于 15 cm 至大于 2 m。根状茎短匍匐至近直立。叶通常一型，极少近二型或稍二型；叶片为羽状至通常为羽状深裂，直立或呈拱形；叶柄禾秆色至暗褐色；叶柄鳞片棕色，披针形，具刚毛；叶片纸质，叶干后呈深绿色；叶轴上部羽片叶腋处通常无芽胞，羽片浅裂至深裂，很少近全缘或具圆齿，基部羽片不缩短或略缩短，或多对突然缩短成耳状，上部羽片逐渐缩短或骤缩短并具与侧生羽片近同形或基部为戟形的顶羽片；侧脉伸达缺刻处或 1 至数对联结于缺刻之下并形成凸起的软骨质部分延长至缺刻处，有时侧脉完全联结并形成外行小脉并伸达缺刻处，少数种的最基部侧脉伸达缺刻以上且缺少凸起的软骨质，其余侧脉伸达裂片边缘；羽片基部一般有气囊体，有时裂片基部尤其在拳卷叶时期也有鳞片状、瘤状或角状突起的气囊体，并在老叶时仍可见；远轴面无毛或疏被或密被各种长度的透明针状毛，单细胞或分节，通常只生于羽轴、中肋和叶脉上，同时羽轴上常生有无定形贴伏的鳞片；近轴面除叶轴和羽轴外无毛，偶在脉间有毛；通常无腺体；叶肉除少数种外无泡状突起。孢子囊群圆形，生近中肋处或侧脉中部，成熟时不汇合，有盖或无盖；囊群盖无毛且有腺体，或具短毛，有时拱形隆起且具腺体，宿存或早落，个别种当中盖在成熟时隐没于囊群中。孢子囊常无毛及腺体，极少具毛或具橙色椭球形有柄腺体。孢子棕色，具带齿状或流苏状边缘的狭翅纹饰，或密网格隆起的皱状纹饰。染色体 x 为 36。

该属共 26 种，分布于热带美洲 (Fawcett and Smith，2021；Fawcett et al.，2021)，中国不产 (Lin et al.，2013b)。

35. 扭绳蕨属 *Strophocaulon* S. E. Fawc. & A. R. Sm.

中型至大型土生草本，常在开阔处形成大片群体。根状茎粗壮，黑色，长横卧于下，节间长达 7 cm，具禾秆色至棕色的披针形或有时扭曲的具毛鳞片。叶一型，一回羽状；叶柄淡棕色至禾秆色；叶柄鳞片披针形，禾秆色，有时扭曲，边缘具毛；叶纸质至革质，常两面二色，干后近轴面常红黑色，叶顶端下延或具与侧生羽片同形的顶羽片，基部羽片骤缩短，具多对缩成耳状的羽片并在着生处包有气囊体，叶轴无芽胞；羽片无柄至具短柄，羽片基部截形或阔楔形，有时轻度扩大，边缘具尖齿至羽裂 1/3 深；至少基部 1 对侧脉以锐角相联结，并形成外行小脉到达缺刻处，其上数对侧脉形成网眼，缺刻下的狭长膜质，有时最基部侧脉从羽轴上发出；气囊体不明显；近轴面在叶轴、羽轴和叶脉或有时也在脉间具透明开展针状毛；远轴面在叶轴、羽轴和叶脉遍布同样的毛，通常脉间毛亦多，并沿叶轴等处形成白色缠绕的毛垫状，同时脉间或叶脉上具球形黄色、棕色腺体，或有时无腺体；叶肉无泡状突起。孢子囊群圆形，分离或在成熟时汇合，近裂片边缘至近中肋着生；囊群盖禾秆色至深棕色，宿存，表面具毛。孢子囊在囊蒴上具黄色球形腺体或刚毛。孢子棕色，具较低的瘤状脊纹饰。染色体 x 为 36。

该属 2 种：*Strophocaulon invisum* (G. Forst.) S. E. Fawc. & A. R. Sm. 和 *S. unitum* (L.) S. E. Fawc. & A. R. Sm.，广布旧世界热带 (Fawcett and Smith，2021；Fawcett et al.，2021)，中国不产 (Lin et al.，2013b)。

36. 沼泽蕨属 *Thelypteris* Schmidel* (图 154)

中小型沼泽或草甸生植物。根状茎长而横走，黑色，光滑，顶端略被鳞片；鳞片卵状披针形，表面及边缘具针状毛和单细胞腺毛。叶远生或近生，有柄；叶柄基部近黑色，略有针状毛，向上为禾秆色，光滑；叶长圆状披针形，先端短渐尖，向基部不变狭或偶略变狭，一回羽状，羽片深羽裂；羽片多数，披针形，近平展，顶端急尖或短渐尖，基部平截，对称，深羽裂；裂片卵状三角形或长圆形，短尖头，边缘变薄，尤以孢子叶为甚，全缘或有时浅波状；叶脉分离，在裂片上羽状，小脉二叉或通常在能育裂片上单一，伸达叶边；叶厚草质或近革质，幼时两面略被针状毛，老时光滑，羽轴上面有一条纵沟，下面隆起，有时被 1 或 2 膜质小鳞片。孢子囊群圆形，背生于侧脉上，位于主脉和叶缘之间，在主脉两侧各成 1 列，常被多少反卷的叶边覆盖；囊群盖膜质，圆肾形，淡绿色，易脱落。孢子囊顶部靠环带处有 1 或 2 短的头状腺毛。孢子两面体，肾形，周壁透明，具刺状突起，外壁表面光滑。染色体 x 为 35。

该属有 2 种和 1 变种：鳞片沼泽蕨 *Thelypteris confluens* (Thunb.) C. V. Morton [=*T. fairbankii* (Bedd.) Y. X. Lin (FOC)]、沼泽蕨 *T. palustris* Schott、毛叶沼泽蕨 *T. palustris* var. *pubescens* (G. Lawson) Fernald，广泛分布于温带，以及撒哈拉以南的非洲、印度南部、泰国北部、澳大利亚、新西兰、马来群岛至南美洲南部等，中国 3 种均产 (Lin et al.，2013b；Fawcett and Smith，2021；Fawcett et al.，2021)。

图 154　毛叶沼泽蕨 *Thelypteris palustris* var. *pubescens*

37. 三槽蕨属 *Trigonospora* Holttum* (图 155)

[该属在 FOC 中被置于假毛蕨属 *Pseudocyclosorus* Ching]

小型至中型土生植物，生于岩石河床或森林下层。根状茎短，茎直立，通常带有缠结的粗根。叶弱二型 (孢子叶具更长的叶柄和开裂较深的羽片) 或一型，一回羽状，羽片半裂至全裂；叶柄暗禾秆色至棕色；叶柄鳞片棕色，早落，通常贴伏，无毛或边缘有毛；叶纸质，干时绿色至黑色，基部羽片逐渐缩短或仅略缩短并反折，但从不突然缩小至耳状；叶先端羽裂渐尖；叶轴无芽胞；羽片近对称至不对称并强度偏斜，边缘近全缘 (具齿状) 至深羽状全裂，羽片基部无柄至有短柄，截形至狭楔形，上侧裂片有时轻微扩大或耳状；叶脉分离，单一，伸达裂片缺刻处，或基部 1 对联结并形成外行小脉伸达缺刻处；气囊体不显著或无；叶远轴面几乎无毛被或仅在叶轴、羽轴上具透明针状毛；叶近轴面常沿羽轴具透明针状毛，有时有淡黄色无柄腺体；叶肉无泡状突起。孢子囊群通常圆形，不汇合；囊群盖大，宿存，光滑至有大量有毛，很少有腺体。孢子囊无毛，或囊柄具 1 有柄腺体。孢子棕褐色，三裂缝，四面体、球形或豆形，周壁细刺或微具乳突。染色体 x 为 36。

图 155　溪边假毛蕨 *Trigonospora tenera*

该属有 12 种，分布于亚洲南部和东南部，多样性中心在印度南部和斯里兰卡，中国有 2 种：溪边假毛蕨 *Trigonospora tenera* (Roxb.) Mazumdar [= *Pseudocyclosorus ciliatus*

(Wallich ex Bentham) Ching (FOC)]和尾羽假毛蕨 *T. caudipinna* (Ching) Sledge [= *P. caudipinnus* (Ching) Ching (FOC)] (Lin et al.，2013b；Fawcett and Smith，2021；Fawcett et al.，2021)。

水龙骨亚目 Polypodiineae Dumort.

水龙骨亚目，即真水龙骨类 I (eupolypods I)，代表了蕨类中最大的一个类群，亚目下共有 11 科 120 属 4300 余种 (PPG I，2016) (图 156，图 157)。

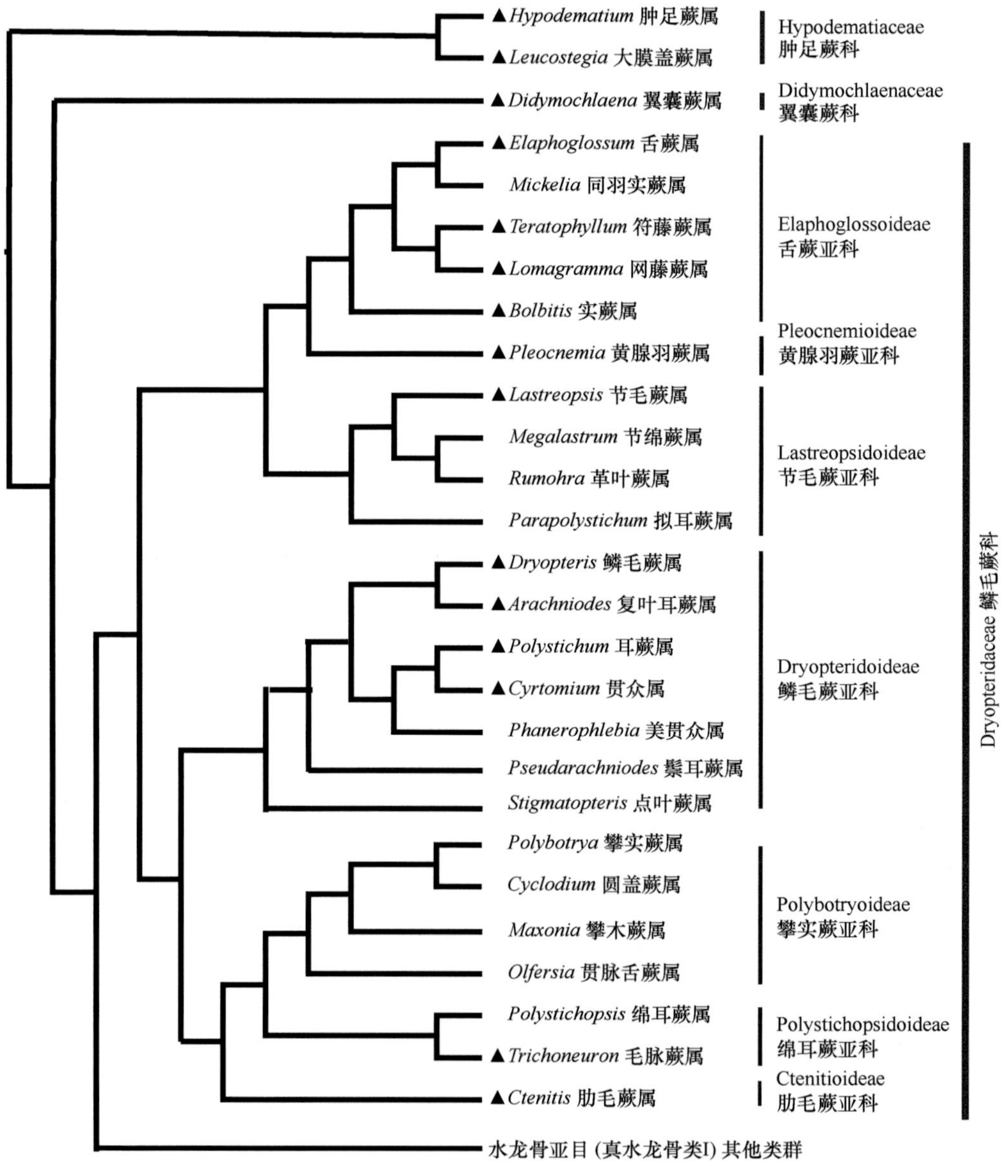

图 156　水龙骨亚目下各科、亚科和属间系统发育关系 (一)
(Qi et al.，2018；Du et al.，2021；Zuo et al.，2024)

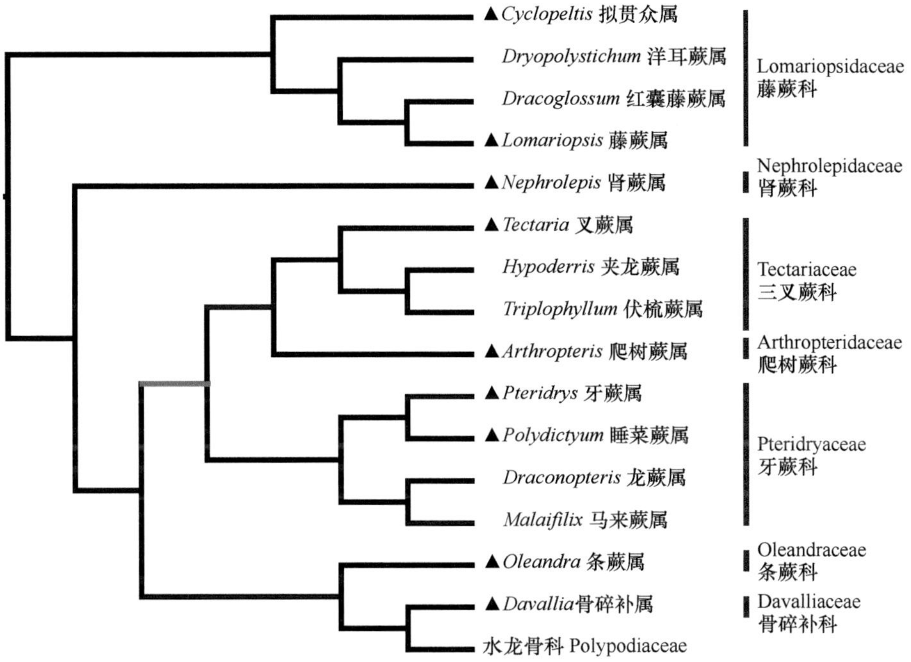

图 157　水龙骨亚目下各科、亚科和属间系统发育关系（二）
(Zhang et al.，2016；Chen et al.，2017b；Dong et al.，2018；Zhou et al.，2018；Du et al.，2021)

翼囊蕨科 Didymochlaenaceae*

土生植物。茎巨大，直立，网状中柱，有长、窄且小的毛状鳞片和宿存叶基。叶鸟巢状；叶柄禾秆色，至少基部持续具鳞片，正面具沟槽；叶二回羽状，上先出或等出，上下耳均不缩小；叶轴与叶柄相似，具很窄的鳞片，次轴也有，正面有凹槽，次轴的凹槽在基部逐渐消失；二级叶轴的正面在侧脊上有棘刺状突起，尤其是在羽轴基部附近；小羽片矩圆形、三角形、菱形、梯形、镰刀形，多少对开，近无柄，至少基部有关节；主脉靠近叶后缘或对角，不具沟槽；侧脉分离，分叉，末端棍棒状达至具圆齿的叶缘。孢子囊群着生于略短的叶脉末端，圆形、椭圆形至长线形；囊群盖马蹄形，成线状排列，多数着生于主脉一侧或对侧仅着生 1~2。囊托长，两侧和远端周围有孢子囊。孢子椭圆形至多少球形，具突出的膨大褶皱或瘤，通常有刺。染色体 x 为 41。

该科仅翼囊蕨属 *Didymochlaena* 1 属。

1. 翼囊蕨属 *Didymochlaena* Desv.* (图 158)

特征同科。

该属有 22 种，之前属下仅 *Didymochlaena truncatula* (Sw.) J. Sm. 1 种 (Zhang and Zhang，2015)，但随着分子系统学和分类学研究的陆续开展，该属目前已达 22 种 (Shang et al.，2020，2021；Shang and Zhang，2023)，中国仅翼囊蕨 *D. sinuosa* Desv. 1 种 (Shang et al.，2021)，2015 年发现于云南西双版纳 (谭运洪等，2015)。

图 158 *Didymochlaena punctata* Li Bing Zhang & H. Shang

肿足蕨科 Hypodematiaceae*

中小型旱生常绿植物。根状茎横卧，粗壮，连同叶柄基部密被重叠覆盖的鳞片；鳞片大，红棕色，披针形，近全缘，膜质。叶簇生；叶柄禾秆色或微红色，粗壮，基部被鳞片所覆盖，向上光滑或疏被柔毛或 (和) 球杆状腺毛，叶柄内有 2 左右对称的扁维管束，向上在叶轴内维管束结合成“V”形；叶草质，干后浅绿色或黄绿色，无毛或被灰白色细长针状毛或 (和) 球杆状腺毛，卵状三角形，三回至四回羽状分裂；羽片有柄，基部的对生，向上的互生，斜向上，基部 1 对羽片最大，二回至三回羽状分裂；各回小羽片基部圆形或阔楔形，下侧以狭翅下延于羽轴或小羽轴；叶脉分离，羽状分枝，上面通常凹陷，下面隆起。孢子囊群圆形，生于小脉背上；囊群盖圆肾形或马蹄形，通常大，膜质，宿存，表面光滑或被短刚毛或 (和) 球杆状腺毛。孢子椭圆形，两侧对称，单裂缝，裂缝细小，周壁褶皱，表面具小刺状或颗粒状纹饰，外壁表面光滑。

该科有 2 属：肿足蕨属 *Hypodematium* 和大膜盖蕨属 *Leucostegia*，其中，大膜盖蕨属 *Leucostegia* 过去常被置于骨碎补科，但分子系统学研究表明其是肿足蕨属 *Hypodematium* 的姐妹群 (Fan et al.，2022)。

分属检索表

1. 根状茎短匍匐或斜升；叶柄基部无关节，膨大成梭形；叶通常被柔毛或腺毛；叶脉伸达叶边；孢子囊群背生于侧脉中部……………………………………………………………………**肿足蕨属 *Hypodematium*** *
1. 根状茎长匍匐；叶柄基部有关节，粗壮；叶通常光滑；叶脉不达叶边；孢子囊群背生于侧脉顶端……………………………………………………………………**大膜盖蕨属 *Leucostegia*** *

1. 肿足蕨属 *Hypodematium* Kunze* (图 159)

中小型旱生常绿植物。根状茎横卧，粗壮，连同叶柄基部密被重叠覆盖的鳞片；鳞片大，红棕色，披针形，全缘，光滑，质薄而软。叶簇生；叶柄禾秆色，粗壮，基部明显膨大成纺锤形，完全被鳞片所覆盖，与根状茎之间无关节，向上光滑或疏被针毛或球杆状腺毛，叶柄内有 2 左右对称的扁维管束，向上在叶轴内维管束结合成“V”形；叶草质，干后浅绿色，通常遍体密被灰白色细长针状毛或 (和) 球杆状腺毛，卵状三角形，三回至四回羽状分裂；羽片有柄，基部的对生，向上的互生，斜向上，基部 1 对羽片最

图 159　邢氏肿足蕨 *Hypodematium shingii* Li Bing Zhang, X. P. Fan & X. F. Gao

大，二回至三回羽状分裂；各回小羽片基部圆形或阔楔形，下侧以狭翅下延于羽轴或小羽轴；叶脉分离，羽状分枝，小脉伸达叶边，上面通常凹陷，下面隆起。孢子囊群圆形，生于小脉背上；囊群盖圆肾形或马蹄形，通常大，膜质，宿存，囊群盖上有短针毛或 (和) 球杆状腺毛。孢子囊椭圆形，两侧对称，单裂缝，裂缝细小，周壁褶皱，表面具小刺状或颗粒状纹饰，外壁表面光滑。

该属有 30 余种，主要分布于非洲和亚洲的热带、亚热带和暖温带，中国约 20 种 (Zhang et al.，2013g；Fan et al.，2022)。

2. 大膜盖蕨属 *Leucostegia* C. Presl* (图 160)

中型土生植物。根状茎粗健，横走，在基本组织中有产单宁的细胞，被鳞片及柔毛；鳞片卵形或披针形，先端渐尖，全缘或近全缘，以腹部着生。叶远生；叶柄长，光滑，以关节着生于叶足；叶大，草质，干后浅绿色，仅幼时有柔弱的毛，成熟后通常光滑，长卵状三角形，三回至四回羽状分裂；羽片及各回小羽片基部偏斜，上先出，末回小羽片阔，具多脉；叶轴和羽轴上面有纵沟；叶脉分离，羽状分枝，小脉不达叶边。孢子囊群大，缘内生，位于小脉顶端；囊群盖大，阔肾形，膜质或薄纸质，透明，灰白色，基部着生或两侧下部也稍附着，通常表面光滑。孢子囊柄长而纤细，有 3 列细胞，环带由 16 个增厚细胞组成。孢子椭圆形，不具周壁，外壁具不规则的疣状纹饰。染色体 x 为 41。

该属有 3 种：大膜盖蕨 *Leucostegia immersa* C. Presl、*L. pallida* (Mett.) Copel. 和 *L. amplissima* (Christ) C. W. Chen，分布于亚洲亚热带和热带，中国仅大膜盖蕨 1 种 (Zhang et al.，2013g；Fan et al.，2022)。

图 160 大膜盖蕨 *Leucostegia immersa*

鳞毛蕨科 Dryopteridaceae*

中型或小型土生植物。根状茎短而直立或斜升，具簇生叶，或横走具散生或近生叶，连同叶柄（至少下部）密被鳞片，内部放射状结构，有高度发育的网状中柱；鳞片狭披针形至卵形，基部着生，苍白色、黄色、棕色或黑色，质厚，边缘多少具锯齿或睫毛，无单细胞或多细胞的针状硬毛。叶簇生或散生；叶柄横切面具4~7或更多的维管束，上面圆滑无凹槽，或有纵沟，多少被鳞片；叶一回至五回羽状，或单叶，草质、纸质或革质，干后淡绿色，光滑，或叶轴、各回羽轴和主脉下面多少被披针形或钻形鳞片（鳞片有时呈圆球形或基部呈口袋形），如为二回以上的羽状复叶，则小羽片或为上先出或除基部1对羽片的一回小羽片为上先出外，其余各回小羽片为下先出；各回小羽轴和主脉下面圆而隆起，上面具纵沟，基部下侧下延，光滑无毛，或末回小羽轴和主脉上面隆起；羽片和各回小羽片基部对称或不对称（即上侧多少成耳状突起，下侧斜切楔形），叶边通常有锯齿或有触痛感的芒刺；叶脉分离或联结，上先出或下先出，小脉单一或二叉，不达叶边，顶端常膨大成球杆状的小囊。孢子囊群小，圆，顶生或背生于小脉，有盖（偶无盖），或孢子囊群为卤蕨型；囊群盖厚膜质，圆肾形，以深缺刻着生，或圆形盾状着生，少为椭圆形，草质，近黑色，以外侧边中部凹点着生于囊托，成熟时开向主脉，内侧边缘1~2浅裂。孢子两面体，卵圆形，具薄壁。染色体x为41。

基于Chen等（2017，2018）对谜蕨属 *Aenigmopteris* Holttum的分子系统学研究，PPG I系统承认在鳞毛蕨科的 *Aenigmopteris* 嵌套于叉蕨属中，是叉蕨属成员，而洋耳蕨属 *Dryopolystichum* Copel. 则属于藤蕨科Lomariopsidaceae成员。

基于最新的分子系统学和分类学研究研究，鳞毛蕨科下包括7亚科：肋毛蕨亚科Ctenitioideae、鳞毛蕨亚科Dryopteridoideae、舌蕨亚科Elaphoglossoideae、节毛蕨亚科Lastreopsidoideae、黄腺羽蕨亚科Pleocnemioideae、攀实蕨亚科Polybotryoideae和绵耳蕨亚科Polystichopsidoideae，共26属（包括2杂交属：圆攀蕨属×*Cyclobotrya* 和鳞毛耳蕨属×*Dryostichum*）2100余种，中国有12属500余种（Zuo et al.，2024）。

亚科间检索表

1. 叶轴、羽轴（在二回或多回羽状复叶中）及中肋（在单叶至一回羽状复叶中）近轴面具沟槽……2
1. 叶轴、羽轴（在二回或多回羽状复叶中）及中肋（在单叶至一回羽状复叶中）近轴面无沟槽，或仅在靠近叶柄基部具沟槽……5
2. 叶轴和羽轴正面具沟槽，沟槽底部变宽……**节毛蕨亚科 Lastreopsidoideae***
2. 叶轴和羽轴正面具深沟槽，沟槽底部不变宽……3
3. 根攀援植物（从地面生出，之后攀援生长）或半附生植物，极少为陆生植物；根状茎短或长横走；叶二型或近二型；孢子囊群为汇生成卤蕨型，极少分离……**攀实蕨亚科 Polybotryoideae**
3. 陆生植物；根状茎直立、斜升或短横走；叶一型；孢子囊群分离……4
4. 根状茎直立、斜升或短横走，如果匍匐，叶柄基部仅具鳞片……**鳞毛蕨亚科 Dryopteridoideae***
4. 根状茎短横走，叶柄基部具毛……**绵耳蕨亚科 Polystichopsidoideae***
5. 孢子囊群汇生成卤蕨型；叶二型；叶柄基部具沟槽或无，叶柄在上部扁平至稍凸出，然后变为突起，最终叶轴和中脉上部正面具棱……**舌蕨亚科 Elaphoglossoideae***
5. 孢子囊群分离；叶一型；中肋和小肋正面稍凸出、圆形或近扁平……6

6. 叶脉网结，叶具鳞片和黄色腺体……………………………………**黄腺羽蕨亚科 Pleocnemioideae***
6. 叶脉分离，叶具鳞片和多细胞的节状毛……………………………………**肋毛蕨亚科 Ctenitioideae***

鳞毛蕨亚科 Dryopteridoideae B. K. Nayar*

陆生植物。根状茎直立、上升或匍匐，顶端密被鳞片。叶柄基部和下部密被鳞片，上部覆有较小鳞片、柔毛或腺体。叶丛生或近生，一型；单叶至三回或更多回羽状分裂，草质、纸质或近革质；小羽片上先出或下先出，叶轴和羽轴上面具沟槽 (鳞毛蕨型)；叶脉分离或联结。孢子囊群圆形，生小脉背部，稀生于小脉顶端；囊群盖有或无，如果有囊群盖，则囊群盖肾形或圆形，上位或下位，无柄或具长柄 (Zuo et al.，2024)。

该亚科有 7 属 850 余种，近世界分布，中国有 4 属 460 余种 (Zhang et al.，2013h；Zuo et al.，2024)。

分属检索表

1. 鳞片边缘具单列毛；叶具内生点状腺体；叶脉末端具明显的排水器；无囊群盖……………………………………………………………………**点叶蕨属 *Stigmatopteris***
1. 鳞片边缘无单列毛；叶有或无内生点状腺体；叶脉无排水器；多数种类有囊群盖……………2
2. 囊群盖 (如果有) 肾形，极少为马蹄形、球形或近球形；羽片和 (或) 小羽片上侧基部无耳状突起；裂片或小裂片顶端无刺状突起……………………………………3
2. 囊群盖盾形；羽片和 (或) 小羽片上侧基部有耳状突起；裂片或小裂片顶端有刺状突起……………6
3. 基部上侧的小羽片下先出……………………………………**鳞毛蕨属 *Dryopteris****
3. 基部上侧的小羽片上先出……………………………………4
4. 根状茎匍匐……………………………………**复叶耳蕨属 *Arachniodes****
4. 根状茎直立……………………………………5
5. 叶片具稀疏至密集的刚毛状毛 (尤其在下面) 和一些小鳞片……………**鬃耳蕨属 *Pseudarachniodes***
5. 叶片无毛或近无毛，仅具小鳞片……………**鳞毛蕨属 *Dryopteris* (sect. *Acrorumohra*)***
6. 叶一回至三回羽状，顶端羽裂，无顶生羽片……………………………**耳蕨属 *Polystichum****
6. 叶奇数羽状，叶片顶部生有与侧生羽片近同形的顶生羽片……………………………7
7. 叶脉分离或具 1~3 列边缘网结……………………………**美贯众属 *Phanerophlebia***
7. 叶脉网结，具 2 列或更多列网眼……………………………**贯众属 *Cyrtomium****

1. 复叶耳蕨属 *Arachniodes* Blume* (图 161)

中型土生植物。根状茎粗壮，长而横走，罕斜升，连同叶轴基部被鳞片；鳞片棕色、褐棕色、黑褐色或黑色，披针形、线状披针形或钻形，顶部常毛髯状，少有卵形，全缘，偶边缘有齿。叶远生或近生；叶片角形、五角形、卵形或长圆形，大多为三回至四回羽状，少有二回或五回羽状，顶部急狭缩呈尾状或略狭缩呈三角形，或者顶部渐尖；羽片有柄，通常斜展，接近或密接，基部 1 对羽片较大，通常为三角形或长圆形，基部 1 小羽片伸长，偶缩短，一回至三回小羽片均为上先出，末回小羽片菱形、斜方形、镰刀形、近披针形或长圆形，顶端常为刺尖头，边缘具芒刺状锯齿；叶脉羽状，分离。孢子囊群顶生或近顶生小脉上，少有背生，位于中脉与叶边中间，或为近叶边生，圆形；囊群盖圆肾形，以深缺刻处着生，膜质，后脱落。孢子两面体，椭圆状，有褶皱周壁，透明，表面有疣状、瘤状或刺状纹饰。染色体 x 为 41。

该属 70 余种，分布于热带和亚热带，中国有 40 余种 (Zhang et al., 2013h; Lu et al., 2019b)。

图 161　复叶耳蕨属 *Arachniodes* 植物形态

2. 贯众属 *Cyrtomium* C. Presl* (图 162)

中小型土生常绿植物。根状茎短，直立或斜升，密被鳞片；鳞片大，质厚，卵状披针形至阔披针形，黑褐色，边缘有睫毛。叶簇生，一型；叶柄基部密被与根状茎上相同鳞片，向上光滑；叶革质或厚纸质，两面无毛或沿叶轴和羽片中脉下面具纤维状鳞片，卵状披针形，一回羽状；侧生羽片多对，卵形、卵状披针形或披针形，基部斜形，对称或近对称，基部上侧无耳状突起或有耳状突起，基部有短柄，边缘全缘或有锯齿，顶生羽片与侧生羽片同形；主脉明显，侧脉网状，在主脉两侧各有 2~6 列多边形的网眼，每网眼内具 1~3 不分枝的内藏小脉。孢子囊群圆形，沿主脉两侧各有 1~2 列或多列，背生于网眼内小脉上；囊群盖大，圆形，质厚，以中央一点盾状着生，宿存。孢子椭圆形，

图 162 贯众属 *Cyrtomium* 植物形态

周壁具折皱形成片状突起。染色体 x 为 41。

该属近 40 种，主要分布于东亚，少量在非洲和马达加斯加，中国有 30 余种 (Zhang et al.，2013h)。

3. 鳞毛蕨属 *Dryopteris* Adans.* (图 163，图 164)

陆生植物。根状茎直立或斜升，很少横走，具网状中柱，根状茎先端密被鳞片；鳞片锈色、栗色、棕色或黑色，有光泽，卵形、阔披针形、卵状披针形或披针形，边缘全缘、边缘疏具齿或流苏状，由细长不透明的细胞组成。叶簇生或近生，很少远生，有时螺旋状生，羽片下先出或极少上先出；叶柄具数条分离维管束，被与根状茎相似的鳞片；叶常纸质或近革质，上面有毛或刚毛或无，被鳞片，下面无毛或具腺体，宽披针形、长圆形、卵形、三角状卵形或五角形，各式分裂，叶先端逐渐变狭，很少为奇数一回羽状，一回羽状至四回羽状或五回羽裂；在基部以上羽片下先出，通常多少被鳞片，很少无毛；鳞片线形至披针形，泡状或扁平；叶轴上面具纵沟；末回小羽片基部常圆形且两侧对称，边缘通常具锯齿；主脉和小脉上面具凹槽，多少呈锐角从叶轴生出；叶脉分离。孢子囊群圆形，常背生于脉上，具囊群盖，很少无囊群盖；囊群盖宿存，上位或下位，无柄或具长柄，常呈圆肾形至肾形或圆形，很少马蹄形、球形或近球形，通常全缘，光滑，以深缺刻着生于脉上。孢子单裂缝，表面具疣状突起或具宽翅状的周壁。染色体基数 *n* 为 41。

该属近 400 种，世界分布，中国有 170 余种 (Zhang et al.，2013h)。

4. 美贯众属 *Phanerophlebia* C. Presl

土生，少见于岩石上。茎短匍匐至直立，无匍匐茎。叶一型，常绿；叶柄短或与叶近等长，基部不膨大，维管束 3 以上，弧形排列，横切面多少为圆形；叶卵状披针形，一回羽状，具多少相似的顶端羽片，纸质；羽片不以关节着生叶轴上，裂片边缘有细锯齿至细刺；基部羽片近最大，具短柄，有多少相等或不等的上侧裂片；中肋正面具沟槽，叶轴和中肋的沟槽连通；叶下面中肋和叶脉有鳞片状的毛，正面多少光滑；叶脉分离，分叉。孢子囊群 2 列或多列排列在中脉和边缘之间，圆形；囊群盖宿存或早落。孢子棕色，具膨大褶皱或翅。染色体 x 为 41。

该属有 20 余种，分布于美洲，中国不产。

5. 耳蕨属 *Polystichum* Roth* (图 165，图 166)

土生。根状茎短，直立或斜升，连同叶柄基部通常被鳞片；鳞片卵形、披针形、线形或纤毛状，边缘有齿或芒状，棕色或带黑棕色而成二色。叶簇生；叶柄腹面有浅纵沟，基部以上常被与基部相同而较小的鳞片；叶纸质、草质或薄革质，下面多少有披针形或纤毛状的小鳞片，线状披针形、卵状披针形、矩圆形，　回羽状、二回羽裂至二回羽状，少为三回羽状细裂，羽片基部上侧常有耳状突起；叶脉羽状，分离；叶轴上部有时有芽胞，有时芽胞在顶端而叶轴先端能延生成鞭状，着地生根萌发成新株。孢子囊群圆形，

图 163　鳞毛蕨属 *Dryopteris* 植物形态 1

南亚鳞毛蕨 *D. pseudocaenopteris* (Kunze) Li Bing Zhang

鱼鳞鳞毛蕨 *D. paleolata* (Pic. Serm.) Li Bing Zhang

迷人鳞毛蕨 *D. decipiens* (Hook.) Kuntze

图 164　鳞毛蕨属 *Dryopteris* 植物形态 2

着生于小脉顶端，少数为背生或近顶生；囊群盖圆形，盾状着生。孢子肾形，周壁表面有颗粒状纹饰。染色体 2*n* 为 41。

该属近 500 种，主要分布于北半球温带、亚热带及山地，中国约 220 种 (Zhang et al., 2013h)。

6. 鬃耳蕨属 *Pseudarachniodes* Z. Y. Zuo & Rouhan

[该属在 PPG I 系统中被置于复叶耳蕨属 *Arachniodes*]

土生植物。根状茎直立，密被鳞片；鳞片全缘，狭披针形至长圆形，膜质，暗褐色至暗栗色，多数常扭曲。叶柄基部有鳞片，被疏至密的毛，多数毛为直的白色刚毛，混生较短腺体；叶通常三回至更多回羽状 (有时二回羽状深裂)，三角形至披针形，草质至近革质，最基部具对称羽片，近基部羽片的小羽片上先出，叶轴和羽轴上面具沟槽，叶上面近光滑，叶轴、羽轴以及叶下面和叶脉除了具与叶柄相似的毛外，还有少数线形暗褐色鳞片，亮栗色球形腺体多数，散生在叶下面；叶脉分离。囊群盖圆形、肾形，有腺体，早落。

图 165　耳蕨属 *Polystichum* 植物形态

图 166　鞭叶耳蕨 *Polystichum lepidocaulon* (Hook.) J. Sm.

该属目前仅鬃耳蕨 *Pseudarachniodes bella* (C. Chr.) Z. Y. Zuo & Rouhan 1 种，特产于马达加斯加，中国不产 (Zuo et al.，2024)。

7. 点叶蕨属 *Stigmatopteris* C. Chr.

中型土生草本。茎短匍匐到近直立，先端着生狭三角形的渐尖的鳞片。叶柄接近至聚集，常有宿存鳞片，禾秆色至淡棕色，近轴面具沟槽，有 4 至多数维管束；叶羽状到羽状至羽状半裂，叶外形长圆形至三角形，先端羽状半裂，草质至纸质，光滑，有腺体成透明点状，大部分分裂，下先出；羽片无柄，或至少上部的羽片贴生并下延成翅，顶端长渐变细，有锯齿；叶轴和中肋正面具凹槽，凹槽多少连通，无毛或有细微的圆柱形毛，有时其他部位也有；叶轴背面散生稀疏的卵形到披针形的棕褐色至深棕色鳞片，边缘具腺毛；叶脉至少在羽片基部下先出，叶脉简单、分离或有些不规则地成对网结并形成分离的延伸细脉；脉不达边缘，末端消失于 1 个显著的棒状先端。孢子囊群背部着生，近基部至近先端，圆形到长圆形，无囊群盖。孢子椭圆形至稍微球状，表面突出，有长褶皱或有时具孔。

该属有 20~25 种，分布于新热带，中国不产。

肋毛蕨亚科 Ctenitioideae Z. Y. Zuo & Jin Mei Lu*

该亚科仅肋毛蕨属 *Ctenitis* 1 属，约 140 种，分布于热带和亚热带，中国有分布。

8. 肋毛蕨属 *Ctenitis* (C. Chr.) C. Chr.* (图 167)

中型耐阴土生植物。根状茎短粗，直立或斜升，与叶柄基部均密被鳞片；鳞片大，披针形至卵状披针形，先端长渐尖，棕色至深棕色，边缘常有齿，膜质。叶簇生；叶柄基部以上和叶轴及羽轴近轴面常为圆形隆起 (黄腺羽蕨型)，下面多少被鳞片，鳞片卵形至卵状披针形，粗筛孔状，筛孔大，六角形，有彩虹色光泽，先端纤维状；密被红棕色或灰白色的多细胞有关节的粗毛；叶草质或坚纸质，披针形、椭圆披针形、卵状三角形或近五角形，二回至四回羽状，如为三回羽状则除基部 1 对羽片的一回小羽片为上先出外，各回羽片的小羽片均为下先出；叶脉分离，单一或有时分叉，先端不达叶缘，基部不下延于主脉或末回小羽轴，基部 1 对小脉出自主脉基部。孢子囊群圆形，中等大小，着生于小脉中部或很少近顶部；囊群盖通常细小，圆形至圆肾形，棕色，质薄，边缘有睫毛，早落或宿存。孢子囊着生于小而突起的囊托上，柄细长。孢子小，卵形至椭圆形，不透明，表面有疣状突起或断裂的翅状周壁。染色体 x 为 41。

该属有 140 余种，分布于热带和亚热带，中国有 10 种 (Zhang et al.，2013h)。

图 167　亮鳞肋毛蕨 *Ctenitis subglandulosa* (Hance) Ching

舌蕨亚科 Elaphoglossoideae (Pic. Serm.) Crabbe*

多为附生植物，偶为半附生或攀援。根状茎短至长匍匐，顶端密被鳞片。叶簇生或疏生，二型；叶柄基部大多被鳞片；叶单叶、一回羽状，稀二回羽状，叶轴和羽轴光滑或被毛，小羽片下先出，叶轴下部上面具或不具沟槽，向上逐渐隆起，最终在叶轴和羽轴上形成棱 (舌蕨型)；顶生羽片具关节或无；叶脉分离或网结。孢子囊群为卤蕨型的孢子囊群；无囊群盖 (Zuo et al.，2024)。

该亚科有 5 属约 890 种，世界分布，中国有 4 属近 40 种 (Zhang et al.，2013h；Zuo et al.，2024)。

分属检索表

1. 叶单叶 (极少分裂)；叶脉分离，极少网结或其顶端相连形成一条近边缘的脉带……………………………………………………**舌蕨属 *Elaphoglossum****
1. 叶羽状；叶脉分离或网结……………………2
2. 植株攀援，具分化的基生叶 (幼叶和下部羽片) 和顶生叶 (成熟的上部羽片)；根状茎长匍匐；有隔丝，简单或星状或头状，具长柄，柄由 1 或 2 列细胞组成……………………3
2. 植株附生或地生，无分化的基生叶和顶生叶；根状茎上升或匍匐；无隔丝，或极少有，具短柄，柄由 3 列细胞组成……………………4
3. 营养叶的叶脉网结；叶下先出 (或等出) 排列……………………**网藤蕨属 *Lomagramma****
3. 营养叶的叶脉分离；叶通常向顶端上先出……………………**符藤蕨属 *Teratophyllum****
4. 芽胞通常存在于羽片顶端附近或末回裂片上……………………**实蕨属 *Bolbitis****
4. 芽胞不存在或存在于羽片“叶腋”(羽轴基部)……………………**同羽实蕨属 *Mickelia***

9. 实蕨属 *Bolbitis* Schott* (图 168)

小型至中型土生植物。根状茎横走，有网状中柱，被黑色鳞片；鳞片狭长，全缘。叶通常近生，二型；叶柄基部不具关节，疏被鳞片；营养叶一回羽状分裂，很少为单叶，叶边缘具钝齿至深裂，或撕裂，缺刻有时有小脉延伸的小刺 1 枚；叶脉明显，沿主脉及侧脉两侧有整齐的网眼，其他网眼则整齐或不整齐，通常有延伸内藏小脉；叶草质，无毛；孢子叶缩小并有长柄。孢子囊群满布孢子叶下面，无囊群盖和隔丝，孢子囊环带由 (12)14~16 (20) 个增厚细胞组成。孢子近球形，周壁具褶皱，表面具少量颗粒状纹饰，外壁表面光滑。染色体 x 为 41。

该属约 70 种，泛热带分布，主要分布于亚洲和太平洋岛屿，中国约 25 种 (Zhang et al.，2013h；Nie et al.，2023)。

10. 舌蕨属 *Elaphoglossum* Schott ex J. Sm.* (图 169)

小型至中型附生植物，少为大型。根状茎近直立或斜升，或短而横走，很少为长而纤细，维管束少数，被鳞片。叶簇生或近生，偶为远生；叶柄与叶足间有关节相连或无明显的关节；单叶，全缘，有时有软骨质的边缘；孢子叶通常较狭，有较长的叶柄；叶脉明显或不明显，通常分叉，小脉直通，平行，通常分离，偶有顶端相连；叶硬革质，被鳞片或近光滑。孢子囊群为卤蕨型，满布孢子叶下面，无隔丝，孢子囊环带由 12~14 个增厚细胞组成，为水龙骨型，有由 3 列细胞组成的长柄。孢子椭圆形，细小，有周壁，形成多少不等的褶皱，上具不明显的小刺或颗粒，外壁较薄，表面光滑。染色体 x 为 41。

该属近 800 种，遍布热带和温带，在南美洲有最高的多样性，中国仅有约 6 种 (Zhang et al.，2013h)。

图 168　长叶实蕨 *Bolbitis heteroclita* (C. Presl) Ching

11. 网藤蕨属 *Lomagramma* J. Sm.* (图 170)

大型或中型攀援植物。根状茎扁平，有腹背之分，腹面生根，背面有叶多行，顶端密被鳞片，横切面有许多纤维状维管束；根状茎幼时纤细，上面仅 2 列行不育基生叶，攀援于溪涧旁的潮湿石壁上，攀援至树干之后根状茎变粗，生出不育顶生叶；鳞片黑色，披针形，筛孔透明。叶远生，二型；叶柄长；叶一回羽状，侧生羽片以关节着生于叶轴上，顶生羽片有时不具关节；营养叶羽片多数，披针形，全缘、波状或具锯齿，通常基生羽片较短，而顶生羽片较长；孢子叶羽片狭缩，叶脉网状，在主脉两侧联结成 2~3 列网眼，无内藏小脉，孢子叶网眼较少。孢子囊群无盖，满布羽片下面。孢子囊柄有 3 列细胞，环带由 14~20 个增厚细胞组成，具头部膨大隔丝。孢子椭圆形，透明，无周壁。染色体 x 为 41。

图 169　舌蕨属 *Elaphoglossum* 植物形态

该属约18种，分布于南亚、东南亚至波利尼西亚，中国约有2种：网藤蕨 *Lomagramma sorbifolia* (Willd.) Ching 和云南网藤蕨 *L. yunnanensis* Ching (Zhang et al.，2013h)。

图 170　网藤蕨 *Lomagramma sorbifolia*

12. 同羽实蕨属 *Mickelia* R. C. Moran, Labiak & Sundue

半附生或土生。根状茎短至长匍匐，有背腹面，腹面部分生组织拉长，腹面生根，背面着生 3 或多列叶；无叶足；叶与根状茎直接相连或有节。叶二型；孢子叶叶柄较长，羽片较小；叶一回羽状或在基部有 1 离生的羽片而成为二回羽状；叶常 1 分离的先端羽片与 2 侧生羽片同形；叶在叶轴上有或无芽胞；羽片有或无关节着生在叶轴上，全缘或顶端具齿；叶脉多样但不分离，或者遍布网眼没有侧生脉也没有内藏小脉，或被 1 个轻微弓形的叉脉连接，网眼有典型的内藏小脉。孢子囊群卤蕨型，无隔丝。孢子单裂缝，棕色至黑色，周壁为宽的褶皱。染色体 x 为 41。

该属约 10 种，主要分布于南美洲中部，中国不产 (Moran et al.，2010)。

13. 符藤蕨属 *Teratophyllum* Mett. ex Kuhn* (图 171)

[该属包括 PPG I 系统中的节实蕨属 *Arthrobotrya*]

攀援植物。茎纤细，通常有刺；鳞片盾状着生，有缺刻，脱落。叶柄基部不下延，肿胀和多少关节状，双维管束；叶二型；营养叶分化出基生叶和顶生叶，基生叶生于幼年或成年植株的下部，分裂至羽状羽片以关节与轴相连，顶生叶末端羽片有关节；一些种有不对称或稍微不对称的羽片和小羽片，前部有耳，后部楔形；叶分裂近先端上先出或完全上先出，偶尔等出；孢子叶极度收缩，有时有联合脉，狭披针形至线形，有时耳状，很少再次成羽状。孢子囊有小而具柄的鳞片。孢子球形至椭圆形，有刺或网状，有时存在短褶皱。

该属约 16 种，分布于缅甸南部到波利尼西亚东部和澳大利亚昆士兰，中国仅海南符藤蕨 *Teratophyllum hainanense* S. Y. Dong & X. C. Zhang. 1 种 (Zhang et al.，2013h)。

图 171　海南符藤蕨 *Teratophyllum hainanense*

节毛蕨亚科 Lastreopsidoideae Z. Y. Zuo*

陆生植物。根状茎直立、斜升或匍匐，顶端具鳞片。叶柄基部具鳞片，叶柄及其他部位密被柔毛。叶近生，一型；三回或更多回羽状，草质或纸质，基部羽片最大，两面有毛；小羽片上先出或下先出，叶轴和羽轴上面具较宽的沟槽 (节毛蕨型)。叶脉分离。孢子囊群生于叶脉顶端，囊群盖有或无，有时非常小，被成熟孢子囊所覆盖 (Zuo et al.,

2024)。

该亚科共 4 属约 160 种，分布于泛热带，中国有 1 属 2 种。

分属检索表

1. 叶近革质，无毛；囊群盖盾形 ………………………………………………………… 革叶蕨属 ***Rumohra***
1. 叶草质至纸质，下面具毛；囊群盖肾形，发育不全，或无囊群盖 ………………………………… 2
2. 叶轴和羽轴具底部窄的浅沟槽；羽片和裂片常钝圆，无齿；远轴小羽片的基部下侧裂片沿羽轴下延，最远的叶脉发自羽轴 (而非小羽轴) ……………………………………… 节绵蕨属 ***Megalastrum***
2. 叶轴和羽轴具宽沟槽；羽片和裂片渐尖，通常有齿；小羽片的基部下侧裂片不下延，叶脉从小羽轴发出 ………………………………………………………………………………………… 3
3. 根状茎直立、斜升至匍匐；叶轴上部通常具芽胞 ……………………… 拟耳蕨属 ***Parapolystichum***
3. 根状茎匍匐；叶轴上部从不具芽胞 ………………………………………… 节毛蕨属 ***Lastreopsis****

14. 节毛蕨属 *Lastreopsis* Ching* (图 172)

土生。根状茎横走，或很少为直立，与叶柄基部均密被鳞片；鳞片披针形至狭卵形，先端短尖或渐尖，全缘或有疏睫毛，薄膜质，红棕色或褐棕色。叶远生或很少为近生；叶柄疏被开展的有关节的长毛；叶纸质，两面均密被开展的有关节的淡棕色长毛，通常疏被圆柱形或很少为球状的黄色或红色腺毛，叶缘通常增厚并沿小羽轴下延，五角形，三回至四回羽裂；羽片下先出或上部的裂片为上先出，或很少为全部上先出，基部 1 对羽片最大，其下侧 1 小羽片明显伸长；叶脉分离，小脉单一或很少为分叉，达到或不达叶缘，主脉及小羽轴上面均隆起；叶轴上面有阔浅沟，沟两旁有隆起的脊，叶轴、羽轴、各回小羽轴及主脉两面均密被开展的有关节的淡棕色长毛，主脉及小羽轴下面疏被黄色或红色的腺毛。孢子囊群圆形，着生于小脉顶端或中部；囊群盖圆肾形或很少为盾形，

图 172　海南节毛蕨 *Lastreopsis subrecedens*

很少无囊群盖。孢子囊光滑无毛，环带由 13~16 个增厚细胞组成，柄细长。孢子椭圆形至球形，表面有间断的或很少为连续的翅。染色体 x 为 41。

该属有 20 余种，泛热带分布，可扩展分布到南温带，大部分分布于澳大利亚，中国有 2 种：海南节毛蕨 *Lastreopsis subrecedens* Ching 和台湾节毛蕨 *L. tenera* (R. Br.) Tindale (Zhang et al.，2013h)。

15. 节绵蕨属 *Megalastrum* Holttum

土生。根状茎直立到倾斜。叶柄靠近基部有鳞片状，具 4~10 维管束，近轴面 2 维管束扩大；叶一回羽状-羽状半裂至四回羽状-羽状裂；基部羽片不等或相等，在下侧扩大；叶轴、羽轴和中肋无沟槽或具浅沟槽，下面有鳞片和短柔毛，正面密被白色多细胞短柔毛，有时具球形有光泽的淡黄色至橙色透明腺体，无柄至有柄；羽片下侧基部的小羽片，逐渐收缩和贴生在羽轴上，裂片的叶脉来自羽轴而不是中肋，排水器有或少无。囊群盖无或少有，圆形，棕色，硬，着生在缺刻基部，在某些种中微小，早落。孢子单裂缝，非绿色，孢子周壁鸡冠状或刺状，无穿孔或极少具穿孔。染色体 x 为 42。

该属有 90 余种，分布于美洲，中国不产 (Moran et al.，2014)。

16. 拟耳蕨属 *Parapolystichum* (Keyserl.) Ching

拟耳蕨属 *Parapolystichum* 在形态上接近节毛蕨属 *Lastreopsis* s.s.，但拟耳蕨属根状茎直立、横卧或横走，多数物种生芽胞，节毛蕨属根状茎直立至斜升，无芽胞。

该属约 30 种，分布广泛，包括美洲、非洲、马达加斯加、澳大利亚和新西兰 (Labiak et al.，2014)，中国不产。

17. 革叶蕨属 *Rumohra* Raddi

土生、石生或低处附生。根状茎长匍匐，常具基生或有时盾状着生的针形鳞片，有时无鳞片；中柱有一条背腹面的网状中柱，在每个叶隙，有多个相互连接的维管束通向叶柄。叶 2 列着生于茎背面；叶柄发达，无关节，至少在基部常宿存柔毛状鳞片和微小疣状突起，近轴面单沟，沟槽中间凸起；维管束数条，半圆形，近轴面呈较大的海马形；叶长椭圆状三角形，质硬，二回羽状至羽状半裂或更多裂，上先出；叶轴与叶柄近，有鳞片或鳞片脱落；羽片着生在侧脊上，羽片与主轴凹槽连通；更细的叶片分裂上先出或偶尔下先出；一级羽片有柄，进一步分裂的羽片披针形裂-披针形，叶羽状裂，边缘延伸至叶轴的侧边脊，中肋正面平；叶脉分离，在裂片上羽状，小脉分叉，几达边缘，表面裸露或具更大的叶脉，或常有丝状鳞片。孢子囊群大，圆形，背部或顶生叶脉上，中肋和叶脉两侧排成 2 列，宿存或早落，盾状着生；囊群盖圆形。孢子椭圆形至多少球形，具凸起的褶皱或短而平的瘤状纹饰。染色体 *n* 为 41。

该属约 10 种，分布于南美洲和马达加斯加，中国不产 (Bauret et al.，2017)，但 *Rumohra adiantiformis* (G. Forst.) Ching 是世界重要的园艺植物之一，中国有引种栽培。

黄腺羽蕨亚科 Pleocnemioideae Z. Y. Zuo*

该亚科仅黄腺羽蕨属 *Pleocnemia* 1 属。

18. 黄腺羽蕨属 *Pleocnemia* C. Presl[*](图 173)

[该属在 FOC 中被置于三叉蕨科 Tectariaceae]

中型土生植物。根状茎直立或斜升，顶部与叶柄基部均密被鳞片；鳞片狭长，通常卷曲，边缘有平展的小齿，棕色并有光泽。叶簇生；叶柄粗壮，上面有圆形隆起或略有浅阔纵沟 (黄腺羽蕨型)；叶纸质，近五角形，二回至三回羽状分裂，基部 1 对羽片的基部下侧小羽片明显伸长；裂片的缺刻上有 1 尖齿，齿的上部突出于叶平面；叶脉沿小羽轴或有时也沿主脉联结成狭长网眼，无内藏小脉，其余小脉分离，小脉及主脉下面疏被黄色 (或罕为红色) 的圆柱形腺体；叶轴上面及羽轴基部被平展通直的短刚毛。孢子囊群圆形，位于分离的小脉顶端或很少着生于小脉中部，有时也着生于连接小脉上，隔丝顶部有黄色的圆柱形大腺体；囊群盖圆肾形或无囊群盖。孢子圆形，具周壁。染色体 x 为 41。

该属约 20 种，分布于印度东北部、中国西南部至萨摩亚群岛，中国有 2 种：台湾黄腺羽蕨 *Pleocnemia leuzeana* (Gaudich.) C. Presl 和黄腺羽蕨 *P. winitii* Holttum (Xing et al., 2013b)。

图 173　黄腺羽蕨 *Pleocnemia winitii*

攀实蕨亚科 Polybotryoideae H. M. Liu & X. C. Zhang

植株攀援或半附生。根状茎短至长匍匐，被鳞片。叶簇生或疏生，二型或稍二型；叶柄基部大多具鳞片；叶片一回至四回羽状，叶轴和羽轴被疏至密的毛 (但贯脉舌蕨属 *Olfersia* 无毛)，小羽片上先出或下先出，叶轴、羽轴和主脉上面具沟槽 (鳞毛蕨型)；叶脉分离或极少网结。孢子囊群为卤蕨型或圆形；囊群盖圆形，或无囊群盖。

该亚科有 4 属 50~60 种，新热带分布，中国不产。

分属检索表

1\. 营养叶和孢子叶稍微二型；根状茎短匍匐 ………………………… **圆盖蕨属 *Cyclodium***
1\. 营养叶和孢子叶明显二型；根状茎长匍匐 ………………………… 2
2\. 不育羽片奇数羽状，无毛；叶脉顶端由一条近边缘的脉相连 ………… **贯脉舌蕨属 *Olfersia***
2\. 不育羽片二回至三回羽状深裂；叶脉顶端不由近边缘脉相连 ………… 3
3\. 根状茎的分体中柱被深色厚壁组织鞘包围；孢子囊群无囊群盖 ………… **攀实蕨属 *Polybotrya***
3\. 根状茎的分体中柱不被深色厚壁组织鞘包围；孢子囊群和囊群盖圆形 ………… **攀木蕨属 *Maxonia***

19. 圆盖蕨属 *Cyclodium* C. Presl

中型土生或半附生草本。根状茎短至极长匍匐，生有暗褐色的非常狭窄的披针形鳞片，近全缘至有齿，鳞片早落。叶近生至远生；叶柄禾秆色，基部鳞片早落，正面具沟槽；叶长圆形至三角形，纸质至革质，常一回羽状复叶，但也可达二回羽状至羽状半裂，分裂和叶脉上先出；向上的羽片逐渐缩短和汇合，或者形成奇数羽片；叶轴和中肋正面具沟槽，沟槽连通，沟槽内有极短钝的毛；孢子叶有时变形，然后有更长叶柄和窄的叶；羽片边缘全缘或者缺刻至深羽状半裂，质地较硬，有时在前端基部有耳状突起，下部的羽片有短柄；中肋伸至顶端；叶脉离生，或者在缺刻处汇合，或成对网结成一至几列的长圆形网眼，内有一延伸小脉，分离或跟邻近靠外的叶脉联合，叶脉达边缘或靠近边缘，末端不扩大。孢子囊群背部着生，一个或近一个不规则地排列在中肋和边缘间或者小脉侧边；囊群盖盾状或圆肾形，常早落，光滑或有腺毛。孢子椭圆形，有凸起穿孔的翅状脊，或多或少刺状。染色体 x 为 41。

该属有 13 种，分布于中美洲至南美洲，中国不产 (Bohn et al.，2020，2021)。

20. 攀木蕨属 *Maxonia* C. Chr.

土生草本，逐渐至攀援。茎细长，有近放射状网状中柱，各方向着生叶；鳞片金褐色，基部着生，长而窄，具不规则齿。叶远生；叶柄发达，正面有单个沟槽；叶柄维管束多，叶柄和叶轴具长而窄的条纹；叶大，三角形，基部截形，三回至四回羽状分裂，上先出，质地硬，着生有短柔毛和少数窄的鳞片，强烈二型。营养叶有不规则四边形至披针形齿到开裂裂片；倒数第二级轴正面有单沟，凹槽下延到下一级轴；叶脉离生，羽状分枝，近叶边简单分枝。孢子叶只生于攀援茎上，像营养叶但有强烈收缩的叶片。孢子囊群着生于短脉先端，排列非常紧密；囊群盖海马形至心形或可能盾状。孢子椭圆形至稍微球形，有凸起带有皱褶到刺状纹饰褶皱。染色体 *n* 为 41。

该属仅攀木蕨 *Maxonia apiifolia* (Sw.) C. Chr. 1 种，分布于南美洲，中国不产。

21. 贯脉舌蕨属 *Olfersia* Raddi

中型土生植物，偶攀援。茎密被线形的金褐色鳞片。叶密接；叶柄发育良好，禾秆色，渐无毛，正面具沟槽；叶强烈二型。营养叶一回羽状，有同形的顶端羽片，上先出，光滑，近革质；羽片卵状披针形到披针形，互生，一边有 4~12 枚，有短柄，全缘，具软骨质边缘，锐尖至渐尖，基部不对称，下侧凹缺；叶脉基部或近基部分叉，密，平行，离生，但在边缘处连接。孢子叶二回羽状，生于地上和攀援茎上，比营养叶更直立和具更长叶柄，孢子散发后很快枯萎；羽片线形，偶尔全缘，但通常具梳状排列的小羽片。孢子囊群汇合并均匀覆盖裂片背面，无囊群盖。孢子囊柄有尖端腺体状的毛。染色体 x 为 41。

该属 2 种：*Olfersia cervina* (L.) Kunze 和 *O. alata* C. Sánchez & Caluff，分布于新热带，中国不产。

22. 攀实蕨属 *Polybotrya* Humb. & Bonpl. ex Willd.

中型至大型攀援植物。茎较粗壮，有角状脊，腹部生多数根，至少在顶端位置密被鳞片，横切面有 4~12 分生中柱，排列成环，被深色厚壁组织鞘包围；鳞片大，长而窄，黄褐色至淡褐色。叶远生，强烈二型；叶柄发达，禾秆色，正面具槽，脱落或基部宿存鳞片。营养叶二回至四回羽状或一回羽状，纸质至皮质；叶轴尤其是在下面有松散到浓密的毛，一些物种的毛延伸到叶脉上，有时轴还有狭窄鳞片；所有叶轴包括中肋，正面具沟槽，凹槽连通，无关节；末回裂片因不同的种大小和形态变异极大，边缘全缘或常有锯齿至浅裂至深的羽状半裂，上部分裂逐渐减少至汇合；叶脉近羽状分叉到羽状，上先出或下先出；叶脉分离或联合无离生的内藏小脉，延伸的脉再次连接，形成极长的网眼，叶脉末端不靠近叶边缘，几乎不扩大。孢子叶强烈变形，各部分急剧缩小。孢子囊散生，圆形，通常在最末端汇合，没有囊群盖或卤蕨型，均匀地覆盖能育羽片；孢子囊柄常有腺毛。孢子椭圆形，表面密集具刺褶皱。染色体 x 为 41。

该属有 30~40 种，仅分布于新热带，中国不产。

绵耳蕨亚科 Polystichopsidoideae Z. Y. Zuo*

陆生植物。根状茎匍匐，密被线状鳞片。叶柄密被柔毛，仅基部有鳞片；叶近生，一型；叶三回或更多回羽状，草质或纸质，基部羽片最大，两面有毛；小羽片上先出或下先出，叶轴和羽轴上面具沟槽 (鳞毛蕨型)；叶脉分离。孢子囊群生于叶脉顶端；囊群盖有或无，有时非常小且被成熟的孢子囊所遮盖。

该亚科 2 属，美洲和亚洲热带分布，中国有 1 属。

分属检索表

1. 羽片具明显的柄，小羽片上行或下行；仅分布于新热带······························**绵耳蕨属 *Polystichopsis***
1. 羽片无柄或近无柄，小羽片下行；仅分布于亚洲··**毛脉蕨属 *Trichoneuron****

23. 绵耳蕨属 *Polystichopsis* (J. Sm.) C. Chr.

土生草本。根状茎匍匐，直径 2~5 mm，有鳞片，常被短柔毛。叶 2 列；叶柄禾秆色到棕褐色，无鳞片；叶三角形到披针形，二回羽状至四羽状至羽状半裂，通常被直的白色毛，无鳞片，下侧基部羽片轻微到强烈伸长；小羽片在上侧边上稍微凸起，尤其在基部；叶轴和中肋近轴面有沟槽，不同级的脉和轴之间互相延伸连通。孢子囊群圆形；囊群盖有或无。孢子棕色，单裂缝，表面瘤状纹饰。

该属约 8 种，分布于美洲，中国不产 (Prado and Moran，2016)。

24. 毛脉蕨属 *Trichoneuron* Ching* (图 174)

[该属在 FOC 中被置于节毛蕨属 *Lastreopsis*]

大型土生植物。根状茎匍匐，直径约 1.5 cm，被稀疏鳞片。叶远生，在根状茎上相距 1~3 cm，暗禾秆色，基部疏生鳞片；叶柄和其他部分密被软毛；毛由 10~25 个细胞组

图 174　毛脉蕨 *Trichoneuron microlepioides*

成，约 3 mm；叶在基部三回或四回羽状至五回羽状半裂，狭卵形；羽片 10~15 对，基部 2 对羽片具柄，其他的近无柄至无柄，羽片在基部近对生，向上互生；一级小羽片在基部羽片上先出，在上部羽片下先出；最大羽片在基部，斜三角形；有 14~20 对初级小羽片，下侧基部的小羽片最长；下面叶脉突出，明显不达羽片裂片边缘，无腺体。孢子囊群生叶脉末端，通常在羽片边缘和中脉之间的中部；囊群盖大，无毛，但在边缘有短腺毛。

该属仅毛脉蕨 *Trichoneuron microlepioides* Ching [= 云南节毛蕨 *Lastreopsis microlepioides* (Ching) W. M. Chu & Z. R. He (FOC)] 1 种，分布于中国云南及越南。

肾蕨科 Nephrolepidaceae*

中型土生或附生植物，少有攀援。根状茎长而横走，有腹背之分，或短而直立，辐射状，并发出极细瘦的匍匐枝，生有小块茎，二者均被鳞片，具管状或网状中柱；鳞片以伏贴的阔腹部盾状着生，向边缘色变淡而较薄，常有睫毛。叶一型，簇生而叶柄不以关节着生于根状茎上，或为远生，2 列而叶柄以关节着生于明显的叶足上或蔓生茎上；叶草质或纸质，无毛或很少被毛，或罕有略具糠秕状鳞片伏生，长而狭，披针形或椭圆披针形，一回羽状，分裂度粗；羽片多数，基部不对称，无柄，以关节着生于叶轴上，全缘或多少具缺刻；叶脉分离，侧脉羽状，几达叶边，小脉先端具明显的水囊，上面常有 1 个白色的石灰质小鳞片。孢子囊群表面生，单一，圆形，偶有两侧汇合，顶生于每组叶脉的上侧一小脉，或背生于小脉中部，近叶边以 1 列排列或远离叶边以多列排列；囊群盖圆肾形或少为肾形，以缺刻着生，向外开，宿存或几消失。孢子囊为水龙骨型，不具隔丝。孢子两侧对称，椭圆形或肾形。

该科仅肾蕨属 *Nephrolepis* 1 属，世界分布，中国有分布 (Xing et al.，2013c)。

1. 肾蕨属 *Nephrolepis* Schott* (图 175)

特征同科。

该属约 20 种，世界分布，中国约 6 种，其中圆叶肾蕨 *Nephrolepis duffii* T. Moore 为外来引种栽培种，肾蕨 *N. cordifolia* (L.) C. Presl 也在中国广泛栽培，用作园林绿化 (Xing et al.，2013c)。

藤蕨科 Lomariopsidaceae*

大型攀援或土生植物。根状茎攀附于树干上或根状茎短粗壮，或匍匐；腹背压扁，腹面生根，背面有叶多列，叶柄基部下延于根状茎而形成棱脊，有网状中柱，先端密被鳞片；鳞片披针形黑色或线形栗棕色，边缘具睫毛。叶远生，具长柄，质厚；成熟叶一型或二型，单叶至一回羽状，顶生羽片基部一般不具关节，侧生羽片基部与叶轴连接处有关节；营养叶羽片较宽，披针形，全缘或有锯齿，叶脉分离或网结而不具内藏小脉，通常又可分为基生叶和顶生叶，基生叶的羽片一般较小；孢子叶羽片狭缩。孢子囊群为卤蕨型或圆形，满布于能育羽片下面或不，无囊群盖，隔丝有或无。孢子囊大，环带由 14~22 个增厚细胞组成。孢子椭圆形。

图 175　肾蕨 *Nephrolepis cordifolia*

基于 Chen 等 (2017) 的研究结果，PPG I 系统中置于鳞毛蕨科的羊耳蕨属 *Dryopolystichum* 应为藤蕨科的成员。藤蕨科还包括形态上与藤蕨属 *Lomariopsis* 相似的星藤蕨属 *Thysanosoria*，但目前还没有分子数据支持，其系统位置有待进一步研究。藤蕨科目前有 5 属约 70 种 (PPG I，2016)。

分属检索表 (Chen et al.，2017b)

1. 半附生植物，攀援；无囊群盖 ……………………………………………………………………2
1. 土生，极少半附生，不攀援；常有盾状着生囊群盖……………………………………………3
2. 孢子囊群圆形 ……………………………………………………… **星藤蕨属 *Thysanosoria***
2. 孢子囊群卤蕨型，完全覆盖叶羽片的背面 ………………………… **藤蕨属 *Lomariopsis*** *
3. 叶脉网状，有内藏小脉………………………………………………… **红囊藤蕨属 *Dracoglossum***
3. 叶脉分离，无内藏小脉……………………………………………………………………………4
4. 羽片无关节；叶轴有沟槽 ………………………………………… **洋耳蕨属 *Dryopolystichum***
4. 羽片有关节；叶轴无沟槽 …………………………………………………… **拟贯众属 *Cyclopeltis*** *

1. 拟贯众属 *Cyclopeltis* J. Sm.* (图 176)

中型土生植物。根状茎短，粗壮，斜升，先端连同叶柄密被鳞片；鳞片栗棕色，线形，边缘有睫毛。叶簇生；叶柄短；叶纸质，两面光滑，向两端渐变狭，一回羽状；羽片多数，以关节着生叶轴上，无柄，披针形，短尖头，基部近心形，下侧耳状突起，常覆盖在叶轴上，全缘或有波状齿；叶脉分离，多回二叉分枝或羽状，最下一小脉为上先出；叶轴被棕色的线形鳞片。孢子囊群大，圆形，背生小脉上，在主脉两侧各排成 1~4 列；囊群盖圆盾形，盾状着生。孢子囊环带由 14~16 个厚壁细胞构成。孢子两面体，单槽，长圆形或圆球形，有周壁，褶皱，表面有疣状纹饰。染色体 *n* 为 41。

该属约 6 种，5 种分布于所罗门群岛经菲律宾和中南半岛到中国海南岛，美洲有 *Cyclopeltis semicordata* (Sw.) J. Sm. 1 种，中国仅拟贯众 *C. crenata* (Fée) C. Chr. 1 种。

图 176　拟贯众 *Cyclopeltis crenata*

2. 红囊藤蕨属 *Dracoglossum* Christenh.

半附生地面常绿植物。根状茎短匍匐，整个被披针形粗筛孔；鳞片黑褐色，生于叶柄和叶轴的背面。叶柄有短毛；单叶，革质，披针形至卵状披针形，边缘全缘至阔圆齿，顶端锐尖至渐尖，微缺，多生芽胞，当叶靠近地面时可发育成新植株；叶脉不明显，网状，在中脉两侧各有 4~5 列网眼，网眼内有内藏小脉。孢子囊群圆形至卵形，在侧脉之间排成 2 行，有时汇合成不规则的细长圆形；囊群盖有或无，有时盾状着生。孢子表面有浅脊或光滑。

该属有 2 种：*Dracoglossum plantagineum* (Jacq.) Christenh. 和 *D. sinuatum* (Fée) Christenh.，分布于美洲热带 (Christenhusz，2007)，中国不产。

3. 洋耳蕨属 *Dryopolystichum* Copel.

[该属在 PPG I 系统中被置于鳞毛蕨科 Dryopteridaceae]

土生植物。根状茎短而直立，粗壮木质，顶端密被鳞片，横切面可见黑色厚壁组织束；鳞片深褐色，线状披针形，全缘，非筛孔状。叶近生；叶柄无关节，基部具鳞片，鳞片与根状茎相似；叶卵形，一回羽状至羽裂，小羽片下先出，近革质，几无毛，仅羽轴、中脉和小羽片中脉上有极稀疏的狭鳞片；羽轴和中脉上面具沟槽，二者不连通；叶脉分离，羽状，上部羽片基部小羽片的叶脉出自羽轴而非中脉，所有叶脉消失于突起的排水器，不达叶边缘。孢子囊群圆形，生于小脉下面近排水器处，具囊群盖；囊群盖圆形，宿存，上位，全缘，褐色，厚。孢子囊具长柄，环带有约 14 个加厚细胞，每个孢子囊内有 32 个正常孢子。孢子单裂缝，表面具宽翅状周壁。染色体 $2n$ 约 164 (Chen et al.，2017b)。

该属仅洋耳蕨 *Dryopolystichum phaeostigma* (Ces.) Copel. 1 种，分布于新几内亚至所罗门群岛，中国不产。

4. 藤蕨属 *Lomariopsis* Fée* (图 177)

大型攀援植物，常攀援至树冠顶部。根状茎粗健，扁平，有腹背之分，腹面生根，背面有叶多列，顶端密被黑色的不透明披针形鳞片。叶二型；叶柄禾秆色，上面有纵沟，被鳞片，不具关节，下延于根状茎上而形成棱脊；幼叶为单叶，成熟叶为一回羽状分裂，侧生羽片基部以关节着生于叶轴上，但顶生羽片一般不具关节，不育羽片披针形，能育羽片狭缩；叶脉分离，小脉单一或二叉，有时顶端为一软骨质边脉所连接。孢子囊群满布于能育羽片的背面。孢子囊大，环带由 14~22 个增厚细胞组成。孢子椭圆形，褐色。染色体 x 为 41。

该属约 50 种，广泛分布于热带、亚热带，中国有 6 种 (Xing et al.，2013d；Wu et al.，2021)。

5. 星藤蕨属 *Thysanosoria* A. Gepp

叶二型，草质，叶脉为单脉或基部分叉。孢子叶羽片比营养叶狭窄，有孢子囊群的小羽片在背面稍微反卷。孢子囊群无囊群盖，在靠近羽片边缘的叶脉末端着生。孢子囊小，圆形。

该属目前仅星藤蕨 *Thysanosoria pteridiformis* (Ces.) C. Chr. 1 种，分布于新几内亚沿岸 (Kramer，1990j)，中国不产。

图 177 *Lomariopsis longini* L. Y. Kuo & Y. H. Wu

三叉蕨科 Tectariaceae*

中型至中大型土生植物，少为小型。根状茎短而直立或斜升 (少有长而横走)，有网状中柱，被鳞片；鳞片披针形，膜质，棕色，全缘或有睫毛。叶簇生，有时近生；叶柄基部无关节，上面有浅沟，光滑或被有关节的淡棕色毛，通常基部或有时全部及叶轴上均被鳞片；叶为一型或有时二型，通常一回羽状至多回羽裂，少为单叶，叶薄草质至厚纸质；叶脉有多种类型：或分离，小脉单一或分叉，或小脉沿小羽轴及主脉两侧联结成无内藏小脉的狭长网眼，或在侧脉间联结为多数方形或近六角形的网眼，网眼内有单一或分叉的内藏小脉或有时无内藏小脉；主脉两面均隆起，上面被有关节的淡棕色毛或有时光滑；通常上面或两面被有关节的淡棕色毛或有时光滑；叶轴上面通常被同样的毛，少为光滑；羽轴及各回小羽轴两面均隆起，上面无纵沟，通常上面或有时下面也被有关节的淡棕色毛。孢子囊群圆形，着生于分离小脉的顶端或近顶端或中部，或生于形成网眼的小脉上或交结处；囊群盖圆肾形或圆盾形，膜质，宿存或早落，或孢子囊漫生于小脉上，无盖，成熟时汇合并满布于狭缩的孢子叶下面。孢子囊的环带有 12~16 个增厚细胞。孢子为两面体，椭圆形至卵形，单裂缝，周壁具褶皱或刺状纹饰。

基于最新的分子系统学和分类学研究，该科目前有 3 属约 225 种，分布于热带，中国有 1 属 (Zhou et al.，2018)。

分属检索表 (Zhang et al.，2016)

1. 叶脉分离……2
1. 叶脉网结……3
2. 根状茎匍匐……4
2. 根状茎直立或斜升……**叉蕨属 *Tectaria****
3. 根状茎匍匐；叶在茎上 2 列排列……**夹龙蕨属 *Hypoderris***
3. 根状茎直立；叶在茎上螺旋状排列……**叉蕨属 *Tectaria****
4. 叶三出；周壁无刺……**伏梳蕨属 *Triplophyllum***
4. 叶非三出；周壁有刺……**夹龙蕨属 *Hypoderris***

1. 夹龙蕨属 *Hypoderris* R. Br. ex Hook.

叶一型，单叶或下部裂；裂片小或者单裂或下裂，裂片小或大时常具 1 小的下侧裂片；叶脉充分网结 (*Hypoderris brauniana* 叶脉分离)，有游离的内藏脉。孢子囊群小，通常靠近次脉，背侧着生或生于叶脉联结处，近圆形至椭圆形；囊群盖下位，形成一个不规则撕裂的薄纤毛状环。孢子椭圆形或稍微球形，表面具不规则的刺，纹饰基部有穿孔。染色体 x 为 40。

该属 3 种，分布于美洲热带，中国不产。

2. 叉蕨属 *Tectaria* Cav.* (图 178)

[该属包括 PPG I 系统中的谜蕨属 *Aenigmopteris*；不包括 FOC 中的多变叉蕨 *Tectaria variabilis* Tardieu & Ching]

土生。根状茎直立或上升至匍匐，短或长，粗壮或纤细，顶部被鳞片；根状茎和叶柄基部鳞片棕色，披针形，边缘全缘或具缘毛，膜质。叶柄禾秆色或棕色至黑色，基部或有时全部有鳞；叶一型至强烈二型，单叶或羽状至多回羽裂，通常三角形或五角形；羽片和裂片通常全缘，无锯齿；叶轴及羽轴均被有关节多细胞毛；叶脉不同程度联合，有单一或分叉的内藏小脉或无内藏小脉。孢子囊群生于网眼联结处或内藏小脉的顶部或中部，通常圆形，有时伸长联结为线形，在一些物种中，成熟时遍布叶片背面；囊群盖圆肾形，宿存或脱落，或很少无囊群盖。孢子卵圆形或椭圆形，表面具疣状、皱纹或刺状纹饰。染色体 *n* 为 40。

该属有 4 亚属约 270 种，主要分布于热带 (Zhang and Zhang，2018)，中国有约 40 种 (Xing et al.，2013b)。

3. 伏梳蕨属 *Triplophyllum* Holttum

中型或大型土生植物。茎纤细，匍匐状，被狭窄非筛孔状鳞片。叶近生至远生，无光泽，薄被狭窄的非筛孔状鳞片和短的肋状绒毛或近无毛；叶柄上有浅沟；叶草质至近革质，三角形至五边形，基部羽片通常最大；基部 1 对羽片上先出，其余羽片包括叶脉

图 178　叉蕨属 *Tectaria* 植物形态

下先出；上部羽片、小羽片等逐渐变小并汇生在一起；叶基部至少羽状或羽状浅裂，通常更多分裂；次级叶轴和中轴有时也具不定芽；末端羽片卵形或长圆形，基部前端少为耳状，不对称，多为钝状，通常贴生，尤其在后部常贴生下延，其边缘不增厚也不延伸成脊；叶下有时具腺体；肋状毛主要分布在中肋和小肋上，尤其是近轴面；叶脉呈羽状分布，不隆起，不达叶缘，分离或极少汇生为无内藏小脉的网状脉；基部小脉从小叶柄发出。孢子囊群圆形，背生或 (近) 顶生。孢子与叉蕨属相似，具鸡冠状或有刺的翅状褶皱，褶皱间的表面或多或少密布网状小刺。染色体 n 为 41。

该属近 30 种，分布于非洲和南美洲 (PPG I，2016)，中国不产。

牙蕨科 Pteridryaceae*

中型至大型土生植物。根状茎斜升至短横走，具网状中柱，顶部与叶柄基部均被鳞片；鳞片披针形，全缘，坚膜质，棕色。叶簇生或近生；叶柄长，上面有沟，光滑无毛；叶厚纸质，两面均无毛，叶轴及羽轴通常光滑或有时下面被有关节的毛，椭圆形至卵形，顶部深羽裂，向下部二回羽裂；侧生羽片 6~20 对，具柄或近无柄，线状披针形，羽状深裂，基部 1 对羽片不缩短或有时其基部下侧伸长；裂片镰刀形或披针形，边缘有锯齿；缺刻狭窄或为阔圆形，底部有一三角形尖齿；叶脉分离或裂片基部的小脉偶有联结，小脉羽状，2~3 叉，基部下侧一小脉出自主脉基部，基部上侧一小脉达到缺刻的尖齿。孢子囊群小，圆形，着生于小脉上侧分叉的顶端或中部，在主脉两侧各有 1 列，位于主脉与叶缘的中间；囊群盖圆肾形，淡棕色，膜质。孢子囊的环带有 12 个增厚细胞。孢子椭圆形，表面有不明显的网状疣点。染色体 x 为 41。

该科最早被置于三叉蕨科，Zhou 等 (2018) 基于分子系统学研究，将其从叉蕨科中划分出来独立为牙蕨科 Pteridryaceae，牙蕨科下除牙蕨属 *Pteridrys* 还包括过去一直被置于叉蕨属 3 个属：马来蕨属 *Malaifilix* Li Bing Zhang & Schuettp.、龙蕨属 *Draconopteris* Li Bing Zhang & Liang Zhang (Zhang et al.，2016) 和睡菜蕨属 *Polydictyum* C. Presl (Zhang and Zhang，2016；Dong et al.，2017；Zhou et al.，2018)。

该科有 4 属约 30 种，主要分布于东南亚和南美洲中部，中国有 2 属。

分属检索表

1. 叶脉分离，羽片或裂片间缺刻有一小齿；孢子囊群盖肾形 ………… **牙蕨属 *Pteridrys****
1. 叶脉联合，羽片或裂片间的缺刻无齿；囊群盖圆形 ………… 2
2. 根状茎匍匐；叶轴上无翅 ………… **睡菜蕨属 *Polydictyum****
2. 根状茎直立或斜升；叶轴上有翅 ………… 3
3. 叶轴在翅上每边有一弓形脉，脉平行于叶轴，从主脉的基部生出，但不达中脉的先端；压干的植株没有杏仁味 ………… **马来蕨属 *Malaifilix***
3. 叶轴上的翅没有弓形脉；压干的植株有强烈的杏仁味 ………… **龙蕨属 *Draconopteris***

1. 龙蕨属 *Draconopteris* Li Bing Zhang & Liang Zhang

土生。叶一回羽状半裂，叶轴有翅；羽片 3~4 对，全缘；叶脉联合。孢子周壁表面有鸡冠状纹饰。该属形态上与亚洲叉蕨属植物相似，但孢子周壁为鸡冠状纹饰。此外，该属除了具鳞片，还具毛，也不同于美洲的叉蕨属植物 (Zhang et al.，2016)。

该属仅龙蕨 *Draconopteris draconoptera* (D. C. Eaton) Li Bing Zhang & Liang Zhang 1 种，分布于中美洲和南美洲，中国不产 (Zhang et al.，2016)。

2. 马来蕨属 *Malaifilix* Li Bing Zhang & Schuettp.

土生。叶为一回羽状半裂，叶轴有翅；羽片 7~9 对，羽片边缘波状；叶脉联合。该属在形态上与分布于亚洲的一些叉蕨属植物形态相似，但两羽片之间的叶轴翅两侧各有一弓形脉，平行于羽轴，从中肋基部发出，但未达上部中肋。染色体 x 为 39。

该属仅龙蕨 *Malaifilix grandidentata* (Ces.) Li Bing Zhang & Schuettp. 1 种，分布于马来西亚和印度尼西亚 (Zhang et al.，2016)，中国不产。

3. 睡菜蕨属 *Polydictyum* C. Presl* (图 179)

[该属在 FOC 和 PPG I 系统中被置于三叉蕨科 Tectariaceae 下的叉蕨属 *Tectaria*]

根状茎长匍匐，圆柱状，被披针形鳞片覆盖，侧面和腹面着生根，背部着生叶。叶柄靠近或相距 1~2 cm，基部覆盖鳞片，干时禾秆色；叶为奇数羽状复叶，由末端羽片和 1~5 (6) 对侧生羽片组成，或有时仅有末端羽片；羽片披针形或经常线状披针形，全缘，向先端和基部渐狭，无柄，或仅基部羽片具短柄；叶脉完全联合，网眼有或无内藏小脉。孢子囊群着生在小脉背部或顶端，在侧脉之间排成不规则的 2 列；囊群盖肾形，成熟时宿存或落叶。

该属有 3~5 种，分布于东南亚至太平洋岛屿，中国仅多变叉蕨 *Polydictyum variabile* (Tardieu & Ching) S. Y. Dong & C. W. Chen [= *Tectaria variabilis* Tardieu & Ching (FOC)] 1 种 (Dong et al.，2018；Zhou et al.，2018)。

图 179　多变叉蕨 *Polydictyum variabile*

4. 牙蕨属 *Pteridrys* C. Chr. & Ching* (图 180)

[该属在 FOC 和 PPG I 系统中被置于三叉蕨科 Tectariaceae]

中型至大型土生植物。根状茎斜升至短横走，具网状中柱，顶部与叶柄基部均被鳞片；鳞片披针形，全缘，坚膜质，棕色。叶簇生或近生；叶柄长，上面有沟，光滑无毛；

叶厚纸质，两面均无毛，叶轴及羽轴通常光滑或有时下面被有关节的毛，椭圆形至卵形，顶部深羽裂，向下部二回羽裂；侧生羽片 6~20 对，具柄或近无柄，线状披针形，羽状深裂，基部 1 对羽片不缩短或有时基部下侧伸长；裂片镰刀形或披针形，边缘有锯齿；缺刻狭窄或为阔圆形，底部有一三角形尖齿；叶脉分离或裂片基部的小脉偶有联结，小脉羽状，2~3 叉，基部下侧一小脉出自主脉基部，基部上侧一小脉达到缺刻的尖齿。孢子囊群小，圆形，着生于小脉上侧分叉的顶端或中部，在主脉两侧各有 1 列，位于主脉与叶缘的中间；囊群盖圆肾形，淡棕色，膜质。孢子囊环带有 12 个增厚细胞。孢子椭圆形，表面有不明显的网状疣点。染色体 x 为 41。

图 180　牙蕨属 *Pteridrys* 植物形态

该属有 4 组 24 种，分布于亚洲热带和亚热带，中国有 4 种 (Xing et al.，2013b；Zhou and Zhang，2019)。

爬树蕨科 Arthropteridaceae*

附生。根状茎攀援，粗铁丝状，具管状中柱，被盾状而贴生的鳞片。叶远生，2 列；柄短，以关节着生于短叶足上或蔓生茎上；叶片披针形，纸质，一回羽状；羽片多数，近无柄，接近，多少斜展，以关节着生于叶轴上，近镰刀形，基部不对称，上侧多少呈耳形，下侧楔形，边缘有疏圆齿或呈波状；叶脉明显，有主脉，侧脉分离，羽状，小脉 2~3 叉或为羽状，不直达叶边，先端有圆形小水囊。孢子囊群圆形，生于叶下面，成 1 列位于主脉与叶边之间，接近叶边，顶生于每组侧脉的上侧一小脉；囊群盖圆肾形，以缺刻着生。孢子囊成熟期先后不同，有长柄，环带由 10~13 个增厚细胞组成。孢子椭圆形，有周壁，上具细颗粒状纹饰，外壁表面光滑 (图 167)。染色体 x 为 41。

爬树蕨科最早由 Liu 等 (2013b) 建立，仅包含爬树蕨属 *Arthropteris* J. Sm. ex Hook. f. 1 属，但后来的学者几乎一直把爬树蕨属置于三叉蕨科，而很少承认爬树蕨科的分类地位 (PPG I，2016)。直到 Zhou 等 (2018)，通过对广义三叉蕨科的系统发育关系研究，进一步确认了爬树蕨科 Arthropteridaceae 的系统位置。

1. 爬树蕨属 *Arthropteris* J. Sm. ex Hook. f.* (图 181)

特征同科。

该属有 20 余种，主要分布于澳大利亚、亚洲、非洲和马达加斯加及太平洋岛屿，中国仅爬树蕨 *Arthropteris palisotii* (Desv.) Alston 1 种。

条蕨科 Oleandraceae*

小型或中型附生或土生植物，匍匐或半攀援。根状茎长而分枝，横走或少为直立的半灌木状，坚硬而挺健，有网状中柱，下面生出坚硬的细长气生根，遍体密被覆瓦状的红棕色厚鳞片；鳞片长披针形，先端长渐尖而易脱落，基部圆钝，以腹部盾状着生，贴伏或顶端多少松开，边缘常有长睫毛。叶足螺旋排列于根状茎上，远生或密集，常高达数厘米，与叶柄连接处有关节；叶通常为一型，单叶，疏生，有时簇生，有柄，以关节着生于叶足；叶草质、纸质或革质，干后黄褐色，无毛或通常有棕色节状细毛和疏生小鳞片，披针形或线状披针形，全缘或有时为波状，叶缘有软骨质狭边；叶脉明显，主脉凸起，侧脉分离，单一或二叉，平展或略斜展，密而平行。孢子囊群圆形，背生，位于小脉的近基部，成单列排列于主脉的两侧，有时紧靠主脉，有时稍离主脉；囊群盖大，肾形或圆肾形，以缺刻着生，红棕色，膜质或纸质，宿存。孢子囊为水龙骨型，长柄由 3 列细胞组成，环带由 12 个或 14 个增厚细胞组成。孢子小，两侧对称，椭圆形，周壁表面具颗粒状纹饰或大小和疏密不同的刺状纹饰，外壁表面光滑 (图 168)。

该科仅条蕨属 *Oleandra* Cav. 1 属，泛热带分布，中国有分布。

图 181　爬树蕨 *Arthropteris palisotii*

1. 条蕨属 *Oleandra* Cav.* (图 182)

特征同科。

该属超 30 种，泛热带分布，主要分布于热带亚洲和太平洋岛屿，少数种类分布于非洲和美洲南部，中国目前承认有 5 种 (Hovenkamp and Ho，2012；Zhang and Hovenkamp，2013)。

骨碎补科 Davalliaceae*

中型附生植物，少有土生。根状茎横走或少为直立，有网状中柱，通常密被鳞片；鳞片以伏贴的阔腹部盾状着生，罕为基部着生。叶远生，叶柄基部以关节着生于根状茎上；叶草质至坚革质，通常三角形，二回至四回羽状分裂，羽片不以关节着生于叶轴，无毛或很少被鳞片及毛；叶脉分离。孢子囊群为叶缘内生或叶背生，着生于小脉顶端；囊群盖为半管形、杯形、圆形、半圆形或肾形，基部着生或同时多少以两侧着生，仅口部开向叶边。孢子囊具细长柄，环带由 12~16 个增厚细胞组成 。孢子两侧对称，椭圆形或长椭圆形，单裂缝，裂缝梭形或线形，具边缘或无边缘，通常不具周壁。过去骨碎

图 182　高山条蕨 *Oleandra wallichii* (Hook.) C. Presl

补科有 4~10 个属，但基于最新研究结果，骨碎补科目前仅承认骨碎补属 *Davallia* 1 属，先前承认的多个属级类群，被处理为组（Tsutsumi et al.，2016）。

该科仅 1 属约 65 种，主要分布于亚洲热带和亚热带。

1. 骨碎补属 *Davallia* Sm.* (图 183)

[该属包括 FOC 中的小膜盖蕨属 *Araiostegia* Copel.、阴石蕨属 *Humata* Cav. 及假钻毛蕨属 *Paradavallodes* Ching]

特征同科。

该属有 7 组约 65 种 (Tsutsumi et al.，2016；PPG I，2016；Ma et al.，2018)，主要分布于亚洲热带和亚热带，少量种可分布到非洲，中国约 17 种 (Xing et al.，2013e)，为了更好理解广义骨碎补类群，将 FOC 承认的骨碎补科中国分布属检索表列出如下。

1. 叶草质……………………………………………………………………………………………2
1. 叶革质或有时为硬草质………………………………………………………………………4
2. 叶有毛；叶阔披针形或椭圆披针形，不为三角形；基部 1 对羽片和其上 1 对同形……………………………………………………………………………………假钻毛蕨属 *Paradavallodes**

2. 叶无毛，或仅幼时有柔毛；叶卵形或三角形；基部 1 对羽片比其上 1 对大……小膜盖蕨属 *Araiostegia**
4. 囊群盖管形或杯形，以基部和两侧着生……………………………………………骨碎补属 *Davallia* s.s.*
4. 囊群盖近圆形或半圆形，以基部着生，或少为阔肾形而以基部和两侧下部着生………阴石蕨属 *Humata**

图 183　骨碎补属 *Davallia* 植物形态

水龙骨科 Polypodiaceae*

小型或中型植物，常为附生，少为土生。根状茎长而横走，有网状中柱，通常有厚壁组织，被鳞片；鳞片盾状着生，通常具粗筛孔，全缘或有锯齿，少具刚毛或柔毛。叶一型或二型，以关节着生于根状茎上；单叶，全缘，或分裂，或羽状，草质或纸质，无毛或被星状毛；叶脉网状，少为分离的，网眼内通常有分叉的内藏小脉，小脉顶端具水囊。孢子囊群通常为圆形或近圆形，或为椭圆形，或为线形，或有时布满孢子叶下面一部分或全部，无盖而有隔丝，或其他类型毛被。孢子囊具长柄，有 12~18 个增厚的细胞构成的纵行环带。孢子椭圆形，单裂缝，两侧对称，少数三裂缝，辐射对称。

水龙骨科是蕨类植物中物种最为复杂的多样性最高的附生蕨类类群，有 1600 多种，分布于除南极洲以外的所有大陆，但在热带和亚热带多样性最高。

在 PPG I 系统中，水龙骨科下包括 6 亚科：剑蕨亚科 Loxogrammoideae、鹿角蕨亚科 Platycerioideae、槲蕨亚科 Drynarioideae、星蕨亚科 Microsoroideae、水龙骨亚科 Polypodioideae、禾叶蕨亚科 Grammitidoideae (PPG I，2016)。但基于最新研究结果，目前水龙骨科下有 9 亚科，包括中国分布的隐子蕨亚科 Crypsinoideae、禾叶蕨亚科 Grammitidoideae、剑蕨亚科 Loxogrammoideae、星蕨亚科 Microsoroideae、鹿角蕨亚科 Platycerioideae、水龙骨亚科 Polypodioideae，以及中国不产的边鳞蕨亚科 Adetogrammoideae、带蕨亚科 Campyloneuroideae 和蛇茎蕨亚科 Serpocauloideae，共 80 属 (包括 3 杂交属：耳基宽带蕨属×*Ellipisorus*、金石韦属×*Phlebosia* 和节修蕨属×*Sellimeris*) 近 1700 种 (Wei et al.，2021a；Wei and Zhang，2022)，中国有 33 属 (包括 1 杂交属：耳基宽带蕨属×*Ellipisorus*) 330 余种 (图 184)。

亚科间检索表 (Wei and Zhang，2022)

1. 叶不以关节着生于根状茎上；孢子开始传播时棕色、绿色或稍绿色，三裂缝，有时为单裂缝……2
1. 叶常以关节着生根状茎上或不明显；孢子棕色或淡白色，极少带绿色，单裂缝……6
2. 叶单叶至羽状复叶；孢子开始传播时绿色或淡绿色，三裂缝，有时单裂缝……3
2. 叶羽状裂或有时为羽状复叶，或多回二歧分裂；孢子常棕色至淡白色，单裂缝……4
3. 单叶，光滑，极少有棒状腺毛……**剑蕨亚科 Loxogrammoideae***
3. 单叶至羽状复叶，全株常有密而长的刚毛……**禾叶蕨亚科 Grammitidoideae***
4. 无腐质叶或扩大的叶基……**隐子蕨亚科 Crypsinoideae***
4. 有腐质叶或扩大的叶基……5
5. 叶无有星状毛，孢子叶羽状裂至羽状复叶……**隐子蕨亚科 Crypsinoideae***
5. 叶有星状毛，孢子叶常为多样的二叉分枝……**鹿角蕨亚科 Platycerioideae* (鹿角蕨属 *Platycerium*)**
6. 叶有星状毛，无鳞片，至少在幼时常被星状绒毛；单叶，一型，极少轻微二型……**鹿角蕨亚科 Platycerioideae* (石韦属 *Pyrrosia* 和软石韦属 *Hovenkampia*)**
6. 叶有鳞片，不分枝毛，腺状毛和 (或) 分叉的毛，或光滑；单叶至羽状复叶……7
7. 植物有时为复苏植物；叶常密被鳞片或毛被，有时具腺体；孢子囊群上盾状着生鳞片和盾状隔丝共存……**水龙骨亚科 Polypodioideae (多盾蕨属 *Pleopeltis*)**
7. 植物不为复苏植物；叶上鳞片和毛被不密，无腺点，或极少有 (只在蛇茎蕨亚科 Serpocauloideae)；孢子囊群上盾状鳞片和盾状隔丝不共存……8
8. 根状茎鳞片全缘或者部分粗筛孔状，隔丝鳞片状或毛状；孢子囊成散生的孢子囊群或形成汇生囊群

……………………………………………………………………………… **星蕨亚科 Microsoroideae***

8. 根状茎鳞片不为粗筛孔、不透明，或罕见粗筛孔状，隔丝有或无，如有隔丝，则呈毛状或极少鳞片状；孢子囊群散生，极少形成汇生囊群……………………………………………………………………9

9. 根状茎鳞片基生或假盾状着生，无隔丝（旧世界分布）……………………………………………………
……………………………………………………… **隐子蕨亚科 Crypsinoideae*（修蕨属 *Selliguea*）**

9. 根状茎鳞片基生至盾状着生，隔丝常出现，极少无（新世界分布，有时分布于北温带）……………10

10. 根状茎分枝稀疏，鳞片粗筛孔或部分粗筛孔；叶脉常规则网结（为水龙骨型）………………………
……………………………………………………………………………… **蛇茎蕨亚科 Serpocauloideae**

10. 根状茎常分枝，非粗筛孔鳞片；叶脉不规则网结，有时为水龙骨型，或完全分离…………………11

11. 叶脉为水龙骨型（只分布于南美洲的阿根廷和智利）……………………………………………………
………………………………………………… **隐子蕨亚科 Crypsinoideae（合环蕨属 *Synammia*）**

11. 叶脉不规则网结或极少水龙骨型（主要分布于新热带）……………………………………………12

12. 叶无毛，沿叶边缘有密的鳞片；叶脉完全离生 ……………………… **边鳞蕨亚科 Adetogrammoideae**

12. 叶有毛或鳞片；叶脉不规则网结或部分离生 ………………………………………………………13

13. 根状茎鳞片钻形具长尾；叶常单叶全缘，或较少羽状复叶，隔丝丝状…………………………………
………………………………………………………………………… **带蕨亚科 Campyloneuroideae**

13. 根状茎鳞片披针形具短尾；叶羽状半裂至羽状复叶或有时单叶，隔丝毛状，有时为腺体状 ………
……………………………………………………………………………… **水龙骨亚科 Polypodioideae***

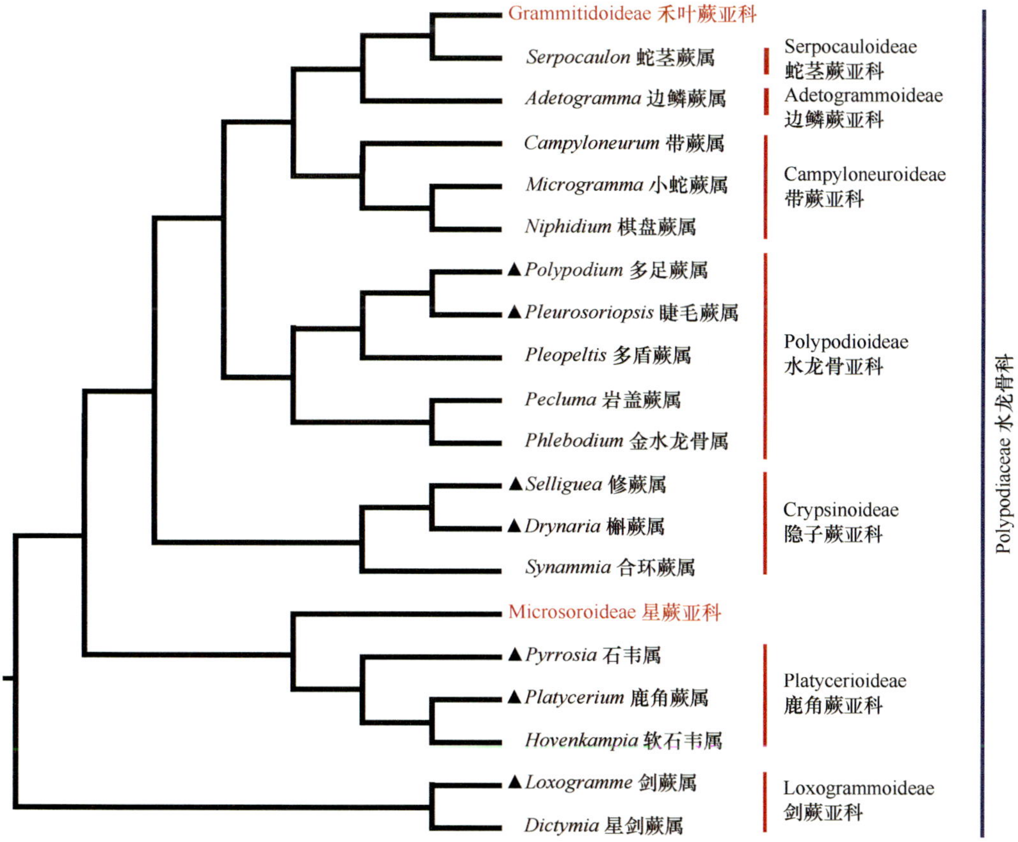

图 184　水龙骨科下各亚科和属间系统发育关系
(Zhou et al., 2017; He et al., 2018; Wei et al., 2021a; Wei and Zhang, 2022)

剑蕨亚科 Loxogrammoideae H. Schneid.*

根状茎短至长横走，偶具分枝；鳞片基部着生，边缘有齿，具筛孔状网眼。单叶，一型至二型，线形或披针形，表面光滑，覆有由 2 个细胞组成的细微棒状腺毛。叶脉多少网结，形成网眼，无离生内藏小脉，无排水器。孢子囊群圆形至长线形，与中肋斜或近平行，离生，隔丝丝状或有时无隔丝。孢子呈绿色 (成熟扩散时)，为单裂缝或三裂缝 (Wei and Zhang，2022)。

该亚科有 2 属约 40 种，主要分布于澳大利亚、新西兰、非洲、热带亚洲以及太平洋岛屿，中国有 1 属约 14 种。

分属检索表

1. 根状茎鳞片基部生，根状茎无厚壁组织……………………………………………………剑蕨属 ***Loxogramme****
1. 根状茎鳞片盾状着生，根状茎具厚壁组织………………………………………………星剑蕨属 ***Dictymia***

1. 星剑蕨属 *Dictymia* J. Sm.

小型或中型植物，附生或石生。根状茎长匍匐，鳞片盾状着生，宽，卵形，粗筛孔，撕裂状，边缘常具腺状突起。叶近生至远生，有关节，叶一型；叶柄短，光滑；单叶，线形或披针形，(近) 革质，无毛，边缘全缘或波状；叶脉宽，联合，网眼不规则，极少有不联合的内藏小脉。孢子囊群大，圆形至椭圆形或狭长圆形，稍微或强烈下陷；孢子囊群托常没毛，有时有 2 个或 3 个细胞排列的毛存在。孢子囊柄 2 列，基部有小的细胞，环带有 12~21 个硬化细胞，有腺毛。孢子黄色，有浅或粗的皱纹，椭圆形，裂缝达孢子长度一半。染色体 $2n$ 为 70。

该属有 2~3 (4) 种，分布于澳大利亚东部到斐济 (包括新喀里多尼亚) (Hennipman et al.，1990)，中国不产。

2. 剑蕨属 *Loxogramme* (Blume) C. Presl* (图 185)

小型或中型常绿植物，土生或附生。根状茎长横走或短而直立，密被鳞片；鳞片薄，卵状披针形，渐尖头，基部着生，边缘具疏锯齿，深褐色，有透明的密网眼。单叶，一型，少有二型，簇生或散生，具短柄或无柄；叶通常线形、披针形或倒披针形，尖头或渐尖头，基部渐狭，全缘，无毛，多少肉质，干后为柔软革质，下面常淡黄棕色；主脉粗壮，下面明显，多少隆起，侧脉不明显，小脉网状，网眼大而稀疏，长而斜展，略呈六角形，通常不具内藏小脉。汇生孢子囊群粗线形，位于主脉两侧，与主脉斜交，或有时与主脉近平行，横过多个小脉网眼，几达叶边，隔丝线形或多无隔丝；无囊群盖。孢子囊为水龙骨型，具长柄。孢子绿色，但很快绿色消失，两侧对称或辐射对称，具单裂缝或三裂缝，外壁表面有小瘤或疣状纹饰。染色体 x 为 35。

该属约 35 种，主要分布于亚洲热带和亚热带，极少在美洲、非洲和太平洋岛屿，中国约 14 种 (Zhang et al.，2013i；Yang et al.，2022b)。

图 185　易贡剑蕨 *Loxogramme yigongensis* Ching & S. K. Wu

鹿角蕨亚科 Platycerioideae B. K. Nayar*

根状茎短至长横走；鳞片基部至盾状着生，线形至披针形，边缘全缘或具齿，或边缘具卷曲缘毛，不为筛孔状网眼。叶一型或极度二型，单叶至各种的二叉裂，有星状毛；叶脉多明显，叶脉联结形成一至多行的矩形网眼，或二叉分枝。孢子囊群圆形或线形，或纵向形成汇生囊群，或孢子囊群成片覆盖叶，隔丝星状。孢子单裂缝，两侧对称。

该亚科有 3 属，分布于旧世界热带和亚热带，中国有 2 属。

分属检索表 (Zhou et al.，2017)

1. 叶强烈二型，有基生营养叶，孢子叶常二叉分枝；鳞片常基部着生……………**鹿角蕨属 *Platycerium****
1. 叶一型或二型，不具基生营养叶，叶一般不二叉分枝；鳞片基部着生、盾状或假盾状着生…………2
2. 根状茎完全为薄壁组织；极细胞型气孔 (polocytic)；孢子周壁薄，贴生孢子外壁表面……………………………………………………………………………………………………**软石韦属 *Hovenkampia***
2. 根状茎完全为厚壁组织或分化出薄壁和厚壁组织；常为围绕型气孔 (pericytic)；孢子周壁厚，常完全覆盖外壁………………………………………………………………………………**石韦属 *Pyrrosia****

3. 软石韦属 *Hovenkampia* Li Bing Zhang & X. M. Zhou

[该属在 PPG I 系统中被置于石韦属 *Pyrrosia*]

根状茎短，芽着生于叶足或靠近叶足处；鳞片假盾状着生。叶一型，无柄，最宽的地方在中部或者上部，基部逐渐变窄，先端锐尖至狭窄渐尖；叶脉明显分枝和联结，侧脉不明显，有发育自不规则网眼的第三级小脉；叶厚，上表皮有明显的壁薄的薄壁细胞，无水囊，叶栅栏和海绵薄壁组织明显，下表皮有薄的细胞壁，气孔极细胞型，轻微下陷；星状毛同形，伏贴叶上，具船形或耳形的射线。孢子囊群只在叶先端或满布叶下面，在表面紧密排列，多个散布于表面的孔中，偶尔沿叶脉汇生，从先端向下发育。孢子囊小，有13~15个环带细胞；隔丝不分化。孢子有薄的周壁，表面有明显的疣 (Zhou et al.，2017)。

该属有3种：*Hovenkampia africana* (Kunze) Li Bing Zhang & X. M. Zhou、*H. liebuschii* (Hieron.) Li Bing Zhang & X. M. Zhou 和 *H. schimperiana* (Mett.) Li Bing Zhang & X. M. Zhou，分布于非洲 (Zhou et al.，2017)，中国不产。

4. 鹿角蕨属 *Platycerium* Desv.* (图 186)

多年生大型附生植物。根状茎短而横卧，粗肥，外被具中肋的阔鳞片；鳞片基部着生，边缘具齿。叶近生，二型，不以关节着生。基生营养叶直立，常无柄；叶宽阔圆形，基部膨大成阔心形，覆瓦状，质厚且肉质，边缘多少全缘或略浅二歧分裂，密被星状毛；叶脉密网状，不久干枯，变为褐色，覆瓦状覆盖茎上，宿存，呈鸟巢状或圆球状。正常孢子叶具短柄，以关节着生，直立或下垂，近革质，被具柄的星状毛；叶形变化很大，全缘或多回分叉；叶脉网结，在主脉两侧有大而偏斜的多角形长网眼，具内藏小脉。孢子囊群为卤蕨型，生于圆形的增厚小裂片顶部。孢子囊有2~3列细胞组成的长柄；隔丝星毛状，具长柄，多数。孢子两侧对称，表面有瘤状纹饰。染色体 x 为 37。

图 186 皇冠鹿角蕨 *Platycerium coronarium* (Mull.) Desv.

该属约 18 种，分布于东南亚、南美洲、非洲和马达加斯加；中国仅鹿角蕨 *Platycerium wallichii* Hook. 1 种 (Zhang et al.，2013i)，被列为国家 II 级重点保护野生植物。

5. 石韦属 *Pyrrosia* Mirb.* (图 187)

中型附生或石生植物。根状茎横走，长或短，密被鳞片；鳞片盾状着生，全缘或具纤毛，具细筛孔。单叶，少数分裂，一型或二型，散生或近生；叶柄基部以关节着生于根状茎上，不具鳞片；叶线形至披针形或长卵形，常全缘；主脉明显，侧脉斜展，明显或隐没于叶肉中，联结成各式网眼，有内藏小脉，小脉顶端有膨大的水囊，在叶面通常形成洼点；叶革质，柔软或坚硬，密被星芒状毛；毛一型或二型，棕色或灰白色，毛披针形、针形或钻形，星芒状，毛为二型时则上层的毛形状如上述，下层的毛则颜色较淡而呈柔毛状或有卷发状的细星芒。孢子囊群圆形，生于内藏小脉顶端，成熟时多少汇合，叶面生或略下陷，在主脉和叶缘之间有 1~3 列或多列，无囊群盖，隔丝星芒状。孢子囊有长柄，环带由 14~18 个增厚细胞组成。孢子椭圆形，周壁上有较密的小瘤状纹饰。染色体 x 为 37。

该属有 4 亚属约 65 种，亚属间可能存在杂交 (Zhou and Zhang，2017)，主要分布于亚洲至亨德森岛、非洲和马达加斯加，中国有 30 余种 (Zhang et al.，2013i)。

图 187　石韦属 *Pyrrosia* 植物形态

隐子蕨亚科 Crypsinoideae B. K. Nayar*

根状茎短至长横走；鳞片基生，偶尔盾状着生，不具筛孔状网眼。叶一型至二型，若为二型，叶常具腐质叶；单叶或羽状半裂至一回羽状，通常光滑或有毛；叶脉大多明显，分离或联结形成一至多列的矩形网眼，或为水龙骨型叶脉。孢子囊群圆形，或形成纵向汇生囊群，通常无隔丝。孢子单裂缝，两侧对称。

该亚科有 3 属，分布于旧热带和南美洲南部，中国有 2 属。

分属检索表

1. 植株基部具腐质叶或叶柄基部扩大……………………………………………………………………………槲蕨属 ***Drynaria****
1. 植株基部无腐质叶，叶柄基部不扩大………………………………………………………………………………………2
2. 根状茎鳞片基生或假盾状着生；无隔丝（分布于旧世界）……………………………………………修蕨属 ***Selliguea****
2. 根状茎鳞片基生；有隔丝（分布于新世界）………………………………………………………………合环蕨属 ***Synammia***

6. 槲蕨属 *Drynaria* J. Sm.* (图 188)

[该属包括 FOC 中的连珠蕨属 *Aglaomorpha* Schott、戟蕨属 *Christiopteris* Copel. 及顶育蕨属 *Photinopteris* J. Sm.]

图 188　槲蕨属 *Drynaria* 植物形态

大型或中型附生植物。根状茎粗肥横走，肉质，具穿孔的网状中柱，密被鳞片；鳞片通常较大，狭长，腹部盾状着生，深棕色至褐棕色，不透明，中部细胞具加厚隆起的细胞壁，不为明显的筛孔状，边缘有锯齿状睫毛。叶近生或疏生；无柄或有短柄，基部不具关节着生根状茎上；叶常大，椭圆形，坚革质或纸质，深羽裂或羽状，二型或一型，基部膨大成阔耳形，棕色，以积聚腐殖质，向上部为正常的营养叶；在二型叶的类群中，叶有两种：一种为大而正常的营养和孢子叶，有柄，另一种为短而基生坚硬的干膜质，灰棕色，无柄而通常不育的叶，称腐殖质积聚叶；羽片或裂片以关节着生于叶轴或羽轴；叶脉为槲蕨型，即一回至三回叶脉粗而隆起，明显，彼此以直角相连，形成大小四方形的网眼，小网眼内有少数分离小脉。孢子囊群大或小，不具囊群盖，也无隔丝。孢子囊为水龙骨型，环带由 11~16 个增厚细胞组成。孢子两侧对称，椭圆形，透明，具单裂缝。

该属约 30 种，主要分布于澳大利亚、太平洋岛屿以及南亚和东南亚，2 种分布于非洲和马达加斯加，中国约 13 种 (Zhang et al.，2013i)。

7. 修蕨属 *Selliguea* Bory* (图 189)

[该属包括 FOC 和 PPG I 系统中的节肢蕨属 *Arthromeris*、雨蕨属 *Gymnogrammitis*、白修蕨属 *Paraselliguea* 及篦网蕨属 *Polypodiopteris*]

He 等 (2018) 基于分子系统学和形态学研究，合并了 PPG I 系统以及过去承认的雨蕨属 *Gymnogrammitis*、节肢蕨属 *Arthromeris*、修蕨属 *Selliguea*、白修蕨属 *Paraselliguea* 及篦网蕨属 *Polypodiopteris*。

广义修蕨属，形态极其多样，为了更好理解目前承认的广义修蕨属的中国物种，FOC 中承认的该类群下中国类群的分属检索表列出如下。

1. 叶三回羽状分裂 ………………………… 雨蕨属 *Gymnogrammitis**
1. 叶为单叶、三裂、深羽裂或一回羽状复叶 ………………………… 2
2. 羽片以关节着生于叶轴上 ………………………… 节肢蕨属 *Arthromeris**
2. 羽片不以关节着生于叶轴上 ………………………… 修蕨属 *Selliguea**

小型至中型，附生、石生或土生。根状茎匍匐，有背腹面，被鳞片；鳞片不透明，红棕色、棕色或近黑色，极少发白，卵状披针形或披针形，边缘全缘，有齿或纤毛。叶远生；以关节着生在根状茎上或无关节，一型或二型有长而窄的孢子叶；叶柄光滑，极少有毛，基部具鳞片；单叶，羽状半裂至一回羽状，或三回或四回羽状，草质或皮质，光滑或有毛，极少在下面有毛；裂片常披针形，边缘多数有明显的软骨质，全缘，凹缺或锯齿，先端渐尖或钝；叶脉网结形成有内藏小脉的网眼，或者叶脉分离不达叶边。孢子囊群圆形或长圆形，表面生或深陷入叶肉中，中肋和边缘一至多列，有或没有隔丝。孢子囊有长柄，环带有 12~16 个硬化细胞。孢子棕色，豆形，表面有瘤状或疣状纹饰。染色体 x 为 12 (He et al.，2018)。

该属 120 余种，分布于亚洲、非洲及马达加斯加的热带和泛热带，中国有 70 余种 (Zhang et al.，2013i)。

图 189　修蕨属 *Selliguea* 植物形态

8. 合环蕨属 *Synammia* C. Presl

该属目前有 3 种：*Synammia feuillei* (Bertero) Copel.、*S. intermedia* (Colla) G. Kunkel 和 *S. espinosae* (Weath.) G. Kunkel，分布于南美洲，待进一步研究 (Hennipman et al.,

1990)，中国不产。

星蕨亚科 Microsoroideae B. K. Nayar*

根状茎短至长横走；鳞片基生或盾状着生，具筛孔状网眼，或中部网眼不透明。叶一型，偶有二型，单叶至一回羽裂，至一回羽状，一般光滑或覆有鳞片；叶脉网结，或成规则的水龙骨型叶脉。孢子囊群圆形或纵向形成汇生囊群，隔丝圆形、星形、鳞片状或无。孢子单裂缝，两侧对称。

该亚科共 17 属，旧世界热带分布，中国有 12 属 (图 190)。

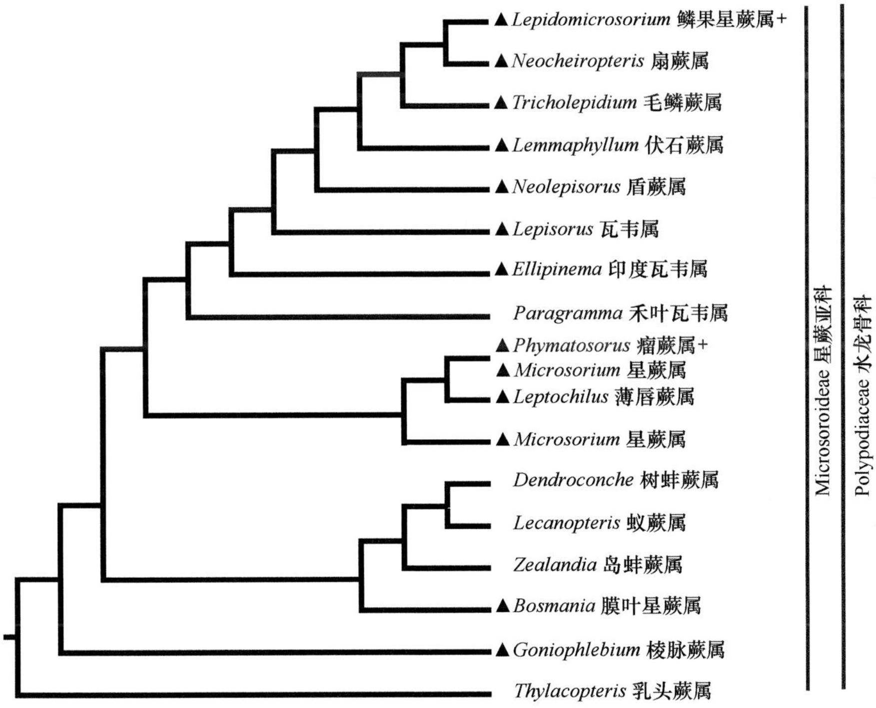

图 190　水龙骨科星蕨亚科下属间系统发育关系

(Chen et al.，2019；Testo et al.，2019；Zhang et al.，2020)

在该亚科内，瓦韦族 Lepisoreae 是一个很好的单系类群，但对该支属的划分却存在较大争议，Zhao 等 (2020) 认为该族仅包含瓦韦属 1 属，众多生活型、生境迥异的类群均被划归到广义瓦韦属下的分组中。但是 Zhang 等 (2020c) 基于叶绿体基因较好地解决了瓦韦支下各个属间的系统发育关系，同时也表明该类群下各个属在形态上区别明显，为了更好地理解该类群的形态多样性，我们采用狭义瓦韦属的概念。

蚁蕨类分属检索表 (Testo et al.，2019)

1. 蚂蚁共生在一个明显有孔的根状茎里面；孢子囊群一般靠边着生……………………**蚁蕨属 *Lecanopteris***
1. 植株不与蚂蚁共生；孢子囊群近边生至中间……………………………………………………2
2. 叶在干旱季节脱落，膜质；植株常土生至附生在石灰岩地区……………………**膜叶星蕨属 *Bosmania****
2. 叶在干旱季节不落叶，膜质至革质；植物半附生或附生，罕见土生……………………………3

3. 根状茎明显被白粉；孢子囊群深陷叶片中……………………………………………………岛蚌蕨属 *Zealandia*
3. 根状茎不被白粉；孢子囊群不深陷入叶片中…………………………………………………树蚌蕨属 *Dendroconche*

星蕨亚科（除蚁蕨类）分属检索表（Zhang et al.，2020）

1. 叶通常为羽裂或羽状，少为单叶；孢子囊群通常在主脉两侧多行……………………………………2
1. 叶为单叶，偶尔浅裂；孢子囊群通常在主脉两侧各成 1 行或 2~3 行，或密而星散……………………7
2. 叶脉分离；孢子囊陷入叶肉中……………………………………………………………乳头蕨属 *Thylacopteris*
2. 叶脉多少网结，极少分离；孢子囊群一般不陷入叶肉中……………………………………………3
3. 孢子囊群圆形至长线形……………………………………………………………………………4
3. 孢子囊群不集生成分离的囊群，而是满布叶下面………………………………薄唇蕨属 *Leptochilus**
4. 孢子囊群圆形、点状或有时呈椭圆形，少有在主脉两侧汇合成 1 条线形并与主脉并行………………5
4. 孢子囊群线形，与主脉斜交……………………………………………………………薄唇蕨属 *Leptochilus**
5. 孢子囊群细点状，小而不规则地满布叶片背面，偶有成 1~2 行；叶边无缺刻………星蕨属 *Microsorium**
5. 孢子囊群圆形，大而有规则地在主脉两侧成 1 行、在侧脉两侧成 2 行排列；叶边通常有缺刻……6
6. 叶脉分离或在羽轴两侧各有 1 行网眼，内有 1 条不分枝内藏小脉，网眼外的叶脉分离或有时联结形成 1~2 个小网眼……………………………………………………………………棱脉蕨属 *Goniophlebium**
6. 叶脉网结成复杂的大小网眼，内有 1~3 条通常分叉的内藏小脉……………………瘤蕨属 *Phymatosorus**
7. 隔丝毛状……………………………………………………………………………………禾叶瓦韦属 *Paragramma*
7. 隔丝形态各异，但非毛状……………………………………………………………………………8
8. 根状长横走，茎鳞片中部有红棕色长刚毛；孢子囊群在叶轴两侧 1~3 行………毛鳞蕨属 *Tricholepidium**
8. 根状茎长横走或较短，鳞片无毛或有毛；孢子囊群 1 行或多行……………………………………9
9. 叶三裂或为掌状……………………………………………………………………………扇蕨属 *Neocheiropteris**
9. 叶为单叶或有时不规则裂或羽状分裂…………………………………………………………………10
10. 植物攀援；孢子囊群散布于叶下面……………………………………………鳞果星蕨属 *Lepidomicrosorium**
10. 植物土生或附生或攀援；孢子囊群在中肋两边各形成 1~4 列……………………………………11
11. 植物土生；叶为单叶或分裂；叶下面侧脉清晰；孢子囊群（1~）2~4 列在中肋的两边………盾蕨属 *Neolepisorus**
11. 植物附生或土生；单叶；侧脉在叶下面不明显；孢子囊群严格在中肋两边各 1 列……12
12. 植物高 3~10 (15) cm；根状茎细（小于 1.5 mm）而长匍匐；叶多数（超过 20），常二型；侧脉在叶上面不明显…………………………………………………………………………伏石蕨属 *Lemmaphyllum**
12. 植物高 15~30 (~40) cm；根状茎相对粗壮，直立或短或长匍匐；叶少（少于 13），常一型；侧脉在叶上面明显……………………………………………………………………………………………13
13. 植株常绿或夏绿；根状茎粗 3~4 mm，鳞片长 5 mm，磷片网眼全透明或具不透明狭带；隔丝圆形、椭圆形或星形………………………………………………………………………………瓦韦属 *Lepisorus**
13. 植株夏绿；根状茎粗 1~2.5 mm，鳞片长 2.5 mm，磷片网眼全透明，粗筛孔状；隔丝椭圆形……………………………………………………………………………………………印度瓦韦属 *Ellipinema**

9. 膜叶星蕨属 *Bosmania* Testo*（图 191）

[该属在 FOC 和 PPG I 系统中被置于星蕨属 *Microsorum*]

土生、石生或附生植物。根状茎中度至长匍匐，粗壮，圆柱形或稍微背腹压扁；根状茎鳞片棕色，轻微舒展，披针形。根只有 1 种类型，腹部生于土壤中。叶柄长 1~15 cm，无翅；叶季节性凋落，单叶椭圆形，膜质；叶脉突出，联结成规则网眼。孢子囊群圆形或汇合成椭圆形或短线形。孢子黄色，椭圆形，单裂缝，表面疣状突起。

该属有 3 种：*Bosmania lastii* (Baker) Testo、*B. leandriana* (Tardieu) Testo 和 *B. membranacea* (D. Don) Testo，分布于不丹、中国、马达加斯加、尼泊尔、斯里兰卡及东南亚 (Testo et al.，2019)，中国仅膜叶星蕨 *B. membranacea* (D. Don) Testo [= *Microsorum membranaceum* (D. Don) Ching (FOC)] 1 种 (图 177) (Zhang et al.，2013i)。

图 191　膜叶星蕨 *Bosmania membranacea*

10. 树蚌蕨属 *Dendroconche* Copel.

[该属在 PPG I 系统中被置于星蕨属 *Microsorum*]

半附生植物。根状茎长匍匐，背腹压扁，鳞片棕色，伸展至伏贴。根有两种类型，1 种为侧面生长，另外 1 种为腹面生长，着生于土壤中。叶为单叶到深羽状裂，一型至近二型；无叶柄或有柄，有柄时在基部常有翅；叶脉明显，叶脉连接成规则网眼。孢子囊群圆形至长圆形。

该属有 8 种以上，主要分布于澳大利亚、新西兰、印度、印度尼西亚、新喀里多尼亚、新几内亚和所罗门群岛，中国不产。

11. 印度瓦韦属 *Ellipinema* Li Bing Zhang & Liang Zhang*

[该属在 FOC 和 PPG I 系统中被置于瓦韦 *Lepisorus*]

植株夏绿。根状茎短横走，粗 1~2.5 mm；鳞片同色，长达 2.5 mm，透明，披针形，有大的网眼。叶近生或远生，上面光滑，下面有小鳞片，草质，披针形；秋冬落叶。孢子囊群圆形，中部着生，隔丝鳞片状，椭圆形孢子囊正常开裂。(Zhang et al.，2020)。

该属有 1~2 种，分布在喜马拉雅高海拔环境，中国目前仅印度瓦韦 *Ellipinema jakonense* (Blanf.) Li Bing Zhang & Liang Zhang 1 种 (Zhang et al.，2020)。

12. 棱脉蕨属 *Goniophlebium* (Blume) C. Presl* (图 192)

[该属包括 FOC 中的篦齿蕨属 *Metapolypodium* Ching、拟水龙骨属 *Polypodiastrum* Ching 及水龙骨属 *Polypodiodes* Ching]

中型附生植物。根状茎长而横走，常具粗筛孔鳞片，有时光滑；鳞片棕色到深棕色，盾状着生，披针形，基部宽，先端狭渐尖。叶远生，一型，草质；叶柄禾秆色，以关节着生根状茎上，长，光滑；羽片为奇数羽状复叶，长圆形；侧生羽片 10~60 对，有时羽片以关节着生在叶轴，披针形至线状披针形，无毛或具短柔毛，极少具鳞片，边缘具锯齿或缺刻；叶脉网结或分离，在中肋两侧形成 1~3 列网眼，每网眼内有 1 条单一内藏小脉，内藏小脉出自下侧侧脉，网眼以外的小脉分离。孢子囊群圆形，在中脉两侧各排成 1 行，着生在靠近中脉网眼的内藏小脉，远轴面多少下陷，近轴面凸起。初生孢子囊群上有或无隔丝，隔丝盾状着生，粗筛孔，边缘具齿。孢子囊具长柄，环带有 12~20 个增厚细胞。孢子黄色，椭圆形，外壁为瘤状纹饰，周壁透明。染色体 x 为 37。

该属约 30 种，分布于亚洲热带及亚热带，少量种类在大洋洲，中国约 18 种 (Zhang et al.，2013i)。

13. 蚁蕨属 *Lecanopteris* Reinw. ex Blume

中小型附生植物。根状茎匍匐，通常中空为蚂蚁居所，分枝密集，通常相互覆盖而根部被包裹，最终可形成直径 50 cm 以上的团块状结构；鳞片盾状着生，圆形，中心粗筛孔，边缘透明，全缘，边缘具许多 1 个或 2 个细胞突起的腺体；裸露表面具稀疏到密集的肉刺。叶远生，一型，基部关节明显，叶足短；叶柄无或短至长，光滑；叶全缘，分裂或羽状深裂，或能育部分二回羽裂，在主脉的两侧有狭翅，草质到近革质；裂片通常阔圆形，有时锐尖；叶脉联合，形成一个复杂的网状脉，具倒生或延伸的内藏小脉。孢子囊群圆形。孢子囊有长柄，环带有 12~14 个硬化细胞；孢子囊托上有 2~4 个细胞组成的腺体状毛。孢子透明或淡黄色，椭圆形；孢壁两层，外层平，周壁常有球形沉积物，孢子表面为轻微的乳突状，有时有长丝 (Hennipman et al.，1990)。

该属仅 1 种，分布于东南亚和大洋洲，中国不产。

14. 伏石蕨属 *Lemmaphyllum* C. Presl* (图 193)

[该属包括 FOC 中的高平蕨属 *Caobangia* A. R. Sm. & X. C. Zhang]

假毛柄水龙骨 *G. lachnopus* (Wall. ex Hook.) J.Sm.

友水龙骨 *G. amoenum* (Wall. ex Mett.) Bedd.

蒙自拟水龙骨 *G. mengtzeense* (Christ) Rödl-Linder

图 192　棱脉蕨属 *Goniophlebium* 植物形态

小型附生植物。根状茎细长横走，被鳞片；鳞片卵状披针形，盾状着生，边缘具齿，或下部不规则分枝。叶远生，二型，叶柄基部以关节与根状茎相连；营养叶倒卵形或椭圆形，全缘，近肉质，无毛或近无毛，或疏被披针形小鳞片；孢子叶线形，或线状倒披针形，叶脉网状，主脉不明显，分离的内藏小脉通常朝向主脉。孢子囊群线形，与主脉平行，连续，但叶顶端通常不育；隔丝盾形，粗筛孔，边缘有齿；孢子囊环带约由 14 个增厚的细胞组成。孢子椭圆形，单裂缝，透明或近透明，不具周壁。染色体 x 为 12 (36)。

该属约 10 种，亚洲分布，中国是该属的分布中心，约有 6 种 (Zhang et al.，2013i)。

图 193　伏石蕨属 *Lemmaphyllum* 植物形态

15. 鳞果星蕨属 *Lepidomicrosorium* Ching & K. H. Shing* (图 194)

中小型附生植物。根状细，攀援，顶部无叶，呈鞭状，密被鳞片；鳞片披针形，长渐尖，具粗筛孔，边缘具疏齿。叶疏生，纸质，近一型；有柄，罕近无柄；叶形多变，披针形或戟形，基部楔形或心脏形，边缘全缘或有时为波状或撕裂；除主脉下面有 1~2 个狭披针形的粗筛孔状小鳞片外，其余光滑；侧脉不明显，曲折，网状，有内藏小脉。孢子囊群小，圆形，常密而星散，少有在主脉两侧呈不规则的 1~2 行；隔丝盾状，近无柄，具透明粗筛孔，幼时覆盖孢子囊群，随孢子囊群的发育而早落。孢子圆肾形，单裂缝，周壁具网状纹饰。

该属有 3 种：鳞果星蕨 *Lepidomicrosorium buergerianum* (Miq.) Ching & K. H. Shing、滇鳞果星蕨 *L. subhemionitideum* (Christ) P. S. Wang、表面星蕨 *L. superficiale* (Blume) Li

Wang，主要分布于中国中部和西南地区，越南北部和喜马拉雅东部也有分布，中国 3 种均产 (Zhang et al.，2013i)。

图 194　鳞果星蕨属 *Lepidomicrosorium* 植物形态

16. 瓦韦属 *Lepisorus* (J. Sm.) Ching* (图 195)

附生植物。根状茎粗壮，横走，密被鳞片；鳞片卵圆形，卵状披针形或钻状披针形，黑褐色，不透明或粗筛孔状透明，全缘或具长短不一的锯齿。单叶，远生或近生，一型；叶柄常较短，多为禾秆色，少数深色或黑色；叶多为披针形，少为狭披针形或近带状，边缘全缘或呈波状，干后通常反卷；主脉明显，侧脉经常不见，小脉连接成网，网眼内有内藏小脉；叶干后多为革质或纸质，少为草质，两面无毛，下面有时疏被棕色小鳞片。孢子囊群大，圆形或椭圆形，通常彼此远离，少为密接，汇生或线形，表面生，少有陷入叶肉内，在主脉和叶缘之间排成一行，幼时被隔丝覆盖；隔丝多为圆盾形，全缘或有细齿，少为星芒状或鳞片形，网眼大，透明，中部常呈棕色，边缘色淡。孢子囊近梨形，有长柄，纵行环带，常有 14 个增厚的细胞组成。孢子椭圆形，不具周壁。染色体 2*n* 为 38、39、44、46、48、50、52、70、74、75、94、95、98、100、102、125、148、150、152 (Fujiwara et al.，2018；Liang et al.，2024)。

该属约 80 种，主要分布于亚洲东部，少量在非洲，夏威夷群岛有 1 种，中国约有 50 种 (Zhang et al.，2013i)。

图 195 瓦韦属 *Lepisorus* 植物形态

17. 薄唇蕨属 *Leptochilus* Kaulf.* (图 196)

小型或中型附生植物。根状茎长而横走，分枝，先端被鳞片；鳞片质薄，具粗筛孔。叶远生，叶柄与根状茎相连处关节不明显，一型，稍二型或强烈二型，单叶，羽状分裂，少有掌状分裂，仅 *Leptochilus heterophyllus* (S. K. Wu & K. L.. Phan) Christenh. 为二回羽状至四回羽裂；叶脉网状，侧脉稍明显，几达叶边，小脉联结成不规则网眼，内藏小脉分叉或单一；叶片一型或稍二型的种类通常具线形、短线形或不规则椭圆形的孢子囊群；具强烈二型叶的种类通常营养叶为单叶，叶片全缘，薄纸质至厚纸质，孢子叶狭缩为线

有翅星蕨 *L. pteropus* (Blume) Fraser-Jenk.

纤细线蕨 *L. gracilis* Zhen Long Liang, Liang Zhang & Li Bing Zhang

矩圆线蕨 *L. henryi* (Baker) X. C. Zhang

断线蕨 *L. hemionitideus* (C. Presl) Noot.

具柄线蕨 *L. pedunculatus* (Hook. & Grev.) Fraser-Jenk.

胄叶线蕨 *L.* × *hemitomus* (Hance) Noot.

曲边线蕨 *L. flexilobus* (Christ) Liang Zhang & Li Bing Zhang

宽羽线蕨 *L. ellipticus* var. *pothifolius* (Buch.-Ham. ex D. Don) X. C. Zhang

掌叶线蕨 *L. digitatus* (Baker) Noot.

图 196　薄唇蕨属 *Leptochilus* 植物形态

形或少数为卵形、椭圆形，孢子囊群成熟时满布于叶下面。孢子椭圆形，不具周壁，外壁光滑或外壁有较短的刺状或小颗粒状纹饰。染色体 x 为 36，2*n* 为 72、108、144、216。

该属有 80 余种，中国有 35 余种，具体物种数量还有待进一步研究 (Zhang et al.，2024 a，2024b)。

18. 星蕨属 *Microsorum* Link* (图 197)

中型或大型附生植物，稀为土生。根状茎粗壮，横走，肉质，有网状中柱，被鳞片；鳞片棕褐色，阔卵形至披针形，具粗筛孔。叶远生或近生；叶柄基部有关节；单叶，披针形，少为戟形或羽状深裂；叶脉网状，小脉连接成不整齐的网眼，内藏小脉分叉，顶端有一个水囊；叶草质至革质，无毛或很少被毛，不被鳞片。孢子囊群圆形，着生于网脉连接处，通常在中脉与叶边间不规则散生，少有在中脉两侧排成不规则的 1~2 行，不具盾状隔丝；孢子囊环带由 14~16 个增厚细胞组成。孢子豆形，两侧对称，单裂缝，周壁表面平坦至浅瘤状或具不规则褶皱。染色体 x 为 36、37。

该属约 40 种，非单系类群，主要分布于亚洲热带，少量在非洲，中国约 8 种，但有待进一步研究 (Zhang et al.，2013i)。

图 197　羽裂星蕨 *Microsorum insigne* (Blume) Copel.

19. 扇蕨属 *Neocheiropteris* Christ[*] (图 198)

中型土生植物。根状茎长而横走，密被鳞片；鳞片卵状披针形，粗筛孔，膜质，深棕色，有虹色光泽，边缘具细齿。单叶，远生；叶柄以不明显的关节与根状茎相连；叶鸟足状或三叉状深裂，基部楔形，中央裂片最大，向两侧渐小，长披针形，全缘，纸质，干后绿色，上面光滑，疏被易脱落的褐色小鳞片；主脉隆起，小脉不显。孢子囊群圆形或椭圆形，通常位于裂片下部，紧靠主脉两侧各成 1 行，幼时被隔丝覆盖。孢子囊具长柄。孢子不具周壁，外壁表面为稀疏小瘤，纹饰不清楚。

图 198　扇蕨 *Neocheiropteris palmatopedata*

该属 2 种：扇蕨 *Neocheiropteris palmatopedata* (Baker) Christ 和三叉扇蕨 *N. triglossa* (Baker) Ching，特产于中国 (Zhang et al.，2013i)。

20. 盾蕨属 *Neolepisorus* Ching* (图 199)

中型土生植物。根状茎长而横走，密被鳞片；鳞片披针形，褐棕色，透明，盾状着生，基部背面通常有褐棕色柔毛。叶疏生；叶柄长一般等于或超过叶片长，下部被鳞片；单叶，多变，从披针形到长圆形、椭圆形、卵状披针形，少为戟形，有时边缘多呈各种畸状羽裂，干后常纸质，少为草质或革质，褐色或黄绿色，两面光滑；主脉下面隆起，侧脉明显，平行开展，几达叶边，小脉网状，网眼内有单一或分叉的内藏小脉。孢子囊群圆形，在主脉两侧排成 1 至多行，或不规则地散布于叶下面。孢子单裂缝，不具周壁，外壁轮廓线为密集的小锯齿状具小瘤块状纹饰。染色体 x 为 12 (36)。

图 199　盾蕨属 *Neolepisorus* 植物形态

该属约 7 种，除马达加斯加有 1 种外，其余种分布于印度东北部到日本和菲律宾，中国约有 5 种，但有待进一步研究 (Zhang et al.，2013i)。

21. 禾叶瓦韦属 *Paragramma* (Blume) T. Moore

根状茎短匍匐至斜升，覆盖披针形的鳞片；鳞片透明，边缘有长刺。叶线状披针形至带形，光滑，边缘全缘；叶脉下陷，网结成细长近六角形的网眼，从中延伸出多条分离的内藏小脉。孢子囊群长圆形，明显，与中肋平行，幼时覆盖有稠密毛状隔丝；囊托线形至长圆形，陷入叶肉，靠近边缘着生。叶状体简单，革质。

该属有 2 种：*Paragramma balteiformis* (Brause) Copel. 和 *P. longifolia* (Blume) T. Moore，分布于热带亚洲，遍布马来西亚、泰国北部至南部，中国不产。

22. 瘤蕨属 *Phymatosorus* Pic. Serm.* (图 200)

附生或土生植物。根状茎长横走，粗壮肉质；具卵圆形或卵状披针形鳞片，褐色，盾状着生，膜质半透明，具粗筛孔。叶远生；叶柄粗壮，通常呈禾秆色，基部被与根状茎上相同的鳞片，上部光滑无毛；叶通常羽状深裂，少数种类为单叶不分裂或一回羽状复叶，全缘；主脉明显，侧脉不明显，小脉网状，通常具内藏小脉；叶草质、纸质或革质，具光泽。孢子囊群圆形或椭圆形，分离，在主脉两侧各 1 行或不规则的多行，凹陷或略凹陷于叶肉，无隔丝。孢子椭圆形，表面具浅皱纹。染色体 n 为 36、37。

图 200　光亮瘤蕨 *Phymatosorus cuspidatus* (D. Don) Pic. Serm.

该属约有 10 种，分布于旧世界热带及太平洋岛屿，中国约有 8 种分布。瘤蕨属的分类地位一直没有得到很好的确立，但先前的分子系统学研究表明该属包含的物种一直很好地与薄唇蕨属形成姐妹群关系，应是一个区别于星蕨属植物的类群，但该类群的系统位置以及所包含的物种均有待进一步研究。

23. 乳头蕨属 *Thylacopteris* Kunze ex J. Sm.

中型附生或土生植物。茎长匍匐，具假盾状着生的卵形至披针形具粗筛孔的全缘鳞片，有时边缘具 1 或 2 细胞的腺状附属物。叶远生，有关节，一型；叶柄长，光滑；叶梳齿状，长圆形，具愈合顶生裂片；裂片长圆形，膜质，无毛或有短柔毛；叶脉离生，单脉或一次分叉。孢子囊群在中脉两侧各排成 1 行，着生上侧小脉末端；囊群托无毛。孢子囊有长柄，环带具 2 (~14) 加厚细胞。孢子黄色，椭圆形，裂缝长为孢子长的 1/2，表面近光滑或有疣状纹饰，有时表面有小球。染色体 *n* 为 35、36、37。

该属包括 3 种：*Thylacopteris diaphana* (Brause) Copel.、*T. papillosa* (Blume) Kunze ex J. Sm. 和 *T. minuta* K. Hori & Khine (Hennipman et al.，1990；Hori et al.，2022)，亚洲分布，中国不产。

24. 毛鳞蕨属 *Tricholepidium* Ching* (图 201)

根状茎粗壮，坚硬，长横走或有时攀援，幼时被鳞片，老时脱落而光滑；鳞片圆形，紧贴，棕色，全缘，背部中央有一簇红棕色直立长刚毛，易掉落。叶常远生，单叶；有叶柄或几无柄；叶披针形或带形，中部最宽，向两端渐狭，全缘或略呈波状，干后草质或厚纸质，绿色或淡棕色，无毛；主脉明显隆起，小脉网状，通常明显可见。孢子囊群圆形，中等大，在主脉两侧排成不规则 1~3 行，幼时被盾状隔丝覆盖。孢子两面体，单裂缝。

该属包含 1 变异极大的毛鳞蕨 *Tricholepidium normale* (D. Don) Ching，分布于印度尼西亚、马来西亚至喜马拉雅东部、中南半岛及东亚，中国有分布 (Zhang et al.，2013i)。

图 201　毛鳞蕨 *Tricholepidium normale*

25. 岛蚌蕨属 *Zealandia* Testo & A. R. Field

[该属在 PPG I 系统中被置于星蕨属 *Microsorum*]

土生、附生或石生植物。根状茎长匍匐，圆柱形或轻微的背腹性扁平，常具白粉；鳞片棕色，伏贴或伸展，披针形至卵形。叶柄长 1~40 cm，无翅；单叶或羽状分裂；叶膜质至革质；叶脉明显，连接，形成规则网眼；水孔常明显。孢子囊群圆形至轻微长圆形，常陷入叶肉中，近轴面突出可见。孢子黄色，圆肾形，单裂缝，表面有瘤状纹饰。

该属有 4 种，分布于澳大利亚、新西兰及太平洋岛屿 (Testo et al.，2019)，中国不产。

水龙骨亚科 Polypodioideae Sweet*

根状茎短至长横走，具分枝；鳞片基部至盾状着生，不具筛孔状网眼。叶一型，偶有二型，羽裂至一回羽状，有时单叶，光滑或覆有毛或鳞片；叶脉分离至网结。孢子囊群圆形至长圆形或为线形，隔丝有或无，若隔丝存在，则成丝状，分枝毛状或鳞片状。孢子单裂缝，两侧对称。

该亚科有 5 属约 190，主要分布于美洲，少量分布到非洲、欧洲和亚洲，中国有 2 属 3 种。

分属检索表 (Smith and Tejero-Díez，2014)

1. 根状茎纤细；植株表面密被极长而开展的红棕色单细胞线状毛；孢子囊群粗线形；东亚分布………………………………………………………………………………**睫毛蕨属 *Pleurosoriopsis****
1. 根状茎粗；植株不密被而开展的红棕色单细胞线状毛；孢子囊群圆形至卵形；几乎不在亚洲分布………………………………………………………………………………2
2. 叶有鳞片，至少在下面有，有时鳞片非常小………………………………………………3
2. 叶无鳞片，或鳞片仅局限于中肋和主脉上…………………………………………………4
3. 叶具基着生的线形鳞片…………………………………………………**金水龙骨属 *Phlebodium***
3. 叶具盾状着生或具盾状基部的圆形至卵状骤尖鳞片…………………………**多盾蕨属 *Pleopeltis***
4. 叶为单叶……………………………………………**多盾蕨属 *Pleopeltis* (*Pleopeltis marginata*)**
4. 叶羽状半裂至一回羽状，很少有更多分裂……………………………………………………5
5. 叶柄正面有沟槽，至少末端有，禾秆色至棕色；根状茎鳞片近盾状 (有 2 个重叠的耳状裂片)；叶羽状半裂、篦齿状或羽状；叶脉常网结，如果叶脉分离，则羽片不呈梳状，叶每侧少于 20 对羽片………………………………………………………………………………6
5. 叶柄正面无沟槽，黑色至红棕色；根状茎鳞片基着生 (无耳状裂片)；叶基部篦齿状至一回羽状；叶脉通常离生或偶尔网结，羽片通常呈梳子状，叶每侧常超过 20 对羽片………**岩盖蕨属 *Pecluma***
6. 叶脉分离，有时不规则网状联结……………………………………**多足蕨属 *Polypodium****
6. 叶脉至少在羽片或裂片基部规则网状联结………………………………………………7
7. 羽片边缘有不育网眼 (无内藏小脉)，呈 (完整的) 2 行或更多交替排列；孢子具瘤状突起………………………………………………………………**金水龙骨属 *Phlebodium***
7. 羽片边缘无不育网眼，如果有则不形成规则的 1 行；孢子具皱状、疣状、乳头状、矮的瘤状突起……………………………………………………………**多足蕨属 *Polypodium****

26. 岩盖蕨属 *Pecluma* M. G. Price

附生或石生植物。茎通常短匍匐，鳞片基部着生，通常狭至线状三角形，有时心形或卵形，不透明，全缘，背面大多簇生有单细胞卷曲毛。叶近生，有关节，同形；叶柄通常短到长，很少无，圆柱状，常通体被短柔毛且在基部有鳞片；叶梳齿状，顶部羽裂，狭椭圆形、卵形或三角形，基部羽片常缩短；裂片狭长圆形到线形，通常全缘，被多细胞腺毛和多少透明的针状毛；叶脉常分离，单脉或分叉，很少联合，中脉网眼有一内藏小脉。孢子囊群着生在近远端顶脉交叉处，圆形；孢子囊具长柄，有 13 个或 14 个加厚细胞。孢子囊在环带附近有 2~3 个细胞的毛，孢子囊托具多细胞的毛或腺体，极少分枝。孢子椭圆形至近球形，表面有明显的疣状纹饰，上被稀疏的球状附属物。染色体 n 为 37。

该属约 50 种，分布于美洲热带至亚热带 (Hennipman et al.，1990；Assis et al.，2016)，中国不产。

27. 金水龙骨属 *Phlebodium* (R. Br.) J. Sm.

附生植物。根状茎长匍匐，圆柱形，不具粉，有鳞片，鳞片细筛孔方形。叶一型，以关节着生根状茎上；叶不分裂到羽状深裂，或羽状全裂，草质到革质，通常无毛；叶脉网状，叶脉在中肋与叶缘之间形成 1 至数列的网眼；网眼有 1 条或 2 条内藏小脉；无排水器。孢子囊群圆形，表面着生，在中肋每边各形成 1 至数列，成熟时不汇合，偶尔遍布整个叶片；无隔丝。孢子单裂缝，两侧对称，具疣状或瘤状纹饰。

该属约 4 种，主要分布于新世界热带和亚热带 (Brownsey and Perrie，2014)，中国不产。

28. 多盾蕨属 *Pleopeltis* Humb. & Bonpl. ex Willd.

小型附生或石生植物。根状茎长匍匐；鳞片盾状着生，线形或线状披针形，粗筛孔，边缘有粗齿和 1~2 个细胞组成的腺体附属物。叶近生或远生，基部有关节，同型或二型；叶柄短或长，有时具翅，有鳞片；单叶，全缘，有时羽状裂，(近) 革质，裂片披针形，全缘；叶脉简单连接或复杂；网眼规则，有多条向不同方向的分离小脉；孢子叶稍收缩或不收缩。孢子囊群 1~2 列着生在主脉或次脉两侧，圆形，有时椭圆形或细线形；孢子囊具长柄，环带约有 14 个加厚细胞；孢子囊托具 2 细胞或多细胞的毛，盾状，有时像鳞片，有柄，通常粗筛孔状。孢子椭圆形，具小的瘤状纹饰，上被稀疏小球体。染色体 n 为 34、35、37、148、185、210，多倍化现象普遍。

该属约 90 种，分布于新热带，极少可以分布到非洲和印度 (Hennipman et al.，1990；Smith and Tejero-Díez，2014)，中国不产。

29. 睫毛蕨属 *Pleurosoriopsis* Fomin* (图 202)

小型附生或石生植物。根状茎纤细，长而横走，有 2 横切面呈卵圆形的并列维管束，表面密生长而开展的红棕色单细胞线状毛，近顶部还被狭长线形鳞片，鳞片基部也有一些同样的毛。叶远生；叶柄纤细，无关节，禾秆色，密生与根状茎上同样的毛，有 1 圆柱形的维管束；叶披针形，一回羽状至二回羽状；裂片近舌形，钝头，全缘或近全缘；叶脉羽状分离，每裂片有 1 小脉，不达叶边；叶草质，两面及边缘均密生棕色节状睫毛。孢子囊群粗线形，沿叶脉着生，不达叶脉先端，无盖。孢子囊有短柄，环带由 14 (~16) 个细胞组成。孢子肾形，两侧对称，透明，平滑，不具周壁。染色体 x 为 12 (36)。

该属仅睫毛蕨 *Pleurosoriopsis makinoi* (Maxim. ex Makino) Fomin 1 种，分布于中国、日本、韩国、俄罗斯 (Zhang et al.，2013i)。

图 202　睫毛蕨 *Pleurosoriopsis makinoi*

30. 多足蕨属 *Polypodium* L.* (图 203)

石生，偶尔土生或附生。根状茎匍匐，通常多分枝；鳞片同色至二色，披针形至卵状渐尖，细筛孔至强烈粗筛孔。叶一型，近生至远生；叶柄以关节着生在茎上，禾秆色，稍微扁平具槽或近圆柱状，先端有翅；叶宽卵形到三角形，羽状半裂到在基部一回羽状，非梳齿状，常少于 25 对羽片；叶轴远轴面疏生鳞片至光滑，近轴面微被柔毛至无毛，鳞片卵状披针形到线形；小裂片线形到长圆形，边缘全缘至有锯齿，先端圆至渐尖；叶脉分离或联合，如果强烈联合，则在能育网眼中不超过一个内藏小脉。孢子囊群常只着生在叶先端，散生，未成熟时圆形至卵形，生于单脉顶端，在中脉两侧 1~3 行；无毛或有头部膨大的腺状毛。孢子单裂缝，具皱至瘤状纹饰。染色体 x 为 37。

该属约 50 种，世界分布 (Hassler，1994-2024)，中国有 2 种：东北多足蕨 *Polypodium sibiricum* Sipliv. 和欧亚多足蕨 *P. vulgare* L. (Zhang et al.，2013i)。

图 203　欧亚多足蕨 *Polypodium vulgare*

带蕨亚科 Campyloneuroideae X. C. Zhang & R. Wei

根状茎短至长横走，具分枝；鳞片通常盾状着生，长圆形至披针形或线状披针形，并在先端呈丝状，不具筛孔状网眼。单叶，通常一型，偶有二型，叶柄上有关节，具短叶足，光滑，或覆盖少量鳞片；叶脉网结，网眼通常有内藏小脉。孢子囊群圆形，有时为长圆形，无囊群盖，隔丝有或无，呈丝状或鳞片状。孢子单裂缝，两侧对称。

该亚科有 3 属约 105 种，分布于美洲，中国不产。

分属检索表

1. 中脉与叶缘之间缺少明显侧脉 ······························ **小蛇蕨属 *Microgramma***
1. 中脉与叶缘之间有明显侧脉 ······························ 2

2. 侧脉由小脉相互连接，形成界限清晰的网眼 ………………………………………… **带蕨属 *Campyloneurum***
2. 中脉与叶缘有细微网状脉，由包含外向和内向小脉的较小网眼组成叶脉间界限不清楚 …… **棋盘蕨属 *Niphidium***

31. 带蕨属 *Campyloneurum* C. Presl

中小型附生植物。根状茎短至长匍匐，粗壮或细；鳞片盾状或假盾状，卵形至线形至线状披针形，具褐色粗筛孔，边缘有多细胞腺体状突起。叶通常近生，很少远生，有关节，同形；叶柄短或长，无毛；单叶全缘，很少羽状，狭线形至宽披针形，纸质至硬革质，通常无毛，全缘，罕见边缘反卷，常具少量基部着生的粗筛孔鳞片；叶脉联合，次脉之间形成一系列网眼，中肋网眼有 1 延伸小脉，其他网眼常有 2 条，有时更多，平行或偶尔分枝。孢子囊群常着生在延伸的小脉近先端，通常在次脉之间 2 (或 3) 行排列，圆形，表面着生。孢子囊具长柄，光滑，环带有 12~14 个硬化细胞；孢子囊托无毛。孢子表面有粗糙的球形沉积物形成的浅至突出的疣状纹饰。染色体 n 为 37、74。

该属有近 65 种，分布于美国佛罗里达州南部到巴西和阿根廷北部 (Hennipman et al.，1990；Labiak and Moran，2018，2020)，中国不产。

32. 小蛇蕨属 *Microgramma* C. Presl

小型附生植物，有时土生或石生。鳞片盾状或很少基生，具粗筛孔，边缘全缘或有齿，有腺体状附属物。叶远生，具关节，同形至二型；叶柄短到长，有鳞片或光滑，单叶，草质到革质，无毛或有鳞片，边缘全缘；叶脉联合成一个复杂的网，常具延伸的内藏小脉，或向各个方向的离生脉；孢子叶与营养叶相同，或细弱至强烈收缩。孢子囊群通常 1 行，有时在中脉两侧形成多行，常圆形，有时长。孢子囊具长柄，环带有 12~20 个加厚细胞；孢子囊群托常有各种形状的鳞片。孢子椭圆形至稍微卵形；表面具粗糙疣状到不规则瘤状或皱状纹饰，表面常具乳突。染色体 n 为 36 (?)、37，$2n$ 为 74、148。

该属约 30 种，主要分布于新世界热带，非洲和印度洋岛屿可能分布 2 种 (Hennipman et al.，1990；Salino et al.，2008；Almeida et al.，2021)，中国不产。

33. 棋盘蕨属 *Niphidium* J. Sm.

附生或岩生植物，罕见土生。根状茎长匍匐，有分枝，圆柱形，有 4 维管束；根短垂直，覆盖有棕色的根毛；根状茎鳞片盾状着生，不为粗筛孔状，线状披针形，中部以下边缘全缘，中部以上有锯齿。叶远生，有关节，同形；叶柄常覆盖稀疏盾状披针形鳞片；叶足较叶柄颜色深；叶淡绿色，单叶，纸质，线状披针形至披针形，顶部渐尖至狭缩，下部 1/3 处下延，叶两面有鳞片；鳞片披针形，盾状着生，半透明，禾秆色，基部具微齿至先端全缘；叶脉分离，1~2 分叉，不达叶边缘。孢子囊群表面生，圆形至长圆形，着生在小脉末端至近末端，囊托长圆形。孢子囊有长柄，有隔丝，鳞片状，盾状着生，隔丝完全覆盖不成熟的孢子囊群。孢子黄色，表面具疣状纹饰。

该属约 10 种，从古巴和墨西哥中部向南分布到阿根廷和乌拉圭 (Hennipman et al.，1990)，中国不产。

边鳞蕨亚科 Adetogrammoideae X. C. Zhang & R. Wei

该亚科仅 *Adetogramma* 1 属。

34. 边鳞蕨属 *Adetogramma* T. E. Almeida

[该属在 PPG I 系统中被置于多足蕨属 *Poplypodium*]

附生或岩生植物，罕见土生。根状茎长匍匐，有分枝，圆柱形，有 4 维管束；根短垂直，覆盖有棕色的根毛；根状茎鳞片盾状着生，不为粗筛孔状，线状披针形，中部以下边缘全缘，中部以上有锯齿。叶远生，有关节，同形；叶柄常覆盖稀疏盾状披针形鳞片；叶足较叶柄颜色深；叶淡绿色，单叶，纸质，线状披针形至披针形，顶部渐尖至狭缩，下部 1/3 处下延，叶两面有鳞片；鳞片披针形，盾状着生，半透明，禾秆色，基部具微齿至先端全缘。叶脉分离，1~2 分叉，不达叶边缘。孢子囊群表面生，圆形至长圆形，着生在小脉末端至近末端，囊托长圆形。孢子囊有长柄，有隔丝，鳞片状，盾状着生，隔丝完全覆盖不成熟的孢子囊群。孢子黄色，表面具疣状纹饰。

该属仅 *Adetogramma chrysolepis* (Hook.) T. E. Almeida 1 种，分布于安第斯山脉南部和中部（Almeida et al.，2017），中国不产。

蛇茎蕨亚科 Serpocauloideae X. C. Zhang & R. Wei

该亚科仅 *Serpocaulon* 1 属。

35. 蛇茎蕨属 *Serpocaulon* A. R. Sm.

土生、附生或岩生植物。根状茎常长匍匐，分枝稀疏，叶足间隔明显，有时具白霜；鳞片圆形、长圆形或披针形，顶端丝状，二色，一般盾状着生，边缘全缘或有齿。叶柄禾秆色至浅褐色，基部近圆柱状，腹面扁平至具沟；叶羽状半裂至羽状全裂，很少单叶或浅裂，一型，具柄，以关节着生于短的叶足上；叶无毛或有毛，无鳞片，或沿主脉和叶轴散布粗筛孔状鳞片；叶脉有规律的联合，网眼呈警徽形，每网眼有 1 离生的内藏小脉。孢子囊群圆形或近圆形，在中肋和边缘之间排成有 1~10 行，孢子囊群着生在内藏小脉先端；隔丝有或无，有腺体，不易看到。孢子囊无毛。孢子淡黄色至白色，两侧对称，外壁疣状纹饰，周壁常为瘤状纹饰，偶尔翅状。染色体 x 为 37。

该属约 40 种，分布于美洲，中国不产（Smith et al.，2006b；Sanín et al.，2023）。

禾叶蕨亚科 Grammitidoideae Parris & Sundue*

根状茎短横走至直立，通常不具分枝；鳞片基部着生，不具筛孔状网眼至筛孔状网眼。叶一型，单叶至三回羽状复叶，通常覆有单列的多细胞刚毛；叶脉通常分离，偶有网结。孢子囊群圆形至长圆形，有的在主脉至叶边缘具一行孢子囊群，或形成汇生囊群，隔丝有或无，若有，则近似为毛状。孢子绿色，四面体，三裂缝。

该亚科有 42 属（图 204），世界分布（Zhou et al.，2023），中国有 13 属 60~70 种。

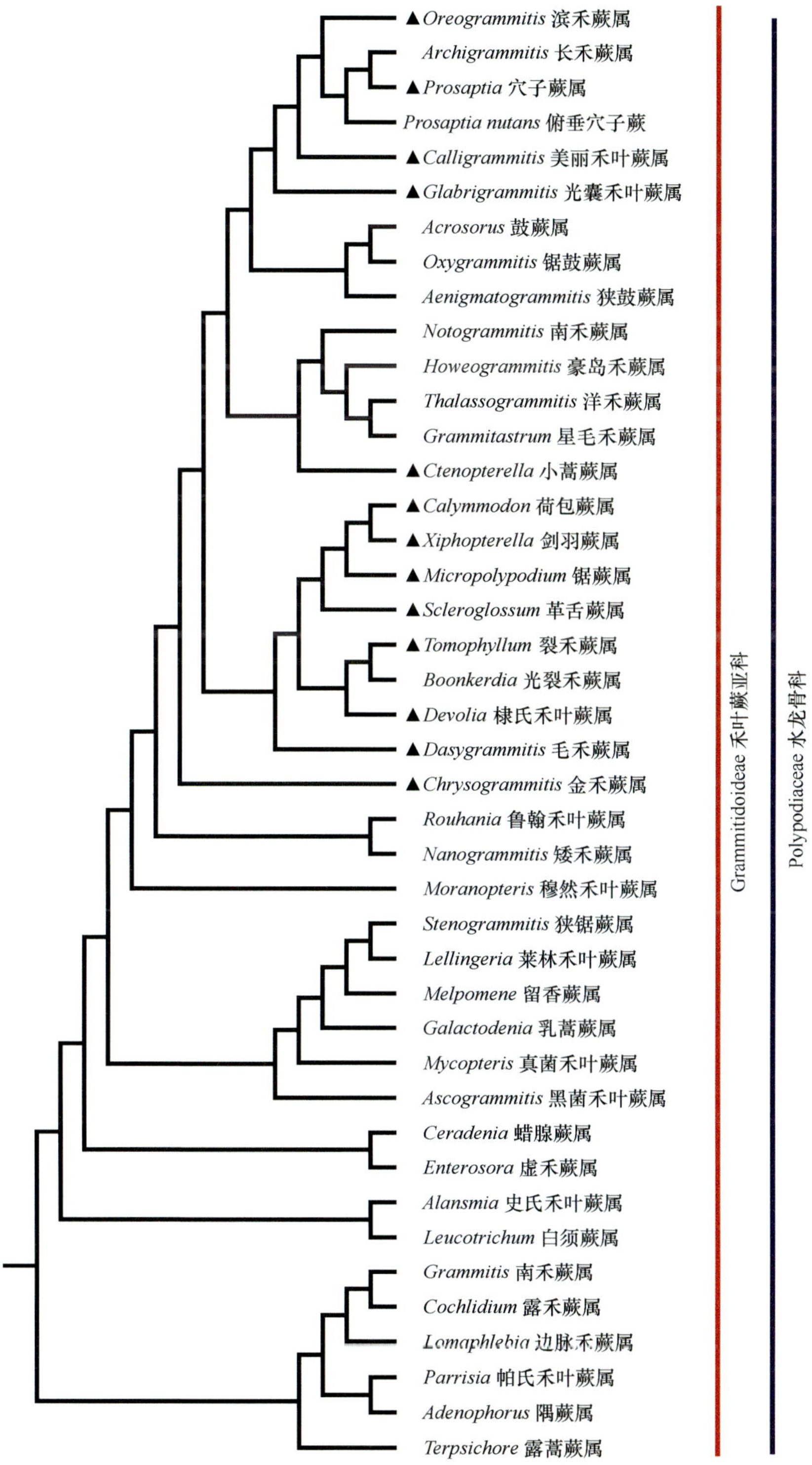

图 204　水龙骨科禾叶蕨亚科下属间系统发育关系（Zhou et al.，2023）

该目形态复杂，科下很多属的系统位置及其形态划分还不清楚，参考 Zhou 等 (2023) 对旧世界类群的研究，列出禾叶蕨亚科旧世界分布属的检索表，新世界类群待进一步研究。

旧世界分布属检索表 (Zhou et al.，2023)

1. 单叶全缘至有轻微的圆锯齿……2
1. 叶浅裂至三回羽状……26
2. 叶边缘有黑色坚硬条带……**禾叶蕨属 *Grammitis***
2. 叶边缘无黑色坚硬条带……3
3. 孢子囊群深陷入叶中，着生于 2 条分开的凹槽内，凹槽在中肋两边各有 1 条……**革舌蕨属 *Scleroglossum****
3. 孢子囊群生于叶表面或轻微凹陷，如果凹陷，则孢子囊群不着生在 2 条纵沟内……4
4. 根状茎辐射对称……5
4. 根状茎有背腹面……7
5. 孢子囊有刚毛……**滨禾蕨属 *Oreogrammitis****
5. 孢子囊无刚毛……6
6. 根状茎无鳞片……**美丽禾叶蕨属 *Calligrammitis****
6. 根状茎有鳞片……**帕氏禾叶蕨属 *Parrisia***
7. 孢子囊有刚毛……8
7. 孢子囊无刚毛……10
8. 根状茎鳞片无毛……**滨禾蕨属 *Oreogrammitis****
8. 根状茎鳞片具纤毛……9
9. 根状茎鳞片同色，细筛孔状……**长禾蕨属 *Archigrammitis***
9. 根状茎鳞片二色，粗筛孔状……**星毛禾蕨属 *Grammitastrum***
10. 在叶上部和下部叶脉分枝处均有孢子囊群，孢子囊群着生远离中肋，靠近叶边；根状茎鳞片有纤毛……**洋禾蕨属 *Thalassogrammitis***
10. 在叶上部的叶脉分枝处有孢子囊群，孢子囊群常着生于叶边和中肋之间或更靠近中肋；根状茎鳞片无纤毛……11
11. 根状茎鳞片有节状毛或腺毛……**虚禾蕨属 *Enterosora***
11. 根状茎鳞片无毛或仅在先端具毛……12
12. 叶上面的叶脉末端无排水器……13
12. 叶上面的叶脉末端有排水器……16
13. 叶具刚毛……**南禾蕨属 *Notogrammitis***
13. 叶无刚毛……14
14. 根状茎鳞片先端成渐尖的圆筒状和 (或) 节状腺毛，常作为囊托隔丝出现在孢子囊群中……**隅蕨属 *Adenophorus***
14. 根状茎鳞片先端不成渐尖，如果渐尖，则先端扁平不成圆筒状，孢子囊群囊托无隔丝……15
15. 根状茎鳞片长 (5.8~) 6.0~11.5 (~12.0+) mm……**豪岛禾蕨属 *Howeogrammitis***
15. 根状茎鳞片长 (0.4~) 1.4~4.3 (~6.5) mm……**南禾蕨属 *Notogrammitis***
16. 根状茎鳞片二色，粗筛孔状……17
16. 根状茎鳞片同色，细筛孔状……18
17. 叶具刚毛……**矮禾蕨属 *Nanogrammitis***
17. 叶无刚毛，但有以刚毛为分枝的分枝状毛 (非洲)……**狭锯蕨属 *Stenogrammitis***

18. 叶具刚毛……19
18. 叶无刚毛……24
19. 根状茎长匍匐……矮禾蕨属 ***Nanogrammitis***
19. 根状茎短匍匐……20
20. 叶上面排水器有白色沉积物……光囊禾叶蕨属 ***Glabrigrammitis****
20. 叶上面排水器无白色沉积物……21
21. 刚毛最长约 0.1 mm……22
21. 刚毛最长 (0.2~) 0.5~1.0 (~1.7) mm……23
22. 根状茎鳞片先端有时具顶生刚毛；能育叶脉不分叉……棣氏禾叶蕨属 ***Devolia****
22. 根状茎鳞片无刚毛；能育叶脉不分叉或一回分枝 (非洲)……鲁翰禾叶蕨属 ***Rouhania***
23. 能育叶脉不分叉……矮禾蕨属 ***Nanogrammitis***
23. 能育叶脉一叉……南禾蕨属 ***Notogrammitis***
24. 叶无毛，或具链状单毛和 (或) 为具扁平细胞的链状分枝毛；环带加厚细胞 7~10 (~14)……狭鼓蕨属 ***Aenigmatogrammitis***
24. 叶无毛，或具链状单毛和 (或) 为具非扁平细胞的链状分枝毛；环带加厚细胞 (7~) 10~14 (~20)……25
25. 叶无毛，或具链状单毛和具分枝的链状毛混生 (南温带)……南禾蕨属 ***Notogrammitis***
25. 叶无毛，或具链状单毛，有时链状毛分枝 (非洲)……矮禾蕨属 ***Nanogrammitis***
26. 叶能育时，先端能育部分多少全缘，基部不育部分羽状半裂……露禾蕨属 ***Cochlidium***
26. 叶能育的上部与和不育的下部相似……27
27. 根状茎辐射对称……28
27. 根状茎有背腹面……41
28. 根状茎具近粗筛孔至粗筛孔鳞片……29
28. 根状茎鳞片同色……30
29. 根状茎鳞片有纤毛……白须蕨属 ***Leucotrichum***
29. 根状茎鳞片无毛或先端具 1 根毛……狭锯蕨属 ***Stenogrammitis***
30. 根状茎鳞片有纤毛……31
30. 根状茎鳞片无毛或顶端具 1 根毛……34
31. 叶上面叶脉末端无排水器……毛禾蕨属 ***Dasygrammitis****
31. 叶上面叶脉末端有排水器……32
32. 叶脉羽状分枝……裂禾蕨属 ***Tomophyllum****
32. 叶脉单一不分枝到少数分叉……33
33. 叶具浅黄色至淡红褐色刚毛，无其他类型的毛……史氏禾叶蕨属 ***Alansmia***
33. 叶具红棕色刚毛和半透明分枝毛……穆然禾叶蕨属 ***Moranopteris***
34. 根状茎无鳞片……35
34. 根状茎鳞片无毛或仅在顶端具 1 根刚毛……36
35. 孢子囊环带和表面具刚毛……史氏禾叶蕨属 ***Alansmia***
35. 孢子囊无毛……裂禾蕨属 ***Tomophyllum****
36. 孢子囊在邻近环带顶端处具刚毛……滨禾蕨属 ***Oreogrammitis***
36. 孢了囊无毛……37
37. 叶脉单一不分叉……38
37. 叶脉少数二叉或为羽状……39
38. 羽片二型，不育羽片平，能育羽片各式折叠包裹孢子囊……荷包蕨属 ***Calymmodon****
38. 羽片一型……锯蕨属 ***Micropolypodium****

39. 叶脉羽状……………………………………………………………………………………………………裂禾蕨属 ***Tomophyllum****
39. 叶脉少数二叉………40
40. 刚毛中度至深红褐色，无排水器……………………………………………………………………………鼓蕨属 ***Acrosorus***
40. 刚毛淡黄褐色或淡至中度红棕色，有时具排水器……………………………………………………剑羽蕨属 ***Xiphopterella****
41. 孢子囊在靠近环带顶端处有刚毛……………………………………………………………………滨禾蕨属 ***Oreogrammitis****
41. 孢子囊无刚毛……42
42. 根状茎具近粗筛孔至粗筛孔鳞片…………………………………………………………………………………………43
42. 根状茎鳞片同色………47
43. 根状茎鳞片有纤毛……………………………………………………………………………………………穴子蕨属 ***Prosaptia****
43. 根状茎鳞片无毛或在顶端有 1 或多根毛…………………………………………………………………………………44
44. 叶无刚毛……………………………………………………………………………………………狭锯蕨属 ***Stenogrammitis***
44. 叶有刚毛……45
45. 根状茎鳞片顶端具腺毛，有时边缘也有……………………………………………………………留香蕨属 ***Melpomene***
45. 根状茎鳞片无毛………46
46. 孢子囊群囊托上刚毛状的隔丝密……………………………………………………………………小蒿蕨属 ***Ctenopterella****
46. 孢子囊群无刚毛，或有时偶尔到经常出现，但是不以孢子囊群囊托隔丝的形式出现………………………
………………………………………………………………………………………………………滨禾蕨属 ***Oreogrammitis****
47. 叶脉末端在叶上面形成排水器…………………………………………………………………………………………48
47. 叶脉末端在叶上面无排水器……………………………………………………………………………………………53
48. 叶无刚毛……49
48. 叶有刚毛……52
49. 叶脉分二叉………50
49. 叶脉二歧或羽状分枝……51
50. 叶有不分枝腺毛…………………………………………………………………………………鲁翰禾叶蕨属 ***Rouhania***
50. 叶有不分枝和分枝的节状毛……………………………………………………………………光裂禾蕨属 ***Boonkerdia***
51. 叶脉二歧分枝…………………………………………………………………………………………光裂禾蕨属 ***Boonkerdia***
51. 叶脉羽状分枝，毛一致，有不分枝腺毛、不分枝节状毛和分枝节状毛…………………………………………
………………………………光裂禾蕨属 ***Boonkerdia*+南禾蕨属 *Notogrammitis*+鲁翰禾叶蕨属 *Rouhania***
52. 节状毛具节状分枝毛……………………………………………………………………………………南禾蕨属 ***Notogrammitis***
52. 无节状毛，如有节状毛则具刚毛状分枝毛………………………………………………………小蒿蕨属 ***Ctenopterella****
53. 叶有刚毛……54
53. 叶无刚毛……55
54. 腺体白色……蜡腺蕨属 ***Ceradenia***
54. 腺体透明或浅到深的黄色至红褐色……………………………………………………………………虚禾蕨属 ***Enterosora***
55. 根状茎鳞片无毛；叶末回裂片锐尖至渐尖，有时有腺体或非腺体状的囊托隔丝………………………………
……锯鼓蕨属 ***Oxygrammitis***
55. 根状茎鳞片在先端有腺状毛或在鳞片其他部位也有分布，极少光滑；有腺体状的囊托隔丝……56
56. 腺体白色……蜡腺蕨属 ***Ceradenia***
56. 腺体透明或浅到深的黄色至红棕色……………………………………………………………………………………57
57. 根状茎鳞片先端有腺体……………………………………………………………………………………隅蕨属 ***Adenophorus***
57. 根状茎鳞片边缘有腺毛，极少无毛……………………………………………………………………………………58
58. 叶脉二叉或羽状分枝，最长羽片有 1~4 对叶脉………………………………………………金禾蕨属 ***Chrysogrammitis****
58. 叶脉羽状分枝，最长羽片有 4~8 对叶脉…………………………………………………………………………………
………虚禾蕨属 ***Enterosora***

36. 鼓蕨属 *Acrosorus* Copel.

中小型至中型植物，附生。根状茎短，直立或斜升，密被全缘、棕色至褐色的线形鳞片。叶簇生，革质；无柄或近无柄，叶柄无关节；叶狭长，线形，近一回羽状；裂片为偏斜的三角形，以阔的基部彼此相连，每裂片有单一或分叉的小脉，被单一，分枝或星状的短毛。孢子囊群单生小脉顶端，位于裂片下面的顶部，每裂片 1 枚，裂片顶部的两侧边反折并互相相会而包裹孢子囊群，孢子囊群成熟时被推开，无隔丝。孢子囊环带由 12 个增厚细胞组成。孢子球形或近球形。

该属约 9 种，分布于东南亚至波利尼西亚，中国不产。

37. 隅蕨属 *Adenophorus* Gaudich.

中小型附生植物。根状茎圆柱形，有背腹性，管状中柱，茎短或长而横走；鳞片无毛，长三角形或狭披针形，同色；根深棕色或黑色，通常具少量分枝或毛。叶直立、弯拱或下垂；叶柄无关节，黑色；叶革质到近膜质，单叶，浅裂，或一回至三回羽状半裂，叶轮廓多为线形、披针形或椭圆形；叶脉离生；叶上面毛由 1~8 细胞组成，微被毛，常圆形或梨形腺体。孢子囊群叶脉背部着生，或有时在叶脉末端着生，无囊群盖，表面或略微陷入叶肉，圆形或近卵形。有许多单列腺体状隔丝，着生椭圆形的孢子囊托覆盖棒状能育叶脉先端；孢子囊柄单列的，环带有 9~15 个加厚细胞；每个孢子囊内有孢子 64 个。孢子绿色，球形，三裂缝。

该属有 8~11 种，分布于夏威夷群岛，中国不产 (Bishop，1974)。

38. 狭鼓蕨属 *Aenigmatogrammitis* Parris

[该属在 PPG I 系统中被置于禾叶蕨属 *Grammitis*]

根状茎直立或短横走，鳞片呈浅白色至红褐色。无叶柄；叶披针形至线状披针形，或呈线状椭圆形，顶端钝状至急尖，基部下延缩减；叶薄革质，基部光滑；叶脉通常不可见，一回分叉。孢子囊群在中脉两侧各 1 列。孢子囊圆形或阔椭圆形，不陷入或轻微下陷于叶肉组织之中；囊托在叶背面有时轻微凸显。

该属 2 种：*Aenigmatogrammitis kairatuensis* (M. Kato & Parris) Parris 分布于摩鹿加群岛、*A. stenophylla* (Parris) Parris 特产于澳大利亚东海岸 (Zhou et al.，2023)，中国不产。

39. 史氏禾叶蕨属 *Alansmia* M. Kessler, Moguel, Sundue & Labiak

附生植物，很少石生或土生。根状茎短匍匐至近直立，常放射状对称；鳞片有时基生，同色。叶下垂，不以关节着生根状茎上；叶柄通常短至极短，具刚毛和微柔毛，毛透明至栗色，分枝或不分枝；叶片近基部逐渐缩小，羽状半裂至一回羽状，罕见一回羽状至羽状半裂，一些种二叉分裂；叶一型，刚毛和 (或) 被微柔毛，毛单一或分枝，透明至橙色或极少成白色丝状；叶脉分离，羽状，有排水器，有时有钙质沉积物。孢子囊群圆形，不陷入叶肉组织，无隔丝。孢子囊具刚毛或很少无毛。孢子四面体球形至椭圆形或很少球状，单裂缝或三裂缝。染色体 x 为 37。

该属约 26 种，大部分种分布于新世界热带，2 种特产于非洲、马达加斯加和马斯克

林群岛 (Kessler et al.，2011)，中国不产。

40. 长禾蕨属 *Archigrammitis* Parris

根状茎有背腹面，短匍匐，不分枝；鳞片有缘毛，同色，细胞稍肿胀或不肿胀，无螺旋状增厚。单叶，叶有柄，在根状茎上排成 2 列，以关节着生突起叶足上；叶脉羽状分叉。孢子囊群在中脉两侧常多于 1 列；非链状不分叉的非腺状毛，单生无腺分枝和腺体状顶端的分枝毛，有时具排水器，有时具白色沉积物。孢子囊具刚毛，孢子囊靠近环带的顶端有 1~2 (~6) 非链状的毛，当孢子囊两侧多于 1 根毛时，其基部会互相连接。

该属有 6 种，分布于加里曼丹岛至马克萨斯群岛，中国不产 (Parris，2013)。

41. 黑菌禾叶蕨属 *Ascogrammitis* Sundue

附生植物，偶尔石生。根状茎短匍匐，有背腹面，根着生在根状茎腹面，叶沿背部着生，不分枝，遍布鳞片；鳞片基生，卵形至披针形，通常粗筛孔状，当网眼狭窄时，常表现为细筛孔状，细胞壁坚硬，暗红色至黑色，网眼常透明，无光泽到有光泽，鳞片基部半心形，顶端锐尖至缩小，边缘通常具刚毛，通常半透明和微红色，鳞片背面和正面通常无毛。叶一型或半二型，孢子叶的能育部分比同一叶的不育部分或营养叶有更密刚毛；叶柄、叶轴和裂片中脉颜色深，叶坚纸质至膜质，狭椭圆形，有时近线形，一回羽状全裂至一回羽状，在先端和基部有缩小裂片，小裂片狭三角形至长圆形，常全缘，先端钝至锐尖；叶脉互生，单一，绿色，背面可见，在正面常不可见，有排水器。孢子囊群着生叶脉先端，遍布叶面或在叶上部，无隔丝。孢子囊光滑。孢子三裂缝，绿色，表面瘤状纹饰。

该属约 17 种，分布于新热带云雾林 (Sundue，2010a)，中国不产。

42. 光裂禾蕨属 *Boonkerdia* Li Bing Zhang, Pollawatn, X. M. Zhou & Liang Zhang

根状茎直立或短横走；鳞片淡白色至红棕色，卵状披针形或狭披针形，顶端钝状至细尖。叶柄短，绿色至栗色，有时叶片基部下延成狭翅；叶线形，狭披针形，椭圆形或狭椭圆形，叶从中间向两端缩狭，顶端钝状至渐尖；叶脉几不可见。孢子囊群圆形或阔椭圆形，不陷入叶肉组织。

该属约 3 种：*Boonkerdia cornigera* (Baker) Parris、*B. khaoluangensis* (Tagawa & K. Iwats.) Li Bing Zhang, Pollawatn, X. M. Zhou & Liang Zhang 和 *B. thwaitesii* (Bedd.) Parris)，分布于东南亚 (Zhou et al.，2023)，中国不产。

43. 美丽禾叶蕨属 *Calligrammitis* Parris, Sundue, Li Bing Zhang, X. M. Zhou & Ralf Knapp*

根状茎辐射状，无叶足，无鳞片。单叶；叶脉分离，一回分叉或呈羽状分枝，有排水器。孢子囊群不陷入叶肉之中，光滑；具刚毛状毛被或刚毛状分枝毛被，基部具星状毛。

该属约 2 种：无鳞禾叶蕨 *Calligrammitis beddomeana* (Alderw.) Parris, Sundue, Li Bing Zhang, X. M. Zhou & Ralf Knapp 和 *C. havilandii* (Baker) Parris, Sundue, Li Bing Zhang, X.

M. Zhou & Ralf Knapp，主要分布于新几内亚、斯里兰卡以及东南亚（Yang et al.，2023），中国仅无鳞禾叶蕨 1 种，FOC 中未收录。

44. 荷包蕨属 *Calymmodon* C. Presl* (图 205)

小型附生植物。根状茎辐射状，叶柄螺旋状着生，无叶足，鳞片披针形或卵形，全缘，褐色。叶簇生；柄短而密集，贴着根状茎；叶线形，一回羽裂或羽状；叶脉在裂片或羽片上单一，很少分叉；叶软纸质，被柔毛或近无毛。孢子囊群圆形或椭圆形，生于叶片上部，每羽片或裂片 1 枚，着生于小脉的中部或顶部，不具隔丝，每个羽片或裂片向基的一半反卷而包被孢子囊群。孢子囊光滑，柄除顶部外为 1 行细胞组成，环带由 12~17 个增厚细胞组成。孢子球形，不具周壁。

该属可能有 50~60 种，从斯里兰卡分布至波利尼西亚，我国有短叶荷包蕨 *Calymmodon asiaticus* Copel.、疏毛荷包蕨 *C. gracilis* (Fée) Copel.、寡毛荷包蕨 *C. oligotrichus* T. C. Hsu 和姬荷包蕨 *C. ordinatus* Copel. 4 种（图 190）(Zhang et al.，2013h)。

图 205　姬荷包蕨 *Calymmodon ordinatus* Copel.

45. 蜡腺蕨属 *Ceradenia* L. E. Bishop

根状茎有背腹面，叶柄以关节着生在根茎上，鳞片极少光滑。叶常有腺状毛，同色；叶深羽状分裂或羽状；叶脉羽状分枝，排水器无。孢子囊群表面生活轻微下陷。孢子囊光滑；毛有时刚毛状，单一腺状毛或节状纤毛，分枝毛有节状腺体或腺体状分枝，腺体白色。染色体 x 为 37。

该属目前有 70~80 种，新热带分布（Bishop，1988；Sundue et al.，2017），中国不产。

46. 金禾蕨属 *Chrysogrammitis* Parris*

小型附生植物。根状茎有背腹面，叶柄不以关节着生，根状茎上，2 列；鳞片非筛孔，红棕色或黄棕色，光滑或边缘有腺状毛。叶柄无关节，无叶足；叶片深羽状裂，沿叶轴形成狭窄的翅；叶脉极少分叉或在羽片上羽状分枝，分离，叶脉末端在叶上面没有排水器。孢子囊群表面生，每个羽片超过 1 个。孢子囊光滑，毛淡黄色，具单一腺毛和 1 或 2 叉状的分枝腺体。

该属有 2 种，分布于中国和斯里兰卡至太平洋岛屿，中国仅金禾蕨 *Chrysogrammitis glandulosa* (J. Sm.) Parris 1 种 (Parris，1998；Zhang et al.，2013h)。

47. 露禾蕨属 *Cochlidium* Kaulf.

根状茎辐射状，无叶足，鳞片光滑，同色。单叶，具浅裂，具单一腺体毛，极少具节状毛；叶脉分离，不分叉，极少一回分叉，无排水器。孢子囊群不陷入或轻微下陷于叶肉中。孢子囊光滑。

该属约 18 种 (Bishop，1978)，分布于美洲热带，中国不产。

48. 小蒿蕨属 *Ctenopterella* Parris*

根状茎有背腹面，叶柄不以关节着生根状茎，鳞片光滑，同色。叶羽状全裂或分裂至羽状复叶，节状毛无，如有节状毛则具刚毛状分枝毛；叶脉羽状分枝，排水器有或无。孢子囊群表面生。孢子囊无毛。

该属目前约 10 种。Zhou 等 (2023) 的研究表明过去承认的小蒿蕨属 *Ctenopterella* 是一个多系类群，进而从该属中划分出光裂禾蕨属 *Boonkerdia*、锯鼓蕨属 *Oxygrammitis* 和鲁翰禾叶蕨属 *Rouhania* 3 个新属。目前承认的小蒿蕨属 *Ctenopterella* 是一个单系类群 (Zhou et al.，2023)，分布于东南亚至太平洋岛屿 (Parris，2007；Zhou et al.，2023)，中国仅小蒿蕨 *Ctenopterella blechnoides* (Grev.) Parris 1 种。

49. 毛禾蕨属 *Dasygrammitis* Parris*

根状茎辐射对称，叶柄不以关节着生在根状茎上，鳞片有刚毛，同色。叶二回羽状分裂，具节状刚毛和分枝的节状毛；叶脉羽状分枝，无排水器。孢子囊群表面生。孢子囊通常无毛，很少有刚毛。

该属有 8~12 种，分布于亚洲和太平洋岛屿 (Parris，2007，2018)，中国仅毛禾蕨 *Dasygrammitis mollicoma* (Nees & Blume) Parris 1 种。

50. 棣氏禾叶蕨属 *Devolia* Li Bing Zhang, X. M. Zhou, Jian Jun Yang & Ralf Knapp*

[该属在 PPG I 系统中被置于滨禾蕨属 *Oreogrammitis*]

根状茎有背腹面，无叶足，根状茎鳞片光滑或鳞片顶端具刚毛，同色。单叶；具不分枝或分枝状刚毛；叶脉分离，单一，具排水器。孢子囊群不陷入于叶肉组织之中，光滑 (Yang et al.，2023)。

该属仅东亚禾叶蕨 *Devolia orientalis* (T. C. Hsu) Li Bing Zhang, X. M. Zhou, Jian Jun Yang & Ralf Knapp 1 种，东亚分布 (Knapp and Hsu，2017；Yang et al.，2023)。

51. 虚禾蕨属 *Enterosora* Baker

[该属包括 PPG I 系统中的轭脉蕨属 *Zygophlebia* L. E. Bishop]。

附生植物，偶尔石生。根状茎有背腹性，短匍匐，具棕褐色至金的棕黄色，细筛孔，有时有纤毛或腺状鳞片。叶一型；叶柄基部有关节；单叶至深裂至离中脉的 4/5 处，通常厚而海绵状，有许多大的细胞间气隙，具红棕色刚毛，沿轴或有时叶面着生，分枝毛顶端常具腺；叶脉通常形成多个网眼，尤其是中肋附近，如果分离，能育脉二叉，无排水器。孢子囊群圆形、卵形，或有时长圆形，表面生或深嵌入叶片中，几乎没有隔丝。

该属有 20~30 种，分布于新热带，少量分布于非洲和马达加斯加 (Bishop，1989；Shalisko et al.，2019)，中国不产。

52. 乳蒿蕨属 *Galactodenia* Sundue & Labiak

附生，有时岩生植物。根状茎短匍匐，辐射对称，有放射状排列的根和叶，或有背腹面具鳞片和有时具腺毛；鳞片同色，非筛孔状，橙色，金褐色或栗色，披针形或长圆形，边缘全缘，有或无腺状突起。叶下垂，一型；叶柄具单一维管束，带黑色；叶膜质或纸质，一回羽状深裂到一回羽状至羽状全裂；叶轴黑色，两面可见；羽片有黑色的中脉，通常两面可见；有或没有刚毛，遍体有腺毛，毛为不分枝的两个细胞或分叉 3 个细胞的毛，腺体细胞棒状，透明，乳白色至灰色或金褐色；叶脉单一，离生，不为黑色，不透光时不可见；有排水器，微红色，无钙质沉积物，有时发育不好，不易看到。孢子囊群圆形，有或没有隔丝，隔丝有则与叶片不分叉的腺毛相似。孢子囊无毛，或幼时具与叶相似的腺毛；孢子绿色，三裂缝。

该属 5 种，分布于美洲热带 (Sundue et al.，2012)，中国不产。

53. 光囊禾叶蕨属 *Glabrigrammitis* Li Bing Zhang, X. M. Zhou, Jian Jun Yang & Parris*

[该属在 FOC 和 PPG I 系统中被置于滨禾蕨属 *Oreogrammitis*]

根状茎有背腹面，不具叶足，根状茎鳞片光滑，同色。单叶，叶片具单一刚毛或分枝状刚毛；叶脉分离单一或一回分叉，具排水器。孢子囊群陷入或不陷入叶肉组织之中，光滑或环带顶端具刚毛。

该属约 4 种，分布于东南亚和所罗门群岛 (Yang et al.，2023；Parris，2024)，中国仅长孢滨禾蕨 *Glabrigrammitis nuda* (Tagawa) Li Bing Zhang, X. M. Zhou, Jian Jun Yang & Parris 1 种。

54. 星毛禾蕨属 *Grammitastrum* (E. Fourn.) Parris, Sundue, Li Bing Zhang & X. M. Zhou

[该属在 PPG I 系统中被置于禾叶蕨属 *Grammitis*]

根状茎具背腹面，不具叶足，根状茎鳞片粗筛孔状，具缘毛。叶不以关节着生根状茎上；单叶，无硬化边缘，叶有刚毛、以刚毛为分枝的分枝毛或基部呈星状的毛；叶脉一回分叉，不具排水器。孢子囊群不陷入或轻微陷入叶肉组织之中。孢子囊环带和表面具刚毛。

该属仅星毛禾蕨 *Grammitastrum pseudaustrale* (E. Fourn.) Parris, Sundue, Li Bing Zhang & X. M. Zhou 1 种，特产于新喀里多尼亚 (Zhou et al.，2023)。

55. 禾叶蕨属 *Grammitis* Sw.

根状茎有背腹面或呈辐射状，不具叶足，根状茎鳞片光滑，同色。单叶，叶边缘呈黑色，较硬；具不分叉刚毛或节状毛，也可能存在分枝状刚毛或节状毛被；叶脉分离单一或少有分叉，通常不具排水器。孢子囊群不陷入叶肉细胞之中。孢子囊光滑。

该属 20 余种，分布于非洲、西印度洋岛屿（马达加斯加、留尼汪岛）、太平洋岛屿以及中美洲和南美洲（Zhou et al.，2023），中国不产。

56. 豪岛禾蕨属 *Howeogrammitis* Parris, Sundue, Li Bing Zhang & X. M. Zhou

[该属在 PPG I 系统中被置于禾叶蕨属 *Grammitis*]

根状茎有背腹面，有时具叶足，根状茎鳞片光滑或在顶端具一些刚毛或纤毛，同色。单叶，叶被节状不分叉毛、不分叉刚毛、分枝的刚毛或节状分枝毛；叶脉一回至三回分叉，无排水器。孢子囊群不陷入或轻微陷入叶肉组织之中。孢子囊光滑。

该属仅豪岛禾蕨 *Howeogrammitis diminuta* (Baker) Parris, Sundue, Li Bing Zhang & X. M. Zhou 1 种，分布于澳大利亚豪勋爵岛（Zhou et al.，2023），中国不产。

57. 莱林禾叶蕨属 *Lellingeria* A. R. Sm. & R. C. Moran

附生植物。根状茎辐射对称，短匍匐，上升，或直立；鳞片粗筛孔状，通常带黑色，无毛或具透明边缘小刚毛；无叶足。叶柄无或比叶片短很多，无关节；叶浅至深羽状全裂，部分物种具能育先端，能育部分全缘或少分裂，或一回羽状至羽状半裂；有刚毛或短柔毛，刚毛透明至微红色，通常有浅色的基部细胞和不等分的分叉；叶脉单一，分离，有排水器。孢子囊群圆形或椭圆形，通常多少凹陷，无隔丝。孢子囊无毛或具刚毛。染色体 x 为 32，33。

该属约 60 种，主要分布于新热带，但部分可以分布至非洲（Sundue et al.，2010；Labiak，2011），中国不产。

58. 白须蕨属 *Leucotrichum* Labiak

附生植物，很少石生。根状茎直立，放射状，鳞片黑褐色至微黑色，披针形至线状披针形，粗筛孔状，基部着生，边缘具透明缘毛。叶柄具白色，简单分叉毛；叶线形至线形长圆形，膜质，羽状半裂至羽状全裂，基部裂片缩短，最下部下延至叶柄基部，顶端急剧缩小，顶端具圆形的先端裂片，与邻近的两个侧生裂片近同形；轴具深色的厚壁组织；裂片全缘，顶端锐尖到钝，被白色刚毛；叶脉一回分叉，叶正面具明显排水器，但无钙质沉积物。孢子囊群中部生，圆形至长圆形，每裂片 1 枚，表面被毛覆盖。孢子囊无毛或有毛。孢子绿色，三裂缝，具乳头状纹饰。

该属有 6 种，分布于中美洲至南美洲（Labiak et al.，2010），中国不产。

59. 边脉禾蕨属 *Lomaphlebia* J. Sm.

该属形态上近似帕氏禾叶蕨属 *Parrisia* Sw.，但无黑色硬化叶边以及有近边缘联合的叶脉（Sundue et al.，2014）。

该属有 *Lomaphlebia linearis* (Sw.) J. Sm. 和 *L. turquina* (Maxon) Sundue & Ranker 2 种，分布于美洲热带 (Sundue et al.，2014；Shaliskoet al.，2019)，中国不产。

60. 路易禾叶蕨属 *Luisma* M. T. Murillo & A. R. Sm.

附生植物。根状茎辐射对称，直立或近直立，先端有鳞片；鳞片深灰色，有光泽，粗筛孔状，盾状着生，边缘具纤毛，纤毛透明。叶柄圆柱状，暗色 (褐色)，基部有 2 维管束；无叶足；叶在干燥时呈绿色，狭椭圆形，膜质，基部和先端长渐狭，边缘全缘，中肋和叶脉两面光滑；小脉分叉，排水器正面突出，椭圆形。孢子囊群圆形，靠近中肋，在主脉两侧各 1 列，无隔丝。孢子囊无毛。孢子绿，球形，三裂缝。

该属仅路易禾叶蕨 *Luisma bivascularis* M. T. Murillo & A. R. Sm. 1 种，特产于哥伦比亚安第斯，中国不产 (Murillo and Smith，2003)。

61. 留香蕨属 *Melpomene* A. R. Sm. & R. C. Moran

附生、岩生或土生。根状茎直立或短至长匍匐；鳞片强烈粗筛孔状，基部心形，着生于 1 个点上，通常呈黑色或微红色，从不具刚毛，先端具 1 至数个乳头状细胞，常脱落。叶无叶足；羽状半裂至全裂，或很少基部一回羽状，线形至椭圆形，被短柔毛和常具刚毛，分枝，疏松，淡红色，刚毛栗色，多细胞，直立展开；叶脉分离通常不可见，具排水器。孢子囊群圆形或 (很少) 略长圆形，表面生或轻微下陷，无球形蜡状隔丝，但有些种有栗色的囊托状刚毛。

该属约 30 种，除 1 种分布于非洲和马达加斯加外，其余种分布于新世界热带，中国不产 (Smith and Moran，1992；Lehnert et al.，2009)。

62. 锯蕨属 *Micropolypodium* Hayata* (图 206)

根状茎辐射状；叶柄不与根状茎以关节相连；根状茎鳞片光滑，同色。叶分裂至羽状，具刚毛或节状毛；叶脉不分叉，有排水器。孢子囊群表面生。孢子囊光滑。

该属有 3 种，分布于东亚和东南亚 (Parris，2018)，中国有锯蕨 *Micropolypodium okuboi* (Yatabe) Hayata 和锡金锯蕨 *M. sikkimense* (Hieron.) X. C. Zhang 2 种 (Zhang et al.，2013h)。

63. 穆然禾叶蕨属 *Moranopteris* R. Y. Hirai & J. Prado

附生，极少岩生或土生。根状茎短匍匐，外倾至上升，放射状对称；鳞片金黄至栗色，通常有光泽，非筛孔状。叶一型，丛生，根状茎上无关节；叶大多线形，有时披针形，羽状半裂或羽状全裂，很少二回羽状全裂或羽状至羽状全裂，有时基部逐渐变细成侧生翅，大部分为纸质，极少膜质；小裂片上升至平，互生至对生，全缘，长圆形或圆形，很少线形和羽状全裂或羽状裂，基部轻微下延或不下延，边缘平或稍外卷，下侧不反折覆盖孢子囊群；具暗红棕色刚毛，很少无，多分枝；叶脉单一或分叉，很少羽状，不显著；有排水器，每个羽片 1 个或 2 个，在上面可见，椭圆形、圆形或长圆形。孢子囊群表面生，通常在中肋和小肋基部或小脉上，每裂片或羽片 1 枚 (很少多于 2 枚)，圆形

图 206 锡金锯蕨 *Micropolypodium sikkimense* (Hieron.) X. C. Zhang

或椭圆形，无隔丝。孢子囊光滑无毛。孢子四面体球状，具乳突至瘤状纹饰，表面小球状纹饰。染色体 x 为 37。

该属约 30 种，分布于新热带，多样性中心位于安第斯山脉和中美洲 (Hirai et al., 2011)，中国不产。

64. 真菌禾叶蕨属 *Mycopteris* Sundue

附生植物，较少土生或石生。根状茎通常短匍匐，有时中度匍匐，根着生在根状茎腹面，有背腹面，通常不分枝，整个根状茎具鳞片；鳞片基生，卵形到披针形，同色，橙色到淡红色或栗色，有光泽，稍微半透明，鳞片基部截形至心形，顶端锐角到渐细，通常有一个乳突细胞着生成与先端成斜角，鳞片边缘全缘。叶仅沿背侧着生，叶一型，2 列，叶布满毛；毛为单列的多细胞，通常由 2 个或 3 个细胞组成，有时更多，单一或经常不等分叉，较短的分枝乳突，较长的刚毛状分枝；羽轴颜色深，在叶两面清晰可见；叶纸质至膜质，狭椭圆形至线形，羽状全裂至一回羽状复叶，通常基部裂得更深，先端少分裂，在先端和基部羽片缩小；小羽片中肋暗色，下面可见；叶脉互生，单一通常深色，有排水器。孢子囊群着生叶脉顶端，遍布整个叶面，通常靠中部或在中部，稍微长大于宽，无隔丝，有时有囊托状刚毛。孢子囊光滑；孢子囊无毛，孢子囊柄中部约 1 个细胞宽。孢子三裂缝，绿色，表面瘤状纹饰。染色体 x 为 37、54。

该属有 17 种，分布于中美洲至南美洲，但还有大量有待进一步研究的物种 (Sundue, 2014)，中国不产。

65. 矮禾蕨属 *Nanogrammitis* Parris, Li Bing Zhang, X. M. Zhou & Liang Zhang

[该属在 PPG I 系统中被置于禾叶蕨属 *Grammitis*]

根状茎有背腹面，无叶足；鳞片光滑，通常同色，有时呈粗筛孔状。单叶，通常被刚毛，单一腺毛，有时具分枝状刚毛或节状毛；叶脉通常分离，不分叉，有时具一回至二回分叉，具排水器。孢子囊群不陷或轻微陷入叶肉之中。孢子囊群光滑。

该属约 8 种，主要分布于西印度洋岛屿和东非热带 (Zhou et al.，2023)，中国不产。

66. 南禾蕨属 *Notogrammitis* Parris

根状茎有背腹面，短至长匍匐，有时分枝，叶柄排成 2 列，很少与根状茎以关节连接，叶足几不可见；鳞片浅至轻微棕色，很少深棕色，通常同色，很少粗筛孔，无毛，通常有轻微光泽。叶常单叶或羽状至三回羽状，毛不分枝或分枝，节状毛或腺毛，半透明，带浅至深棕色；叶脉离生，叶上面叶脉末端有时有排水器，无钙质沉积物。孢子囊群表面生或轻微下陷，在叶上排成 2 列，圆形、线状椭圆形。孢子囊光滑。

该属 12 种，分布于南半球温带 (Perrie and Parris，2012)，中国不产。

67. 滨禾蕨属 *Oreogrammitis* Copel.* (图 207)

[该属包括 FOC 和 PPG I 系统中的蒿蕨属 *Themelium* (T. Moore) Parris]

根状茎有背腹面或放射状；叶柄通常不以关节着生在根状茎上，很少着生在突起叶足上；鳞片光滑，通常同色，很少粗筛孔状，无毛，有时顶端具一个小腺体，有时无鳞片。叶全缘至二回羽状；叶脉常分叉，很少单一或羽状分枝，排水器有或无。孢子囊群表面生，或凹陷于叶表面的洼坑或小穴中。囊托有腺毛状的隔丝，孢子囊通常在顶端靠近环带处有刚毛，但刚毛不在环带上，若一个孢子囊面上有一根以上刚毛，则基部刚毛彼此邻接；若孢子囊无毛且根状茎具鳞片，则叶柄和 (或) 叶片上几乎总是有刚毛 (若没有刚毛，则叶片全缘)，若有其他毛被，则均为不分枝的毛。

该属约 200 种，分布于澳大利亚、太平洋岛屿和亚洲热带 (Parris，2007，2018；Parris and Sundue，2020；Sirimalwatta，2019；Zhou et al.，2023)，中国有 7 种。

68. 锯鼓蕨属 *Oxygrammitis* Parris & Sundue

[该属在 PPG I 系统中被置于小蒿蕨属 *Ctenopterella*]

附生植物。根状茎有背腹面，有时具叶足，根状茎鳞片光滑，同色。叶二回羽状至三回羽状分裂；叶片不具毛被或具单一的刚毛或节状毛，以及具一回至三回分叉的节状毛；叶脉羽状分枝，不具排水器。孢子囊群不陷入或轻微陷入叶肉中；孢子囊群光滑。

该属有 2 种：*Oxygrammitis denticulata* (Blume) Parris & Sundue 和 *O. undosa* (Baker) Parris & Sundue，分布于印度尼西亚至巴布亚新几内亚，中国不产 (Zhou et al.，2023)。

图 207 短柄滨禾蕨 *Oreogrammitis dorsipila* (Christ) Parris

69. 帕氏禾叶蕨属 *Parrisia* Shalisko & Sundue

[该属在 PPG I 系统中被置于虚禾蕨属 *Enterosora*]

附生植物。根状茎放射状，很少有背腹面，具金褐色或褐色非筛孔状鳞片。叶一型；叶柄具刚毛，棕色或带黑色；单叶，线形、线形至匙形，或线形至椭圆形，先端圆，基部渐狭，波浪状，有时具裂片可裂至距离中脉 1/3 处，稍厚成海绵状；叶有节状刚毛，栗色至棕色，靠近孢子囊群的位置聚集，也在中脉和边缘，叶两面具单一或分枝的腺体状毛；叶脉分离，不分叉或分叉，罕见二回分叉，无排水器。孢子囊群圆形或近圆形，表面生或稍下陷，没有蜡质或腺体状隔丝，在中肋两边各排成 1 列，着生位置常远离叶柄基部，可着生到叶先端，孢子囊群着生在一回分叉的中部。孢子囊有 13~16 个厚的环带细胞。

该属 2 种，分布于美洲的 *Parrisia parietina* (Klotzsch) Shalisko & Sundue 和非洲的 *P. gilpiniae* (Hook.) Shalisko & Sundue (Shalisko et al., 2019)，中国不产。

70. 穴子蕨属 *Prosaptia* C. Presl* (图 208)

小型或中型附生植物。根状茎短，有背腹面，横走或直立，被鳞片；鳞片狭，深褐色，有睫毛。叶簇生；叶柄与根状茎相连处有假关节；叶披针形，篦齿状羽裂至羽状深裂；叶脉在裂片上为羽状；叶革质或肉质，被刚毛或近无毛。孢子囊群圆形至椭圆形，着生于小脉顶端，深陷于叶肉的穴内，向叶缘开口或接近且朝向叶缘，不具隔丝。孢子囊柄除顶部外为 1 行细胞组成，环带通常由 11 个增厚细胞组成。孢子近球形，三裂缝，不具周壁，外壁表面具颗粒状或小瘤状纹饰。染色体 x 为 37。

该属有 70 余种，分布于澳大利亚、太平洋岛屿和亚洲，中国有 7 种 (Parris，2018；Zhou et al.，2023)。

图 208　中间穴子蕨 *Prosaptia intermedia* (Ching) Tagawa

71. 鲁翰禾叶蕨属 *Rouhania* Li Bing Zhang, X. M. Zhou, Jian Jun Yang & Liang Zhang

[该属在 PPG I 系统中被置于小蒿蕨属 *Ctenopterella*]

根状茎有背腹面，有时具叶足，鳞片光滑，同色。单叶或呈羽状或羽状全裂；叶片常具单一腺毛和单一节状毛，分枝状刚毛或链状分枝毛有时可见；叶脉分离，单一，一回分叉或具羽状分枝，具排水器。孢子囊群不陷入或轻微陷入叶肉中，孢子囊群光滑。

该属约 8 种，主要分布于非洲及印度洋岛屿，中国不产 (Zhou et al.，2023)。

72. 革舌蕨属 *Scleroglossum* Alderw.* (图 209)

小型附生植物。根状茎斜升或直立，辐射对称，密被不透明的鳞片；鳞片细小，棕色、全缘。叶簇生，近无柄，叶柄基部通常不具关节；单叶，狭线形，全缘，肉质至革质，无毛或疏被单生或成对的早落刺毛；叶脉通常不明显，偶连接。孢子囊群汇生，线形，着生叶缘与中肋之间的深纵沟，在主脉两侧各成 1 列，通常仅生于叶上部而不达顶端，无隔丝或隔丝极不明显。孢子囊光滑，孢子囊柄除近顶部外为 1 行细胞组成；孢子囊的环带由 10~12 个增厚细胞组成。孢子球形，体积较小，不具周壁，外壁表面具小瘤状纹饰。

该属有 7~10 种，分布于中国、斯里兰卡至澳大利亚及太平洋岛屿，中国可能有 1~2 种 (Liu et al.，2019)。

73. 狭锯蕨属 *Stenogrammitis* Labiak

附生或石生植物。根状茎直立到短匍匐，被红棕色到栗色鳞片，三角形至披针形，

图 209　革舌蕨 *Scleroglossum sulcatum* (Kuhn) Alderw.

粗筛孔，光滑或仅具 1 顶生纤毛。叶柄有或无，深棕色，通常疏生短柔毛，毛透明或带红色，单一或 1~2 分叉；叶一型或半二型，直立或略呈弓形、线形，纸质至近革质，基部逐渐缩小或截形，半二型时，能育部分比不育部分较少分裂；叶轴直，可见或隐藏叶肉组织，疏生柔毛，毛透明或微红色，不分叉或 1~2 分叉；裂片线状三角形至三角形，表面平或微凹，光滑或具透明至微红色与叶轴、叶脉、叶边缘和叶肉相似的毛，边缘全缘，平或叶对折，倾斜或垂直于轴，通常在基部变宽，下侧下延和上侧收缩，先端锐尖到钝；叶脉单一，每个裂片 1 条，上面有长的明显排水器。孢子囊群基部至中部着生，圆形至线状长圆形，每裂片 1 枚，表面生或稍微下陷，有时被反折的叶边缘覆盖，有时在先端汇生形成汇生囊群。孢子囊光滑。孢子绿色，三裂缝，表面乳突状纹饰。

该属约 26 种，泛热带分布 (Labiak，2011，2012)，中国不产。

74. 露蒿蕨属 *Terpsichore* A. R. Sm.

附生，极少岩生或土生植物。根状茎短匍匐至斜升，通常轻微背腹性至辐射状，鳞片细筛孔，褐色到黑色，很少橙色，鳞片只有 1 种色，无光泽到通常发亮，光滑或有变化颜色 (透明到栗色) 的刚毛。叶足有或无；叶柄无至与叶等长，有刚毛 (尤其是在近基部)，有时也被微柔毛，刚毛 0.5~3.0 mm，通常带红色或栗色，多数，铺展，分枝或不分枝，淡红色，有时具腺体；叶羽状裂至一回羽状，极少羽状至羽裂，在少数种中分叉，通常具刚毛 (至少沿轴)；排水器存在，有时有钙质分泌物 (白色的点)；单脉，从中脉羽状长出，叶脉离生，不显或可见的。孢子囊群圆形，不陷入叶肉中，无隔丝。孢子囊无毛或有刚毛。孢子四面体球状、扁圆形或肾形，具三裂缝或单裂缝。染色体 x 为 37。

该属约 50 种，主要分布于新热带 (Smith，1993；Sundue，2010b)，中国不产。

75. 洋禾蕨属 *Thalassogrammitis* Parris, Sundue, Li Bing Zhang & X. M. Zhou

[该属在 PPG I 系统中被置于禾叶蕨属 *Grammitis*]

根状茎有背腹面，有时具叶足，鳞片具缘毛，同色。单叶；叶脉一回至二回分叉，不具排水器。孢子囊群不陷入或轻微陷入叶肉组织之中。孢子囊具刚毛，位于孢子囊环带顶端细胞，植株成熟时无毛被覆盖，幼时有时具单一腺状毛以及一回分枝刚毛。

该属仅包含 *Thalassogrammitis deplanchei* (Baker) Parris，Sundue，Li Bing Zhang & X. M. Zhou 1 种，特产于新喀里多尼亚 (Zhou et al.，2023)，中国不产。

76. 裂禾蕨属 *Tomophyllum* (E. Fourn.) Parris* (图 210)

根状茎辐射状；叶柄不以关节着生在根状茎；鳞片光滑或刚毛状，同色，有时无。叶分裂至三回羽状分裂；毛刚毛状，节状毛，节状毛有时有刚毛状分枝；叶脉羽状，有排水器。孢子囊光滑。

该属约 40 种，分布于澳大利亚、太平洋岛屿以及南亚、东亚、东南亚，中国仅裂禾蕨 *Tomophyllum donianum* (Spreng.) Fraser-Jenk. & Parris 1 种 (Parris，2007，2018；Zhang et al.，2013i)。

图 210　裂禾蕨 *Tomophyllum donianum* (Spreng.) Fraser-Jenk. & Parris

77. 剑羽蕨属 *Xiphopterella* Parris* (图 211)

根状茎放射状；叶柄不以关节着生根状茎上；根状茎鳞片无毛或先端刚毛，同色。叶片裂至羽状，毛被刚毛状，单节状毛有刚毛状分枝；脉极少分叉，排水器有或无。孢子囊群表面生。孢子囊光滑。

该属有10~14种，分布于东亚、东南亚，中国有剑羽蕨 *Xiphopterella devolii* S. J. Moore, Parris & W. L. Chiou 1种 (Parris，2007，2018；Zhang et al.，2013i)。

野外植株　　孢子囊群

图 211　剑羽蕨 *Xiphopterella devolii*

参 考 文 献

董仕勇, 左政裕, 严岳鸿, 等. 2017. 中国石松类和蕨类植物的红色名录评估. 生物多样性, 25(7): 765-773.

刘莉. 2018. 基于转录组学研究碗蕨科 (Dennstaedtiaceae) 的系统发育关系. 上海: 上海师范大学硕士学位论文.

秦仁昌, 1978. 中国蕨类植物科属的系统排列和历史来源. 植物分类学报, 16(3): 1-19.

谭运洪, 卫然, 李剑武, 等. 2015. 中国肿足蕨科一新记录属: 翼囊蕨属. 植物分类与资源学报, 37(2): 135-138.

万霞, 张丽兵. 2023. 世界维管植物新分类群 2022 年度报告. 生物多样性, 31(10): 23162.

王婷, 舒江平, 顾钰峰, 等. 2022. 中国石松类和蕨类植物多样性研究进展, 30(7): 22381.

肖永. 2019. 基于转录组学桫椤科单拷贝分子标记开发与应用. 广州: 仲恺农业工程学院硕士学位论文.

闫小玲, 刘全儒, 寿海洋, 等. 2014. 中国外来入侵植物的等级划分与地理分布格局分析. 生物多样性, 22(5): 667-676.

张丽兵. 2017. 蕨类植物 PPG I 系统与中国石松类和蕨类植物分类. 生物多样性, 25(3): 340-342.

Almeida T E, Salino A, Dubuisson J Y, et al. 2017. *Adetogramma* (Polypodiaceae), a new monotypic fern genus segregated from *Polypodium*. PhytoKeys, (78): 109-131.

Almeida T E, Salino A, Dubuisson J Y, et al. 2021. Insights into long-distance dispersal and ecological and morphological evolution in the fern genus *Microgramma* from phylogenetic inference. Botanical Journal of the Linnean Society, 196(3): 294-312.

Assis F C, Almeida T E, Russell S J, et al. 2016. Molecular phylogeny and recircumscription of the fern genus *Pecluma* (Polypodiaceae-Polypodiopsida). Phytotaxa, 247(4): 235-246.

Banks J A, Nishiyama T, Hasebe M, et al. 2011. The *Selaginella* genome identifies genetic changes associated with the evolution of vascular plants. Science, 332(6032): 960-963.

Barcelona J F, Pelser P B. 2014. *Phanerosorus* (Matoniaceae), a new fern genus record for the Philippines. Phytotaxa, 170(2): 133-135.

Bauret L, Rouhan G, Hirai R Y, et al. 2017. Molecular data, based on an exhaustive species sampling of the fern genus *Rumohra* (Dryopteridaceae), reveal a biogeographical history mostly shaped by dispersal and several cryptic species in the widely distributed *Rumohra adiantiformis*. Botanical Journal of the Linnean Society, 185(4): 463-481.

Beck J B, Windham M D, Yatskievych G, et al. 2010. A diploids-first approach to species delimitation and interpreting polyploid evolution in the fern genus *Astrolepis* (Pteridaceae). Systematic Botany, 35(2): 223-234.

Benham D M, Windham M D. 1993. *Astrolepis* // Flora of North America Editorial Committee. Flora of North America North of Mexico. New York: Oxford University Press: 140-143.

Bishop L E. 1974. Revision of the genus *Adenophorus* (Grammitidaceae). Brittonia, 26(3): 217-240.

Bishop L E. 1978. Revision of the genus *Cochlidium* (Grammitidaceae). American Fern Journal, 68(3): 76-94

Bishop L E. 1988. *Ceradenia*, a new genus of Grammitidaceae. American Fern Journal, 78(1): 1-5.

Bishop L E. 1989. *Zygophlebia*. a new genus of Grammitidaceae. American Fern Journal, 79(3): 103-118.

Bishop L E, Smith A R. 1992. Revision of the Fern Genus *Enterosora* (Grammitidaceae) in the New World. Systematic Botany, 17(3): 345-362.

Bohn A, Smith A R, Matos F B, et al. 2021. Phylogeny and character evolution of the neotropical fern genus *Cyclodium* (Dryopteridaceae). Systematic Botany, 46(4): 916-928.

Bohn A, Matos F B, Labiak P H. 2020. Taxonomy, distribution and conservation status of the fern genus *Cyclodium* (Dryopteridaceae). Willdenowia, 50(2): 279-304.

Bomfleur B, Grimm G W, McLoughlin S. 2015. *Osmunda pulchella* sp. nov. from the Jurassic of Sweden: Reconciling molecular and fossil evidence in the phylogeny of modern royal ferns (Osmundaceae). BMC Evolutionary Biology 15: 126.

Brownsey P J, Perrie L R. 2014. Polypodiaceae (excluding Notogrammitis) // Breitwieser I, Heenan P B, Wilton A D. Flora of New Zealand Ferns and Lycophytes. Fascicle 1. Lincoln: Manaaki Whenua Press.

Camus J M. 1990. Marattiaceae // Kramer K U, Green P S. The families and genera of vascular plants. Vol I: Pteridophytes and gymnosperms. Heidelberg: Springer: 174-180.

Cárdenas G G, Tuomisto H, Lehtonen S. 2016. Newly discovered diversity in the tropical fern genus *Metaxya* based on morphology and molecular phylogenetic analyses. Kew Bulletin, 71(1): 5.

Chen C C, Hyvönen J, Schneider H. 2019. Exploring phylogeny of the microsoroid ferns (Polypodiaceae) based on six plastid DNA markers. Molecular Phylogenetics and Evolution, 143: 106665.

Chen C C, Liu H Y, Chen C W, et al. 2021. On the spore ornamentation of the microsoroid ferns (Microsoroideae, Polypodiaceae). Journal of Plant Research, 134(1): 55-76.

Chen C W, Lindsay S, Nitta J, et al. 2023. Systematics and biogeography of the Old World fern genus *Antrophyum*. Cladistics, 39(4): 249-272.

Chen C W, Rothfels C J, Mustapeng A M A, et al. 2018. End of an *Enigma*: *Aenigmopteris* belongs in *Tectaria* (Tectariaceae: Polypodiopsida). Journal of Plant Research, 131(1): 67-76.

Chen C W, Sundue M, Kuo L Y, et al. 2017b. Phylogenetic analyses place the monotypic *Dryopolystichum* within Lomariopsidaceae. PhytoKeys, (78): 83-107.

Chen D K, Zhou X M, He H, et al. 2017a. *Spinulum lioui*, a new species referred as to *Lycopodium neopungens* (Lycopodiopsida: Lycopodiaceae) in China. Phytotaxa, 307(2): 161-163.

Chen D K, Zhou X M, Rothfels C J, et al. 2022. A global phylogeny of Lycopodiaceae (Lycopodiales; Lycophytes) with the description of a new genus, *Brownseya*, from *Oceania*. Taxon, 71(1): 25-51.

Christenhusz M J M. 2007. *Dracoglossum*, a new Neotropical fern genus (Pteridophyta). Thaiszia, 17: 1-10.

Christenhusz M J M. 2010. Revision of the Neotropical fern genus *Eupodium* (Marattiaceae). Kew Bulletin, 65(1): 115-121.

Christenhusz M J M, Bangiolo L, Chase M W, et al. 2019. Phylogenetics, classification and typification of extant horsetails (*Equisetum*, Equisetaceae). Botanical Journal of the Linnean Society, 189(4): 311-352.

Christenhusz M J M, Chase M W. 2014. Trends and concepts in fern classification. Annals of Botany, 113(4): 571-594.

Christenhusz M J M, Chase M W, Fay M F, et al. 2021. Biogeography and genome size evolution of the oldest extant vascular plant genus, *Equisetum* (Equisetaceae). Annals of Botany, 127(5): 681-695.

Christenhusz M J M, Zhang X C, Schneider H. 2011. A linear sequence of extant families and genera of lycophytes and ferns. Phytotaxa, 19: 7-54.

Chu W M, He Z R. 1999. *Rhachidosorus* // Chu W M. Flora Reipubl. Popularis Sin., 3(2): 267-275.

Chu W M, Zhao J, Tao Y D, et al. 2021. *Cheilanthes qiaojiaensis* (Cheilanthoideae, Pteridaceae), a new fern species from Yunnan, China. Phytotaxa, 514(3): 238-246.

Clausen R T. 1938. A monograph of the Ophioglossaceae. Memoirs of the Torrey Botanical Club, 19(2): 1-177.

Clegg M T, Gaut B S, Learn G H, et al. 1994. Rates and patterns of chloroplast DNA evolution. PNAS, 91(15): 6795-6801.

Cochran A T, Prado J, Schuettpelz E. 2014. *Tryonia*, a new taenitidoid fern genus segregated from *Jamesonia* and *Eriosorus* (Pteridaceae). PhytoKeys, (35): 23-43.

Crane E H. 1997. A revised circumscription of the genera of the fern family Vittariaceae. Systematic Botany, 22(3): 509-517.

De Gasper A L, Almeida T E, de O. Dittrich V A, et al. 2017. Molecular phylogeny of the fern family Blechnaceae (Polypodiales) with a revised genus-level treatment. Cladistics, 33(4): 429-446.

De Gasper A L, De Oliveira Dittrich V A, Smith A R, et al. 2016. A classification for Blechnaceae

(Polypodiales: Polypodiopsida): New genera, resurrected names, and combinations. Phytotaxa, 275(3): 191-227.

Della A P, Prado J. 2020. *Tryonia* (Pteridaceae) in Brazil. Brazilian Journal of Botany, 43(2): 341-354.

Dong S Y, Chen C W, Tan S S, et al. 2018. New insights on the phylogeny of *Tectaria* (Tectariaceae), with special reference to *Polydictyum* as a distinct lineage. Journal of Systematics and Evolution, 56(2): 139-147.

Dong S Y, Lin S J, Christenhusz, M J M, et al. 2013. Lindsaeaceae // Wu Z Y, Raven P H, Hong D Y. Flora of China, Vol. 2-3 (Pteridophytes). Beijing: Science Press; St. Louis: Missouri Botanical Garden Press: 139-146.

Dong S Y, Xiao Y, Kong H H, et al. 2019. Nuclear loci developed from multiple transcriptomes yield high resolution in phylogeny of scaly tree ferns (Cyatheaceae) from China and Vietnam. Molecular Phylogenetics and Evolution, 139: 106567.

Dong S Y, Zuo Z Y, Xiao Y, et al. 2020. A contribution to *Gymnosphaera* (Cyatheaceae) in mainland Asia: Two new species, reinstatement of *Cyathea bonii*, and their phylogenetic positions. Journal of Systematics and Evolution, 60(2): 433-444.

Dong S Y, Zuo Z Y. 2018. On the recognition of *Gymnosphaera* as a distinct genus in Cyatheaceae. Annals of the Missouri Botanical Garden, 103(1): 1-23.

Du X Y, Kuo L Y, Zuo Z Y, et al. 2022. Structural variation of plastomes provides key insight into the deep phylogeny of ferns. Frontiers in Plant Science, 13: 862772

Du X Y, Lu J M, Zhang L B, et al. 2021. Simultaneous diversification of Polypodiales and angiosperms in the Mesozoic. Cladistics, 37(5): 518-539.

Dubuisson J Y, Le Péchon T, Hennequin S, et al. 2022. New insights into the diversity, taxonomy and history of the fern genus *Trichomanes* (Hymenophyllaceae, Polypodiidae), with a focus on Africa and the western Indian Ocean. Botanical Journal of the Linnean Society, 198(2): 215-239.

Ebihara A, Dubuisson J Y, Iwatsuki K, et al. 2006. A taxonomic revision of Hymenophyllaceae. Blumea-Biodiversity, Evolution and Biogeography of Plants, 51(2): 221-280.

Fan X P, Thi Lu N, Li C X, et al. 2022. Phylogeny, biogeography, and character evolution in the fern family Hypodematiaceae. Molecular Phylogenetics and Evolution, 166: 107340.

Fang Y H, Qin X, Liao Q G, et al. 2022. The genome of homosporous maidenhair fern sheds light on the euphyllophyte evolution and defences. Nature Plants, 8(9): 1024-1037.

Fawcett S, Smith A R. 2021. A generic classification of the Thelypteridaceae. Fort Worth: BRIT Press, Fort Worth Botanic Garden, Botanical Research Institute of Texas, U.S.A.

Fawcett S, Smith A R, Sundue M, et al. 2021. A global phylogenomic study of the Thelypteridaceae. Systematic Botany, 46(4): 891-915.

Fernández P,· Amice R, Bruy D, et al. 2024. A 160 Gbp fork fern genome shatters size record for eukaryotes. iScience, 27(6): 109889.

Fraser-Jenkins C R, Gandhi K N, Kholia B S, et al. 2017. An Annotated Checklist of Indian Pteridophytes: Part 1 (Lycopodiaceae to Thelypteridaceae). Dehra Dun, India: Bishen Singh Mahendra Pal Singh.

Fujiwara T, Serizawa S, Watano Y. 2018. Phylogenetic analysis reveals the origins of tetraploid and hexaploid species in the Japanese *Lepisorus thunbergianus* (Polypodiaceae) complex. Journal of Plant Research 131: 945-959.

Gao L, Su Y J, Wang T. 2010. Plastid genome sequencing, comparative genomics, and phylogenomics: Current status and prospects. Journal of Systematics and Evolution, 48(2): 77-93.

Gao L, Wang B, Wang Z W, et al. 2013. Plastome sequences of *Lygodium japonicum* and *Marsilea crenata* reveal the genome organization transformation from basal ferns to core leptosporangiates. Genome Biology and Evolution, 5(7): 1403-1407.

Gao L, Yi X, Yang Y X, et al. 2009. Complete chloroplast genome sequence of a tree fern *Alsophila spinulosa*: Insights into evolutionary changes in fern chloroplast genomes. BMC Evolutionary Biology, 9: 130.

Gao L, Zhou Y, Wang Z W, et al. 2011. Evolution of the *rpoB-psbZ* region in fern plastid genomes: Notable structural rearrangements and highly variable intergenic spacers. BMC Plant Biology, 11: 64.

Gastony G J, Ungerer M C. 1997. Molecular systematics and a revised taxonomy of the onocleoid ferns (Dryopteridaceae: Onocleeae). American Journal of Botany, 84(6): 840-849.

George L O, Pryer K M, Kao T T, et al. 2019. *Baja*: A new monospecific genus segregated from *Cheilanthes* s.l. (Pteridaceae). Systematic Botany, 44(3): 471-482.

Grewe F, Guo W H, Gubbels E A, et al. 2013. Complete plastid genomes from *Ophioglossum californicum*, *Psilotum nudum*, and *Equisetum hyemale* reveal an ancestral land plant genome structure and resolve the position of Equisetales among monilophytes. BMC Evolutionary Biology, 13: 8.

Grusz A L, Windham M D. 2013. Toward a monophyletic *Cheilanthes*: The resurrection and recircumscription of *Myriopteris* (Pteridaceae). PhytoKeys, (32): 49-64.

Gu Y F, Shu J P, Lu Y J, et al. 2021. *Sphaeropteris guangxiensis* Y. F. Gu & Y. H. Yan (Cyatheaceae), a new species of tree fern from Southern China. Phytotaxa, 518 (1): 69-74.

Gu Y F, Shu J P, Lu Y J, et al. 2022. Insights into the cryptic species diversity and speciation of quillworts in China. Plant Diversity, 45(3): 284-301.

Guo Z Y, Zhang H R, Shrestha N, et al. 2016. Complete chloroplast genome of a valuable medicinal plant, *Huperzia serrata* (Lycopodiaceae), and comparison with its congener. Applications in Plant Sciences, 4(11): 1600071.

Haines A. 2003. The families Huperziaceae and Lycopodiaceae in New England: A taxonomic and ecological reference. Bar Harbor: V.F. Thomas Co.

Hall C C, Lellinger D B. 1967. A revision of the fern genus *Mildella*. American Fern Journal, 57(3): 113-134.

Hassler, M. 2024. World Ferns. Synonymic Checklist and Distribution of Ferns and Lycophytes of the World. Version 18.4. http://www.worldplants.de/ferns/. (2024-02-11)[2024-02-19].

He L J, Schneider H, Hovenkamp P, et al. 2018. A molecular phylogeny of selligueoid ferns (Polypodiaceae): Implications for a natural delimitation despite homoplasy and rapid radiation. Taxon, 67(2): 237-249.

He Z R, Christenhusz M J M. 2013. Marattiaceae // Wu Z Y, Raven P H, Hong D Y. Flora of China, Vol. 2-3 (Pteridophytes). Beijing: Science Press; St. Louis: Missouri Botanical Garden Press: 82-89.

He Z R, Kato M. 2013a. Rhachidosoraceae // Wu Z Y, Raven P H, Hong D Y. Flora of China, Vol. 2-3 (Pteridophytes). Beijing: Science Press; St. Louis: Missouri Botanical Garden Press: 405-407.

He Z R, Kato M. 2013b. Diplaziopsidaceae // Wu Z Y, Raven P H, Hong D Y. Flora of China, Vol. 2-3 (Pteridophytes). Beijing: Science Press; St. Louis: Missouri Botanical Garden Press: 317-318.

Hennequin S, Rouhan G, Salino A, et al. 2017. Global phylogeny and biogeography of the fern genus *Ctenitis* (Dryopteridaceae), with a focus on the Indian Ocean region. Molecular Phylogenetics and Evolution, 112: 277-289.

Hennipman E. 1975. A re-definition of the gymnogrammoid genus *Austrogramme* Fournier. Brit. Fern Gaz, 11: 61-72.

Hennipman E, Veldhoen P, Kramer K U, et al. 1990. Polypodiaceae // Kramer K U, Green P S. The families and genera of vascular plants. Vol I: Pteridophytes and gymnosperms. Heidelberg: Springer: 203-230.

Hirai R Y, Rouhan G, Labiak P H, et al. 2011. *Moranopteris*: A new neotropical genus of grammitid ferns (Polypodiaceae) segregated from Asian *Micropolypodium*. Taxon, 60(4): 1123-1137.

Holub J. 1983. Validation of generic names in *Lycopodiaceae*: With a description of a new genus *Pseudolycopodiella*. Folia Geobotanica & Phytotaxonomica, 18(4): 439-442.

Hori K, Khine P K, Fujiwara T, et al. 2022. *Thylacopteris minuta* (Polypodiaceae), a new fern species from Myanmar. PhytoKeys, 199: 141-153.

Hovenkamp P H, Ho B C. 2012. A revision of the fern genus *Oleandra* (Oleandraceae) in Asia. PhytoKeys, (11): 1-37.

Huang X, Wang W L, Gong T, et al. 2022. The flying spider-monkey tree fern genome provides insights into fern evolution and arborescence. Nature Plants, 8(5): 500-512.

Huiet L, Li F W, Kao T T, et al. 2018. A worldwide phylogeny of *Adiantum* (Pteridaceae) reveals remarkable convergent evolution in leaf blade architecture. Taxon, 67 (3): 488-502.

Iwatsuki K, Ebihara A, 2023. Flora Malesiana, Series 2: Ferns and Fern Allies, Volume 5: Hymenophyllaceae.

National Parks Board, Singapore: 171.
Jiang R H, Liang S Q, Wu F, et al. 2023. Phylogenomic analysis, cryptic species discovery, and DNA barcoding of the genus *Cibotium* in China based on plastome data. Frontiers in Plant Science, 14: 1183653.
Jin X F, Ding B Y, Iwatsuki K. 2013. Gleicheniaceae // Wu Z Y, Raven P H, Hong D Y. Flora of China, Vol. 2-3 (Pteridophytes). Beijing: Science Press; St. Louis: Missouri Botanical Garden Press: 110-115.
Johnson A K, Rothfels C J, Windham M D, et al. 2012. Unique expression of a sporophytic character on the gametophytes of notholaenid ferns (Pteridaceae). American Journal of Botany, 99(6): 1118-1124.
Kang J S, Zhang H R, Wang Y R, et al. 2020. Distinctive evolutionary pattern of organelle genomes linked to the nuclear genome in Selaginellaceae. Plant Journal, 104(6): 1657-1672.
Karol K G, Arumuganathan K, Boore J L, et al. 2010. Complete plastome sequences of *Equisetum arvense* and *Isoetes flaccida*: Implications for phylogeny and plastid genome evolution of early land plant lineages. BMC Evolutionary Biology, 10: 321.
Ke B F, Wang G J, Labiak P H, et al. 2022. Systematics and plastome evolution in Schizaeaceae. Frontiers in Plant Science, 13: 885501.
Kessler M, Smith A R. 2018a. *Prodromus* of a fern flora for *Bolivia*. XI. Gleicheniaceae. Phytotaxa, 344(1): 53-63.
Kessler M, Smith A R. 2018b. *Prodromus* of a fern flora for *Bolivia*. XVII. Loxsomataceae. Phytotaxa, 344(1): 93-94.
Kessler M, Smith A R. 2018c. *Prodromus* of a fern flora for *Bolivia*. XXII. Metaxyaceae. Phytotaxa, 344(1): 95-96.
Kessler M, Velázquez A L M, Sundue M, et al. 2011. *Alansmia*, a new genus of grammitid ferns (Polypodiaceae) segregated from *Terpsichore*. Brittonia, 63(2): 233-244.
Kim H T, Chung M G, Kim K J. 2014. Chloroplast genome evolution in early diverged leptosporangiate ferns. Molecules and Cells, 37(5): 372-382.
Knapp R, Hsu T C. 2017. Ferns and fern allies of Taiwan: Second supplement. Gaoshu: KBCC Press.
Kramer K U. 1990a. Psilotaceae // Kramer K U, Green P S. The families and genera of vascular plants. Vol I: Pteridophytes and gymnosperms. Berlin, Heidelberg: Springer: 22-25.
Kramer K U. 1990b. Osmundaceae // Kramer K U, Green P S. The families and genera of vascular plants. Vol I: Pteridophytes and gymnosperms. Berlin, Heidelberg: Springer: 197-200.
Kramer K U. 1990c. Matoniaceae // Kramer K U, Green P S. The families and genera of vascular plants. Vol I: Pteridophytes and gymnosperms. Berlin, Heidelberg: Springer: 183-185.
Kramer K U. 1990d. Gleicheniaceae // Kramer K U, Green P S. The families and genera of vascular plants. Vol I: Pteridophytes and gymnosperms. Berlin, Heidelberg: Springer: 145-152.
Kramer K U. 1990e. Marsileaceae // Kramer K U, Green P S. The families and genera of vascular plants. Vol I: Pteridophytes and gymnosperms. Berlin, Heidelberg: Springer: 180-183.
Kramer K U. 1990f. Dicksoniaceae // Kramer K U, Green P S. The families and genera of vascular plants. Vol I: Pteridophytes and gymnosperms. Berlin, Heidelberg: Springer: 94-99.
Kramer K U. 1990g. Loxomataceae // Kramer K U, Green P S. The families and genera of vascular plants. Vol I: Pteridophytes and gymnosperms. Berlin, Heidelberg: Springer: 172-174.
Kramer K U. 1990h. Lophosoriaceae // Kramer K U, Green P S. The families and genera of vascular plants. Vol I: Pteridophytes and gymnosperms. Berlin, Heidelberg: Springer: 170-172.
Kramer K U. 1990i. Dennstaedtiaceae // Kramer K U, Green P S. The families and genera of vascular plants. Vol I: Pteridophytes and gymnosperms. Berlin, Heidelberg: Springer: 81-94.
Kramer K U. 1990j. Lomariopsidaceae // Kramer K U, Green P S. The families and genera of vascular plants. Vol I: Pteridophytes and gymnosperms. Berlin, Heidelberg: Springer: 164-170.
Kramer K U, Holttum R E, Moran R C, et al. 1990. Dryopteridaceae // Kramer K U, Green P S. The families and genera of vascular plants. Vol I: Pteridophytes and gymnosperms. Berlin, Heidelberg: Springer: 101-144.
Kuo L Y, Qi X P, Ma H, et al. 2018. Order-level fern plastome phylogenomics: New insights from

Hymenophyllales. American Journal of Botany, 105(9): 1545-1555.
Kuo L Y, Su H J, Koubínoví D, Xie P J, et al. 2024. Organellar phylogenomics of Ophioglossaceae fern genera. Frontiers in Plant Science, 14:1294716.
Labiak P H. 2011. *Stenogrammitis*, a new genus of grammitid ferns segregated from *Lellingeria* (Polypodiaceae). Brittonia, 63(1): 139-149.
Labiak P H. 2012. A new species and a new hybrid in the grammitid fern genus *Stenogrammitis* (Polypodiaceae). American Fern Journal, 102(2): 161-166.
Labiak P H, Mickel J T, Hanks J G. 2015. Molecular phylogeny and character evolution of Anemiaceae (Schizaeales). Taxon, 64(6): 1141-1158.
Labiak P H, Moran R C. 2018. Phylogeny of *Campyloneurum* (Polypodiaceae). International Journal of Plant Sciences, 179(1): 36-49.
Labiak P H, Moran R C. 2020. Five new species of *Campyloneurum* (Polypodiaceae) from Jamaica, Colombia, and Ecuador. Brittonia, 72(4): 351-361.
Labiak P H, Rouhan G, Sundue M. 2010. Phylogeny and taxonomy of *Leucotrichum* (Polypodiaceae): A new genus of grammitid ferns from the neotropics. Taxon, 59(3): 911-921.
Labiak P H, Sundue M, Rouhan G, et al. 2014. Phylogeny and historical biogeography of the lastreopsid ferns (Dryopteridaceae). American Journal of Botany, 101(7): 1207-1228.
Lehnert M, Kessler M, Schmidt-Lebuhn A N, et al. 2009. Phylogeny of the fern genus *Melpomene* (Polypodiaceae) inferred from morphology and chloroplast DNA analysis. Systematic Botany, 34(1): 17-27.
Lehnert M, Mönnich M, Pleines T, et al. 2001. The relictual fern genus *Loxsomopsis*. American Fern Journal, 91(1): 13-24.
Lehtonen S, Poczai P, Sablok G, et al. 2020. Exploring the phylogeny of the marattialean ferns. Cladistics, 36(6): 569-593.
Lehtonen S, Tuomisto H, Rouhan G, et al. 2010. Phylogenetics and classification of the pantropical fern family Lindsaeaceae. Botanical Journal of the Linnean Society, 163(3): 305-359.
Lehtonen S, Tuomisto H, Rouhan G, et al. 2013. Taxonomic revision of the fern genus *Osmolindsaea* (Lindsaeaceae). Systematic Botany, 38(4): 887-900.
Lehtonen S, Wahlberg N, Christenhusz M J M, 2012. Diversification of lindsaeoid ferns and phylogenetic uncertainty of early polypod relationships. Botanical Journal of the Linnean Society, 170: 489-503.
Li F W, Brouwer P, Carretero-Paulet L, et al. 2018. Fern genomes elucidate land plant evolution and cyanobacterial symbioses. Nature Plants, 4(7): 460-472.
Li F W, Pryer K M, Windham M D. 2012. *Gaga*, a new fern genus segregated from *Cheilanthes* (Pteridaceae). Systematic Botany, 37(4): 845-860.
Liang Z L, Zhang L B. 2024. Discovery of *Whittieria hengduanensis* sp. nov. (Ophioglossaceae) from Southwest China demonstrates a unique intercontinental disjunct pattern in plants between the Himalaya and the Americas. PhytoKeys, 249: 27-36.
Liang Z L, Zhao J, Ru J, et al. 2024. Cytotaxonomic study of the fern genus *Lepisorus* (Polypodiaceae) from China. Phytotaxa, 678 (1): 1-16.
Lima L V, Almeida T E, Kessler M, et al. 2024. The classification of the fern family Gleicheniaceae, with the description of a new genus, segregated from *Sticherus*, Botanical Journal of the Linnean Society, 206 (4): 275-295.
Lima L V, Salino A, Kessler M, et al. 2023. Phylogenomic evolutionary insights in the fern family Gleicheniaceae. Molecular Phylogenetics and Evolution, 184: 107782.
Lin Y X, Johnson D M. 2013. Marsileaceae // Wu Z Y, Raven P H, Hong D Y. Flora of China, Vol. 2-3 (Pteridophytes). Beijing: Science Press; St. Louis: Missouri Botanical Garden Press: 123-124.
Lin Y X, Li Z Y, Iwatsuki K, et al. 2013b. Thelypteridaceae // Wu ZY, Raven P H, Hong D Y. Flora of China, Vol. 2-3 (Pteridophytes). Beijing: Science Press; St. Louis: Missouri Botanical Garden Press: 319-396.
Lin Y X, Shi L, Funston A M, et al. 2013a. Salviniaceae // Wu Z Y, Raven P H, Hong D Y. Flora of China, Vol. 2-3 (Pteridophytes). Beijing: Science Press; St. Louis: Missouri Botanical Garden Press: 125-127.

Lin Y X, Viane R. 2013. Aspleniaceae // Wu Z Y, Raven P H, Hong D Y. Flora of China, Vol. 2-3 (Pteridophytes). Beijing: Science Press; St. Louis: Missouri Botanical Garden Press: 267-316.

Link-Pérez M A. 2010. Revision and molecular systematics of the neotropical fern genus *Adiantopsis* (Pteridaceae). Ph. D. thesis. Coral Gables: Miami University.

Liu H M, Jiang R H, Guo J, et al. 2013b. Towards a phylogenetic classification of the climbing fern genus *Arthropteris*. Taxon, 62(4): 688-700.

Liu H M, Rakotondrainibe F, Hennequin S, et al. 2020. The significance of *Rouxopteris* (Gleicheniaceae, Polypodiopsida): A new genus endemic to the Madagascan Region. Plant Systematics and Evolution, 306(2): 30.

Liu H M, Shen J Y, Liang Z L, et al. 2019. Two out of one: revising the diversity of the epiphytic fern genus *Scleroglossum* (Polypodiaceae, Grammitidoideae) in Southern China. PhytoKeys, 130: 115-133.

Liu J X, Zhang Q Y, Ebihara A, et al. 2013a. Hymenophyllaceae // Wu Z Y, Raven P H, Hong D Y. Flora of China, Vol. 2-3 (Pteridophytes). Beijing: Science Press; St. Louis: Missouri Botanical Garden Press: 93-109.

Lu J M, Zhang N, Du X Y, et al. 2015. Chloroplast phylogenomics resolves key relationships in ferns. Journal of Systematics and Evolution, 53(5): 448-457.

Lu N T, Ebihara A, He H, et al. 2019b. A plastid phylogeny of the fern genus *Arachniodes* (Dryopteridaceae). Molecular Phylogenetics and Evolution, 133: 214-235.

Lu N T, Zhou X M, Zhang L, et al. 2019a. A global plastid phylogeny of the cliff fern family Woodsiaceae and a two-genus classification of Woodsiaceae with the description of ×*Woodsimatium* nothogen. nov. Taxon, 68(6): 1149-1172.

Luong T T, Hovenkamp P H, Sosef M S M. 2015. Revision of the fern genus *Orthiopteris* (Saccolomataceae) in *Malesia* and adjacent regions. PhytoKeys, (53): 39-71.

Ma X D, Wang A H, Wang F G, et al. 2018. A revised classification of Chinese Davalliaceae based on new evidence from molecular phylogenetics and morphological characteristics. PLoS One, 13(11): e0206345.

Marchant D B, Chen G, Cai S G, et al. 2022. Dynamic genome evolution in a model fern. Nature Plants, 8(9): 1038-1051.

Metzgar J S, Skog J E, Zimmer E A, et al. 2008. The paraphyly of *Osmunda* is confirmed by phylogenetic analyses of seven plastid loci. Systematic Botany, 33(1): 31-36.

Molino S, y Galán J M G, Sessa E B, et al. 2019. A multi-character analysis of *Struthiopteris* leads to the rescue of *Spicantopsis* (Blechnaceae, Polypodiopsida). Taxon, 68 (2): 185-198.

Moran R C, Garrison Hanks J, Sundue M. 2019. Phylogenetic relationships of Neotropical lady ferns (Athyriaceae), with a description of *Ephemeropteris*, gen. nov. Taxon, 68(3): 425-441.

Moran R C, Labiak P H, Sundue M. 2010. Synopsis of *Mickelia*, a newly recognized genus of bolbitidoid ferns (Dryopteridaceae). Brittonia, 62(4): 337-356.

Moran R C, Prado J, Sundue M A. 2014. *Megalastrum* (Dryopteridaceae) in Andean South America, Part I. American Fern Journal, 104(3): 109-178.

Mower J P, Ma P F, Grewe F, et al. 2019. Lycophyte plastid genomics: Extreme variation in GC gene and intron content and multiple inversions between a direct and inverted orientation of the rRNA repeat. New Phytologist, 222(2): 1061-1075.

Mower J P, Vickrey T L. 2018. Chapter nine-Structural diversity among plastid genomes of land plants // Chaw S M, Jansen R K. Advances in Botanical Research. Amsterdam: Elsevier: 263-292.

Murdock A G. 2008. A taxonomic revision of the eusporangiate fern family Marattiaceae, with description of a new genus *Ptisana*. Taxon, 57: 737-755.

Murillo M T, Smith A R. 2003. *Luisma*, a new genus of Grammitidaceae (Pteridophyta) from Colombia. Novon, 13(3): 313-317.

Mynssen C M, Vasco A, Moran R C, et al. 2016. Desmophlebiaceae and *Desmophlebium*: A new family and genus of Eupolypod II ferns. Taxon, 65(1): 19-34.

Nie L Y, Zhang L, Liang Z L, et al. 2023. Phylogeny, character evolution, and biogeography of the fern genus *Bolbitis* (Dryopteridaceae). Molecular Phylogenetics and Evolution, 178: 107633.

Noben S, Kessler M, Quandt D, et al. 2017. Biogeography of the gondwanan tree fern family Dicksoniaceae: A tale of vicariance, dispersal and extinction. Journal of Biogeography, 44(11): 2648-2659.

Øllgaard B. 2012. New combinations in neotropical Lycopodiaceae. Phytotaxa, 57: 10-22.

Øllgaard B, Windisch P G. 2014. Lycopodiaceae in Brazil. Conspectus of the family I. The genera *Lycopodium*, *Austrolycopodium*, *Diphasium*, and *Diphasiastrum*. Rodriguesia, 65: 261-277.

One Thousand Plant Transcriptomes Initiative. 2019. One thousand plant transcriptomes and the phylogenomics of green plants. Nature, 574: 679-685.

Palacios-Rios M, Arana M D, Márquez G. 2016. Revision of monotypic genus *Llavea* (Cryptogrammoideae: Pteridaceae). Anales del Jardín Botánico de Madrid, 73(2): e044.

Parris B S. 1998. *Chrysogrammitis*, a new genus of Grammitidaceae (Filicales). Kew Bulletin, 53(4): 909-918.

Parris B S. 2007. Five new genera and three new species of Grammitidaceae (Filicales) and the re-establishment of *Oreogrammitis*. Gardens' Bulletin Singapore, 58(2): 233-274.

Parris B S. 2013. *Archigrammitis*, a new genus of grammitid fern (Polypodiaceae) from *Malesia* and *Polynesia*. Fern Gazette, 19(4): 135-138.

Parris B S. 2018. The flora malesiana account of grammitid ferns (Polypodiaceae). Sibbaldia: The International Journal of Botanic Garden Horticulture, (16): 23-37.

Parris B S, Sundue M A, 2020. The fern genus *Oreogrammitis* (Grammitidoideae: Polypodiaceae) re-defined. Phytotaxa, 436 (1): 45-54.

Pelosi J A, Kim E H, Barbazuk W B, et al. 2022. Phylotranscriptomics illuminates the placement of whole genome duplications and gene retention in ferns. Frontiers in Plant Science, 13: 882441.

Pereira J B S, Giulietti A M, Pires E S, et al. 2021. Chloroplast genomes of key species shed light on the evolution of the ancient genus *Isoetes*. Journal of Systematics and Evolution, 59(3): 429-441.

Perrie L R, Parris B S. 2012. Chloroplast DNA sequences indicate the grammitid ferns (Polypodiaceae) in New Zealand belong to a single clade, *Notogrammitis* gen. nov. New Zealand Journal of Botany, 50(4): 457-472.

Pichi-Sermolli R E G. 1985. The fern genus Cosentinia Todaro. Webbia 39: 179-189.

Ponce M M, Scataglini M A. 2018. Further progress towards the delimitation of *Cheilanthes* (Cheilanthoideae, Pteridaceae), with emphasis on South American species. Organisms Diversity & Evolution, 18(2): 175-186.

Ponce M M, Scataglini M A. 2022. Phylogenetic position of South American *Cheilanthes* (Cheilanthoideae, Pteridaceae): Advances in the generic circumscription and segregation of the new genus *Mineirella*. Journal of Systematics and Evolution, 60(2): 266-280.

PPG I, 2016. A community-derived classification for extant lycophytes and ferns. Journal of Systematics and Evolution, 54(6): 563-603.

Prado J, Moran R C, 2016. Monograph of the West Indian fern genus *Polystichopsis* (Dryopteridaceae). Brittonia, 68(1): 1-24.

Qi X P, Kuo L Y, Guo C C, et al. 2018. A well-resolved fern nuclear phylogeny reveals the evolution history of numerous transcription factor families. Molecular Phylogenetics and Evolution, 127: 961-977.

Roper J M, Kellon Hansen S, Wolf P G, et al. 2007. The complete plastid genome sequence of *Angiopteris evecta* (G. Forst.) Hoffm. (Marattiaceae). American Fern Journal, 97(2): 95-106.

Rothfels C J, Larsson A, Li F W, et al. 2013. Transcriptome-mining for single-copy nuclear markers in ferns. PLoS One, 8(10): e76957.

Rothfels C J, Li F W, Sigel E M, et al. 2015. The evolutionary history of ferns inferred from 25 low-copy nuclear genes. American Journal of Botany, 102(7): 1089-1107.

Rothfels C J, Sundue M A, Kuo L Y, et al. 2012. A revised family: Level classification for eupolypod II ferns (Polypodiidae: Polypodiales). Taxon, 61(3): 515-533.

Rothfels C J, Windham M D, Grusz A L, et al. 2008. Toward a monophyletic *Notholaena* (Pteridaceae): Resolving patterns of evolutionary convergence in xeric-adapted ferns.Taxon, 57(3): 712-724.

Salino A, Almeida T E, Smith A R, et al. 2008. A new species of *Microgramma* (Polypodiaceae) from Brazil

and recircumscription of the genus based on phylogenetic evidence. Systematic Botany, 33(4): 630-635.
Sanín D, Salino A, Smith A R. 2023. Taxonomic revision of *Serpocaulon* (Polypodiaceae). Annals of the Missouri Botanical Garden, 108(1): 288-464.
Schwartsburd P B. 2022. The fern genus *Saccoloma* (Saccolomataceae) in Brazil, including new species and new combinations. Brittonia, 74(2): 155-179.
Schuettpelz E, Chen C W, Kessler M, et al. 2016. A revised generic classification of vittarioid ferns (Pteridaceae) based on molecular, micromorphological, and geographic data. Taxon, 65(4): 708-722.
Schuettpelz E, Pryer K M, Windham M D. 2015. A unified approach to taxonomic delimitation in the fern genus *Pentagramma* (Pteridaceae). Systematic Botany, 40(3): 629-644.
Schwartsburd P B, Perrie L R, Brownsey P, et al. 2020. New insights into the evolution of the fern family Dennstaedtiaceae from an expanded molecular phylogeny and morphological analysis. Molecular Phylogenetics and Evolution, 150: 106881.
Setyawan A D. 2011. Review: Natural products from genus *Selaginella* (Selaginellaceae). Nusantara Bioscience, 3(1): 44-58.
Shalisko V, Sundue M A, Villalobos-Arámbula A R, et al. 2019. Taxonomic novelties in grammitid ferns (Polypodiaceae) from the Neotropics and Madagascar supported by molecular data. Phytotaxa, 394(3): 176-208.
Shang H, Liang Z L, Zhang L B. 2021. Taxonomy of the fern genus *Didymochlaena* (Didymochlaenaceae) from Asia and Pacific islands based on morphological and molecular evidence with the description of four new species and one new status. Phytotaxa, 479(1): 71-82.
Shang H, Sundue M, Wei R, et al. 2018. *Hiya*: A new genus segregated from *Hypolepis* in the fern family Dennstaedtiaceae, based on phylogenetic evidence and character evolution. Molecular Phylogenetics and Evolution, 127: 449-458.
Shang H, Xue Z Q, Gu Y F, et al. 2020. Revision of the fern genus *Didymochlaena* (Didymochlaenaceae) from Madagascar. Phytotaxa, 459(4): 252-264.
Shang H, Zhang L B. 2023. Systematics of the fern Genus *Didymochlaena* (Didymochlaenaceae). Systematic Botany, 48(1): 110-139.
Shen H, Jin D M, Shu J P, et al. 2018. Large-scale phylogenomic analysis resolves a backbone phylogeny in ferns. GigaScience, 7: 1-11.
Sirimalwatta V N S. 2019. Phylogenetics and Evolution of *Oreogrammitis*, *Radiogrammitis* and *Themelium* (Polypodiaceae) and Population Genetics of Hawaiian Endemic *Oreogrammitis hookeri* and *Adenophorus tripinnatifidus*. Ph. D. thesis. Honolulu: University of Hawai'i at Manoa.
Smith A R. 1993. *Terpsichore*, a new genus of Grammitidaceae (Pteridophyta). Novon, 3(4): 478-489.
Smith A R, Kessler M. 2017. *Prodromus* of a fern flora for *Bolivia*. XXIV. Lonchitidaceae. Phytotaxa, 332(3): 295-296.
Smith A R, Kreier H P, Haufler C H, et al. 2006b. *Serpocaulon* (Polypodiaceae), a new genus segregated from *Polypodium*. Taxon, 55(4): 919-930.
Smith A R, Moran R C. 1992. *Melpomene*, a new genus of Grammitidaceae (Pteridophyta). Novon, 2(4): 426-432.
Smith A R, Pryer K M, Schuettpelz E et al. 2008. Fern classification // Ranker T A, Haufler C H. Biology and Evolution of Ferns and Lycophytes. Cambridge: Cambridge University Press: 417-467.
Smith A R, Pryer K M, Schuettpelz E, et al. 2006a. A classification for extant ferns. Taxon, 55(3): 705-731.
Smith A R, Tejero-Díez J D. 2014. *Pleopeltis* (Polypodiaceae), a redifinition of the genus and nomenclatural novelties. Botanical Sciences, 92(1):43-58.
Smith D R. 2009. Unparalleled GC content in the plastid DNA of *Selaginella*. Plant Molecular Biology, 71(6): 627-639.
Smith-Braga N S, Schwartsburd P B. 2020. *Lytoneuron* (Pteridaceae) of Minas Gerais and Espírito Santo, Brazil, including three new combinations and descriptions of two new taxa. Brittonia, 72(4): 362-380.
Suissa J S, Kinosian S P, Schafran P W, et al. 2022. Homoploid hybrids, allopolyploids, and high ploidy levels characterize the evolutionary history of a western North American quillwort (Isoëtes) complex.

Molecular Phylogenetics and Evolution, 166: 107332.
Sun B Y, Kim M H, Kim C H, et al. 2001. *Mankyua* (Ophioglossaceae): A new fern genus from Cheju Island, Korea. Taxon, 50(4): 1019-1024.
Sundue M A. 2010a. A monograph of *Ascogrammitis*, a new genus of grammitid ferns (Polypodiaceae). Brittonia, 62(4): 357-399.
Sundue M A. 2010b. A morphological cladistic analysis of *Terpsichore* (Polypodiaceae). Systematic Botany, 35(4): 716-729.
Sundue M A. 2014. *Mycopteris*, a new neotropical genus of grammitid ferns (Polypodiaceae). Brittonia, 66(2): 174-185.
Sundue M A. 2017. *Ceradenia spectabilis* (Polypodiaceae), a new species from cerro del torrá, Colombia. American Fern Journal, 107(4): 193-199.
Sundue M A, Islam M B, Ranker T A. 2010. Systematics of grammitid ferns (Polypodiaceae): Using morphology and plastid sequence data to resolve the circumscriptions of *Melpomene* and the polyphyletic genera *Lellingeria* and *Terpsichore*. Systematic Botany, 35(4): 701-715.
Sundue M A, Labiak P H, Mostacero J, et al. 2012. *Galactodenia*, a new genus of grammitid ferns segregated from *Terpsichore* (Polypodiaceae). Systematic Botany, 37(2): 339-246.
Sundue, M A, Parris B S, Ranker T A, et al., 2014. Global phylogeny and biogeography of grammitid ferns (Polypodiaceae). Molecular Phylogenetics and Evolution, 81: 195-206.
Testo W L, Field A R, Sessa E B, et al. 2019. Phylogenetic and morphological analyses support the resurrection of *Dendroconche* and the recognition of two new genera in Polypodiaceae subfamily Microsoroideae. Systematic Botany, 44(4): 737-752.
Triana-Moreno L A, Yañez A, Kuo L Y, et al. 2023. Phylogenetic revision of dennstaedtioideae (Dennstaedtiaceae: Polypodiales) with description of *Mucura*, gen. nov. Taxon, 72(1): 20-46.
Troia A, Pereira J B, Kim C, et al. 2016. The genus *Isoetes* (Isoetaceae): A provisional checklist of the accepted and unresolved taxa. Phytotaxa, 277(2): 101-145.
Tryon R M, Tryon A F. 1982. Ferns and Allied plants, with Special Reference to Tropical America. New York: Springer.
Tryon R M, Tryon A F, Kramer K U. 1990. Pteridaceae // Kramer K U, Green P S. The families and genera of vascular plants. Vol I: Pteridophytes and gymnosperms. Berlin, Heidelberg: Springer: 230-256.
Tsuji S, Ueda K, Nishiyama T, et al. 2007. The chloroplast genome from a lycophyte (microphyllophyte), *Selaginella uncinata*, has a unique inversion, transpositions and many gene losses. Journal of Plant Research, 120(2): 281-290.
Tsutsumi C, Chen C W, Larsson A, et al. 2016. Phylogeny and classification of Davalliaceae on the basis of chloroplast and nuclear markers. Taxon, 65(6): 1236-1248.
VanBuren R, Wai C M, Ou S J, et al. 2018. Extreme haplotype variation in the desiccation-tolerant clubmoss *Selaginella lepidophylla*. Nature Communications, 9(1): 13.
Wagner W H J, Wagner F S. 1993. Ophioglossaceae // Flora of North America Editorial Committee. Flora of North America North of Mexico, Vol. 2: Pteridophytes and Gymnosperms. New York: Oxford University Press: 85-106.
Wakasugi T, 1998. Complete nucleotide sequence of the plastid genome from a fern, *Psilotum nudum*. Endocytobiosis and Cell Research, 13: 147.
Wan X, Knapp R, Chen D K, et al. 2023. Taxonomic notes on some east Asian pteridophytes. Phytotaxa, 597(2): 128-140.
Wan X, Zhang L B. 2022. Three new fern names of hybrid genera and four new combinations in Athyriaceae, Osmundaceae, and Thelypteridaceae. Phytotaxa, 575 (1): 104-108.
Wang F G, Xing F W, Dong S Y, et al. 2013b. Blechnaceae // Wu Z Y, Raven P H, Hong D Y. Flora of China, Vol. 2-3 (Pteridophytes). Beijing: Science Press; St. Louis: Missouri Botanical Garden Press: 411-417.
Wang R X, Shao W, Bai S M, et al. 2018. Cytotaxonomic study of *Plagiogyria* (Plagiogyriaceae) from China. Flora, 243: 53-57.
Wang W, Yang W L, Mao X X, et al. 2015. The phylogenetic affinities of *Pellaea connectens*, a rare endemic

Chinese fern. Phytotaxa, 220(1): 30-42.

Wang Z R, Haufler C, Pryer K M, et al. 2013a. Cystopteridaceae // Wu Z Y, Raven P H, Hong D Y. Flora of China, Vol. 2-3 (Pteridophytes). Beijing: Science Press; St. Louis: Missouri Botanical Garden Press: 257-266.

Wang Z R, He Z R, Kato M. 2013c. Athyriaceae // Wu Z Y, Raven P H, Hong D Y. Flora of China, Vol. 2-3 (Pteridophytes). Beijing: Science Press; St. Louis: Missouri Botanical Garden Press: 418-534.

Wei R, Ebihara A, Zhu Y M, et al. 2018. A total-evidence phylogeny of the lady fern genus *Athyrium* Roth (Athyriaceae) with a new infrageneric classification. Molecular Phylogenetics and Evolution, 119: 25-36.

Wei R, Yan Y H, Harris A J, et al. 2017. Plastid phylogenomics resolve deep relationships among eupolypod II ferns with rapid radiation and rate heterogeneity. Genome Biology and Evolution, 9(6): 1646-1657.

Wei R, Yang J, He L J, et al. 2021a. Plastid phylogenomics provides novel insights into the infrafamilial relationship of Polypodiaceae. Cladistics, 37(6): 717-727.

Wei R, Zhang X C. 2014. Rediscovery of *Cystoathyrium chinense* Ching (Cystopteridaceae): Phylogenetic placement of the critically endangered fern species endemic to China. Journal of Systematics and Evolution, 52(4): 450-457.

Wei R, Zhang X C. 2022. A revised subfamilial classification of Polypodiaceae based on plastome, nuclear ribosomal, and morphological evidence. Taxon, 71(2): 288-306.

Wei Z Y, Gu Y F, Xia Z Q, et al. 2021c. *Dipteris shenzhenensis*, a new endangered species of Dipteridaceae from Shenzhen, Southern China. PhytoKeys, 186: 111-120.

Wei Z Y, Xia Z Q, Shu J P, et al. 2021b. Phylogeny and taxonomy on cryptic species of forked ferns of Asia. Frontiers in Plant Science, 12: 748562.

Wilce J H. 1972. Lycopod Spores, I. General Spore Patterns and the Generic Segregates of *Lycopodium*. American Fern Journal, 62(3): 65-79.

Wickell D, Kuo L Y, Yang H P, et al. 2021. Underwater CAM photosynthesis elucidated by *Isoetes* genome. Nature Communications, 12(1): 6348.

Windham M D. 1987. *Argyrochosma*, a new genus of Cheilanthoid ferns. American Fern Journal, 77: 37-41.

Windham M D. 1993. Pteridaceae // Flora of North America Editorial Committee. Flora of North America North of Mexico, Vol. 2: Pteridophytes and Gymnosperms. New York: Oxford University Press: 171-175.

Wolf P G, Der J P, Duffy A M, et al. 2011. The evolution of chloroplast genes and genomes in ferns. Plant Molecular Biology, 76: 251-261.

Wolf P G, Karol K G, Mandoli D F, et al. 2005. The first complete chloroplast genome sequence of a lycophyte, *Huperzia lucidula* (Lycopodiaceae). Gene, 350(2): 117-128.

Wolfe K H, Li W H, Sharp P M. 1987. Rates of nucleotide substitution vary greatly among plant mitochondrial, chloroplast, and nuclear DNAs. PNAS, 84(24): 9054-9058.

Wood D, Besnard G, Beerling D J, et al. 2020. Phylogenomics indicates the "living fossil" *Isoetes* diversified in the Cenozoic. PLoS One, 15(6): e0227525.

Wu Y H, Sun C Y, Ebihara A, et al. 2021. Two new species in the fern genus *Lomariopsis* (Lomariopsidaceae) from East Asia. PhytoKeys, 187: 161-176.

Xiang Q P, Tang J Y, Yu J G, et al. 2022. The evolution of extremely diverged plastomes in Selaginellaceae (lycophyte) is driven by repeat patterns and the underlying DNA maintenance machinery. Plant Journal, 111(3): 768-784.

Xing F W, Wang F G, Hovenkamp P H. 2013c. Nephrolepidaceae // Wu Z Y, Raven P H, Hong D Y. Flora of China, Vol. 2-3 (Pteridophytes). Beijing: Science Press; St. Louis: Missouri Botanical Garden Press: 727-729.

Xing F W, Wang F G, Kato M. 2013a. Onocleaceae // Wu Z Y, Raven P H, Hong D Y. Flora of China, Vol. 2-3 (Pteridophytes). Beijing: Science Press; St. Louis: Missouri Botanical Garden Press: 408-410.

Xing F W, Wang F G, Nooteboom H P. 2013e. Davalliaceae // Wu Z Y, Raven P H, Hong D Y. Flora of China, Vol. 2-3 (Pteridophytes). Beijing: Science Press; St. Louis: Missouri Botanical Garden Press:

749-757.

Xing F W, Wang F G, Zhang X C, et al. 2013d. Lomariopsidaceae // Wu Z Y, Raven P H, Hong D Y. Flora of China, Vol. 2-3 (Pteridophytes). Beijing: Science Press; St. Louis: Missouri Botanical Garden Press: 725-726.

Xing F W, Yan Y H, Dong S Y, et al. 2013b. Tectariaceae // Wu Z Y, Raven P H, Hong D Y. Flora of China, Vol. 2-3 (Pteridophytes). Beijing: Science Press; St. Louis: Missouri Botanical Garden Press: 730-746.

Xu K W, Zhang L, Rothfels C J, et al. 2020. A global plastid phylogeny of the fern genus *Asplenium* (Aspleniaceae). Cladistics, 36(1): 22-71.

Xu K W, Zhou X M, Yin Q Y, et al. 2018b. A global plastid phylogeny uncovers extensive cryptic speciation in the fern genus *Hymenasplenium* (Aspleniaceae). Molecular Phylogenetics and Evolution, 127: 203-216.

Xu Z C, Xin T Y, Bartels D, et al. 2018a. Genome analysis of the ancient tracheophyte *Selaginella tamariscina* reveals evolutionary features relevant to the acquisition of desiccation tolerance. Molecular Plant, 11(7): 983-994.

Yan Y H, Qi X P, Liao W B, et al. 2013. Dennstaedtiaceae // Wu Z Y, Raven P H, Hong D Y. Flora of China, Vol. 2-3 (Pteridophytes). Beijing: Science Press; St. Louis: Missouri Botanical Garden Press: 147-168.

Yang J J, Wan X, Zhao W L, et al. 2022b. Reinstatement of *Loxogramme yigongensis* (Polypodiaceae), an endemic species from southeastern Xizang, China. Phytotaxa, 555(1): 95-102.

Yang J T, Huang Y, Jiang X, et al. 2022a. Potential geographical distribution of the edangred plant *Isoetes* under human activities using MaxEnt and GARP. Global Ecology and Conservation, 38: e02186.

Yang J, Xiang Q P, Zhang X C. 2023. Uncovering the hidden diversity of the rosette-forming *Selaginella tamariscina* group based on morphological and molecular data. Taxon, 72(1): 8-19.

Yatabe Y, Murakami N, Iwatsuki K. 2005. *Claytosmunda*: A new subgenus of *Osmunda* (Osmundaceae). Acta Phytotaxonomica et Geobotanica, 56(2): 127-128.

Yatskievych G, Arbeláez A A L. 2008. A new species and three generic transfers in the fern genus *Notholaena* (Pteridaceae). Novon: A Journal for Botanical Nomenclature, 18(1): 120-124.

Yesilyurt J C, Barbará T, Schneider H, et al. 2015. Identifying the generic limits of the Cheilanthoid genus *Doryopteris*. Phytotaxa, 221(2): 101-122.

Yesilyurt J C, Schneider H. 2010. The new fern genus *Calciphilopteris* (Pteridaceae). Phytotaxa, 7: 52-59.

Yu J G, Tang J Y, Wei R, et al. 2023. The first homosporous lycophyte genome revealed the association between the recent dynamic accumulation of LTR-RTs and genome size variation. Plant Molecular Biology, 112: 325-340.

Yu J H, Zhang R, Liu Q L, et al. 2022. *Ceratopteris chunii* and *Ceratopteris chingii* (Pteridaceae), two new diploid species from China, based on morphological, cytological, and molecular data. Plant Diversity, 44(3): 300-307.

Zhang G M, Kato M, Shmakov A. 2013f. Woodsiaceae // Wu Z Y, Raven P H, Hong D Y. Flora of China, Vol. 2-3 (Pteridophytes). Beijing: Science Press; St. Louis: Missouri Botanical Garden Press: 397-404.

Zhang G M, Liao W B, Ding M Y, et al. 2013e. Pteridaceae // Wu Z Y, Raven P H, Hong D Y. Flora of China, Vol. 2-3 (Pteridophytes). Beijing: Science Press; St. Louis: Missouri Botanical Garden Press: 169-256.

Zhang G M, Xing F W, Wang F G, et al. 2013g. Hypodematiaceae // Wu Z Y, Raven P H, Hong D Y. Flora of China, Vol. 2-3 (Pteridophytes). Beijing: Science Press; St. Louis: Missouri Botanical Garden Press: 535-540.

Zhang H R, Kang J S, Viane R L L, et al. 2017a. The complete chloroplast genome sequence of *Huperzia javanica* (Sw.) C. Y. Yang in Lycopodiaceae. Mitochondrial DNA Part B, Resources, 2(1): 216-218.

Zhang H R, Wei R, Xiang Q P, et al. 2020a. Plastome-based phylogenomics resolves the placement of the sanguinolenta group in the spikemoss of lycophyte (Selaginellaceae). Molecular Phylogenetics and Evolution, 147: 106788.

Zhang H R, Xiang Q P, Zhang X C. 2019a. The unique evolutionary trajectory and dynamic conformations of DR and IR/DR-coexisting plastomes of the early vascular plant Selaginellaceae (lycophyte). Genome

Biology and Evolution, 11(4): 1258-1274.
Zhang H R, Zhang X C, Xiang Q P. 2019b. Directed repeats co-occur with few short-dispersed repeats in plastid genome of a spikemoss, *Selaginella vardei* (Selaginellaceae, lycopodiopsida). BMC Genomics, 20(1): 484.
Zhang L B, Iwatsuki K. 2013. Lycopodiaceae // Wu Z Y, Raven P H, Hong D Y. Flora of China, Vol. 2-3 (Pteridophytes). Beijing: Science Press; St. Louis: Missouri Botanical Garden Press: 13-34.
Zhang L B, Taylor W C. 2013. Isoetaceae // Wu Z Y, Raven P H, Hong D Y. Flora of China, Vol. 2-3 (Pteridophytes). Beijing: Science Press; St. Louis: Missouri Botanical Garden Press: 35-36.
Zhang L B, Turland N J. 2013. Equisetaceae // Wu Z Y, Raven P H, Hong D Y. Flora of China, Vol. 2-3 (Pteridophytes). Beijing: Science Press; St. Louis: Missouri Botanical Garden Press: 67-72.
Zhang L B, Wu S, Xiang J, et al. 2013h. Dryopteridaceae // Wu Z Y, Raven P H, Hong D Y. Flora of China, Vol. 2-3. Beijing: Science Press; St. Louis: Missouri Botanical Garden Press: 541-724.
Zhang L B, Yatskievych G. 2013. Psilotaceae // Wu Z Y, Raven P H, Hong D Y. Flora of China, Vol. 2-3 (Pteridophytes). Beijing: Science Press; St. Louis: Missouri Botanical Garden Press: 81.
Zhang L B, Zhang L. 2015. Didymochlaenaceae: A new fern family of eupolypods I (Polypodiales). Taxon, 64(1): 27-38.
Zhang L B, Zhou X M. 2021. A new classification of Lycopodiales based on molecular phylogenetics, morphology, and spore ornamentation. The Indian Fern Journal, 38: 123-134.
Zhang L, Fan X P, Petchsri S, et al. 2020c. Evolutionary relationships of the ancient fern lineage the adder's tongues (Ophioglossaceae) with description of *Sahashia* gen. nov. Cladistics, 36(4): 380-393.
Zhang L, Liang Z L, Fan X P, et al. 2024a. The Indo-Burma Biodiversity Hotspot for ferns: Updated phylogeny, hidden diversity, and biogeography of the Java fern genus *Leptochilus* (Polypodiaceae). Plant Diversity, 46: 698-712.
Zhang L, Lu N T, Zhou X M, et al. 2019c. A plastid phylogeny of the old world fern genus *Leptochilus* (Polypodiaceae): Implications for cryptic speciation and progressive colonization from lower to higher latitudes. Molecular Phylogenetics and Evolution, 134: 311-322.
Zhang L, Lu N T, Zhou X M, et al. 2024b. Exploring the diversity of the Java fern genus *Leptochilus* (Polypodiaceae) in the Indo-Burma Biodiversity Hotspot. Phytotaxa, 659: 213-235.
Zhang L, Schuettpelz E, Rothfels C J, et al. 2016. Circumscription and phylogeny of the fern family Tectariaceae based on plastid and nuclear markers, with the description of two new genera: *Draconopteris* and *Malaifilix* (Tectariaceae). Taxon, 65(4): 723-738.
Zhang L, Zhang L B. 2018. A classification of the fern Genus *Tectaria* (Tectariaceae: Polypodiales) based on molecular and morphological evidence. Annals of the Missouri Botanical Garden, 103(2): 188-199.
Zhang L, Zhang L B. 2022. Phylogeny, character evolution, and systematics of the fern family Ophioglossaceae based on Sanger sequence data, plastomes, and morphology. Molecular Phylogenetics and Evolution, 173: 107512.
Zhang L, Zhou X M, Liang Z L, et al. 2020b. Phylogeny and classification of the tribe Lepisoreae (Polypodiaceae; Pteridophyta) with the description of a new genus, *Ellipinema* gen. nov., segregated from *Lepisorus*. Molecular Phylogenetics and Evolution, 148: 106803.
Zhang L, Zhou X M, Lu N T, et al. 2017b. Phylogeny of the fern subfamily pteridoideae (Pteridaceae; Pteridophyta), with the description of a new genus: *Gastoniella*. Molecular Phylogenetics and Evolution, 109: 59-72.
Zhang M H, Zhang X C, Shalimov A P, et al. 2023. Integrative species delimitation of the *Selaginella sanguinolenta* (Selaginellaceae) group with description of a new species, *S. baodongi*. Taxon, 72(6): 1228-1243.
Zhang R, Yu J H, Shao W, et al. 2020d. *Ceratopteris shingii*, a new species of *Ceratopteris* with creeping rhizomes from Hainan, China. Phytotaxa, 449(1): 23-30.
Zhang X C, Hanks J G. 2013. Lygodiaceae // Wu Z Y, Raven P H, Hong D Y. Flora of China, Vol. 2-3 (Pteridophytes). Beijing: Science Press; St. Louis: Missouri Botanical Garden Press: 118-121.
Zhang X C, Hovenkamp P H. 2013. Oleandraceae // Wu Z Y, Raven P H, Hong D Y. Flora of China, Vol. 2-3

(Pteridophytes). Beijing: Science Press; St. Louis: Missouri Botanical Garden Press: 747-748.
Zhang X C, Iwatsuki K, Kadokawa Y. 2013c. Osmundaceae // Wu Z Y, Raven P H, Hong D Y. Flora of China, Vol. 2-3 (Pteridophytes). Beijing: Science Press; St. Louis: Missouri Botanical Garden Press: 90-92.
Zhang X C, Kato M, Nooteboom H P. 2013d. Dipteridaceae // Wu Z Y, Raven P H, Hong D Y. Flora of China, Vol. 2-3 (Pteridophytes). Beijing: Science Press; St. Louis: Missouri Botanical Garden Press: 116-117.
Zhang X C, Liu Q R, Sahashi N. 2013b. Ophioglossaceae // Wu Z Y, Raven P H, Hong D Y. Flora of China, Vol. 2-3 (Pteridophytes). Beijing: Science Press; St. Louis: Missouri Botanical Garden Press: 73-80.
Zhang X C, Lu S G, Lin Y X, et al. 2013i. Polypodiaceae // Wu Z Y, Raven P H, Hong D Y. Flora of China, Vol. 2-3 (Pteridophytes). Beijing: Science Press; St. Louis: Missouri Botanical Garden Press: 758-850.
Zhang X C, Mickel J T. 2013. Schizaeaceae // Wu Z Y, Raven P H, Hong D Y. Flora of China, Vol. 2-3 (Pteridophytes). Beijing: Science Press; St. Louis: Missouri Botanical Garden Press: 122.
Zhang X C, Nishida H. 2013a. Cibotiaceae // Wu Z Y, Raven P H, Hong D Y. Flora of China, Vol. 2-3 (Pteridophytes). Beijing: Science Press; St. Louis: Missouri Botanical Garden Press: 132-133.
Zhang X C, Nishida H. 2013b. Cyatheaceae // Wu Z Y, Raven P H, Hong D Y. Flora of China, Vol. 2-3 (Pteridophytes). Beijing: Science Press; St. Louis: Missouri Botanical Garden Press: 134-138.
Zhang X C, Nooteboom H P. 2013. Plagiogyriaceae // Wu Z Y, Raven P H, Hong D Y. Flora of China, Vol. 2-3 (Pteridophytes). Beijing: Science Press; St. Louis: Missouri Botanical Garden Press: 128-131.
Zhang X C, Nooteboom H Pa, Kato M. 2013a. Selaginellaceae // Wu Z Y, Raven P H, Hong D Y. Flora of China, Vol. 2-3 (Pteridophytes). Beijing: Science Press; St. Louis: Missouri Botanical Garden Press: 37-66.
Zhao C F, Wei R, Zhang X C, et al. 2020. Backbone phylogeny of *Lepisorus* (Polypodiaceae) and a novel infrageneric classification based on the total evidence from plastid and morphological data. Cladistics, 36(3): 235-258.
Zhao J, Liang Z L, Fang S L, et al. 2025a. Phylogenomics of *Paragymnopteris* (Cheilanthoideae, Pteridaceae): Insights from plastome, mitochondrial, and nuclear datasets. Molecular Phylogenetics and Evolution, 204: 10825.
Zhao J, Liang Z L, Yu H, et al. 2025b. Toward a monophyletic *Paragympteris* (Cheilanthoideae, Pteridaceae): Description of *Sericopteris* gen. nov. Phyotaxa, 693(2): 166-172.
Zhao J, Wang J G, Hu Y P, et al. 2025c. Phylogenetic Inferences and Historical Biogeography of Onocleaceae. Plants, 14: 510.
Zhao J, Zhou X M, Fang S L, et al. 2023. Transcriptome-based study on the phylogeny and hybridization of marattialean ferns (Marattiaceae). Plants, 12: 2237.
Zhong B J, Fong R, Collins L J, et al. 2014. Two new fern chloroplasts and decelerated evolution linked to the long generation time in tree ferns. Genome Biology and Evolution, 6(5): 1166-1173.
Zhou X M, Rothfels C J, Zhang L B, 2025. Phylogeny and systematics of the New World Selaginellaceae in a global context. Phytotaxa, 684 (2): 147-192.
Zhou X M, Rothfels C J, Zhang L, et al. 2016. A large-scale phylogeny of the lycophyte genus *Selaginella* (Selaginellaceae: Lycopodiopsida) based on plastid and nuclear loci. Cladistics, 32(4): 360-389.
Zhou X M, Yang J J, Liang Z L, et al. 2023. A global phylogeny of grammitid ferns (Polypodiaceae) and its systematic implications. Taxon, 72(5): 974-1018.
Zhou X M, Zhang L B. 2015. A classification of *Selaginella* (Selaginellaceae) based on molecular (chloroplast and nuclear), macromorphological, and spore features. Taxon, 64(6): 1117-1140.
Zhou X M, Zhang L B. 2017. Nuclear and plastid phylogenies suggest ancient intersubgeneric hybridization in the fern genus *Pyrrosia* (Polypodiaceae), with a classification of *Pyrrosia* based on molecular and non-molecular evidence. Taxon, 66(5): 1065-1084.
Zhou X M, Zhang L B. 2019. A monograph of the fern genus *Pteridrys* (Pteridryaceae). Systematic Botany, 44(2): 243-273.
Zhou X M, Zhang L B. 2023. Phylogeny, character evolution, and classification of Selaginellaceae

(lycophytes). Plant Diversity, 45(6): 630-684.

Zhou X M, Zhang L, Chen C W, et al. 2017. A plastid phylogeny and character evolution of the old world fern genus *Pyrrosia* (Polypodiaceae) with the description of a new genus: *Hovenkampia* (Polypodiaceae). Molecular Phylogenetics and Evolution, 114: 271-294.

Zhou X M, Zhang L, Lu N T, et al. 2018. Pteridryaceae: A new fern family of Polypodiineae (Polypodiales) including taxonomic treatments. Journal of Systematics and Evolution, 56(2): 148-173.

Zhou X M, Zhao J, Yang J J, et al. 2022. Plastome structure, evolution, and phylogeny of *Selaginella*. Molecular Phylogenetics and Evolution, 169: 107410.

Zuo Z Y, Rouhan, G, Dong S Y, et al. 2024. A revised classification of Dryopteridaceae based on plastome phylogenomics and morphological evidence, with the description of a new genus, *Pseudarachniodes*. Plant Diversity, 47(1): 34-52.

中文名索引

拉丁名索引